COUP-D'ŒIL HISTORIQUE

LA GÉOLOGIE

ET SUR LES TRAVAUX

D'ÉLIE DE BEAUMONT.

VERSAILLES, IMPRIMERIE DE E. AUBERT,

6, avenue de Sceaux.

COUP-D'ŒIL HISTORIQUE

SUR

LA GÉOLOGIE

ET SUR LES TRAVAUX

D'ÉLIE DE BEAUMONT

LEÇONS PROFESSÉES AU COLLÉGE DE FRANCE

(MAI-JUILLET 1875)

PAR CH. SAINTE-CLAIRE DEVILLE

Membre de l'Institut,
Inspecteur général des Établissements météorologiques,
Professeur au Collége de France.

PARIS

G. MASSON, ÉDITEUR

LIBRAIRE DE L'ACADÉMIE DE MÉDECINE

Boulevard Saint-Germain, en face de l'École de Médecine

—

M DCCC LXXVIII

Ce livre est la dernière œuvre de M. Charles Sainte-Claire Deville.

Au commencement de l'année 1875, lorsqu'il fut nommé professeur titulaire de la chaire d'Histoire naturelle des corps inorganiques au Collége de France, il voulut inaugurer cette période nouvelle de son enseignement, en retraçant l'Histoire scientifique du maître illustre qu'il avait suppléé pendant vingt-un ans. Les leçons d'un semestre entier furent consacrées à l'exécution d'un tel dessein, et la matière de ce cours fait l'objet du présent volume.

Les géologues trouveront dans le livre de

M. Charles Sainte-Claire Deville un exposé complet des opinions principales de M. Elie de Beaumont. La discussion approfondie à laquelle ces idées sont soumises permettent d'en apprécier l'étendue et la puissance. La théorie du réseau pantagonal, notamment, n'est présentée nulle part avec autant de clarté et de précision; aucun ouvrage de géologie n'offre avec une telle autorité le tableau des vastes conceptions qui, durant plus d'un demi-siècle, ont passionné le monde savant.

L'auteur a rédigé lui-même entièrement toutes les leçons comprises dans son ouvrage, mais il n'a corrigé et annoté que les trois premières. La mort l'a surpris avant qu'il ait pu soumettre les autres à un semblable travail de révision. Les publications géologiques récentes avaient cependant modifié sa manière de voir sur plusieurs des points traités par lui; par suite, il avait le projet d'apporter certains changements à la rédaction de quelques-unes des pages du manuscrit.

Après avoir fait cette observation, je crois devoir,

mandataire fidèle et respectueux, livrer à l'impression, telle qu'il l'a laissée, l'œuvre de mon cher et
vénéré maître.

Puisse ce volume être accueilli des hommes de
science avec l'intérêt qu'il mérite !

F. Fouqué.

COUP D'ŒIL HISTORIQUE

SUR

LA GÉOLOGIE

PREMIÈRE LEÇON

La classification des sciences d'après Ampère

MESSIEURS,

Cette année est la vingt-troisième de mon enseignement au Collége de France, et c'est aujourd'hui cependant que j'ai, pour la première fois, l'honneur d'y parler comme professeur titulaire.

Après avoir été, pendant dix-sept ans, le disciple de M. Élie de Beaumont, soit à l'Ecole des mines, soit au Collége de France, soit dans de lointaines pérégrinations, où le souvenir lumineux de ses leçons guidait, en quelque sorte, mes pas, je l'ai suppléé dès 1852 dans cette chaire : depuis dix-huit ans, j'avais le bonheur d'être son confrère à l'Académie des sciences.

Ce peu de mots vous disent assez, Messieurs, quel est le sentiment qui domine dans mon âme au moment où je prends aujourd'hui la parole, et où s'y pressent en foule les souvenirs de ces quarante années de relations étroites et charmantes, de conseils donnés avec tant de compétence et d'intérêt, reçus avec tant de gratitude ; d'efforts scientifiques toujours encouragés, quelquefois partagés par l'homme, à la fois éminent et excellent, dont le nom a disparu, mais dont la mémoire restera toujours parmi les professeurs du Collége de France.

Il était donc bien naturel que ce nom se retrouvât en ce moment sur mes lèvres, et ma première pensée avait été de consacrer ce début de mes leçons à l'exposé du rôle considérable qu'a rempli M. Élie de Beaumont dans le développement de la géologie moderne.

Néanmoins, si original et si viril que soit un esprit, il a toujours des ancêtres, et l'un des plus sûrs moyens d'apprécier sa portée réelle et sa véritable influence est peut-être de remonter à ses origines, de rechercher sa filiation, d'entourer, en quelque sorte, son portrait des portraits de sa famille scientifique.

C'est à ce dessein que je me suis arrêté. Je vais donc, dans cette série de leçons, jeter un coup d'œil d'ensemble sur l'histoire de la géologie, m'astreignant, d'ailleurs, moins à signaler la succession historique des progrès de la science qu'à apprécier les points de vue divers auxquels se sont placés ses principaux promoteurs, et, parmi ces points de vue, ceux que choisissait de préférence mon illustre prédécesseur.

Mon programme m'offrira ainsi le double avantage de parcourir rapidement avec vous, Messieurs, les diverses branches de la géologie, et de bien préciser la voie que s'est tracée M. Élie de Beaumont ; de définir, par une mé-

thode toute philosophique, la nature de son génie et le
cadre des travaux qui lui ont permis de devenir, à son
tour, un chef d'école, un ancêtre.

Il y a quatorze ans, voulant justifier aux yeux de mes
auditeurs du Collége de France les mots, peut-être trop
ambitieux, de *géologie comparée*, qui figuraient sur mon
programme, je cherchais un moyen de montrer que le développement historique de la géologie nous autorisait à
aborder aujourd'hui, sans trop de présomption, ou, si l'on
veut, sans trop de déceptions, cette partie philosophique
de la science de la terre. Je me rappelai alors que cette expression de *géologie comparée* m'avait frappé pour la première fois dans l'ouvrage qu'un des esprits les plus vastes
et les plus pénétrants dont s'honore la science française,
André-Marie Ampère, a intitulé : *Essai sur la philosophie
des sciences* (1).

Je vis, presqu'en ouvrant le livre, ces mots : « Si j'ai
« atteint mon but, celui qui se proposerait de faire un
« cours sur une partie quelconque des connaissances hu-
« maines ou de l'exposer dans un traité trouverait, dans la
« méthode suivant laquelle j'ai divisé les sciences, une
« sorte de plan tout fait pour disposer dans l'ordre le plus
« naturel les matières qu'il doit traiter dans son cours ou
« dans son ouvrage. » Encouragé par ce début, je péné-
trai plus avant, et je crus trouver dans l'indication des
quatre points de vue qui, suivant Ampère, guident nécessairement l'esprit humain dans tout ordre de recherches,
un cadre où je pourrais disposer sans trop de désavantage
les données historiques sur lesquelles je voulais fonder ma
démonstration.

C'est ce que je fis, en effet, ou tentai de faire ; et, si
j'en juge par la bienveillance avec laquelle mon auditoire

accueillit le petit nombre de leçons que je lui soumis à ce sujet, je pus penser que mon but avait été atteint et ma hardiesse justifiée. Je veux reprendre aujourd'hui la même pensée et la développer dans le sens que j'ai indiqué tout à l'heure.

Je considérais alors et je considère encore la classification d'Ampère comme reposant sur des bases purement artificielles. On pouvait l'utiliser sans doute, et j'en vais tenter l'application aux sciences géologiques ; néanmoins, malgré la confiance naïve de son auteur, il m'est impossible d'y reconnaître le principe d'une classification *naturelle* des connaissances humaines, lequel me semble encore à trouver, si jamais il doit l'être.

Mais si, *en tant que classification*, l'œuvre pouvait être absolument repoussée par les uns, accueillie par les autres, malgré ses lacunes, et, en quelque sorte, sous bénéfice d'inventaire, il me paraît qu'une chose doit en survivre : c'est la définition des quatre points de vue dont j'ai parlé plus haut, et qui, d'après notre savant philosophe, constituent comme les étapes successives auxquelles s'arrête nécessairement l'esprit humain dans l'étude complète de toute question générale. Depuis longtemps, une expérience presque journalière a confirmé à mes yeux la justesse de cette méthode, modifiée et complétée, comme je vais essayer de le faire dans le cours de cette leçon. Il y a peu d'œuvres scientifiques, peu d'hommes ayant marqué dans l'histoire des sciences physiques et naturelles dont elle ne m'ait aidé à saisir le trait dominant, et, si je puis ainsi parler, la caractéristique, en me fournissant un critérium certain et sans défaut. Me suis-je exagéré la portée de la pensée philosophique d'Ampère? Si, après avoir suivi l'essai historique sur la géologie, que je vais tenter de leur présenter à ce point de vue, mes auditeurs ne restent pas aussi convaincus que moi de l'utilité pratique de ces considérations ; s'ils n'apprécient pas, en particulier, autant que je le fais moi-même, le parti qu'on en peut tirer pour juger en M. Élie de Beaumont l'œuvre et le savant, ils me permettront du moins de conserver pour elles une reconnaissance toute personnelle, en songeant aux jouissances si variées que je leur ai dues chaque fois que j'ai projeté leur lumière sur les hommes et sur les choses que je voulais connaître. Aujourd'hui, je me propose seulement d'exposer les traits généraux de cette méthode, quelques-unes des critiques qui lui ont été adressées et les modifications dont elle me paraît susceptible ; puis, dans une prochaine leçon, j'essaierai de l'appliquer à l'ensemble des connaissances qui constituent l'étude de la terre.

Le point de départ d'Ampère est celui-ci : dans la classification des sciences, il faut avoir égard à la fois à la *nature des objets* que l'on étudie et *au point de vue* sous lequel on les envisage. La première de ces deux considérations suffirait si les sciences n'étaient pas faites par l'homme et pour l'homme ; mais les vérités qu'elles se proposent de reconnaître, de classer, de comparer, devront être conçues par l'intelligence humaine, et, cette intelligence n'étant pas susceptible d'embrasser immédiatement et par une seule perception les propriétés des êtres et les rapports qui les lient l'un à l'autre, il faut tenir compte, dans la classification, des procédés que suit d'une manière nécessaire l'esprit humain.

« Or, dit l'auteur, il est de l'essence même de l'intelli-
« gence humaine de s'élever successivement dans l'étude
« d'un objet quelconque, en examinant d'abord ce qu'il
« nous présente immédiatement et qu'il met en quelque
« sorte sous nos yeux ; ensuite, de chercher à déterminer

« ce qu'il y a de caché dans ces mêmes objets, et c'est à
« ces deux points de vue que se bornerait notre étude,
« s'ils s'offraient à nous les mêmes en tout temps et en
« tout lieu. Mais, dans la nature, tout éprouve de conti-
« nuelles variations, que nous comparons pour déduire de
« cette comparaison les lois générales qui président à ces
« variations. Enfin, sous un quatrième point de vue, qui
« complète tout ce que l'homme peut savoir de l'objet
« qu'il étudie, il cherche à découvrir quelque chose de
« plus caché encore que les inconnues déterminées dans
« le deuxième point de vue, et c'est ici que se présente à
« nos recherches tout ce qui est relatif à l'enchaînement
« des causes et des effets. En un mot, observer ce qui
« est patent, découvrir ce qui est caché, établir les lois
« qui résultent de la comparaison des faits observés et de
« toutes les modifications qu'ils éprouvent suivant les
« temps et les lieux; enfin, procéder à la recherche d'une
« inconnue plus cachée encore que celle dont nous venons
« de parler, c'est-à-dire remonter aux causes des effets
« connus ou prévoir les effets à venir d'après la connais-
« sance des causes, voilà ce que nous faisons successive-
« ment et les seules choses que nous puissions faire dans
« l'étude d'un objet quelconque, d'après la nature de
« notre intelligence. » (Tome I, p. 42.)

Ces quatre points de vue, auxquels se place ainsi successivement l'esprit humain, Ampère les nomme : point
de vue *autoptique* (2); point de vue *cryptoristique* (3); point
de vue *troponomique* (4); point de vue *cryptologique* (5).
Ils se reproduisent, suivant lui, dans toutes les branches
des connaissances humaines, bien qu'ils éprouvent nécessairement quelques modifications, d'après la nature même
des objets auxquels ils s'appliquent.

Ce qui précède donne entièrement, si je ne me trompe,

la clef de la méthode. Ampère en a poursuivi l'application aussi bien aux sciences *noologiques*, qui ont trait aux fonctions de l'intelligence, qu'aux sciences *cosmologiques;* au monde intérieur comme au monde extérieur ; et, dans ce dernier *règne*, il y soumet également les sciences qui, comme les mathématiques, n'empruntent à l'observation que les notions de grandeur, d'étendue, de mouvement et de force, et celles qui, comme les sciences physiques et naturelles, ont pour objet l'étude des corps inorganiques et la connaissance des êtres vivants.

Cette application n'offrira d'ailleurs aucun embarras.

On conçoit, en effet, que si, à l'un des grands objets dont l'étude constitue une science de premier ordre, on applique successivement les quatre points de vue, il en résulte quatre groupes de vérités qui se ressembleront, et par la nature de l'objet et par le point de vue sous lequel il est considéré.

Ce sont, pour Ampère, quatre sciences de troisième ordre ; et « comme, dit-il, parmi les sciences de troisième « ordre, comprises dans une science du premier, les unes « contiendront des vérités qu'on trouve par une étude di- « recte des objets considérés en eux-mêmes, les autres « des vérités qui résultent de l'observation et de la compa- « raison des changements que ces mêmes objets éprou- « vent en différents lieux et en différents temps..... d'où « l'on déduit les lois qui conduisent elles-mêmes à décou- « vrir les causes des faits observés, je divise chaque « science de premier ordre en deux du second.... : l'une, « pour ainsi dire élémentaire; l'autre, donnant sur l'objet « en question les connaissances les plus approfondies aux- « quelles les hommes aient pu parvenir. »

Cela revient, comme on voit, à réunir en un premier groupe de *sciences élémentaires* celles qui sont soumises au premier et au second point de vue, et à associer dans un second groupe les *sciences supérieures* ou *comparées,* qui dépendent des deux derniers points de vue.

Le premier groupe de sciences résulte, en effet, de l'étude directe, le second de l'étude, en quelque sorte, réfléchie des objets. Les unes sont presque uniquement fondées sur l'observation et sur l'expérience ; les autres ont pour principaux instruments ceux que leur fournit l'esprit lui-même, à savoir : le don de la comparaison et l'intelligence des rapports.

Tel est le mode général de division dichotomique, comme on voit, qu'il s'agira d'instituer dans chacune des sciences de premier ordre ; mais, avant de rechercher comment Ampère a appliqué sa conception aux sciences physiques et naturelles, qui seules nous intéressent ici, et plus particulièrement à la géologie, jetons un coup d'œil général sur la méthode, sur les principales objections qui lui ont été adressées et sur la véritable portée qu'on peut lui attribuer comme principe de classification.

Et d'abord, reconnaissons avec Ampère que les sciences sont essentiellement faites par l'homme et à son usage. L'intelligence infinie qui a créé l'univers, comme elle est toute-puissante, est aussi omnisciente : elle n'a pas besoin de catégories. Les sciences sont le témoignage de notre faiblesse. Gardons-nous donc d'attribuer à aucune d'elles rien d'absolu, rien d'immuable. La seule image, imparfaite encore, de la perfection que l'homme puisse contempler ici-bas, c'est en lui-même qu'il la trouve : dans son âme la conscience du bon et du juste ; dans son esprit, la notion de la vérité et de la rectitude. C'est là ce qui le fait l'image de Dieu ; c'est là le Verbe qui illumine tout homme venant en ce monde. De là résulte aussi que les sciences qui dérivent directement de ces deux ordres de biens naturels, et qui servent respectivement de lois aux fonctions de l'âme et aux opérations de l'esprit, la morale et la logique, sont celles qui comportent le moins de divergences et de dissentiments réels.

Du moment où l'on cesse de considérer en elles-mêmes et dans leur essence propre cette langue commune à toutes les âmes qu'on appelle la conscience, ou cette langue commune à tous les esprits qu'on appelle la logique, on s'éloigne de ce qui, seul, dans ce qu'il nous est donné de voir et de comprendre, peut nous fournir une image, hélas ! imparfaite encore, de l'immuable et de l'absolu. S'il est vrai que l'observation et l'expérience fournissent les bases premières de la science humaine, les matériaux accumulés par elles resteraient isolés sans le raisonnement, qui les recherche, les choisit, les dispose, les cimente et élève enfin l'édifice dont il découvre peu à peu le plan et l'harmonie. Je vais plus loin : sans la logique, l'expérience elle-même ne serait point née ; l'expérience est la fille légitime de l'observation, fécondée par le raisonnement. Et c'est ce que Bacon exprime clairement par ces paroles : *Verus experientiæ ordo primo lumen accendit, deinde per lumen iter demonstrat.*

La logique est le flambeau qui éclaire et assure la main du chimiste ou celle du physiologiste, comme la conscience de ce qui est bon et juste en soi est le flambeau qui guide le légiste, le philosophe, le moraliste.

Ainsi le raisonnement, s'il ne domine pas exclusivement les sciences, comme semblaient le croire les anciens, en est véritablement l'âme, et l'expérimentation lui obéit. Sous son inspiration, elle va recueillir les faits et les lui rapporte humblement : lui seul les coordonne, les compare entre eux et en fait jaillir la lumière ; lui seul en construit la théorie.

Les mathématiques pures, qui sont surtout une science du raisonnement, ne sont donc, pas plus que la dialectique, le développement du principe d'identité, comme l'a dit un élégant écrivain, qui me paraît avoir été injuste envers elles. Il leur donne, à mon avis, trop et trop peu. Il leur accorde trop quand il voit, dans ce que les mathématiciens appellent des infinis de divers ordres, « la seule image qui « jette quelque jour sur cette situation de l'esprit humain, « placé entre la nécessité de supposer un commencement à « l'univers et l'impossibilité de l'admettre. » Dans la pensée des analystes, la conception de l'infini a une valeur incomparablement plus modeste et ne peut nullement servir, même en apparence, à résoudre d'aussi formidables problèmes. « En réalité, » dit M. Hermite (*Cours d'analyse de l'Ecole polytechnique*, t. I, *Introduction*), « le rôle de l'in- « fini, dans les régions élevées des mathématiques, est en « entier résumé dans un petit nombre de propositions du « caractère le plus simple et telles qu'on pourrait les « énoncer et les démontrer dès le commencement de la « géométrie... » Et plus loin : « En se montrant de plus « en plus féconde, la notion de l'infini reste toujours sim- « plement la notion d'une grandeur supérieure à toute « grandeur donnée, et les conditions de son emploi res- « tent toujours celles des éléments de la géométrie. »

C'est encore trop accorder aux mathématiques que d'affirmer « qu'elles seraient vraies quand même rien n'existerait. » Elles impliquent, au contraire, des réalités et même des réalités d'un certain ordre, des réalités susceptibles d'être mesurées, des grandeurs.

Mais le philosophe que je cite est trop sévère pour elles, quand il assure qu'elles ne sont qu' « une tautologie, d'un « secours précieux quand on l'applique à quelque chose de « réel, mais incapable de révéler une existence ni un fait. »

Les existences, les faits inconnus ! Mais c'est, au contraire, son rôle de les indiquer d'avance à l'observation, à l'expérience, qui les constate ou les réalise. La planète Neptune n'existait-elle pas pour l'astronome analyste avant d'avoir été découverte par l'astronome observateur ? Je ne puis admettre non plus que les mathématiques ne fournissent pas de lois de la nature : elles ne les créent pas, parce que ces lois ont été faites en même temps que la matière qu'elles régissent, mais elles les révèlent aux hommes qui les ignoraient. N'est-ce pas le calcul qui a permis à Newton, après Kopernic, Kepler et Galilée, de formuler la loi de la gravitation universelle ? Et si, de la mécanique céleste, nous passons à cette mécanique, incomparablement plus difficile sans doute, des infiniment petits, que nous voyons poindre autour de nous et qui est peut-être destinée à devenir la plus grande gloire scientifique de notre siècle, comment croire que, « entre l'existence pre-« mière des atomes et les mathématiques il y a un abîme. » Je suis, bien au contraire, porté à penser qu'une puissante impulsion permettra un jour aux mathématiques d'aborder cette épineuse question des atomes, et de combler cet abîme, au bord duquel on s'arrête chaque fois qu'on approfondit les questions de physique moléculaire.

En un mot, et pour résumer cette trop longue digression, il me paraît n'y avoir « d'immuable, d'absolu et d'éternel » que les principes de la morale et les principes de la connaissance, qui sont en nous des émanations directes et des reflets de l'infinie bonté, de l'infinie perfection et de la science infinie. Mais, comme ces dons admirables sont associés à la nature humaine, essentiellement imparfaite, il en résulte que les applications que nous en faisons à tous les objets sur lesquels portent nos spéculations sont elles-mêmes nécessairement imparfaites et bornées. Or, qu'est-ce que ces applications, sinon ce que l'on appelle les sciences ? Et ne faut-il pas dès lors, de toute évidence, reconnaître, avec Ampère, que les sciences sont faites par l'homme et pour l'homme, et que cela est vrai des sciences abstraites comme des sciences d'observation, de la dialectique et des mathématiques pures comme des sciences physiques et naturelles ?

Après avoir caractérisé, ainsi que nous venons de le voir, les quatre points de vue qui lui paraissent dominer l'étude des sciences, Ampère les rapproche deux à deux : il fait ressortir l'analogie qui existe, suivant lui, entre le premier et le troisième point de vue, fondés également sur l'observation et l'intuition, et ne différant qu'en ce que, dans le premier, on étudie l'objet tel qui se présente, indépendamment des changements qu'il peut éprouver et de ses rapports avec d'autres objets, tandis que, sous le troisième point de vue, on l'observe relativement à ces changements et à ces rapports.

De même aussi, il y aurait analogie entre le deuxième et le quatrième point de vue ; car, de tous deux, on cherche ce que l'objet présente d'inconnu, et la seule différence consiste en ce que, du second point de vue, il suffit, pour découvrir ces inconnues, des connaissances acquises dans le premier, tandis que, du quatrième, la recherche plus difficile d'inconnues plus cachées encore ne doit être tentée qu'après qu'on a réuni sur cet objet toutes les notions acquises dans les trois précédents. « Tous les arts, » ajoute l'auteur, « appartiennent à l'un de ces derniers
« points de vue ; toutes les vérités dont ils se composen,
« n'étant que la découverte des moyens par lesquels
« l'homme peut atteindre un but déterminé, ces moyens
« étaient une chose cachée pour celui qui se proposait de
« l'atteindre. »

Mais, Messieurs, ces analogies sont-elles aussi réelles, aussi profondes que le pense le savant classificateur?

Le point de vue autoptique est essentiellement *observatif* et descriptif. Le coup d'œil qu'on y jette sur les objets matériels, par exemple, est d'abord une sorte de constatation et comme une première prise de possession des richesses naturelles. L'homme ne les étudie pas encore avec toute la rigueur des procédés scientifiques ; mais il les reconnaît et les classe, au moins par les traits saillants et par les rapports généraux ou les ressemblances générales qu'elles peuvent présenter. L'intelligence, en quelque sorte intuitive, de ces rapports généraux ne peut pas plus être refusée à l'homme, en ce qui concerne les perceptions de ses sens extérieurs, qu'en ce qui a trait au sens intime et et à ses facultés intellectuelles.

Le point de vue troponomique est essentiellement comparatif. La variation constatée avec le temps, avec les lieux, il s'agit de rechercher la loi de cette variation ; il faut tracer la courbe qui relie les points dont l'observation ou l'expérience a déterminé les coordonnées ; il faut écrire la formule, moyennant laquelle la substitution des différentes valeurs trouvées dans chaque cas permettra de représenter l'ensemble du phénomène naturel.

Entre celui qui examine ce que l'objet nous présente immédiatement et met en quelque sorte sous nos yeux, *qui observe* (je cite textuellement), *qui enregistre ce qui est patent*, et celui qui déduit, de l'étude approfondie des variations de l'objet, la loi même de ces variations, y a-t-il réellement communauté de but et analogie de moyens?

Le premier reflète, avec une sorte de candeur, qui n'exclut pas l'éloquence, la vive impression de l'esprit humain devant un ensemble de faits naturels. Comme de Saussure et Pallas, comme Alexandre de Humboldt, il voudra parcourir les contrées et les décrira avec amour, n'omettant rien, parce que rien ne lui est indifférent et qu'il sait répandre sur chaque découverte l'intérêt et l'émotion qui l'animaient en la faisant.

Le second est surtout curieux des faits pour les conséquences qu'il en déduira, pour les rapprochements qu'ils lui inspireront, pour les rapports qu'il découvrira entre eux. En réalité, ce ne sont pas des faits qu'il observe dans leur variation, ce sont les variations elles-mêmes qu'il abstrait, en quelque sorte, des faits et sur lesquelles portent ses réflexions. Ce don de seconde vue, fécondant chez lui les notions acquises, multipliera la valeur de chacune de ces notions et lui fera deviner ce qu'il n'aura pas vu, ce qu'il n'aura pas même quelquefois senti le besoin de voir. Aussi suffira-t-il à Werner de connaître les filons de la Saxe pour en conclure les lois générales, que viendra confirmer l'étude des filons du monde entier. Hutton, saisissant sur quelques points de l'Ecosse le contact des trapps avec des calcaires ou des couches de houille, y découvrira l'influence incessante des forces intérieures du globe sur sa surface, et déposera dès lors dans la science des germes qui, longtemps oubliés, deviennent aujourd'hui de plus en plus féconds.

Il y a donc entre ces deux modes d'activité de l'intelligence humaine des divergences profondes, et dans le but et dans les moyens : divergences qui impriment même un cachet particulier à la physionomie des hommes dans lesquels chacun d'eux s'est, pour ainsi dire, individualisé.

Existe-t-il une parenté plus étroite entre les deux autres points de vue ? L'esprit humain, lorsqu'il atteint la seconde étape, non-seulement crée l'observation scientifique, mais il imagine des procédés de recherche qui lui permettent d'étudier le même objet dans des conditions diverses. Non-

seulement il constate les variations dans les phénomènes
naturels, mais souvent il les provoque et les reproduit à
volonté.

D'un autre côté, lorsque, par un dernier effort, il cherche à remonter des effets observés dans leur nature, dans
leurs variations, dans la loi de ces variations aux causes
qui les ont produits, l'*étiologiste*, celui qui recherche la
cause du phénomène, au lieu d'en considérer les diverses
faces en elles-mêmes et dans leurs manifestations propres,
élimine, en quelque sorte, l'observation directe, ne s'attache au phénomène que dans ses variations et dans les lois
de ces variations; ne s'arrêtant pas là, il se demande s'il
existe un élément commun, qui semble nécessairement lié
à ces variations et, s'il le découvre, il y rattache l'origine
et la cause du phénomène.

Ainsi, tandis que le deuxième point de vue permet, par
l'analyse directe et comme à la lueur de l'expérience, de
descendre dans les replis cachés du phénomène et d'en
constater les variations, sans même en chercher les lois,
le quatrième suppose déjà connues les lois de ces variations,
et, par une analyse infiniment plus profonde et plus réfléchie et, en réalité, d'un autre ordre, élimine l'expérience
proprement dite et ne la considère plus que dans l'expression abstraite des lois formulées, grâce à elle, sous le point
de vue intermédiaire ou troponomique.

On pourrait plutôt, et en étendant à son extrême limite
le cercle des analogies, reconnaître avec Ampère quelque
parenté entre le point de vue troponomique et le point de
vue autoptique.

Celui-ci n'est, en définitive, que le résultat de l'impression générale de l'esprit humain devant un ensemble de
faits ou d'objets naturels. Ce point de vue appartient donc
à l'homme primitif comme aux nations les plus civilisées.

L'homme pouvait ignorer les propriétés les plus essentielles des corps sans méconnaître leur réalité et même leur
importance. Les anciens ne connaissaient ni la nature, ni
les principales propriétés de l'air, et en faisaient néanmoins
l'un des quatre éléments de l'univers. Seulement, sous l'influence des progrès de l'esprit humain, l'impression devient
de plus en plus profonde et de plus en plus juste, sans cesser d'être générale.

Lisez un livre essentiellement composé au point de vue
autoptique : les *Tableaux de la nature*, d'Alexandre de
Humboldt. Ce sont les impressions de l'homme qui sent
vivement les beautés de la nature, mais dont l'esprit est en
même temps muni de toutes les ressources scientifiques
de son temps : c'est le point de vue autoptique, exprimé
avec autant d'élévation que d'éloquence.

Il y a donc un retour continuel et nécessaire du point
de vue troponomique au point de vue autoptique. Ainsi
retrempé à ce contact fécond, le point de vue autoptique
devient *synoptique* : d'intuitif qu'il était, il se fait scientifique. Le catalogue qu'il avait dressé de ses impressions
primitives est devenu un catalogue raisonné : l'*énumération*
est devenue *classification*.

Le principe premier de ce classement est resté le même;
l'esprit s'est seulement perfectionné dans l'interprétation
de certaines apparences, ou les sens, aidés d'instruments
meilleurs et plus puissants, se sont eux-mêmes perfection-
nés dans la perception de certains phénomènes.

Il y a là quelque chose de comparable à ce qui arrive
dans les recherches mathématiques, lorsque, partant de
données approximatives, on s'appuie sur les résultats ainsi
obtenus pour calculer les corrections qui les rapproche-
ront de plus en plus des résultats vrais. Ce procédé est
véritablement le seul qui convienne à l'intelligence hu-

maine, incapable de saisir la vérité complète, et ne s'en approchant qu'au prix d'efforts longs et multipliés. La recherche de la vérité, dans toutes les branches de nos connaissances, peut se comparer à une série indéfinie de termes, qu'on calcule successivement et péniblement : l'esprit humain se déclarant satisfait lorsqu'il lui paraît démontré que les termes à calculer sont négligeables, par rapport à ceux qui sont déjà connus.

Ainsi, dès ce premier point de vue, dès ce point de départ, l'esprit humain fait, involontairement et nécessairement, des emprunts aux autres points de vue.

En tout cela, néanmoins, il n'y a point de contradiction ; car, si l'intelligence humaine se pose et résout successivement des problèmes d'ordres divers ; si elle reflète séparément les phénomènes sur plusieurs faces distinctes ; si même — privilége admirable et qui lui appartient en propre — elle peut, dans chacune de ces évolutions, s'étudier elle-même, malgré cette multiplicité d'actions, elle ne perd jamais son unité, et toutes ses facultés, solidaires l'une de l'autre, se secourent toujours mutuellement.

Mais continuons à exposer la méthode d'Ampère, et, avant d'aborder la hiérarchie qu'il établit entre les deux sciences secondaires qui résultent de l'application de cette méthode, examinons rapidement quelques-unes des objections que l'on a élevées, avec plus ou moins de raison, contre la méthode elle-même.

Voici d'abord deux griefs qui portent sur les principes de cette méthode, et que je trouve formulés par M. Jean Reynaud dans un article important de l'*Encyclopédie nouvelle* : article dont l'auteur rend, d'ailleurs, pleine justice à ce que présente d'originalité la conception du savant physicien.

« Des divisions déterminées de cette manière, dit-il, ne

« sont pas des sciences, mais des chapitres de science. »

Aussi, pourrait-on répondre, ne sont-ce que des subdivisions d'une même science : les grandes divisions, qui déterminent les sciences de premier ordre, étant fondées, non sur le point de vue sous lequel on les étudie, mais bien sur la nature des objets qu'on y étudie.

D'ailleurs, si, dans chacune de ces sciences de troisième ordre, l'esprit humain était astreint à n'employer que le procédé indiqué par le titre du point de vue qui la détermine, ce ne serait pas même un chapitre de science ; ce serait à peine un paragraphe. Il est clair que c'est le but final seul de cette subdivision qui est ainsi indiqué, mais que, pour l'atteindre, à chaque moment et dans chacune des recherches de détail, l'homme a toujours à sa disposition toutes les ressources de son intelligence et peut se placer indifféremment à tous les points de vue.

Après tout, la diversité de ces points de vue est en rapport intime avec l'action variée des deux grands leviers scientifiques de l'esprit humain : l'*analyse* et la *synthèse*. Et, si une science était fondée principalement sur l'un de ces procédés, si elle en portait même le nom, se refuserait-elle pour cela le secours de l'autre ?

Les titres des quatre points de vue signalés par Ampère ne sont donc, en réalité, Messieurs, que des têtes de chapitre ; mais ces points de vue sont si bien choisis, ces chapitres sont si bien ordonnés que, dans chacune des grandes divisions qui constituent la science de premier ordre, chacun d'eux réunit et groupe heureusement toutes les recherches qui mènent à un but commun.

Mais voici une objection plus grave, au moins dans la forme. En admettant même cette division fondée sur les divers points de vue, « l'esprit humain, dit M. Reynaud, « ne possède aucun moyen de remonter régulièrement de

« l'observation des particularités à la détermination des
« causes ; se borner, dès lors, à déterminer les causes
« par voie de probabilité, c'est perdre la science dans
« le scepticisme, en la dépouillant gratuitement de son
« droit. »

Remarquons, d'abord, que ce n'est pas de l'observation
des particularités qu'Ampère fait dépendre la détermination des causes ; il a bien soin d'établir, comme intermédiaire, la connaissance des lois qui régissent les particularités. Si les lois représentent bien les phénomènes, ce n'est
plus par voie de probabilité que l'esprit remontera des lois
aux causes ; il restera, du moins, peu de chose d'aléatoire
dans son procédé.

Ce qu'il faut donc montrer et qu'implique, en effet, la
méthode, c'est comme il est possible de passer, par des
opérations régulières et ne laissant pas de prise à l'arbi-
traire, de la connaissance des lois à la détermination des
causes. Or, il me semble que la filiation entre ces deux ordres d'idées peut se concevoir ainsi :

On a trouvé que la marche d'un phénomène physique,
par exemple, varie d'une certaine manière lorsqu'on fait
varier tel élément du temps ; que ce même phénomène suit
encore une certaine marche lorsqu'on fait varier tel autre
élément du temps, ou un élément de lieu. Si, maintenant,
on parvient à découvrir que ces mêmes variations dans le
temps ou le lieu sont liées, d'une façon nécessaire et qu'on
sait même plus ou moins exactement définir, à des variations dans l'intensité d'un même agent physique, on pourra,
en quelque sorte, éliminer les deux variables de temps ou
de lieu dans l'énoncé du phénomène et lui substituer une
expression où entrera seul l'agent physique. On aura ainsi
démontré que cet agent est la cause ou l'une des causes
du phénomène, et cela, en se servant, comme intermé-

diaire, des lois qui exprimaient la variation du phénomène avec le temps ou avec le lieu.

Prenons pour exemple l'un des phénomènes météorologiques les plus intéressants et les plus réguliers, et qui n'est pas encore entièrement éclairci au point de vue de son étiologie ; je veux parler de l'oscillation barométrique diurne.

On sait que, sur les divers points du globe, la pression subit toutes les vingt-quatre heures une double oscillation, et présente, entre minuit et midi, un minimum suivi d'un maximum, puis, entre midi et minuit, un nouveau minimum encore suivi d'un maximum.

Sous les tropiques, ce double phénomène se fait sentir avec une régularité admirable dans une même station. Si l'on change de station, la régularité de l'oscillation restant toujours la même, les heures de maxima et de minima ou les *heures tropiques* peuvent changer légèrement, comme aussi et surtout l'amplitude de l'oscillation.

Pour simplifier le problème, occupons-nous seulement de cette dernière partie, de la variabilité dans l'amplitude de l'oscillation.

Et d'abord, le phénomène se reproduisant tous les jours à la même heure moyenne pour une même localité, on est en droit de conclure que la cause, quelle qu'elle soit, qui le produit, est directement liée au mouvement diurne de rotation de la terre.

Faisons maintenant varier les lieux, sans sortir des régions tropicales, où le phénomène présente, comme je l'ai dit, la plus grande régularité, et mouvons-nous d'abord en changeant de position géographique (latitude et longitude), mais restant toujours au niveau de la mer. Si l'on compare entre elles les amplitudes d'oscillation, dans les différentes stations pour lesquelles on possède des observations suffisantes, on voit que le lieu des amplitudes maxima coïncide précisément avec le lieu des maxima de température moyenne, ou ce qu'on appelle l'équateur thermique.

Si l'on s'élève en altitude, on trouve que l'amplitude décroît encore à mesure que décroît la température moyenne.

Quelque chose d'analogue se manifeste lorsque, dans un même lieu, on recherche la valeur de l'amplitude pour les différents mois.

Voilà donc un même agent physique, la chaleur solaire, qui s'impose, en quelque sorte, comme la cause principale du phénomène, soit qu'elle agisse sur les méridiens successifs par la rotation diurne de la terre, ou alternativement sur les deux hémisphères, ¡par suite de son mouvement annuel de translation, soit que, suivant les lois connues de son rayonnement, elle affecte diversement les lieux bas ou les lieux élevés.

Pour compléter l'explication, il faudra rechercher le mode particulier suivant lequel la chaleur solaire, en se répartissant inégalement suivant les temps et suivant les lieux, modifie à intervalles réguliers le poids de l'atmosphère ; on pourra se demander, par exemple, si elle agit en déplaçant des masses d'air par la dilatation, ou si elle détermine l'évaporation ou la dissolution dans l'air de quantités variables de vapeur d'eau. Mais ce seront des recherches secondaires et ultérieures ; la seule considération de la loi des variations de l'amplitude avec les lieux et avec le temps aura suffi pour faire attribuer la cause générale du phénomène à l'action calorifique des rayons solaires.

Je reconnaîtrai, si l'on veut, que, dans une foule de cas, l'esprit n'aura pas besoin de passer par l'intermédiaire du point de vue troponomique, et conclura la cause du phénomène de son observation directe. Mais j'avoue que, même alors, je ne vois pas en quoi ce procédé perd la science dans le scepticisme ; je ne puis imaginer de quel droit on la dépouille, ni de quel don tout particulier d'intuition il faudrait doter l'esprit humain si, dans l'étude des sciences physiques et naturelles, on lui refusait le pouvoir de conclure des effets observés à la cause immédiate.

Il ne me semble donc pas, Messieurs, qu'on doive, avec l'éloquent contradicteur que je citais il y a un instant, condamner d'une manière absolue l'*Essai sur la philosophie des sciences,* et ne considérer cette méthode de classification que comme une brillante, mais inutile tentative. Non, sans doute, qu'il faille, comme l'auteur lui-même s'en félicitait avec cette admirable candeur qui faisait l'un des plus grands charmes de cette belle intelligence, y voir une méthode parfaite, une classification vraiment naturelle des connaissances humaines. Un arrangement linéaire, quelque habile qu'il soit, ne représentera jamais un groupe de faits naturels ; et cela est évident surtout dans le domaine de l'intelligence.

Ce qui me paraît constituer le mérite réel de l'œuvre, c'est qu'elle permet de grouper, sans trop d'incertitude, sous un très-petit nombre de points de vue, constamment les mêmes, tous les faits, tous les phénomènes, tous les objets dont s'occupent les sciences cosmologiques, et qu'elle fournit, par conséquent, un guide excellent pour l'inventaire complet et systématique des richesses accumulées par chacune d'elles.

C'est à ce point de vue que nous apprécierons et utiliserons la méthode d'Ampère ; mais, avant d'essayer de l'adapter aux sciences géologiques, voyons comment son auteur l'appliquait lui-même. Je ne vous dissimulerai pas que c'est dans cette partie de sa tâche que le savant classificateur me paraît surtout prêter le flanc à la critique.

Parmi les sciences physiques, nous trouvons, d'après Ampère, quatre sciences de premier ordre :

> Physique générale.
> Technologie.
> Géologie.
> Oryctotechnie.

Quatre aussi dans les sciences naturelles :

SCIENCES PHYTHOLOGIQUES.	Botanique. / Agriculture.
SCIENCES ZOOLOGIQUES....	Zoologie. / Zootechnie.

chacune d'elles se subdivisant, d'ailleurs, d'après la méthode, en quatre sciences de troisième ordre.

On voit qu'Ampère a, en réalité, dédoublé chacun des grands embranchements en deux sciences, dont l'une est une *science théorique* et l'autre une *science pratique*.

C'est ainsi qu'à la physique générale il a annexé, au même titre et au même rang, la technologie ; à la géologie, l'oryctotechnie, l'agriculture à la botanique et la zootechnie à la zoologie.

Ainsi s'établit une équiparité parfaite entre deux classes de sciences, dont les unes ont le but le plus élevé et le plus désintéressé : celui de connaître et d'approfondir toutes les œuvres de la création pour elles-mêmes ou plutôt pour la glorification du Créateur, et dont les autres ont une destination purement humaine, l'appropriation à nos besoins moraux ou matériels de toutes ces richesses naturelles.

A ce seul énoncé général peut-on concevoir une telle équiparité ?

Mais, si l'on descend dans les détails de l'application, cette diversité dans le but final des deux sciences va plonger le classificateur dans l'embarras le plus évident.

lorsqu'il lui faudra trouver de part et d'autre une marche parallèle et comparable.

Ainsi s'agira-t-il de la géologie pratique? Quelles seront les subdivisions de l'*oryctotechnie*?

ORYCTOTECHNIE ÉLÉMENTAIRE.	{ Exploitation des mines. Docimasie.
ORYCTOTECHNIE COMPARÉE ...	{ Oryxionomie. Physique minérale.

Si l'on examine les deux sciences élémentaires, comment l'exploitation des mines est-elle une science autoptique?

La docimasie est-elle autre chose qu'une partie de la chimie analytique?

Et qui ne voit que, pour constituer une *oryctotechnie comparée*, on a fait un emprunt, j'allais presque dire un vol, de deux des plus beaux fleurons de la géologie comparée?

S'agit-il d'agriculture ou plutôt de *phytotechnie*, comme elle devrait s'appeler d'après la nomenclature de la méthode? La tâche est plus difficile encore.

AGRICULTURE.	{ Géoponique. Cerdoristique agricole. Agronomie. Physiologie agricole.

La *géoponique* (travail de la terre) n'est pas une science autoptique ; la *cerdoristique agricole*, de κέρδος (gain), n'est qu'un emprunt fait à l'économie politique ou industrielle, et, dans tous les cas, ne peut être considérée comme une science naturelle. Quant à la *physiologie agricole*, si elle représente quelque chose, qu'est-elle, si non une partie de la physiologie végétale?

Ainsi, pour établir cet équilibre artificiel entre la science générale et celle qu'il crée par le développement excessif et anormal du point de vue de l'intérêt purement humain, Ampère constitue à celle-ci un domaine d'emprunt, implicitement compris dans celui de la science générale. Si l'on en défalque cette partie inutile, il reste comme élément essentiel la *technologie* sous toutes ses faces, c'est-à-dire :

> La technologie proprement dite ou *physicotechnie*.
> L'oryctotechnie.
> La phytotechnie ou agriculture.
> La zootechnie.

Et on pourrait ajouter :

> L'*anthropotechnie* ou médecine.

Mais, direz-vous peut-être, vous réduisez ces dernières sciences à n'être que des arts. Oui, Messieurs, ce sont des *arts*.

Quand on a séparé de chacune des sciences artificielles d'Ampère ce qui appartient à la science théorique, il reste l'*art*, la *technique*, *ars*, τέχνη.

Et l'on ne craindra pas d'abaisser la chose en l'appelant de ce nom si l'on se rappelle que les anciens comprenaient sous ce nom et l'agriculture, la nourricière de l'homme, portée par les dieux sur la terre, et ces arts sublimes, *artes liberales*, ἐλευθέριοι τέχναι, que la Grèce assemblée couronnait aux jeux olympiques.

Mais, Messieurs, qu'est donc cet art ou plutôt cette *technique*, dont nous retrouvons le nom et la présence invariablement et nécessairement attachés à chacune de nos sciences de premier ordre ? N'y aurait-il pas là un cinquième point de vue, qui vient compléter les quatre autres ? Et, s'il en était ainsi, comment le caractériser ? comment le rattacher aux quatre autres points de vue ?

Le dernier nous avait conduits à découvrir la cause de tel ou tel phénomène : réciproquement, cette cause étant

connue, on peut chercher à reproduire l'effet en reconstituant la cause. Tel serait le nouveau point de vue : voilà
comment il se lierait aux autres, et plus particulièrement
au point de vue étiologique.

Guidé par lui, l'homme tend à produire, à créer, pour
ainsi dire, à modifier tout au moins la création : soit pour
l'art lui-même et en confirmation de la cause assignée au
phénomène, soit en vue de son bien et de son utilité
propres. C'est ainsi qu'il s'emparera des forces physiques
et en tirera d'ingénieuses machines ; c'est ainsi qu'il constituera de toutes pièces des minéraux semblables à ceux
de la nature ; qu'il extraira des filons le minerai, et du minerai le métal qui lui est nécessaire ; qu'il transformera le
sol pour y cultiver les plantes utiles à ses besoins : que
ces plantes elles-mêmes, il les modifiera plus ou moins profondément ; qu'il agira enfin sur la nature vivante et, par
des procédés longs et persévérants, créera des races nouvelles d'animaux domestiques.

Ainsi la considération d'un cinquième point de vue (6)
donne à la *technologie* sa place légitime dans le cadre de
chacune des sciences de premier ordre, et, par la poésie
(ποιέω, je crée), par la plastique (πλάσσω, je façonne, je modèle), par la mécanique (μηχανῶμαι, j'invente et j'imagine),
répond à cette puissante initiative par laquelle l'homme
rivalise avec la nature, en l'imitant, et l'oblige par d'heureux empiétements à seconder ses efforts.

Don magnifique, en effet, et qui serait la plus précieuse
de nos facultés, si elle n'était aussi la plus dangereuse, et
si, aveuglé par elle, plus d'un Prométhée n'avait tenté de
ravir le feu du ciel !

DEUXIEME LEÇON

Application de la méthode d'Ampère à la classification des sciences géologiques.

Messieurs,

Dans la première leçon, j'ai exposé les principes généraux sur lesquels Ampère a basé sa classification des connaissances humaines. Je crois avoir montré que, bien qu'en réalité sa méthode soit une méthode artificielle, elle fournit néanmoins un guide précieux pour dresser l'inventaire complet et systématique de toutes les acquisitions de l'intelligence : qu'elle offre, en particulier, à chacun des grands embranchements des sciences physiques et naturelles un cadre, où viennent se ranger avec ordre les richesses patiemment accumulées par l'esprit d'investigation.

Vous vous rappelez que cette méthode est fondée sur une double considération :

La nature de l'objet étudié, qui imprime à la science son caractère propre ; puis, dans chacune des sciences de premier ordre ainsi constituées, l'intervention de quatre points de vue, communs à toutes, parce qu'ils appartiennent à l'esprit humain, instrument nécessaire et commun à tous les genres d'investigation ; enfin, le rapprochement, deux à deux, des quatre sciences secondaires ainsi déterminées ; d'où résultent deux groupes d'ordre intermédiaire, à savoir : les *sciences élémentaires* et les *sciences supérieures ou comparées*.

Pour être juste, il faut reconnaître que ce double moyen

de classification avait déjà été proposé, au siècle dernier, par d'Alembert, dans son *Explication détaillée des connaissances humaines* et dans un article de l'*Encyclopédie* (1). La méthode qu'il propose est encore, comme celle d'Ampère, une sorte de tableau à double entrée, fondé à la fois sur la nature de l'objet étudié et sur les facultés de l'intelligence humaine. Seulement ici, l'ordre est inverse de celui qui a été adopté par Ampère. On classe d'abord par la nature des facultés, au nombre de trois : mémoire, entendement, imagination ; d'où trois grandes divisions, dans lesquelles se rangent successivement diverses sciences, fondées sur la nature de l'objet étudié.

Il serait superflu, d'ailleurs, de montrer combien la conception de notre grand physicien est supérieure à celle du célèbre philosophe du siècle dernier.

Mais, tout en reconnaissant la justesse et l'élévation de ce point de vue général, je n'ai pas hésité, Messieurs, à vous signaler ce qui me paraissait une lacune dans le système du savant classificateur. Je vous ai fait remarquer que la nécessité de tenir compte des applications que l'homme a faites à ses besoins matériels ou moraux des résultats acquis par la science pure l'avait engagé à dédoubler chacune des grandes divisions, fondées sur la nature même de l'objet, en deux sous-divisions, dont l'une a pour unique objet les applications. D'où résultait une équiparité tout à fait anormale entre deux classes de sciences, dont les unes ont pour but l'étude des phénomènes naturels et la découverte des lois qui les régissent, tandis que les autres ont une destination purement humaine, celle d'utiliser pour nos besoins matériels ou moraux les connaissances acquises par les premières. Il m'a paru que cette anomalie, qui a frappé d'ailleurs les philosophes qui ont apprécié cette méthode, résultait uniquement de ce que l'illustre auteur était lui-même infidèle à son principe, en instituant une science de premier ordre, non d'après la nature de l'objet étudié, mais d'après le point de vue sous lequel il est étudié.

Pour faire disparaître cette anomalie, il suffisait donc, dans chacune des sciences de premier ordre, de ranger sous un cinquième point de vue, le point de vue *technique* ou *énergétique*, tout ce qui se rapporte à l'appropriation que l'homme a faite à ses besoins des résultats acquis par lui en se plaçant successivement aux quatre autres points de vue ; ou, pour rendre ma pensée d'une façon à la fois plus juste et plus élevée, tout ce que son génie inventif, guidé par l'étude comparative des causes et de leurs effets, a su ajouter de créations nouvelles ou, du moins, de modifications profondes au milieu naturel qui l'entoure.

Ainsi débarrassées de cet appendice technologique, que chacune d'elles traînait péniblement à sa suite, les grandes sciences cosmologiques se réduiraient, dans la méthode d'Ampère, à deux sciences physiques : la physique générale et la géologie, et à deux sciences naturelles : la botanique et la zoologie.

On peut se demander pourquoi la minéralogie ne figure pas ici, en qualité de science naturelle, à côté de la botanique et de la zoologie. Si, en effet, on entend, comme on le fait généralement, par science naturelle toute science (quelle que soit, d'ailleurs, la nature des instruments ou des moyens d'investigation auxquels elle a recours) qui a pour objet l'étude de l'un des trois groupes d'êtres qui constituent la création, la minéralogie (2) est une science naturelle, au même titre que la botanique et la zoologie. A ce point de vue, le savant qui cherche à marcher sur les traces des Werner et des Haüy a sa place marquée près de ceux qui suivent la bannière des Jussieu, des Cuvier, des Geoffroy Saint-Hilaire. Et, si les entraînements du moment semblent peu favorables à ceux qui restent fidèles à ce drapeau, qu'ils ne se découragent pas. Le temps n'est peut-être pas éloigné où l'on s'apercevra qu'en sacrifiant trop exclusivement l'observation des faits naturels à l'esprit d'expérimentation, on tuerait, sans le vouloir, sa poule aux œufs d'or.

Mais, en réalité, ces deux expressions — *sciences physiques*, *sciences naturelles* — ne signifient, dans la pensée d'Ampère, autre chose que : *Science des corps inorganiques, science des corps organisés.*

L'auteur l'explique très-clairement. Dérivant le mot *naturelles* du latin *natus*, *nasci*, né, naître, il pense qu'on devrait réserver l'expression de *sciences naturelles* à celles qui étudient « les êtres qui naissent, et, par conséquent, croissent, se reproduisent et meurent (3). »

L'usage a trop longtemps prévalu de comprendre sous le nom de *nature* l'ensemble des êtres de la création, pour qu'on puisse admettre l'emploi qu'en propose Ampère. Il faut seulement distinguer très-nettement la nature *organisée* de la nature *inorganique*.

C'est là, en effet, le caractère capital.

Il y a une limite tranchée, une démarcation, en quelque sorte absolue, entre ce qui a vie et ce qui ne l'a pas. Le minéral est toujours identiquement semblable à lui-même dans toutes ses parties et dans tous les moments de son existence. En si petits fragments que vous supposiez réduit ce fragment de chaux fluatée ou de sel gemme, tout ce que vous pourrez concevoir du résultat de cette division, ce sera une parcelle extrêmement petite, ayant la même composition chimique, les mêmes propriétés physiques que le fragment primitif et possédant une forme semblable à la sienne, ou réductible, par des procédés géométriques, à cette forme elle-même.

Si nous examinons l'être vivant dans ses diverses parties, nous ne trouvons plus cette répartition uniforme de la matière, ni cette immobilité, cette invariabilité des éléments. On reconnaît que les matériaux qui composent un animal ou une plante subissent un renouvellement incessant ; d'où résulte un mouvement incessant, intime. Loin qu'ici toutes les particules matérielles puissent être prises indifféremment l'une pour l'autre et remplissent le même rôle, on distingue parfaitement, dans la constitution de l'animal ou du végétal, des différences qui se trahissent par la forme, par la composition, enfin par les fonctions : de sorte que chacune de ses parties a un but spécial dans l'ensemble ; en d'autres termes, cet être est pourvu d'*organes*, destinés à fonctionner pour l'existence et la conservation de l'individu.

Ces organes le mettent constamment en rapport avec le milieu qui l'entoure, et aux propriétés duquel les leurs sont admirablement adaptées. Si vous l'arrachez à ce milieu pour le mettre dans un autre qui lui soit moins favorable ou qui lui soit antipathique, l'être organisé le témoigne par son dépérissement ou même par sa *mort*, c'est-à-dire par l'affaiblissement ou l'anéantissement absolu des fonctions remplies par ses organes.

Cette destruction, cette mort est, d'ailleurs, inévitable pour tout être vivant ; elle est la conséquence nécessaire de la vie elle-même. Elle est liée au *mode commun d'origine* qui appartient à tous les êtres vivants, et qui est essentiellement différent de ce qui a lieu dans la production d'un minéral.

Le *minéral* naît ordinairement de la rencontre de deux ou de plusieurs substances qui, par leur nature, diffèrent considérablement de la sienne, et qui se combinent entre elles en raison des affinités chimiques dont elles sont douées.

Un être vivant, au contraire, n'est jamais le produit de ces combinaisons spontanées de la matière : il ne peut se former que sous l'influence d'un corps vivant, semblable à lui ; et cette existence, il la transmettra, par la reproduction, de la même manière à des individus qui lui ressembleront : d'où résulte une succession non interrompue d'individus qui naissent les uns des autres et se ressemblent entre eux (4).

L'existence de l'organe ou, si l'on veut, de la vie organique, dans un individu, est donc un critérium de premier ordre, et l'on peut, par son moyen, le ranger avec une entière certitude dans l'une ou dans l'autre des deux catégories d'êtres naturels.

En substituant, dans la nomenclature d'Ampère, aux mots *sciences physiques* et *sciences naturelles,* ceux de *sciences des corps inorganiques,* *sciences des corps organisés,* on aurait le double avantage de caractériser nettement la séparation entre ces deux ordres de sciences, et d'en faire disparaître cette anomalie, consacrée, il est vrai, par l'usage, qui consiste à opposer l'une à l'autre deux expressions, *physique* et *naturelle,* qui présentent identiquement le même sens littéral.

Avant de chercher l'application de la méthode à l'ensemble des sciences géologiques, voyons d'abord comment Ampère a compris lui-même cette application.

Géologie.	Géologie élémentaire.	Géographie physique. Minéralogie.
	Géologie comparée...	Géonomie. Théorie de la terre.

On peut encore ici se demander si, dans cette application de sa méthode aux sciences géologiques, l'illustre classificateur a bien fidèlement suivi les principes mêmes de cette méthode.

En effet, on voit bien d'abord une science de premier ordre, la *géologie*, parfaitement caractérisée par la nature des objets qu'elle se propose d'étudier ; puis, chacun des quatre points de vue donnera naissance à une science de troisième ordre, et ces quatre sciences, se groupant deux à deux, formeront la géologie élémentaire et la géologie comparée.

Je vois bien aussi que, de ces deux dernières, l'une, la *géonomie,* établira les lois qui résultent de la comparaison des phénomènes observés dans les deux premières sciences et des modifications qu'ils éprouvent suivant les temps et suivant les lieux ; que l'autre, la *théorie de la terre* ou *géogénie,* procèdera, à l'aide de tous ces matériaux, à la recherche d'une inconnue, cachée plus profondément encore, et remontera, autant que possible, des faits connus et des rapports observés, aux causes qui les ont produits. Mais je ne vois pas aussi nettement, dans le choix des deux premières sciences du troisième ordre, l'application des principes de la méthode.

En effet, la science qui, pour Ampère, représentera le point de vue autoptique, sera la *géographie physique*, et quel sera son but ? Je le laisse parler lui-même :

SCIENCES DU TROISIÈME ORDRE RELATIVES A LA COMPOSITION DU GLOBE TERRESTRE, A LA NATURE ET A L'ARRANGEMENT DES DIVERSES SUBSTANCES DONT IL EST FORMÉ.

« 1° *Géographie physique*..... Etudier non-seulement
« les accidents de la surface du globe, les mers, les fleuves,
« les plaines, les montagnes, les directions et les hauteurs

« respectives de leurs chaînes ; mais encore tout ce qui est
« relatif à l'aspect général qu'offrent dans chaque pays les
« végétaux et les animaux qui l'habitent, aux variations
« que présentent, en divers lieux et en divers temps, les
« phénomènes dont la physique expérimentale ne traite
« que d'une manière générale, tels que sont l'inclinaison
« et la déclinaison de l'aiguille aimantée, la pression at-
« mosphérique, la température moyenne et les tempéra-
« tures extrêmes, celle des mers à différentes profondeurs,
« celle des eaux thermales, la nature et la quantité des
« substances que les unes et les autres tiennent en disso-
« lution, la quantité plus ou moins grande des pluies, la
« direction ordinaire des vents suivant les diverses sai-
« sons, etc. » (T. Ier, p. 83.)

Une science ainsi constituée ne fera-t-elle qu'*examiner
ce que le globe nous présente immédiatement et qu'il met en
quelque sorte sous nos yeux?* Oui, si elle se contente d'étudier les accidents de la surface et tout ce qui est relatif à
l'aspect général qu'offrent, dans chaque pays, les végétaux
et les animaux qui l'habitent ; mais se borne-t-elle réellement à ce programme dans la pensée d'Ampère? Si elle
étudie, en outre, *les variations* que présentent, *en divers
temps et en divers lieux,* tous les phénomènes qui sont énu-
mérés dans la définition précédente, pourra-t-on dire
qu'une science ainsi définie aura à *examiner les objets tels
qu'ils se présentent, indépendamment des changements qu'ils
peuvent éprouver et de leurs rapports avec d'autres objets?*

Evidemment non, et elle abordera manifestement des
sujets réservés à la science troponomique.

Mais n'empiétera-t-elle pas aussi sur le domaine de la
cryptoristique, s'il faut qu'elle détermine *la nature et la
proportion des substances* que contiennent l'air atmosphé-

rique, les eaux superficielles, les eaux thermales, les eaux de la mer à diverses profondeurs ?

Et, si on lui accorde ceci, comment lui refuser le droit de s'occuper aussi de la composition des masses minérales ? Sans quoi, la délimitation ne se ferait plus suivant la nature du point de vue, mais d'après les propriétés générales et le gisement des objets eux-mêmes. Voilà donc l'étude des minéraux et des roches qui lui échoit en partage, et, à plus forte raison, le nombre, la forme et la disposition des masses minérales, la forme et la direction des couches, la forme, la dimension et l'inclinaison des filons, leur composition, c'est-à-dire qu'elle englobera à la fois la minéralogie, la lithologie et la stratigraphie, en un mot, toute la *géognosie*.

Passons au second point de vue, au point de vue cryptoristique. Est-il bien représenté par la *minéralogie* ?

Mais, en supposant même (ce qui n'est évidemment pas, d'après ce que je viens de dire) que ce point de vue n'eût rien à rechercher dans l'atmosphère et les eaux ; en admettant que le mot de minéralogie pût à la rigueur, et par une extension un peu forcée, s'appliquer à l'étude des roches, considérées dans leur nature et dans leurs propriétés intrinsèques, comment y comprendre l'étude des restes organiques végétaux et animaux qu'on rencontre dans ces roches ? Comment y faire rentrer l'arrangement et la disposition de ces roches à la surface du globe ?

Ainsi, si la géographie physique, telle qu'elle est définie par Ampère, est trop vaste pour le premier point de vue, la minéralogie, quelque extension qu'on veuille lui donner, est trop restreinte pour le second.

J'ai cherché à éviter ces deux écueils dans l'essai de classification, d'après la méthode d'Ampère, que résume le tableau synoptique suivant :

En appelant la science qui correspond au premier de ces points de vue simplement *géographie*, je n'ai fait que suivre l'exemple d'Ampère, pour qui le point de vue autoptique, dans les deux autres sciences naturelles, est représenté, en botanique, par la *phytographie*, en zoologie, par la *zoographie*. Et cela est tout à fait conforme au principe de la classification, puisque le point de vue autoptique est essentiellement descriptif.

Le géographe décrit tout ce que l'aspect général du globe lui présente ; mais c'est ici qu'intervient nécessairement, pour le point de vue autoptique, l'esprit de méthode que j'y signalais dans la première leçon. Cette description, si elle doit avoir un caractère systématique et scientifique, ne peut pas porter indifféremment, et sans ordre, sur tous les objets qui s'offriront successivement aux yeux sur la surface de la terre. En un mot, le géographe ne doit pas procéder comme un homme qui, se trouvant pour la première fois en présence des richesses physiques de la nature, essaierait de les décrire successivement et dans l'ordre où le hasard les lui présenterait. Pour éviter la confusion, surtout s'il s'agit d'objets très-nombreux et très-divers, un catalogue, un inventaire quelconque est ici une préparation nécessaire. Ce catalogue, plus ou moins méthodique lui-même, suppose une vue générale, un coup d'œil d'ensemble, qui aura permis de ranger, d'abord grossièrement, les objets en un petit nombre de grandes catégories.

Le géographe, avant d'entreprendre son travail de description, doit avoir fait quelque chose d'analogue. Il doit avoir reconnu dans les objets terrestres un certain nombre de groupes naturels, entre lesquels tous les objets viennent se distribuer. Je n'entends assurément point par là que le géographe doive ou même puisse ignorer les résultats qui

SCIENCES GÉOLOGIQUES

POINT DE VUE AUTOPTIQUE
GÉOGRAPHIE OU DESCRIPTION DE LA TERRE

- **[Géographie mathématique]** Mesure des grandeurs terrestres ⟩ GÉODÉSIE
- **[Géographie physique]** Description des parties mobiles ou enveloppes fluides de l'écorce terrestre ⟩ MÉTÉOROGRAPHIE / HYDROGRAPHIE
- Description des portions solides de l'écorce terrestre ⟩ OROGRAPHIE
- **[Géographie naturelle des êtres vivants]** Répartition à la surface du globe
  - des végétaux ⟩ GÉOGRAPHIE BOTANIQUE
  - des animaux ⟩ GÉOGRAPHIE ZOOLOGIQUE
  - des races humaines ⟩ GÉOGRAPHIE ETHNOLOGIQUE

POINT DE VUE CRYPTORISTIQUE
GÉOGNOSIE OU GÉOLOGIE ÉLÉMENTAIRE

- **Météorognosie ou physique terrestre**
  - Physique de l'atmosphère ⟩ MÉTÉOROGNOSIE proprement dite ou MÉTÉOROLOGIE élémentaire
  - Physique des eaux ⟩ HYDROGNOSIE ou HYDROLOGIE élémentaire
  - Physique du sol ⟩ KRYPTOGNOSIE
- **Géognosie ou Géologie élémentaire**
  - ORYCTOGNOSIE ou ORYXIOLOGIE élémentaire
    - Étude des minéraux ⟩ MINÉRALOGIE
    - Étude des roches ⟩ LITHOLOGIE
  - OROGNOSIE ou OROLOGIE élémentaire
    - *Morphologique* ou STATIGRAPHIE (formes et dispositions des masses minérales)
    - *Chronologique* (étude des formations successives)
  - PALÉONTOGNOSIE ou PALÉONTOLOGIE élémentaire ⟩ PHYTOLOGIQUE / ZOOLOGIQUE / ANTHROPOLOGIQUE

POINT DE VUE TROPONOMIQUE
GÉONOMIE OU GÉOLOGIE COMPARÉE

- **Météoronomie** — Variations avec le temps et avec les lieux des propriétés physiques chimiques
  - de l'atmosphère ⟩ MÉTÉORONOMIE comparée
  - des eaux ⟩ HYDRONOMIE comparée
- **Géonomie ou Géologie comparée** — Variations avec le temps et avec les lieux
  - des dépôts terrestres ⟩ ORYXIONOMIE ou ORYXIOLOGIE comparée
  - des reliefs du sol ⟩ ORONOMIE ou STRATIGRAPHIE comparée
  - des corps organisés fossiles ⟩ PALÉONTONOMIE ou PALÉONTOLOGIE comparée des plantes, des animaux, de l'espèce humaine

POINT DE VUE ÉTIOLOGIQUE
GÉOGÉNIE OU THÉORIE DE LA TERRE

- **Météorogénie ou Météorologie étiologique** ⟩ Recherche des causes qui produisent les grands phénomènes mécaniques physiques chimiques et biologiques de l'atmosphère, des eaux
- **Géogénie proprement dite ou Géologie étiologique** ⟩ Recherche des causes qui produisent les grands phénomènes physiques chimiques mécaniques et biologiques

POINT DE VUE TECHNIQUE
GÉOTECHNIE OU GÉOLOGIE PRATIQUE

- **Météorotechnie** ⟩ utilisation des éléments de l'atmosphère, des eaux atmosphériques, des eaux de source et de rivière, des eaux de mer, du sol superficiel ⟩ Partie de l'ÉCONOMIE RURALE et GÉONOXIQUE
- **Géotechnie** ⟩ Utilisation des produits solides contenus dans l'écorce terrestre (roches et minéraux) ⟩ ORYCTOTECHNIE ou art des mines
  - reproduction artificielle des minéraux, des roches ⟩ LITHOTECHNIE

ont été acquis à la science en se plaçant sous les autres points de vue : mais, je le répète, il n'y a là aucune contradiction. Il n'y aurait contradiction et cercle vicieux que si l'établissement de ces grandes familles d'objets et de considérations supposait la connaissance intime des objets eux-mêmes, ou celle des rapports secrets qui les lient entre eux, ou celle, enfin, des causes qui produisent les phénomènes et leurs variations.

L'établissement de ces grands groupes, de ces grandes familles doit donc pouvoir résulter de propriétés tellement apparentes, tellement patentes, qu'il ne puisse exister à leur égard aucun doute, et que celui même qui ne connaîtrait pas les autres points de vue de la science pût les accepter sans hésitation.

Voyons si les groupes que nous avons établis dans la *géologie autoptique* répondent à ce besoin. Or, cela est incontestable, puisque, des deux groupes principaux qui y figurent, l'un réunit tous les corps inorganiques, l'autre, tous les êtres organisés ; que le premier groupe se subdivise en deux, suivant que les corps que l'on doit étudier appartiennent aux parties fluides et mobiles de la surface du globe, atmosphère et mer, ou qu'elles constituent, sous forme de minéraux ou de roches, la portion solide de la croûte extérieure ; qu'enfin le second groupe comprend deux ou même trois subdivisions, qui correspondent aux végétaux, aux animaux et à l'homme.

Certes, rien n'est plus primitif qu'une telle répartition des matières ; rien n'implique moins la connaissance intime et approfondie des matières elles-mêmes. Vous verrez néanmoins, Messieurs, qu'elle suffit à classer avec ordre et logique tous les objets qui se présenteront successivement à nous, non-seulement au point de vue autoptique, mais aussi sous tous les autres points de vue.

Dans le tableau que j'ai l'honneur de mettre sous vos yeux, j'ai fait figurer, au début des sciences géographiques, la *géographie mathématique*.

Ceci mérite une explication.

Il est clair qu'une des premières préoccupations du géographe devra être de connaître la forme générale et les dimensions du globe terrestre et de ses diverses parties. La détermination même de ces mesures ne lui incombera pas : elle est du ressort, en partie de l'astronomie, mais surtout de la *géodésie*, qui est une des applications des mathématiques. Le géographe n'aura pas à mesurer par lui-même la longueur des méridiens terrestres ; mais il en pourra déduire les dimensions du globe, son aplatissement, ses irrégularités ; il n'aura même pas besoin d'opérer par lui-même la triangulation des diverses parties de sa surface : il en recevra les résultats des mains du géodésiste, et en conclura les proportions relatives des terres et des mers, les formes et les saillies des continents, etc. Il laissera de même au physicien l'observation du pendule, de l'instrument de Cavendish, ou celle des appareils magnétiques ; mais il enregistrera les conséquences qu'on en peut tirer sur la densité moyenne de la terre, sur les densités variables des différentes parties de l'écorce solide, sur la répartition des forces inorganiques à la surface du globe. On trouvera peut-être que c'est réduire le rôle du géographe ? mais il ne faut pas oublier que, par définition, la géographie est purement une science descriptive et non une science expérimentale. Le savant voué aux recherches géographiques pourra donc user aussi des méthodes de détermination ; mais l'invention de ces méthodes ne lui appartient pas, et, quand il les applique, il fait réellement acte de physicien, d'astronome ou de mathématicien ; comme aussi lorsque, remplissant une autre partie bien différente de sa tâche, il constatera la répartition des êtres vivants à la surface du globe, on ne lui demandera pas d'inventer les méthodes au moyen desquelles le botaniste et le zoologiste auront déterminé les genres et les espèces de plantes ou d'animaux. Il se contentera d'admettre et d'enregistrer leurs déterminations spéciales, et, s'il y procède par lui-même, il fera alors acte de botaniste ou de zoologiste. Car, bien que les sciences soient réellement distinctes, rien n'empêche un même esprit d'en connaître et d'en pratiquer plusieurs.

Une partie de ces déterminations, de ces mesures faites par le géodésiste, l'astronome ou le physicien, porteront sur l'une ou sur l'autre des trois enveloppes du globe : c'est-à-dire sur l'atmosphère, sur les eaux ou sur la croûte solide. Le géographe les enregistrera et les discutera, suivant les cas, soit en *météorographie*, comprenant l'*aérographie* et l'*hydrographie*, dont les noms indiquent suffisamment le but spécial, soit dans l'*orographie* (5) destinée à faire connaître les portions solides du globe dans leur forme et leur arrangement superficiel, à indiquer la position des chaînes de montagnes, celle des plateaux, des plaines, comme aussi leur hauteur, leur direction, leur orientation, etc.

Mais quelques-unes de ces données s'appliquent au globe tout entier, et ne pourraient figurer convenablement dans la description de l'une de ses trois grandes parties : ce sont celles que j'ai fait figurer sous le nom qu'elles portent habituellement de *géographie mathématique,* parce qu'elles résultent le plus souvent des mesures de grandeur, mais qu'il serait peut-être préférable de comprendre sous la dénomination de *géographie générale.*

De la *géographie physique* ou de la géographie des corps inorganiques, se distingue la géographie des êtres organisés, qui étudie la répartition des végétaux et des animaux à la surface du globe, et se divise naturellement en deux branches : la *géographie botanique* et la *géographie zoologique*, et de cette dernière, tout le monde comprendra la convenance ou plutôt la nécessité de distinguer la *géographie ethnologique*. C'est le côté par lequel la géologie touche aux sciences naturelles, comme, par la géographie générale, elle donne la main aux sciences mathématiques.

On pourrait réduire le point de vue autoptique de la géologie à la géographie physique, si l'on remarquait qu'en réalité la géographie botanique et la géographie zoologique ne sont qu'une partie de la botanique et de la zoologie, considérées chacune au point de vue troponomique. Elles sont, en effet, le résumé des lois qui président aux variations des êtres organisés avec les lieux.

Néanmoins, il n'y a peut-être pas contradiction à faire figurer au point de vue autoptique de la géographie cette distribution, étudiée et déterminée spécialement par le botaniste et le zoologiste ; de même que la géographie physique pourra signaler les marées sur les diverses côtes de l'Océan, bien que l'établissement d'un port quelconque soit, en réalité, un résultat *technique*, que l'astronome aura déduit et calculé d'après la cause connue du phénomène.

Un résultat obtenu dans une science, par voie troponomique ou par voie technologique, pourra donc, sans contradiction, figurer au point de vue autoptique d'une autre science ; — ou plutôt, cette contradiction apparente provient de l'impossibilité de ranger *linéairement*, d'une manière naturelle, un ensemble quelconque d'objets ou de notions : elle est une suite nécessaire des rapports communs qui lient entre elles plusieurs sciences, et cela est surtout vrai de la géologie, placée, comme nous le dirons tout à l'heure, au centre de toutes les sciences cosmologiques.

C'est cette considération qui m'a fait accueillir, en appendice et comme formant deux *ailes* nécessaires, la géographie mathématique et la géographie des êtres organisés, de chaque côté de la géographie physique, qui constitue comme une sorte de *pivot*.

En résumé, le point de vue géographique, tel que je viens de le caractériser, embrasse un cadre étendu, mais bien défini, dans lequel les matières, quoique très-variées, viennent se ranger aisément et avec ordre. C'est une sorte de portique ou de vestibule, largement éclairé, d'où partent un certain nombre de longues avenues, qui conduisent toutes au milieu cryptoristique. Le savant spécialiste choisit l'une d'elles et s'y engage avec son bagage d'instruments et d'appareils empruntés, pour la plupart, aux sciences mathématiques et aux sciences physiques.

En abordant le point de vue cryptoristique, c'est-à-dire le point de vue qui permettra de pénétrer plus intimement, plus profondément les objets et d'en rechercher expérimentalement l'essence et la nature propre, on entre, en géologie, dans le domaine de la *géognosie*.

Là nous retrouverons, comme en géographie, trois subdivisions à établir d'après la nature des objets à étudier.

La *météorognosie* analysera les phénomènes qui se passent dans les deux milieux mobiles, l'atmosphère et les eaux, et il en résultera deux branches distinctes.

Ainsi le physicien aura déterminé les lois de la saturation d'un gaz par la vapeur d'eau ; l'*aérognoste* en fera une application à la vapeur d'eau répandue dans l'atmosphère ; de là, l'étude de tous les phénomènes aqueux : les nuages, la pluie, la neige, la grêle. Ou bien encore, si l'on a étudié ailleurs cette singulière modification des forces naturelles qu'on appelle l'électricité, on la retrouvera ici, sous la forme de l'électricité atmosphérique, dans les orages, dans les trombes, etc.

De son côté, l'*hydrognosie* étudiera les propriétés physiques et chimiques de l'Océan, et déterminera la marche de ces immenses courants qui établissent un échange constant entre les eaux des pôles et celles de l'équateur. Elle examinera aussi, dans leur composition et dans leurs allures propres, tous les cours d'eau, depuis le fougueux torrent qui dans ses crues éphémères, roule des blocs monstrueux, jusqu'à ces fleuves majestueux, qui s'étendent en nappes immenses et empiètent, par de vastes deltas, sur le domaine de l'Océan.

La *géognosie* proprement dite étudiera, dans leurs détails, les matériaux solides, les masses minérales, et se subdivisera en deux branches, suivant qu'elle examinera ces masses minérales dans leur nature et dans leurs propriétés intrinsèques, ou qu'elle recherchera leur mode d'arrangement, de juxtaposition ou de superposition. Le premier embranchement constituera l'*oryctognosie* (6); le second la *stratigraphie*, mot hybride, auquel il serait, il semble, infiniment préférable de substituer celui d'*orognosie* (7), qui est à la fois plus correct et répond parfaitement à l'expression déjà usitée d'orographie.

L'oryctognosie comprendra très-naturellement deux divisions, suivant qu'il s'agira d'étudier les *minéraux* simples ou les agrégats formés par ces minéraux et qu'on désigne sous le nom de *roches*. L'un de ces chapitres sera la minéralogie; à l'autre, on pourrait réserver plus spécialement le nom de *lithognosie*.

Enfin, bien que les restes fossiles de plantes et d'animaux soient, après tout, de véritables *pierres*, en ce sens qu'ils sont absolument dénués de toute vie organique, et rentrent, par cela même, dans le domaine de la géognosie, le genre de considérations qui doit guider dans leur détermination étant absolument différent de celui qui sert, soit en oryctognosie, soit en orognosie, il est indispensable d'en séparer leur étude et d'en constituer un chapitre à part, qui, sous le nom de *paléontognosie*, se subdivisera naturellement en paléontognosie phytologique et paléontognosie zoologique.

La stratigraphie ou l'orognosie comprendra elle-même deux divisions.

La stratigraphie morphologique ou descriptive est celle qui, après avoir demandé au lithologiste la connaissance intime des matériaux dont les divers compartiments de la croûte terrestre sont composés, recherchera les dispositions générales qu'ils sont susceptibles de prendre, soit qu'ils offrent la régularité d'assises parallèles superposées, soit qu'ils prennent les formes variables et indéterminées des masses éruptives, soit enfin que, comme les filons, ils affectent des allures et des gisements d'une nature tout autre et qui leur est particulière.

La deuxième branche de la stratigraphie ou de l'orognosie est la stratigraphie chronologique ou narrative; elle s'appuie, à la fois, sur les phénomènes de superposition ou de juxtaposition et sur les considérations paléontologiques, pour en conclure l'âge relatif des différents compartiments de l'enveloppe terrestre; c'est la portion la plus considérable et la plus étendue de la géognosie; c'est par elle qu'entre, en géologie, l'idée de succession dans le temps; c'est une sorte d'archéologie primitive, qui lie la géologie aux sciences historiques.

L'orognosie occupe le point central de la géognosie. Elle sert de lien entre les deux autres parties de cette science, l'oryctognosie et la paléontognosie, qui, procédant par des voies différentes, et se servant d'instruments qui n'ont presque rien de commun, tendraient à s'isoler l'une de l'autre, si elles n'étaient obligées de se rencontrer, pour ainsi dire malgré elles, sur le domaine commun de la stratigraphie.

Tel est le cadre complet d'études qu'embrasse la géognosie ou *géologie élementaire*. Après l'avoir parcouru, non-seulement le géologue connaîtra la disposition générale des divers matériaux de la surface du globe, mais il en aura approfondi la nature et les propriétés caractéristiques; et, de plus, il y aura constaté certaines variations que ces métériaux ont pu présenter, soit avec le temps, soit avec les lieux.

Nous abordons alors le troisième point de vue, celui qui, sortant du domaine exclusif de l'observation et de l'expérience, ne se borne plus à constater et à enregistrer les faits et leurs variations, mais veut les lier entre eux, recherche, en un mot, la loi de ces variations.

En géologie, c'est le point de vue *géonomique*.

Ainsi, le météorognoste aura constaté que la température moyenne des divers lieux varie sur la surface du globe. Le *météoronome* recherchera quels sont les points de cette surface qui possèdent une même température moyenne; il les reliera entre eux et tracera sur le globe les lignes isothermes.

La météorognosie aura remarqué, par l'expérience, que les quantités de vapeur d'eau dissoute dans l'atmosphère varient dans le cours d'une même journée ; la météoronomie montrera que ces proportions atteignent, en vingt-quatre heures, deux *maxima* et deux *minima* à des moments qu'elle déterminera.

C'est encore par un procédé troponomique que le météorologiste établira comment la pression atmosphérique moyenne varie, dans un même lieu, avec les heures et avec les mois.

Le météoronome aura aussi à rechercher si les proportions dans les principes constitutifs de l'air atmosphérique varient avec les lieux, soit en position géographique, soit en altitude, sur l'Océan et sur les continents, en hiver et en été, et, dans le cas où ces variations seraient constatées, à se demander quelle loi les détermine.

Mais ici s'ouvre un champ bien plus vaste encore à la météorologie troponomique ; car rien ne la borne aux variations constatées dans l'époque actuelle. En tant que science géologique, elle est tenue de remonter aux temps antérieurs. La météoronomie comprend donc l'étude des climats, les variations possibles dans la composition de l'air atmosphérique, aux époques de la terre qui ont précédé l'ère actuelle. C'est une des applications les plus intéressantes de cette science. Dans ces recherches, on devra s'appuyer, d'un côté, sur les propriétés connues des climats actuels et des êtres animés qui s'y développent, de l'autre, sur la nature et les propriétés (au moins probables) des êtres organisés, végétaux et animaux, dont on trouve les dépouilles à chacune des époques de l'existence primitive du globe. C'est donc là une science éminemment comparative, et le simple énoncé de ce qu'on peut lui demander, relativement aux climats anciens, suffit pour faire apprécier ses difficultés et pour expliquer le peu de progrès qu'elle a pu faire encore.

De même, le géologue qui étudiera l'hydrologie au point de vue troponomique, non-seulement devra rechercher comment varient, de l'équateur aux deux pôles, ou de la surface vers le fond, la température des eaux de l'Océan, les proportions de sel qu'elles peuvent dissoudre, etc.; mais il devra aussi se demander si ces propriétés physiques et chimiques des eaux de l'Océan n'ont pas pu varier avec les diverses époques géologiques.

Et alors, que de points de comparaison avec les dépôts anciens de sels, analogues à ceux que tient en dissolution la mer actuelle, ou avec les flots de vapeurs et les eaux minérales qui s'échappent sous nos yeux des roches éruptives, et qui, sans doute, aux époques antérieures, jouaient un rôle plus important encore !

Et je ne fais ici qu'indiquer rapidement les traits saillants. Que de beaux chapitres n'entrevoyez-vous pas encore, Messieurs, dans la météoronomie des temps actuels et des temps passés !

Le point de vue troponomique n'est pas moins fécond lorsqu'on l'applique à la géologie proprement dite, c'est-à-dire à l'étude des portions solides de l'écorce terrestre.

L'*oryxionomie* ou *lithonomie* aura, en effet, à rechercher les lois qui président aux variations dans la nature des minéraux et des roches, suivant les lieux qu'ils occupaient et suivant les époques de leur formation. Elle se demandera, par exemple, si les forces éruptives du globe ont rejeté à sa surface des matériaux dont la nature a été, de quelque manière, en rapport avec l'époque de leur apparition ou avec les circonstances de leur gisement; si les minéraux variés qui remplissent les filons ne présenteraient pas aussi quelque loi de succession.

Les belles études du métamorphisme appartiennent de droit à l'oryxionomie.

La *paléontonomie* recherchera, de son côté, quels rapports lient l'ensemble d'une faune ou d'une flore à l'époque de son apparition ou aux conditions des lieux qu'elle a remplis.

Ce qu'on pourrait appeler l'*oronomie*, et qui correspond au point de vue troponomique de la stratigraphie ou à la *stratigraphie comparée*, se proposera de déterminer les lois qui ont présidé à la structure, à la disposition générale des grands accidents du globe, comme à l'époque relative de leur apparition dans la série des âges géologiques. On peut dire que cette science a pris, en quelque sorte, naissance dans cette chaire même et dans les leçons qu'y a professées, pendant plusieurs années, M. Élie de Beaumont. Et ce sera une des parties les plus importantes et les plus instructives de ma tâche de retracer devant vous cette succession, si bien ordonnée, de leçons, où le maître a parcouru le cadre entier de cette science nouvelle : lutte étrange et grandiose entre la rigueur inflexible de la méthode et l'esprit puissant qui s'y assujettissait, tout en la dominant.

« Il y a, dit M. de Humboldt, des groupes nombreux de « phénomènes dont nous devons nous contenter de dé- « couvrir les lois empiriques ; mais le but le plus élevé, ce- « lui qui a été le plus rarement atteint, est la recherche des « causes qui relient entre eux tous les phénomènes (8). »
Tel est le but du quatrième point de vue appliqué à la géologie. Il se proposera de rattacher les phénomènes géologiques, dont on a étudié préalablement la nature et les variations, aux causes qui les produisent ; par cela même, il aura besoin de s'appuyer, à la fois, sur tous les faits recueillis et analysés dans les deux premiers points de vue et sur toutes les conséquences qu'on en a déduites dans le troisième. Il faudra, en effet, que la *théorie de la terre* ou la *géogénie* puisse tenir compte, dans l'explication des phénomènes terrestres, de toutes les circonstances qui ont pu influer, et sur l'état actuel du globe, et sur les phases les plus éloignées de son existence.

Je ne veux point développer aujourd'hui ce point de vue ; nous le retrouverons bientôt en jetant un coup d'œil sur la géologie des anciens, qui s'y sont presque toujours placés. Il me suffira de dire que nous aurions ici la *météorogénie* ou la recherche des causes qui produisent les divers phénomènes météoriques et leurs variations ; la *géogénie* proprement dite, comprenant la *lithogénie* ou la recherche des causes sous l'influence desquelles se sont produits ou se produisent encore les minéraux, et l'*orogénie* ou la recherche des causes physiques et mécaniques qui ont produit les accidents et les reliefs de la surface terrestre.

Le point de vue *technique* de la géologie ne nous intéressant pas non plus directement dans l'enseignement de cette année, je ne ferai qu'indiquer, pour le complément de la méthode, comment cette partie du cadre général serait remplie.

La *géotechnie* se subdivise, comme les autres points de vue de la géologie et d'après les mêmes considérations, en deux parties : *météorotechnie* et *oryctotechnie*.

La *météorotechnie* n'est autre chose que la branche de l'agriculture qui utilise, pour les besoins et les progrès de cet art, tous les éléments de l'atmosphère : l'oxygène, l'azote (qui, comme les dernières recherches de l'économie rurale tendent à l'établir, est un des agents les plus actifs de la fertilisation des terres), l'acide carbonique, puis les eaux atmosphériques, les eaux courantes, enfin, le sol superficiel lui-même, qui est en relation perpétuelle avec tous ces réactifs météorologiques. On peut dire que, à part les procédés mécaniques et chimiques, que l'agriculteur emprunte aux arts mathématiques et physiques, mais qu'il applique lui-même, c'est la *géoponique* tout entière, puisque, comme le choix des amendements, les manœuvres du labourage n'ont d'autre but que de faciliter ces réactions entre les éléments de l'atmosphère et des eaux et le sol superficiel.

L'*oryctotechnie* ou l'art des mines a pour but l'utilisation des éléments minéraux de la croûte solide; elle conduit à l'exploitation des mines et des carrières.

Mais il y a une dernière branche de l'oryctotechnie qui a pour nous un intérêt tout particulier : c'est celle qui, partant des recherches lithogéniques, se propose de reproduire les minéraux par des procédés artificiels, mais aussi voisins que possible de ceux que la nature semble avoir mis en œuvre. Ce côté synthétique de la science a, comme vous le savez, messieurs, pris, dans ces derniers temps, un développement remarquable, et j'ai déjà eu, dans cette chaire, l'occasion d'exposer, avec quelques détails, les curieux résultats obtenus récemment dans la reproduction des minéraux analogues à ceux des filons métallifères.

En définitive, la classification étant fondée, comme le remarque Ampère, sur deux considérations : 1° la nature de l'objet ; 2° la méthode employée nécessairement par l'esprit humain dans l'étude de cet objet, il en résulte que toutes les matières de la géologie sont rangées dans un tableau à deux entrées, dont l'une, horizontale, les réunit par la nature des objets étudiés, et l'autre, verticale, par le point de vue sous lequel ces objets sont successivement considérés. On peut ensuite indifféremment former les sciences secondaires en se servant de l'une ou de l'autre des deux entrées.

Si l'on pénètre dans les parties intérieures de la science générale par les portes latérales, on aura quatre sciences secondaires : la *météorologie* (en y comprenant l'*hydrologie*), la *lithologie* ou *oxyxiologie*, la *stratigraphie* ou, comme l'a dit Playfair, l'*oréologie*, la *paléontologie*. On pourra parcourir, pour ainsi dire, chacune d'elles par galeries horizontales, et, dans chacune de ces galeries, on rencontrera successivement les ouvertures correspondant à chacun des cinq points de vue.

Ou bien, l'on pourra pénétrer tour à tour par chacune de ces ouvertures verticales, qui donnent respectivement accès à la géologie descriptive ou *géographie*, à la géologie expérimentale ou *géognosie*, à la géologie comparée ou *géonomie*, à la géologie théorique ou *géogénie*, à la géologie appliquée ou *géotechnie* ; et, si vous me pardonnez cette comparaison, tirée de la géotechnie elle-même, en descendant, par chacun de ces puits verticaux, on rencontrera successivement les divers niveaux qui correspondent aux objets, de nature diverse, considérés par chacune des quatre sciences et rangés en galeries horizontales.

Chacun des deux procédés d'exploitation est bon en lui-même. L'un, plus direct, tient plus de l'observation ; l'autre, de la réflexion : le premier appartient plus spécialement au naturaliste, le second au philosophe. Mais la science n'est peut-être explorée complétement qu'après qu'on les a suivis tous les deux.

On voit ainsi que, non-seulement, dans chacune des sciences secondaires en lesquelles se décompose la science générale, chacun des cinq points de vue constituera un chapitre à part, pour parler comme J. Reynaud, mais que, dans chacune de ces sciences secondaires, un même sujet ne sera complétement élaboré qu'après qu'on l'aura examiné successivement sous les cinq points de vue et avoir fait, en quelque sorte, une halte dans chacun des cinq grands compartiments qui leur correspondent.

J'en citerai un exemple remarquable, que j'emprunte à l'histoire du métamorphisme ; c'est la transformation des calcaires en dolomie.

Dolomieu, en 1789, passe, en compagnie de M. Fleuriau de Bellevue, dans les sauvages et pittoresques vallées du Tyrol, et, sans qu'il connût la composition toute particulière de la roche à laquelle Th. de Saussure a plus tard donné son nom, il en est instinctivement frappé et en signale avec vivacité le gisement dans une lettre à M. Lapeyrouse. Voilà une sorte de coup d'œil intuitif, une faculté autoptique, qui n'est pas également accordée à tous, mais qui, développée extraordinairement chez quelques-uns, constitue le génie de l'observation.

Puis, vient le travail cryptoristique et expérimental. L'analyse chimique, les recherches du cristallographe établissent la nature de la dolomie, et, comparativement, celle des roches pyroxéniques et calcaires, avec lesquelles la dolomie se trouve en rapport et en contact.

Mais il était réservé à Léopold de Buch d'introduire dans cette belle question les deux derniers points de vue, les points de vue théoriques. D'un côté, il démêle les rapports des trois roches en établissant la transformation du calcaire en dolomie, au voisinage du mélaphyre, ce qui complète l'élément troponomique de la question ; de l'autre, il en indique, au moins d'une manière générale, *l'étiologie*, en admettant que cette transformation est due à l'influence de la masse éruptive.

Léopold de Buch devançait ainsi, hardi pionnier de la science, les notions qui devaient être acquises plus tard, et qui, fécondées depuis par l'expérience synthétique, se sont vérifiées par la reproduction même des phénomènes. Le cinquième point de vue, celui de l'art ou de la technique, est venu justifier une conception qui, par sa hardiesse, avait, au premier abord, effrayé bien des esprits.

Ici, il est nécessaire de faire une remarque importante, c'est que les études propres du géologue ne portent, en réalité, que sur les matières comprises dans les trois compartiments verticaux du milieu, savoir : la *géognosie*, la *géonomie*, la *géogénie*, et, dans le compartiment réservé à la *géotechnie*, ne touchent que la *lithotechnie*, ou reproduction artificielle des minéraux naturels.

La géographie, qui occupe le premier compartiment, n'est pas du ressort du géologue. C'est une science préparatoire, dont il doit connaître les résultats, mais qu'il n'est pas chargé de créer lui-même. En sens opposé, la géotechnie, s'appuyant sur les connaissances chimiques et mécaniques, utilise pour les besoins de l'homme les déductions qu'elle emprunte aux recherches du géologue.

Il est encore essentiel de noter que, en ce qui tient à la paléontologie, le géologue accepte les déterminations spécifiques données par le botaniste et le zoologiste, et se borne à les appliquer, soit à l'étude des couches sédimentaires en elles-mêmes, soit à l'ordre chronologique de leur formation.

Ces réserves faites, le cadre de la géologie proprement dite reste encore assez vaste, et notre programme assez étendu.

Je ne veux pas terminer ces considérations sur le parti que l'on peut tirer de la conception d'Ampère pour le classement méthodique des sciences géologiques, sans examiner si la place que ce savant a assignée à la géologie parmi les sciences physiques répond à toutes les exigences.

J'ai déjà fait voir que, si l'on traduit ces mots : *sciences physiques, sciences naturelles,* par ceux-ci : *sciences des corps inorganiques, sciences des êtres organisés,* la place de la géologie était incontestablement là où l'a mise Ampère, aussi bien au point de vue de la nature des objets étudiés qu'au point de vue des méthodes de recherche.

Mais quelques réflexions se présentent naturellement ici.

Nous avons vu que, si l'on fait abstraction des sciences technologiques, ou plutôt, si l'on fait simplement entrer ce point de vue technologique dans chacune des sciences de premier ordre, la méthode d'Ampère se réduit à ceci, pour les sciences de premier ordre :

Sciences des corps inorganiques.	Physique générale (comprenant la chimie). Géologie.
Sciences des corps organisés....	Botanique. Zoologie.

Eh bien ! la première association est-elle aussi naturelle que la seconde ? Peut-on voir dans la physique générale et la géologie deux sciences sœurs et jumelles, comme le sont la botanique et la zoologie ?

Evidemment non.

Si l'on voulait constituer, sur le modèle de ces deux dernières, une troisième science naturelle, qui serait celle des corps inorganiques, c'est évidemment la *minéralogie* qu'il faudrait l'appeler, et l'on trouverait facilement, dans le tableau que je viens de donner, à distinguer les cinq points de vue qui se rapportent à l'étude des minéraux simples ou à celle des roches.

La lithologie n'aurait absolument recours, dans ses méthodes, qu'aux procédés mathématiques, physiques ou chimiques.

On aurait ainsi trois ordres de sciences assez distinctes, par leur but comme par leur méthode :

Les sciences mathématiques.

Les sciences physiques.

Les sciences naturelles	des corps inorganiques.	Minéralogie ou lithologie.
	des corps organisés ...	Botanique. Zoologie.

Et cette succession de sciences aurait cela de remarquable que les dernières ont besoin, pour être cultivées, des méthodes inventées par celles qui les précèdent, tandis que l'inverse ne serait pas vrai, l'étude des premières étant absolument indépendante de celle des dernières.

Mais on se trouverait, par rapport à la géologie, dans le même embarras que si on ne l'avait pas démembrée en lui enlevant l'étude des minéraux et des roches. Car on ne saurait où la classer, entre quelles sciences l'intercaler, à moins de comprendre dans l'histoire des pierres ou lithologie toutes les matières dont s'occupe la géologie.

Cette impossibilité, à quelque point de vue que l'on se mette, de trouver, dans un arrangement linéaire, une place pour la géologie, prouve de la manière la plus nette que son véritable siége n'est point, en effet, marqué entre deux des autres sciences cosmologiques, mais bien au milieu d'elles, comme l'indique le petit tableau ci-contre (9).

Ainsi admirablement posée à une extrémité des sciences qui ont pour but la mesure des grandeurs et l'étude des corps célestes, parmi lesquels notre globe a sa place marquée ; située, en même temps, à la limite des sciences qui étudient les propriétés intrinsèques de la matière et des sciences qui suivent cette matière anoblie par le souffle créateur qui l'a animée, la géologie reçoit de toutes parts les aspirations, si douces et si fécondes, qui poussent l'esprit humain vers la connaissance de l'univers, et sont pour lui la source inépuisable des conquêtes les plus précieuses et des plus pures jouissances.

RAPPORTS DE LA GÉOLOGIE AVEC LES AUTRES SCIENCES.

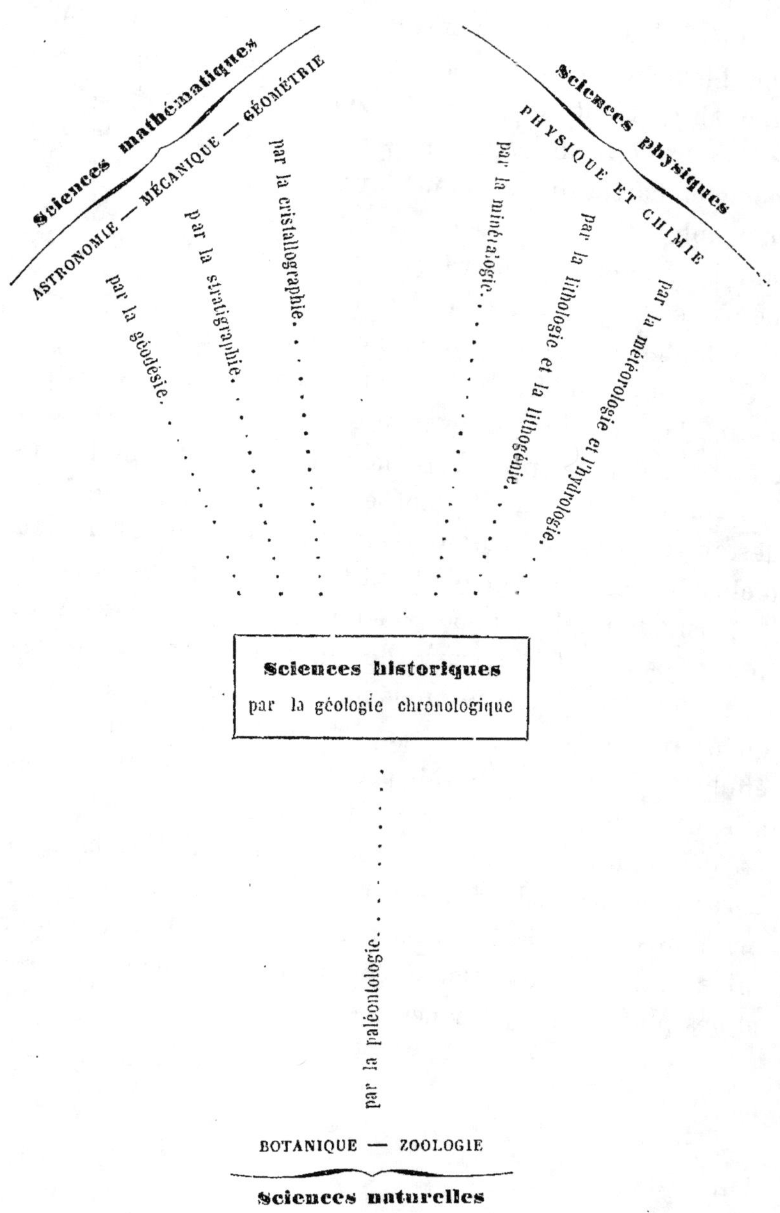

TROISIÈME LEÇON

Aperçu des Cosmogonies orientales et américaines, Opinions des Philosophes grecs jusqu'à Aristote.

Messieurs,

Après avoir distribué dans le tableau, à double entrée, que j'ai eu l'honneur de mettre sous vos yeux dans la dernière séance, l'ensemble des connaissances géologiques en cinq grands compartiments verticaux ayant pour titre, chacun, le nom de l'un des cinq points de vue généraux, et partagé chacun de ces grands compartiments par des tranches horizontales, correspondant chacune à la nature de l'objet étudié, et avant d'utiliser ce tableau pour les recherches historiques que je désire exposer dans ces leçons, il est nécessaire que je fasse une remarque.

Dès le début de ces recherches historiques, il se présente, en effet, une difficulté. Pour être entièrement fidèle à notre principe, il faudrait prendre successivement les trois points de vue de la géognosie ou géologie élémentaire, de la géologie comparée et de la géogénie ou théologie théorique, et faire l'histoire séparée de chacune de ces trois grandes divisions de la science. Un tel travail constituerait, en réalité, une vraie philosophie géologique dans un ouvrage de longue haleine, où il serait permis de revenir à plusieurs reprises sur une même époque et sur une même individualité. Mais l'application rigoureuse de la méthode ne ferait que retarder et embarrasser la marche dans la rapide connaissance que je désire faire avec vous des diverses phases de la géologie et des hommes qui les ont illustrées. Néanmoins, la sûreté de cette méthode se dessinera d'elle-même ; car vous verrez presque toujours chacune de ces phases successivement dominée et caractérisée par l'un des points de vue généraux.

Ainsi, lorsqu'on remonte aux plus anciennes conceptions, soit chez les Grecs, soit chez les Egyptiens, soit et surtout chez les Hindous, on est frappé de cette circonstance que les prêtres ou les philosophes recherchent immédiatement les causes des phénomènes avant de les avoir étudiés, avant même de les connaître, en quelque sorte. Le point de vue étiologique s'impose donc dès le début de ces recherches historiques. Si, en effet, scientifiquement parlant, la recherche des causes ne doit avoir lieu qu'après que le phénomène a été élucidé par des travaux antérieurs, la préoccupation des causes domine toujours chez le vulgaire ; cette curiosité instinctive lui dicte constamment sa première question, et il faut exiger de lui un certain effort pour lui faire admettre qu'on puisse, non-seulement observer les faits, mais définir aussi leurs rapports et leurs variations, sans acception de la cause qui les a produits.

Et, à vrai dire, Messieurs,

Au moment où je fais cette moralité,

oserais-je affirmer que ceux d'entre nous qui se sont livrés à l'étude des questions troponomiques en diverses sciences, n'avaient pas, au moins, au fond le plus secret de leur pensée, une idée théorique, qu'ils étaient prêts, d'ailleurs, à abandonner pour une idée meilleure, mais qui leur servait de fanal et éclairait provisoirement leurs pas sur un terrain obscur, inconnu et semé d'obstacles cachés ?

Chez les Hindous, dont les livres semblent remonter à plusieurs siècles avant ceux des Grecs (les Egyptiens ne nous étant guères connus jusqu'ici que par ces derniers), on trouve moins encore que ce que je viens de signaler. Leurs systèmes sur la formation du monde dérivent du panthéisme pur. Tout étant Dieu, l'investigation scientifique est frappée de mort. Aussi, les philosophes indiens n'ont jamais essayé de créer une science physique. Toute la pénétration dont ils sont doués, ils la dépensent dans une métaphysique tellement subtile qu'ils sont comme forcés de retomber plus lourdement encore dans le matérialisme le plus grossier.

Tel est, en effet, l'état d'engourdissement intellectuel auquel sont arrivés les Hindous, d'un côté, par la préoccupation constante de la béatitude éternelle, qui, mal comprise, leur fait rechercher une sorte d'anéantissement de tout leur être, de l'autre, par l'influence de la conquête musulmane. « L'empreinte qu'a reçue l'esprit indien, dit « M. Barthélemy-Saint Hilaire (1), est désormais ineffa- « çable ; et la science européenne, aidée de toutes les « influences de la civilisation et de la politique, ne pourra « pas vaincre cette disposition qu'une longue série de « siècles a fortifiée jusqu'à en faire une seconde nature. « La science, telle que nous l'entendons, ne sera jamais « comprise, ni pratiquée dans l'Inde. »

Tout semble prouver, au contraire, qu'à une époque, probablement antérieure à celle des plus anciens philosophes grecs, la philosophie, l'astronomie et les mathématiques étaient cultivées dans les régions de l'extrême Orient (2). La physique et ce que nous appelons aujourd'hui les sciences naturelles étaient inconnues, ou se bornaient à quelques propositions formulées en termes laconiques et obscurs.

On est frappé, néanmoins, en lisant les doctrines *Sânkya et Nya'ya,* d'y trouver, parmi les éléments, un fluide éthéré (*âkâsa*) occupant l'espace, qui est le véhicule du son,.... qui est le *substratum* du son. Le son, d'après le philosophe *Kanada* (3) est une qualité particulière de l'élément éthéré..... et il en est la propriété caractéristique..... Pour ce qui concerne le son produit dans un lieu et entendu dans un autre, il observe que le son est propagé par ondulation, vague après vague, ou onde après onde, rayonnant, dans toutes les directions, d'un centre déterminé, comme les fleurs d'un Nauclea. Ce n'est pas la première onde, ni l'intermédiaire, qui fait entendre le son, mais la dernière, qui entre en contact avec l'organe de l'ouïe.

Quelques pensées sur la couleur et la lumière sont aussi très-remarquables.

Néanmoins, il serait inutile de chercher dans ces livres quelques notions qui puissent se rapporter à l'histoire de la Terre, considérée au point de vue de l'observation. Nous sommes obligés, comme pour les autres peuples primitifs, de rechercher, dans les traditions cosmogoniques informes et barbares des Hindous, quelques traces douteuses du souvenir d'anciens cataclysmes, dont l'homme aurait été le témoin.

Voici ce qu'enseigne le livre qui fait autorité parmi eux, le *Mânava dharmaçâstra :*

Dieu ayant résolu dans sa pensée de faire émaner de sa substance les diverses créatures, il produisit d'abord les eaux, dans lesquelles il déposa un germe. Le germe devint un œuf brillant comme l'or, dans lequel Dieu naquit lui-même sous la forme de Brahma. Après avoir de-

meuré dans cet œuf 3 110 400 000 000 d'années, il le
sépara en deux parties. De ces deux parties, il forma le
ciel et la terre ; au milieu, il plaça l'atmosphère. Puis il
exprima de lui-même le sentiment (ou la conscience) et
les rudiments des cinq éléments (l'éther, l'air, le feu,
l'eau, la terre). Ayant uni des molécules imperceptibles
de ces principes à des particules de ces mêmes principes,
il forma tous les êtres. Les sages ont donc désigné la forme
visible de Dieu sous le nom de *Sarira* (qui reçoit les six
molécules). Après avoir ainsi produit cet univers, Dieu, se
replongeant dans un profond repos, le temps de la création
fut remplacé par le temps de la dissolution : le monde se
dissout. Puis, Dieu se réveillant, les principes élémentaires subtils sont réunis de nouveau, et le monde reprend
une forme nouvelle. C'est ainsi que, par son réveil et son
repos alternatifs, l'Etre immuable fait revivre ou mourir
éternellement tout cet assemblage de créatures mobiles et
immobiles (4).

Cette légende de l'œuf primitif se présente sous des
formes variées ; car le Rig Veda dit que cet œuf, dont
les flancs contenaient les continents, les mers et les montagnes, les planètes et les diverses parties de l'univers,
les Dieux, les démons et l'humanité, était revêtu extérieurement de *sept* enveloppes naturelles, l'eau, l'air,
le feu, l'éther et ahanhara, l'origine des éléments, le
principe de l'intelligence, et enfin le principe mauvais.
Elle se retrouve, d'après le professeur Wilson, dans
l'opinion, très-répandue parmi les anciens, d'une première manifestation du monde sous la forme d'un œuf.
« Ce symbole semble, dit-il, avoir été adopté chez un
« grand nombre de nations. On en trouve des traces chez
« les Syriens, les Perses et les Egyptiens, et, outre l'œuf
« d'Orphée, il y avait chez les Grecs celui dont parle

« Aristophane, quand il décrit une cérémonie des Dio-
« nysiaca et d'autres mystères, qui consistait à consa-
« crer un œuf, lequel, selon Porphyre, représentait le
« monde. »

L'écaille de l'œuf cosmique était placée en dehors des
sept sphères dont ce système se composait. Dans le *Vishnu
Purána*, II, 7, 19, il est dit :

« Ces sept sphères ont été décrites par moi, et il y a
« aussi sept Patalas ; telle est l'étendue de l'œuf de
« Brahma. Le tout est entouré par l'écaille de l'œuf de
« chaque côté, au-dessus et au-dessous, de même que le
« pépin de la pomme est recouvert par l'écorce. »

Il paraît cependant que ce système n'est qu'une très-
petite partie de l'univers ; dans le verset 24, on lit :

« Il y a des milliers et des dix milliers de milliers
« d'œufs semblables, bien plus, des centaines de millions
« de millions.

« La mythologie indienne, quand elle s'efforce d'attein-
« dre au sublime et cherche à exciter l'étonnement, déploie
« souvent une facilité extravagante et puérile dans la fa-
« brication de nombres énormes. Mais, dans la proposition
« citée plus haut, ses conjectures sont, au fond, d'accord
« avec les découvertes de l'astronomie moderne ; ou,
« plutôt, elles sont d'imparfaites images de la vérité,
« car aucun nombre ne peut exprimer les espaces in-
« finis (5). »

Parmi ces légendes, il en est une que j'emprunte à
l'Introduction de la *Vie du Bouddha Sakya-Mouni* par
Mme Mary Summer (6), et qui semble se rapporter à l'opinion d'un état primitivement fluide de la surface terrestre :

« C'était avant l'ère où le Bouddha devait s'incarner
« parmi les hommes. La terre venait de subir une de ses

« révolutions périodiques, et présentait l'aspect d'un lac
« immense. Des êtres, nés dans la région supérieure des
« cieux, peuplaient les airs.

« Leurs corps étaient légers, sans défaut, et ne procé-
« daient que de l'esprit. Aucune nourriture n'approchait
« leurs lèvres, et la béatitude céleste suffisait à raviver les
« forces de ces êtres diaphanes. Un jour, le vent avait
« donné une certaine consistance à l'écume de ce lac qui
« représentait le monde, et un génie, mû par la curiosité,
« goûta, avec le petit doigt, l'essence de la terre ; rien de
« plus exquis ; on eût dit une crême d'une couleur et
« d'une odeur merveilleuses. Charmé de sa découverte,
« notre esprit en fit part à ses compagnons, qui prirent
« goût à la chose ; plus ils en mangeaient, plus ils en dési-
« raient ; si bien que la raideur et la pesanteur s'emparè-
« rent de leurs corps. Impossible de voler ; la gourman-
« dise leur avait coupé les ailes. Par bonheur, à mesure
« qu'ils s'alourdissaient, la terre se solidifiait, et la crême
« parfumée devenait une croûte épaisse, sur laquelle les
« génies purent marcher comme de simples mortels.

« La chute fut complète... »

Suit une légende, qui rappelle celle d'Adam et d'Eve,
quittant le paradis, et connaissant le péché. « La pudeur
« suivit de près la faute... bâtissons-nous des demeures ;
« là, nous serons cachés, etc. »

Le commencement de ce morceau pourrait peut-être
s'appliquer à la consolidation de la surface de la terre
préalablement liquéfiée, et à la condensation de la vapeur
d'eau et des gaz atmosphériques, se combinant avec les
matériaux du bain liquide.

On lit encore dans le *Vishnou Purâna* :

« Sesha porte le monde entier, comme un diadème,
« sur sa tête..... Lorsque Ananta, les yeux troublés par

« l'ivresse, bâille, la Terre, avec ses bois et ses mers, ses
« montagnes et ses rivières, tremble. »

Ailleurs : « Après mille périodes de quatre siècles, la
« Terre est presque entièrement desséchée. Une stérilité
« absolue en résulte, qui dure cent ans, et, par suite du
« manque de nourriture, tous les êtres deviennent lan-
« guissants et périssent jusqu'au dernier. L'éternel
« Vishnu prend alors le rôle de Rudra le destructeur et
« descend pour absorber toutes les créatures en lui-même.
« Il s'assimile aux sept rayons du soleil, groupe toutes
« les eaux du globe, évapore toute l'humidité, desséchant
« ainsi toute la terre..... Le destructeur de toutes choses,
« Hari, sous la forme de Rubra, devient la brûlante lar-
« geur (becomes the scorching breadth) du serpent
« Sesha, et réduit Pátála (7) en cendres. Le grand incen-
« die, après avoir brûlé toutes les divisions de Pátála,
« atteint la terre, qu'il consume aussi. »

Si l'on peut voir, dans ces récits fantastiques, les traditions de tremblement de terre, d'éruptions volcaniques et
même la croyance à une incandescence centrale, on trouve
plus nettement encore, dans l'histoire de Manu (Manou), le
Noé des Hindous, le sauveur d'une grande invasion des
eaux.

Chaque *kalpa*, ou création qui succède à une destruction du monde, se divise en quatorze *Manwataras* ou périodes (8) de repos, à chacune desquelles préside un Manou. Six de ces intervalles ont déjà passé ; le Manou qui
préside à la septième période, ou période actuelle, est
Vairaswata, le fils du Soleil. Le *Vishnou Puràna* contient
la liste des Manwataras encore à venir, et donne les noms
des Manous qui présideront à chacune d'elles.

Tout indique que le Manou qui joue le rôle de Noé
dans les traditions hindoues est celui de la période ac-

tuelle. Sans entrer dans les détails, quelquefois puérils de cette légende (il y a un dialogue entre Manou et un poisson, qui lui donne les moyens de se sauver du déluge), on voit que Manou, préservé seul de la destruction dans le navire qu'il avait construit sur les conseils du divin poisson, après avoir accompli des cérémonies religieuses, engendra la race humaine d'une épouse, Ida, qui sortit elle-même du sein des eaux.

C'est aussi un Manou (est-ce le même?) qui est le grand législateur des Hindous. A ce point de vue, il s'identifie avec le Crétois *Minos*; et, comme premier père de la race humaine, avec le Germain *Mannus* (9), dont Tacite dit : « Celebrant carminibus antiquis, quod unum apud illos « memoriæ et annalium genus est, Tuisconem deum terrâ « editum, et filium Mannum, originem gentis condito- « remque (*Germania*, cap. II). »

On trouve donc, chez les Hindous, quelle que soit la grossièreté ou la puérilité de leurs conceptions, des traditions vagues de destruction par le feu et par l'eau, qui peuvent être attribuées au souvenir de grandes catastrophes, où ces deux agents auraient successivement joué un rôle prédominant.

La cosmogonie du Zend-Avesta, telle qu'elle est donnée par Anquetil Du Perron, d'après le Boun-Dehesch (10), extrêmement bizarre et compliquée, n'offre presque rien d'instructif à notre point de vue.

Nous y remarquerons seulement que, d'après leur livre saint, ou *Avesta* de Zoroastre, le Dieu suprême a fixé à 12 000 ans la vie (la durée) du monde. Le monde resta sans mal pendant 3 000 ans dans sa partie supérieure. Après que Dieu eut créé des êtres particuliers, le monde fut encore sans aucun mal pendant 3 000 ans. Ensuite parut Ahriman, qui fit naître les maux et les combats. Dans le septième mille, se produisit le mélange (des biens et des maux).

L'apparition du Taureau en même temps que celle du premier homme (Kaïomorts) semble se rattacher à l'époque de cette création de l'homme, liée au signe astronomique du Taureau. C'est ainsi qu'on voit les 3 000 premières années comprendre l'Agneau, le Taureau et les Gémeaux; les 3 000 années suivantes répondre au Cancer, au Lion et à l'Epi. Le septième mille, à l'origine du mal, répond à la Balance.

Anquetil Du Perron remarque qu'on pourrait peut-être tirer de ce qui est dit ici de la situation du ciel au commencement du quatrième mille du monde, quelque chose de fixe pour la chronologie de l'histoire perse.

Quant au souvenir qu'auraient pu laisser dans les traditions perses de grands événements physiques, voici ce que je trouve dans leur cosmogonie (11) :

« Ahriman..... brisa entièrement le monde vers le midi :
« tout fut noir comme pendant la nuit... Il brûla tout jusqu'à
« la racine..... Il mit une eau (brûlante) sur les arbres et
« les fit sécher sur-le-champ.....

« (Kaïomorts) vit le monde ténébreux comme la nuit, et
« la terre, comme brûlée par les Kharsesters (qui dé-
« chirent et sont venimeux), subsistait (à peine). Au ciel,
« le soleil tournait et la lune fournissait sa carrière.

« ..... Ensuite (Ahriman) alla sur le feu ; il en fit sortir
« la fumée, une fumée ténébreuse ;..... la fumée s'éleva
« dans les différents lieux où il y avait du feu.

« ..... Ormusd (Dieu), du ciel ferme (qu'il habite), se-
« courut le ciel qui tourne... Il ne resta à Ahriman d'autre
« ressource que de prendre la fuite, lui qui vit que les
« Dews (génies du mal) disparaîtraient et qu'il serait lui-

« même sans force, parce qu'à la fin la victoire était ré-
« servée à Ormusd lors de la résurrection et pendant toute
« la durée des êtres.

« En second lieu, tous les deux (Ormusd et Ahriman),
« (agissant) ensemble, firent l'eau ; sçavoir, lorsque l'astre
« Taschter? était dans le Cancer, l'eau coulait dans le
« Khordéh, appelé Avreh.

« Le jour que l'ennemi courut dans l'eau (Taschter),
« revenant sur ses pas, parut dans (le Khordeh) Avreh du
« côté de l'ouest..... Taschter, étant sauté (entré) dans le
« signe du Cancer, montra (fit) la pluie qui produit tout,
« et il porta l'eau en haut par la force des vents..... Sa
« lumière brilla en haut pendant trente jours et trente
« nuits et il donna la pluie..... pendant dix jours.

« Chaque goutte de cette eau était comme une grande
« soucoupe. La terre fut couverte d'eau à la hauteur
« d'un homme..... Cette pluie pénétra dans les trous de
« la terre. Ensuite, le vent céleste s'y étant mêlé, de
« même que l'âme se balance dans le corps, le vent l'agita
« comme les nuées ; puis (Ormusd) renferma toute cette
« eau, lui donna la terre pour bornes, et de là fut (formé)
« le Zaré Ferakh kand (sortit l'abondance?) »

Plus loin encore, il est question de l'eau que (Taschter)
enleva (du Zaré) :

« En quelle prodigieuse quantité il la fit pleuvoir ! Par
« gouttes grosses comme la tête d'un taureau, comme la
« tête d'un homme, plus grosses que le poing, que la
« main ; sçavoir les grosses et les petites. Tandis que
« (Taschter) versait cette pluie, le Dew à figure de cheval
« cherchait à faire du mal. (Taschter) lança sur lui le feu
« Vadjeschté (la foudre) et le Dew, frappé par cette espèce
« de massue, jeta un cri affreux.

« ..... Tous les deux opérant ainsi, il plut longtemps et

« les fleuves furent produits. Il plut ainsi pendant dix
« nuits et dix jours. Une multitude de crapauds et le poi-
« son des Kharsesters..... se mêlèrent à toute cette eau...
« Ensuite le vent, pendant trois jours, chassa l'eau de
« tous côtés sur la terre, et il en résulta trois grands Zarés
« et vingt-trois petits.

« Deux sources de Zarés furent produites,..... etc. »

Suit une énumération des fleuves, des mers qui en ré-
sultèrent et dont Anquetil Du Perron dit :

« Il paraît que l'auteur du Boundehesch comprend,
« sous le nom de Ferakh kand, des mers et des fleuves
« qui, regardés comme contigus, sont censés former un
« même amas d'eau ; tels sont l'Araxe, l'Euphrate, le
« Tigre, la mer Caspienne, le golfe Persique et l'Océan. »

Cette tradition primitive de la Perse me paraît extrêmement remarquable en ce qu'elle ne se contente pas de
mentionner vaguement, comme la plupart des autres cosmogonies, les effets destructeurs du feu et de l'eau, mais
qu'elle en établit la succession chronologique ; d'où il
semble résulter que les régions situées au sud et à l'est
du Caucase furent d'abord soumises à l'influence d'éruptions volcaniques d'une intensité et d'une généralité incomparablement supérieures à ce que nous ont légué les
récits des temps historiques, et que ce règne du feu et de
la sécheresse fut immédiatement suivi par des précipitations tout aussi extraordinaires d'eau, qui amenèrent d'a-
bord des destructions, puis la mortalité par l'infection, et
rétablirent ensuite sur l'Asie occidentale le repos et l'a-
bondance.

L'existence des grands volcans du Caucase et de l'Ar-
ménie, l'Ararat, le Demavend, etc., liés à la présence
d'amas d'eaux salées, comme le lac Van, la mer Caspienne,
et représentés seulement aujourd'hui par d'innombrables

dégagements de naphte et d'hydrogène carboné, peut très-bien avoir correspondu, en effet, à une période de grande intensité éruptive, suivie d'immenses inondations, amenées elles-mêmes par le contre-coup chimique et mécanique de ces violentes manifestations volcaniques.

La cosmogonie chaldéenne (12) ne nous est guère jusqu'à présent connue que par ce qu'en ont dit les Grecs, et qui est, au moins en partie, confirmé par les inscriptions assyriennes. Celles-ci nous donnent, au contraire, un récit original de la grande catastrophe diluvienne, considérée là aussi comme une punition infligée à la perversité du genre humain.

Le laps de temps écoulé entre la création des hommes et le déluge serait, d'après Bérose, de 432 000 ans. Pendant les 64 000 années qui précédèrent la catastrophe, avait régné Adrahalis ou Hasisadra, que les Grecs nomment Xisuthros, et qui, comme Noé, fut prévenu par Dieu d'un déluge prochain. Il construisit une arche dont les dimensions sont données dans le texte, et où il enferma sa famille, ses richesses, tous les animaux et toutes les plantes de la terre.

Le navire prit la mer, et en cela consiste la différence avec le récit mosaïque. Le bâtiment de Hasisadra est un véritable vaisseau, avec un timonier.

Tous les dieux se réunirent alors pour amener le désastre. Le dieu des pluies tonna, un autre produisit un tremblement de terre, un troisième fit un déluge. Le continent fut changé en un lac, et les cîmes des montagnes ne se virent plus. Des ténèbres épaisses couvrirent la terre, et l'aspect en devint si triste que les dieux mêmes s'émurent et mirent fin à ce rude châtiment.

Après six jours de cette effroyable tourmente, le vent

s'apaisa, la foudre se tut, le tremblement de terre cessa. Enfin, le vaisseau s'arrêta à la montagne du salut (*Sadu nisir*), probablement le Caucase, le mont Ararat, qui seul était assez élevé pour se montrer au-dessus des flots.

Le déluge, selon le comput des Chaldéens, aurait eu lieu 41 697 ans avant l'ère chrétienne.

En définitive, et à part la mention de ce nombre fabuleux d'années, le récit du déluge, d'après les Chaldéens, diffère peu du récit mosaïque. Il est remarquable qu'on n'y trouve pas, au moins jusqu'ici, trace de traditions relatives à de grands phénomènes éruptifs, comme en témoignent les cosmogonies perses.

En revanche, la cosmogonie chaldéenne fait allusion à l'existence sur le globe, antérieurement à celle de l'homme, d'animaux monstrueux, qui auraient été engloutis par l'abîme, *abyssus :* traditions qui, comme celle des géants chez les Grecs, semblent inspirées par la découverte de restes de grands mammifères ou sauriens fossiles.

Ce que nous savons des traditions cosmogoniques des peuples de l'Amérique méridionale, bien que présentant avec celles des Perses une certaine analogie, est moins net et moins explicite.

Humboldt rapporte en effet, que, après la destruction d'une grande partie des habitants de Cumana par un tremblement de terre, en 1766, il y eut une saison d'une fertilité extraordinaire, par suite des pluies qui avaient accompagné les convulsions de la terre. « Les Indiens, « dit-il, célébrèrent, d'après leur antique superstition, « par des fêtes et des danses, la destruction du monde « et l'époque prochaine de sa régénération (13). »

Les Indiens de l'Araucanie conservent aussi la tradition d'un déluge. Les Péruviens racontent également une inondation, qui eut lieu bien des années avant le règne des Incas, et dont six personnes se sauvèrent sur un radeau (14).

Les traditions mexicaines conservent aussi la mémoire de plusieurs cataclysmes, mais principalement d'un déluge, auquel sept chefs seulement auraient échappé.

Ces sept chefs sont symbolisés sous la même image du Dieu Quetzalcohuatl, qui apparaît sous des formes ₁très-variées : « *Cé-Acatl*, une cane, identifié avec l'étoile du « matin, qui est le premier astre dont la lumière apparaisse « après la grande catastrophe du déluge ; plus loin, il de-« vient *Ehécatl*, le vent, l'air, le souffle ; on le montre « balayant les nuages dans le ciel devant *Tlaloc*, dieu des « pluies, des orages, de la germination et de la fécon-« dité. »

Il semble difficile de ne pas rapprocher ces traditions cosmogoniques de celles que nous venons de signaler dans la cosmogonie des Perses, d'après le Zend-Avesta.

« L'ensemble du rituel mexicain, dit M. Brasseur de « Bourbourg (15), est fondé en entier sur ces événements « et sur ceux d'un ordre plus ancien, où, à diverses re-« prises, l'humanité avait échappé à des bouleversements « et à des cataclysmes du même genre. Il y aurait eu par-« ticulièrement trois époques mémorables où le genre hu-« main, après avoir existé pendant des siècles, aurait été « subitement anéanti par suite des convulsions de la na-« ture. Ce sont ces souvenirs augustes que les prêtres et « les nobles conservaient dans les chants mystérieux, « dans un langage vieilli, qui n'était plus compréhensible « que pour eux seuls. Ces chants leur rappelaient la puis-« sance divine, se manifestant dans les forces redoutables « de l'ouragan ; ils leur expliquaient les symboles des « sept héros échappés au naufrage, et, sous l'image d'une

« quatrième génération du genre humain, les initiant aux
« causes mystérieuses qui avaient amené trois fois la des-
« truction de la société antique. »

Plus loin (page 58) : « C'est sous le nom de *Chalchiuh-*
« *licué* que les peintures de Motolinia placent la quatrième
« période, qui se termine par l'inondation et le déluge.
« Cet âge, appelé *atonatiuh*, soleil d'eau, a, dans le *Codex*
« *du Vatican*, une durée de $10 \times 400 + 8 = 4\,008$ ans,
« et la catastrophe qui la termine est marquée comme la
« dernière des quatre grandes révolutions que le monde a
« éprouvées. Les hommes furent convertis en poissons ,
« à l'exception d'un homme et d'une femme qui se sau-
« vèrent dans une barque, faite du tronc d'un *ahuehuetl*
« ou cyprès chauve. »

Ces quatre époques, telles qu'elles sont exprimées dans
le *Codex Vaticanus*, « renferment ensemble dix-huit mille
« vingt-huit ans, c'est-à-dire, ajoute de Humboldt, six
« mille ans de plus que les quatre âges persans, décrits
« dans le Zend-Avesta. »

Il paraît régner la plus grande obscurité sur l'époque
attribuée au dernier cataclysme. D'après certains com-
mentateurs, il se serait à peine écoulé huit siècles entre le
déluge et le temps de la conquête espagnole, ou, tout au
plus, arriverait-on à fixer cette date à un siècle avant l'ère
chrétienne. Cette circonstance résulte, d'après M. l'abbé
Brasseur, de ce que chacune des nations qui arrivèrent
au Mexique après la ruine de l'empire Toltèque de l'Ana-
huac voulut commencer son histoire du point de départ
général, c'est-à-dire du déluge, qui avait été le dernier
grand événement de l'Amérique.

« Je ne vois nulle part, dit à ce sujet de Humboldt (16),
« combien d'années s'étaient écoulées depuis le déluge
« jusqu'au sacrifice de Tlalixco, ou jusqu'à la réforme du

« calendrier aztèque ; mais, quelque rapprochées qu'on
« suppose ces deux époques, on trouve toujours que les
« Mexicains attribuaient au monde une durée de plus de
« vingt mille ans. Cette durée contraste sans doute avec
« la plus grande période des Hindous... et surtout avec
« la fiction cosmogonique des Thibétains, d'après laquelle
« l'espèce humaine compte déjà dix-huit révolutions... Il
« est cependant bien remarquable qu'on trouve chez un
« peuple américain des astronomes donnant à la tradition
« des destructions et des régénérations du monde un ca-
« ractère historique, en désignant les jours et les années
« des grandes catastrophes d'après le calendrier dont ils
« se servaient au XVIe siècle. Un calcul très-simple pou-
« vait leur faire trouver l'hiéroglyphe de l'année qui
« précédait de 5.026 ou de 4.804 ans une époque donnée.
« C'est ainsi que les astrologues chaldéens et égyptiens
« indiquaient, selon Macrobe et Nonnus, jusqu'à la posi-
« tion des planètes à l'époque de la création du monde et
« à celle de l'inondation générale. »

Quelques traits de la cosmogonie égyptienne nous
sont connus par les citations des auteurs grecs. Tout le
monde connaît le récit de Critias dans le Timée. « Solon
« disait, qu'arrivé dans leur pays (des habitants de Saïs),
« il y avait joui de la plus grande considération, et que
« d'après les questions qu'il adressa sur les antiquités aux
« prêtres qui les connaissaient le mieux, il avait reconnu
« que ni lui-même, ni aucun Grec, n'y entendait rien pour
« ainsi dire. Il ajoutait que, voulant un jour les engager à
« s'expliquer sur les antiquités, il s'était mis à parler des
« temps les plus reculés des nôtres, de Phoronée, qu'on
« nomme le premier, de Niobé, et, après le déluge, de
« Deucalion et de Pyrrha, et de tout ce qu'on en raconte ;

« qu'il avait fait la généalogie de leurs descendants, et
« s'était efforcé de fixer la date des événements, en se
« rappelant les époques ; qu'alors, un prêtre très-âgé lui
« avait dit : « Solon, Solon, vous êtes tous des enfants ;
« en Grèce, il n'y a pas un vieillard ; » — qu'à ces mots
« il lui avait demandé : « Comment l'entendez-vous ? »
« — et que le prêtre avait repris : « Vous êtes jeunes par
« vos âmes ; car vous n'avez en elles aucune opinion an-
« tique venue d'une longue tradition, aucune connais-
« sance blanchie par le temps. Et voici pourquoi : Des
« destructions d'hommes ont eu lieu en grand nombre et
« de bien des manières, et auront lieu encore ; de très-
« grandes, par le feu et par les eaux ; d'autres moindres,
« par mille autres causes. Ainsi cette tradition, qui existe
« aussi chez vous, qu'autrefois Phaéton, fils du Soleil,
« ayant attelé le char paternel et ne pouvant le diriger
« dans la même route que son père, avait tout brûlé sur
« la terre, et que, frappé de la foudre, il avait péri lui-
« même ; c'est là un récit d'un caractère fabuleux ; mais
« la vérité est qu'il s'opère de grands changements au-
« tour de la terre et dans les mouvements célestes, et
« qu'à de grands intervalles de temps les objets situés
« sur la surface de notre globe périssent dans un vaste
« incendie (17). »

Ces derniers mots ne peuvent laisser aucun doute sur
la croyance des Egyptiens à la destruction, au moins partielle, du monde habité, suivie périodiquement de sa régénération.

On trouve aussi chez les Egyptiens la doctrine de la dé-
chéance de l'homme d'un état d'innocence. Vers la fin de
chaque période, les dieux ne pouvaient supporter la scé-
lératesse des hommes et un choc des éléments ou un déluge venait les détruire ; après cette perturbation, Astrée

descendait de nouveau sur la terre pour y renouveler l'âge d'or (18).

Les Grecs eux-mêmes admirent des cosmogonies ayant tout le caractère de révélations, et qui leur venaient sans doute de l'Orient. Telle est celle d'Hésiode, dont j'emprunte les premiers vers au *Manuel de philosophie ancienne* de M. Ch. Renouvier.

> « Tout au commencement fut le Chaos, puis ensuite
> « La Terre au large sein, base solide de tout et toujours,
> « Le ténébreux Tartare au plus profond de la terre aux larges
> voies,
> « Et l'Amour, lui, le plus beau d'entre les dieux immortels,
> « Qui soulage les membres, et de tous les dieux et de tous les
> hommes,
> « Dompte dans les poitrines la pensée et la sage volonté.
> « Du Chaos, et l'Érèbe et la Nuit noire naquirent ;
> « Et de la Nuit elle-même naquirent l'Ether et le Jour,
> « Qu'elle engendra, ayant conçu unie d'amour à l'Erèbe.
> « Mais la Terre, d'abord, engendra, égal à elle,
> « Le Ciel étoilé, pour qu'il la recouvrît tout autour, etc. »

Plus tard seulement, et unie à ce ciel qui est procédé d'elle, la terre produit l'océan stérile et les sources nourricières, et divers couples, dont font partie les dieux, tous renfermés dans *Kronos* et *Rhea*. On sait comment ensuite *Kronos* mutile *Ouranos* pour le punir d'avoir plongé ses enfants dans l'abîme, et comment, pour avoir dévoré les siens, *Kronos* est, à son tour, mutilé par *Zeus*, son propre fils.

Telle est aussi la conception cosmogonique qu'on attribue à Orphée, et qui nous a été conservée par plusieurs écrivains. En définitive, elle ressemble beaucoup à celle d'Hésiode et avait sans doute la même origine. Ici, néanmoins, l'eau est considérée comme le premier principe de

toutes choses. De l'eau croupissante est né le limon, et _
d'eux le dragon qui avait une tête de lion et, au milieu du
corps, la face d'un dieu.

Puis, nous retrouvons l'œuf primordial des cosmogonies perses. En effet, ce dieu a nom Hercule ou le Temps.
D'Hercule naquit un œuf immense qui, couvé par son
père, se rompit en deux parties, dont l'une s'arrondit en
un ciel parfait, et l'autre tomba et devint la terre. L'union
de la terre et du ciel engendre les Parques, les Cyclopes,
qui sont précipités dans le Tartare, etc.

Les Grecs, en s'appropriant ces croyances cosmogoniques orientales, les dépouillèrent souvent de leur grossièreté primitive, et y introduisirent des traits poétiques
et charmants, comme l'intervention de l'Amour, le plus
puissant des dieux et le plus beau. Ils n'en ont pas fait,
néanmoins, disparaître ce que l'on peut regarder comme
les traces des grands phénomènes physiques dont le globe
avait été le théâtre, qui s'étaient ainsi perpétuées dans les
traditions humaines.

Plutarque nous enseigne, en effet, que le dogme des
destructions successives et des régénérations du monde
formait le sujet d'un des hymnes d'Orphée : et nous trouvons même dans ses vers, comme dans les systèmes
hindous, une période définie, assignée pour la durée de
chaque monde successif. Le retour des grandes catastrophes était déterminé par la période de l'*Annus magnus,*
cycle composé des révolutions du soleil, de la lune et des
planètes, et qui se termine lorsque ces astres se retrouvent
dans les mêmes signes d'où ils étaient supposés être partis
à quelque époque très-reculée. La durée de ce grand cycle
était diversement appréciée. Suivant Orphée, il était de
120 000 ans ; selon d'autres de 300 000 ans, et, d'après
Cassander, il atteignait 360 000 années.

Aristote admit aussi que notre globe est exposé à des révolutions périodiques, semblables à nos étés et à nos hivers, qui, par des sécheresses et des inondations alternatives, désolent de grandes régions et les rendent inhabitables, tandis que le reste de la surface de la terre n'en ressent point les effets. Lorsque ces révolutions rassemblent sur un canton particulier l'humidité qui devrait être répandue sur une plus grande étendue de pays, ce canton éprouve un *déluge.*

Les traditions grecques font mention de trois de ces déluges. Le premier eut lieu sous Ogygès, roi de l'Attique ; le second, sous Deucalion, roi de Thessalie, pendant lequel toutes les montagnes de ce pays se trouvèrent séparées par les eaux, et toutes les contrées situées en dehors de l'isthme et du Péloponèse furent submergées ; le troisième, sous Dardanus, fils de Jupiter et d'Electre, fille d'Atlas (19).

Il ne pourrait entrer dans le plan de ces leçons de rapporter les circonstances plus ou moins variées qui auraient accompagné ces grandes inondations, ni de rechercher les époques probables qu'on peut leur assigner. Il me suffit de constater que rien ne s'oppose à la pensée que ces traditions reposent sur des faits réels, plus ou moins défigurés. Tel est, en particulier, l'avis d'un critique éclairé, Fréret (20), qui a même tenté de définir historiquement l'époque des deux déluges d'Ogygès et de Deucalion, et géographiquement les contrées de la Grèce qui en avaient été successivement le théâtre. D'après lui, néanmoins, ces deux événements, bornés à des localités assez restreintes, n'auraient rien de commun avec le déluge mosaïque, auquel ils seraient tous deux très-postérieurs.

Enfin, quelle que soit l'opinion qu'on se fasse sur l'*Atlantide* de Platon, on peut toujours y voir le souvenir éloigné de quelque grand mouvement qui aurait agité une partie de l'Afrique et auquel pourrait ne pas être étrangère l'existence, sur une zone si étendue, de ces singulières plaines sableuses et stériles du Sahara.

En résumé, on trouve dans les cosmogonies des peuples de l'Amérique, comme dans celles des Hindous et des Perses, comme dans les cosmogonies égyptiennes, la mention de cycles plus ou moins longs, terminés alternativement par des conflagrations ou par des inondations plus ou moins générales.

La secte stoïcienne adopta aussi la conception de catastrophes destinées, à certains intervalles, à détruire le monde. Ces destructions étaient de deux sortes : les *cataclysmes* ou destructions par l'eau, qui balayait toute l'humanité et anéantissait les animaux et les végétaux ; et les ἐκπύρωσεις ou destructions par le feu, qui dissolvait le globe lui-même.

On peut se demander si cette double croyance, commune à presque tous les peuples primitifs, ne reposait pas sur la tradition de catastrophes gigantesques, appartenant respectivement à ces deux ordres de phénomènes, et dont l'une, correspondant au déluge mosaïque, n'aurait été qu'un immense mouvement des eaux, contre-coup nécessaire, au double point de vue chimique et mécanique, du grand événement éruptif (21).

Si l'on fait abstraction de ces deux ordres de traditions, qu'on retrouve inégalement, à la vérité, chez tous les peuples, et qu'on doit, sans doute, considérer comme les reflets d'événements gigantesques dont l'homme a été témoin, vous ne remarquerez, Messieurs, dans cet aperçu rapide des croyances de l'humanité sur la génération du globe qu'elle habite, rien qui ne prenne, en Orient comme en Occident, la forme d'une révélation, rien qui puisse, par conséquent, être rapporté proprement à un travail scientifique.

Dans l'antiquité, les Grecs, les premiers, nous présentent des écoles, des savants qui se sont placés résolûment en face des phénomènes naturels, et qui se sont posé le problème de les expliquer. Mais encore faut-il descendre assez bas dans l'ordre des temps pour atteindre ces écoles naturalistes, et surtout pour y trouver quelque chose qui ressemble à une histoire physique de la terre, basée sur quelque peu d'observations. Chez les plus anciens philosophes, en effet, les idées cosmologiques sont moins le résultat d'observations réelles que la conséquence et le complément de certaines vues systématiques générales, qui établissent souvent une alliance bizarre entre la psychologie et la cosmogonie.

Aussi, les philosophes des écoles antiques ont-ils véritablement une langue qui leur est propre, et faudrait-il se garder d'attacher à certaines de leurs expressions le sens précis et littéral que nous leur attribuons aujourd'hui (22).

Par un contraste singulier, tandis que leurs dieux, les dieux d'Homère et d'Hésiode, soumis, comme les mortels, à la nécessité, ont toutes les passions humaines, interviennent constamment dans les actions de l'homme, prennent parti, pour ou contre lui, qu'en un mot, leurs conceptions religieuses roulent toujours et en tout sur l'anthropomorphisme le plus absolu, le plus naïf, on pourrait même dire le plus grossier (23), on distingue chez leurs plus anciens philosophes une tendance remarquable à s'abstraire des liens de la matière, même quand il s'agit d'expliquer cette matière elle-même.

Le fait est qu'entre l'âge de la mythologie poétique d'Homère et d'Hésiode et celle des premiers philosophes ioniens, il y eut une ère intermédiaire, celle des *mystères*, dont le but principal paraît avoir été de substituer à l'anthropomorphisme grossier et sensuel des traditions mythologiques une interprétation plus noble, plus élevée, plus spiritualiste : les pensées de la chute et de l'expiation, de l'immortalité de l'âme, d'une vie antérieure et d'une vie future.

« Tel est, dit M. Ch. Renouvier (24), le fond bien connu
« de tous les mystères ; telles sont les révélations et les
« promesses que quelques aventureux étrangers, que des
« Grecs mystiques osèrent d'abord communiquer à des
« intelligences choisies, et peut-être aussi tels sont les
« faibles souvenirs d'une doctrine primitive, effacée sous
« de nouvelles pensées, et qui reparaît quand le temps
« est venu. »

Le sixième siècle avant notre ère, qui vit naître le plus ancien des philosophes grecs, Thalès, fut le siècle des sept *Sages*. Ces sages ou savants furent, ainsi que le remarque M. Ch. Renouvier, en réalité les premiers philosophes. Seulement, élevés par leur raison au-dessus de leurs contemporains, ils s'occupèrent assez peu d'idées purement spéculatives, et tournèrent vers les applications politiques et législatives les doctrines de la science et de la morale. Tous, d'après Cicéron, ont dirigé les affaires de leurs cités.

Thalès, fondateur de l'école ionienne, était mathématicien et astronome. La tradition lui attribue la prédiction (à une année près) de l'éclipse totale de soleil qui, d'après Hérodote, sépara les deux armées des Mèdes, commandés par Cyaxare, et des Lydiens, sous les ordres d'Alyatte. Ce philosophe paraît être le premier qui, voulant réduire à l'unité toutes les apparences du monde, cherchera par l'observation des sens, aidée des réflexions les plus simples, le principe le plus nécessaire au déploiement de la vie, et, croyant l'avoir trouvé, le considérera comme l'être unique dont tous les êtres primitifs ne sont que des modifications (25).

Pour Thalès, l'eau est le principe de toutes choses; c'est par elle qu'elles se font et en elle qu'elles doivent se résoudre un jour. Mais, bien que Thalès tente de prendre son point de départ dans l'observation, il est difficile d'admettre qu'il croit à l'existence d'une matière, telle que, plus tard, la conçurent les atomistes. La nature vivante, qui l'entourait, il la nommait *eau*, dans son essence. Cette eau n'est pas l'eau de nos chimistes, fluide, incolore, de telle ou telle densité; mais la mère des vivants, qui supporte la terre, incube les germes, engendre la chaleur et nourrit les animaux; en un mot, la première et dernière raison de la vie universelle (26).

Thalès confondait donc le principe et l'élément. Ainsi, et plus encore, faisait Anaximandre.

Ce dernier admit comme principe une substance indéterminée (ἄπειρον) quant à la forme et à l'étendue, douée d'une quantité de mouvement immanente, qui, au début de la formation cosmogonique, produit les êtres, avec leurs individualités diverses, par l'élimination ou la séparation des contraires, le chaud et le froid, le sec et l'humide, pour retomber enfin, suivant les mêmes lois, dans l'état chaotique primitif, afin de recommencer la même évolution pour la création d'un monde nouveau (27).

Anaximène revient au point de vue de Thalès, quant à la définition d'un élément primitif. Les propriétés que Thalès avait rapportées à l'eau, il les rapporte à l'air. Pour lui, l'air est l'être principal, infini, divin. « De même, dit-il, que l'air, qui est notre âme, parcourt notre corps et le gouverne, de même aussi l'air universel parcourt l'uni-

vers et lui donne la vie (1). » Le mouvement lui est imma-
nent, et, par ce mouvement, s'opèrent les transformations
qui le font tomber sous les sens. Suivant qu'il se condense
ou se dilate, tout devient dans la nature et prend une
forme déterminée. La génération des dieux se fait par ce
procédé ; d'où il suit qu'ils passent comme tout le reste,
pour renaître dans la combinaison d'un autre ordre de
choses (29).

Au reste, en supposant même que ce que Thalès appelait eau et Anaximène air, ait correspondu à ce que nous
entendons par ces deux mots, on peut affirmer, du moins,
que l'absence presque absolue chez eux de science expérimentale leur en dissimulant les propriétés réelles, cet
air et cette eau n'étaient que des abstractions physiques,
et devenaient la substance cosmique simple, inaccessible à
nos sens.

Tandis que Thalès, dans son monde unique, plein, issu
de l'eau, plaçait la terre au centre, la croyait ronde et
supportée par l'eau comme un navire, attribuait aux mouvements de cet océan souterrain les tremblements de terre
et la sortie des sources ; Anaximène croyait la terre plate,
supportée par l'air, comme une feuille immobile, à cause
de sa largeur, qui ne lui permet pas de diviser l'air et de
tomber. Il se rapproche d'ailleurs d'Anaximandre en ce
que, comme ce dernier et conformément aux cosmogonies
hindoues et égyptiennes, il fait alterner à perpétuité la
formation et la destruction du cosmos.

Le siècle de Thalès et de Pythagore devait aussi donner
le jour à l'un des esprits les plus fortement trempés des
temps antiques. Le premier chez les Grecs, Xénophane
assimile Dieu à une intelligence éternelle, pure et sans
mélange, qui ne ressemble aux mortels ni par la figure,
ni par l'esprit, et qui, sans connaître la fatigue, dirige

tout par sa puissance propre. Malheureusement, la physique de Xénophane ne participe pas de cette supériorité de pensée. Inférieur sur ce terrain à Pythagore, à Anaximandre et même à Thalès, il place encore la terre au centre du monde, et lui fait, pour ainsi dire, pousser des racines à l'infini sous nos pieds, tandis qu'un air, infini comme elle, s'élève au-dessus de nos têtes.

Néanmoins, d'heureuses conceptions, fondées sur l'observation, se présentent chez Xénophane. La terre, pensait-il, tantôt envahie, tantôt abandonnée par l'eau, dont les traces se trouvent encore dans les fossiles des carrières de Syracuse et des marbres même de Paros, subit ainsi des révolutions à la suite desquelles les générations humaines doivent recommencer.

Héraclite, dans sa doctrine panthéistique, donne à l'unité un fondement matériel qu'il appelle *zeus* ou le feu ; le feu, c'est-à-dire une sorte d'air ou de vapeur sèche, âme incorporelle et toujours coulante, dont toutes choses sont faites, principe du monde ordonné et périssable que nous voyons, il est ce monde lui-même dans son essence éternelle. Car, « ce monde de toutes les choses, aucun des dieux, aucun « des hommes ne l'a fait ; il a été, il est et il sera le feu « toujours vivant, s'allumant et s'éteignant avec mesure. « Il est un et multiple ; il se sépare et se réunit sans cesse. « Tout se fait de lui et tout se résout fatalement en lui ; « de sorte que « toutes les choses sont quelquefois « feu (30). »

« Ainsi, dit M. Ch. Renouvier, en l'absence d'une mé-« thode assurée, les philosophes ioniens s'élèvent simple-« ment à la notion de l'unité dans le monde, conçoivent, « au sein de cette mobile unité, la multiplicité des choses « et fixent à la fois le phénomène, sa nature et sa cause « dans un principe matériel et sensible, qui en est l'enve-

« loppe et le sujet. » Mais, après eux vinrent des philosophes qui, comme ceux de la Grande-Grèce et de la Sicile, cherchèrent plus manifestement un point de départ dans l'observation.

Dans l'impossibilité, sans sortir du cadre de ces leçons, de passer en revue les divers systèmes des philosophes grecs, en ce qui touche leurs idées sur les phénomènes de la nature (31), je me bornerai, en terminant cette leçon, à rappeler, parmi les philosophes des anciennes écoles, deux noms qu'on ne peut passer sous silence à ce point de vue : ces noms sont celui d'Empédocle et, surtout, celui de Pythagore.

Il est difficile, en effet, en lisant les fragments qui nous restent du grand poème cosmogonique d'Empédocle, de n'être pas frappé des opinions de ce philosophe, suivant lequel « l'eau est une source rendue par la terre, violem« ment poussée par le tourbillon, échauffée par le soleil, « et sans doute aussi par le feu qu'elle entoure de sa « croûte et qu'elle tient dans ses entrailles. C'est ce « feu bouillant qui, d'après Empédocle, a formé, « puis poussé et soulevé au-dessus de sa surface les « rochers et les croupes des montagnes, et c'est en« core au feu qu'on doit attribuer la cause des eaux « thermales échauffées en traversant les terrains qui le « couvrent (32). »

Empédocle n'était cependant ni physicien, ni mathématicien ; mais il était né en Sicile, au pied de l'Etna, et c'est sans aucun doute l'observation presque journalière des phénomènes volcaniques qui lui ont inspiré ces remarquables conceptions.

Au reste, l'école empirique, à laquelle appartient Empédocle, en même temps qu'elle héritait des traditions de l'école ionienne, descendait aussi des pythagoriciens, et c'est à Pythagore qu'on doit rattacher l'origine, encore vague à la vérité, de ce qui est devenu depuis la véritable méthode scientifique.

D'après la cosmologie pythagoricienne, l'univers est une sphère unique, au centre de laquelle est le feu, qui est le lien et la norme de toute la nature. Autour de ce feu s'échelonnent, en cercles concentriques, les mondes divers, depuis la terre jusqu'au ciel des étoiles fixes, au-delà duquel se trouve le cercle extrême, le siége des dieux, l'Olympe. Cette idée est un grand progrès, comparée à la conception de cette terre à surface plane, nageant sur l'océan, et couverte par le ciel comme par une cloche de cristal.

Contemporain de Thalès et d'Anaximandre, Pythagore apporte aux Grecs un élément nouveau, le plus essentiel peut-être dans la science, l'idée du nombre ἀριθμός, c'est-à-dire de l'ordre, de l'accord entre les choses ou de la mesure précise de leurs rapports. Cultivant à la fois les mathématiques, la musique et l'astronomie, le philosophe de Crotone trouvait dans l'harmonie des corps célestes le lien entre ces trois manifestations de l'ordre. Pour lui, le soleil, la terre et les planètes devaient correspondre aux sept tons de l'octave, et leurs distances respectives devaient offrir les mêmes rapports.

Il ne reste rien de ce philosophe, qui même n'a peut-être rien écrit, et il est certainement tres-difficile de savoir aujourd'hui jusqu'à quel point il alliait à ses théories fondées sur le nombre et l'harmonie l'observation des phénomènes naturels. Mais les nombreux passages des anciens, dans lesquels sont citées ses opinions, ou plutôt celles des philosophes de son école, témoignent d'une certaine étude des modifications que subit encore sous nos yeux la surface du globe. Et, tout en tenant compté du progrès des

temps qui se sont écoulés entre Pythagore et le plus
illustre de ses disciples, Philolaüs, il est naturel de penser que leur préoccupation des phénomènes géologiques
se rattachait de quelque manière à l'enseignement du
maître.

Ovide nous a conservé, dans des vers précieux, quelques-unes des vues pythagoriciennes sur les phénomènes
terrestres, et on peut les résumer ainsi d'après sir
Ch. Lyell (33) :

« Rien ne périt dans le monde ; les choses y changent
« seulement de formes. Pour un être quelconque, naître
« signifie simplement qu'il commence à devenir une chose
« différente de ce qu'il était auparavant ; mourir, qu'il
« cesse d'être une même chose. Bien que rien ne conserve
« longtemps le même aspect, la somme du tout reste
« constante. » Ces propositions générales sont confirmées
par une série d'exemples, tous tirés des phénomènes naturels. Ainsi :

La terre ferme a été convertie en mer, et la mer convertie en terre ferme. Des coquilles marines se recueillent
à de grandes distances de l'océan, et on a trouvé des
ancres au sommet des montagnes.

Des vallées ont été creusées par le mouvement des eaux,
et les vagues ont entraîné à la mer les matériaux des
montagnes.

Des marais ont été desséchés et la terre sèche a été
transformée en marais.

Les tremblements de terre ont fait apparaître des sources
et en ont fait tarir d'autres. Des rivières ont déserté leurs
lits et sont apparues ailleurs.

Les eaux de quelques rivières, de douces, sont devenues
salées ou amères.

Des îles ont été jointes au continent par les dépôts des

rivières et les deltas; des péninsules ont, au contraire, été séparées et sont devenues des îles.

Le sol a été submergé par des tremblements de terre, ou des plaines ont été élevées en forme de montagnes, par l'air confiné qui s'est échappé de dessous elles.

La température de certaines sources a varié; d'autres sont inflammables.

Les eaux de certaines sources ont la propriété d'incruster et de pétrifier les substances; d'autres ont une vertu médicale ou délétère.

Les évents volcaniques changent de position; l'Etna n'a pas toujours été une montagne brûlante, et le temps viendra où elle cessera de brûler.

On remarque dans ce résumé deux préoccupations : d'abord celle des variations que subissent les phénomènes naturels : progrès manifeste sur les autres écoles; puis, la pensée d'expliquer ces variations dans le passé, sans faire intervenir d'autres causes que celles qui fonctionnent sous os yeux.

Les pythagoriciens considéraient ces variations comme des modifications que la surface de la terre subit encore aujourd'hui, et les citaient en confirmation d'un principe de *perpétuelle et graduelle révolution*, inhérente à la nature même des systèmes terrestres. Si l'application n'en était pas indiquée, le principe était du moins nettement posé.

On trouve donc, dans ces remarquables propositions, la pensée, développée avec tant de rigueur par Hutton, à la fin du xviiie siècle, que les phénomènes qui se passent sous nos yeux sont la suite et la conséquence de ceux qui ont précédé l'âge actuel, mais aussi, et au moins implicitement comprise, l'opinion que les causes ont non-seulement toujours été les mêmes, mais que leur intensité n'a pas dû varier pour produire les effets les plus grandioses. Le temps seul suffisait. On reconnaît là le paralogisme qu'une école moderne a prôné et prône encore comme une grande découverte, mais qui est, en définitive, la pensée primitive de la géologie au berceau.

QUATRIÈME LEÇON.

Suite de l'historique des Ecoles anciennes.

Messieurs,

Les détails que j'ai donnés dans ma dernière leçon prouvent que, si les Grecs et les Latins n'ont pas eu de géologie proprement dite, on trouve chez eux, comme chez la plupart des nations orientales ou occidentales, des traditions qui rappellent plus ou moins vaguement de grands événements dont le globe a été le théâtre, et qui ont eu pour cause, les uns, des phénomènes de conflagration ou d'incandescence, les autres, des phénomènes d'inondation.

En outre, nous avons vu que certaines écoles grecques, et, en particulier, les pythagoriciens, étaient allées plus loin, et avaient essayé de formuler, à ces deux points de vue, quelques conclusions qui présentent, à un certain degré, un caractère scientifique.

Nous allons rechercher, pour ces deux ordres de causes, ce que nous offre l'histoire des conceptions grecques, latines, arabes, et nous poursuivrons ce sujet jusque vers la fin du dix-huitième siècle, en Europe, époque où finit, en quelque sorte, pour la géologie, l'ère antique ou primitive, et où commence l'ère vraiment scientifique.

Chez les anciens, le point de vue cryptoristique ou d'observation (l'expérience n'existait même pas) est encore si peu développé qu'on ne pourrait en faire une histoire distincte de celle du point de vue étiologique, je continuerai donc, dans cette leçon, comme dans la précédente, à lier les phénomènes de changement à la surface du sol signalés par les anciens, aux causes qu'ils leur assignaient.

Examinons d'abord ce qui, chez les anciens, a trait à une incandescence intérieure du globe.

Les savants et les philologistes sont très-divisés sur la question de savoir si certaines écoles antiques, et plus particulièrement les pythagoriciens, ont entendu par ces expressions μεσον πῦρ quelque chose d'analogue à ce que les modernes représentent par les mots de : *chaleur centrale, feu central, état de fusion ignée de l'intérieur de notre globe.*

M. Julius Schwarcz (1), dans une dissertation extrèmement intéressante, sur les véritables connaissances des Grecs en géologie, résoud cette question d'une manière affirmative, et il pense que c'est à Pythagore qu'il faut rapporter l'origine de cette conception. Les principaux arguments, qui me semblent sérieux, sont ceux que je vais résumer brièvement.

Le Pyriphlégeton qui, suivant Olympiodore, était connu d'Orphée, était, d'après le Phédon de Platon, le réservoir de la lave. Il est vrai qu'Aristote, dans le second livre du *Ciel,* pense que ce feu central n'était autre chose que le soleil placé au centre du monde. Mais, outre que cette explication ne peut détruire l'interprétation si nette de Platon, Simplicius, le commentateur d'Aristote, dit : « Telle est la manière dont il (Aristote) rapporte l'opinion « des pythagoriciens ; mais ceux qui sont mieux informés « placent ce feu dans l'intérieur de la terre, comme une

« puissance créatrice, capable de vivifier de là toute la
« terre, et de suppléer à son refroidissement par un flux
« de chaleur. »

Simplicius vivait au sixième siècle, sous le règne de
Justinien, et ces derniers mots sont tellement remarquables
que, si la pensée qu'ils expriment ne vient pas des anciens
philosophes, il faudrait l'attribuer à une école postérieure,
peut-être à celle d'Alexandrie. Mais il est infiniment probable que Simplicius est ici dans le vrai plutôt que le philosophe qu'il commente, d'autant plus qu'on trouve dans
la littérature grecque des conceptions analogues : telles
que la description qu'Eschyle donne de Typhée, qu'il fait
partir de Cumes pour atteindre la Sicile ; telles que le
poème d'Empédocle, que j'ai déjà cité comme un vulca-
niste bien décidé, et qui, d'après un grand nombre d'historiens, avait reçu une éducation pythagoricienne, telle
que celle de l'ἐκπύρωσις, dont elle facilite l'intelligence, en
donnant l'origine du feu qui doit détruire, à la fin de
l'*Annus magnus*, tout ce qui se trouve à la surface du
globe : telles enfin que celle d'Héraclide de Pont, qu'on
représente comme ayant conversé avec Pythagore, et qui
suppose que notre terre tourne comme une roue sur son
centre de l'ouest à l'est : hypothèse qui s'allie très-bien
avec celle d'un noyau central incandescent, indépendant,
en quelque sorte, de la sphère qui l'entoure, et qui peut
glisser sur lui.

Il est donc naturel de penser que ces mots μέσον πῦρ (feu
central ou du milieu) ; πῦρ ἐν κέντρῳ (feu dans le centre) :
ανὸς πῦρ γου (la tour résidence de Jupiter) ; ou ἑστίαν (Vesta)
n'était autre chose que le noyau incandescent de la terre,
analogue à ce feu central, tel que le conçoit l'illustre auteur de la Protogœa, dont je vais tout à l'heure vous
entretenir.

La seule objection sérieuse qu'on puisse faire à l'opinion qui interprète ainsi le langage des anciens, et principalement des pythagoriciens, est la haute autorité d'Aristote. Ce philosophe ne fait pas mention, objecteraient surtout les philologistes, de ce feu central de la terre ; comment accueillir cette hypothèse sur le témoignage d'auteurs qui ont vécu plusieurs siècles avant le grand maître ?

On peut répondre que, sans doute par suite de la difficulté de circulation qu'éprouvait la littérature grecque, Aristote a ignoré ou négligé des faits ou des explications signalées par ses prédécesseurs. Tel est le cas des fameux poissons fossiles « ὀρυκτοὶ ἰχθυες. » Après que Xénophane eût déjà reconnu des restes blanchis de créations antérieures dans ces fossiles de Mélite, de Paros et de Syracuse ; qu'Empédocle eût reconstruit ses « Βου ἀνδρόπρωφα, » ses taureaux à tête humaine, et ses « εἰλιποδα χριοχηλα, » ses béliers aux pieds fourchus ; bien plus, tandis qu'Anaximandre fondait sa théorie paléontologique sur des restes de poissons contenus dans des couches paléozoïques, Aristote enseignait que ces poissons « vivent sans mouvement dans la terre, » ou même conjecturait, au dire de son disciple chéri, Théophraste d'Erèse, que ces poissons s'étaient égarés dans l'intérieur de la terre, ou, qu'étant nés de frai de poisson, laissés là pendant l'accroissement de la terre, ils étaient devenus terre eux-mêmes.

Aristote n'ignorait-il pas aussi cette autre grande pensée de l'antiquité classique, l'hypothèse d'un système héliocentrique, proposé dans le septième livre des « Νοκιοι » de Platon et proclamée par le plus instruit des pythagoriciens ?

Il n'y a donc aucune hardiesse exagérée à ranger parmi les notions qui avaient échappé au philosophe Stagirite

cette conception d'une incandescence centrale et propre
au globe.

Qu'il me soit permis d'ajouter à ce résumé de la remarquable discussion de M. Schwarcz qu'Aristote n'a peut-
être pas entièrement ignoré l'hypothèse d'une chaleur
propre à la terre ; car, il dit (en trois endroits des Météoriques) (2) :

« Spiritus autem in terræ sinu inclusus, causa est cur
« terra quatiatur ; scilicet terra quùm multam intùs habeat
« aut emittat exhalationem tùm suo, tùm solis calore ;
« hæc, si ignis admixtus est, celeriter fertur, et quùm
« omnium corporum maximè facultatem habeat movendi,
« terram movet et quatit. »

« Or, les tremblements de terre sont occasionnés par
« l'air que la terre renferme dans son sein. En effet, lors-
« qu'elle produit ou renferme des exhalaisons gazeuses
« sous l'action de sa propre chaleur ou de celle du soleil,
« si le feu vient à s'y joindre, aussitôt elles se manifestent.
« Et, comme plus que tous les autres corps, les exhalai-
« sons (ou gaz) ont la propriété de produire des commo-
« tions, elles agitent la terre et l'ébranlent. »

Quant à l'hypothèse d'un système héliocentrique, il est
plus coupable, car il ne l'ignorait pas, mais la combattait
ainsi que le double mouvement de rotation et de translation de la terre (3). « Si terra nunc naturaliter volveretur,
« duos haberet motus alterum conversionis, alterum lap-
« sionis quod planè non convenit corpori simplici, quùm
« simplex sit simplicis motus.

« Item si terra moveretur et versaretur circà solem,
« stellarum species et distantiæ hoc motu mutarentur ;
« scilicet eas eò minores et pallidiores videremus, quò
« magis terra ab illis distaret ; et quum conversionem per-
« ficiens, eò unde profecta est rediret stellæ quoque primò

« stare, deindè retroferri viderentur, quod nunquàm ap-
« paret.

« Terra ergò immobilis manet, et mediam occupat
« mundi sedem, ita ut, cùm corpora ad mediam terram
« ferri videmus, reipsâ ad medium mundum deferantur
« quando quidem ea est gravium corporum propria latio;
« terraque ipsa dùm hùc pondere suo trahitur, generali
« legi cedit et mole suâ stat. »

« Et maintenant, si la terre tournait naturellement, elle
« aurait deux mouvements, l'un de rotation, l'autre de
« translation, propriété qui ne convient en aucune façon à
« un corps simple, puisque le mouvement d'un corps
« simple est de même nature.

« De même si la terre se mouvait et tournait autour du
« soleil, l'aspect des étoiles et leurs distances changeraient
« par suite de ce mouvement, c'est-à-dire qu'elles nous
« sembleraient d'autant plus petites et plus pâles que la
« terre s'en éloignerait davantage, et lorsque, en achevant
« sa révolution, elle reviendrait à son point de départ, les
« étoiles aussi sembleraient d'abord rester sur place, puis
« revenir en arrière, ce qui n'a jamais lieu.

« La terre reste donc immobile au centre du monde, de
« sorte que, quand nous voyons les corps attirés vers le
« centre de la terre, c'est en réalité vers le centre du
« monde qu'ils le sont, puisque la loi propre aux corps
« pesants le veut ainsi, et la terre elle-même, lorsqu'elle
« nous paraît entraînée par son propre poids, obéit à la
« loi générale et reste immobile par sa masse même. »

Maintenant, quelle est l'origine de cette conception?
Vient-elle des Egyptiens? Rien ne le prouve. Lepsius suppose que cette doctrine astronomique d'un feu central
était originaire de Babylone. Mais sur quoi se fonde-t-il?
Olympiodore dit bien que le Pyriphlégeton était déjà connu

d'Orphée, fils d'Æagreus, et il existe beaucoup de suggestions, supportant difficilement la critique, et établissant un lien entre Pythagore et l'héritage philosophique du poète de la Thrace.

Ce qu'il y a de certain, c'est que Anaxagore, Démocrite, Aristote et la majorité des Grecs, qui n'étaient pas exposés aux éruptions volcaniques, portaient exclusivement leur pensée sur des eaux souterraines. La notion géologique d'une chaleur centrale a dû naître chez les philosophes qui habitaient dans le voisinage d'un volcan actif.

Quelques Latins, en assez petit nombre et sans s'y arrêter, ont abordé cette question des effets physiques ou mécaniques observés à la surface de la terre, et attribués par eux à des forces gisant dans l'intérieur du globe.

Aristote, après avoir réfuté ceux qui disaient que la terre ou l'eau produisait les tremblements de terre, ajoute :

« Igitur neque aqua neque terra causa tremens esse po-
« test, sed spiritus, ubi scilicet quod extrà exhalat, intro-
« fluit. Undè fit, ut plurium maximique terræ motus cœlo
« tranquillo fiant. Nam exhalatio quæ continens ac perpe-
« tua existit, ut plurimi initii motum sectari solet. Quarè
« tota simul, aut intrà, aut extra contendit. »

« Donc, ni l'eau ni la terre ne peuvent être une cause
« de tremblement, mais c'est l'air, parce que circulant à
« l'intérieur, il s'exhale au dehors. Ainsi arrive-t-il que
« les plus violents tremblements de terre se produisent
« par un temps calme et serein. Car la dilatation gazeuse,
« qui existe dans la terre à l'état perpétuel et constant,
« habituellement provoque le tremblement. Donc, l'exha-
« laison tout entière, à la fois, lutte et s'efforce, soit inté-
« rieurement, soit extérieurement. »

Aristote avait aussi attribué la cause des tremblements de terre à ce qu'on traduit en latin par *spiritus*, c'est-à-dire des vapeurs et des gaz qui sortent de l'intérieur de la terre ou peuvent, au contraire, y rentrer.

Nous trouvons dans Sénèque (4) : « Quidam ignibus « quidem assignant hunc tremorem (terræ) ; nam cùm « pluribus locis ferveant, necesse est ingentem vaporem « sinè exitu solvant, qui vi suâ spiritum intendit : et si « acriùs institit, opposita diffundit : si vero remissior fuit, « nihil amplius, quàm movet. » « Quelques-uns attribuent au feu les tremblements de terre : car, on voit ces feux tourbillonner en une foule de lieux, il en résulte nécessairement d'immenses quantités de vapeurs, qui, ne trouvant pas d'issue, exercent une forte pression : lorsque cette pression est trop considérable, elle brise les obstacles ; lorsqu'elle est plus faible, elle ne fait qu'ébranler la terre. »

Les *questions naturelles* de Sénèque (5) offrent aussi des détails intéressants sur les changements que subit la surface du globe par suite de l'action de l'eau, des vents et des forces souterraines qui réagissent sans cesse du dedans au dehors.

« Le feu et l'eau, dit Sénèque, sont les arbitres souverains de la terre. Du feu et de l'eau viennent le commencement et la fin des choses. »

Il décrit ainsi, d'après Possidonius, l'apparition d'une île nouvelle dans la mer Egée (probablement Santorin) (6).

« On voyait la mer écumer pendant le jour et rejeter « une noire fumée du fond de ses abîmes : ensuite, elle « jeta des feux, non pas continuels, mais qui brillaient par « intervalles toutes les fois que la flamme inférieure sur- « montait le poids des eaux : bientôt ce furent des pierres

« mêmes, des rochers énormes qui furent lancés dans les
« airs, les uns encore intacts, que le vent avait chassés
« avant leur calcination, les autres rongés et réduits à la
« légèreté de la pierre ponce. Enfin parut la cime brûlée
« d'une montagne, dont la hauteur s'accrut insensible-
« ment, et dont toutes les dimensions s'agrandirent au
« point de former une île. De nos jours, ajoute-t-il, ce
« phénomène s'est renouvelé sous le consulat de Valerius
« Asiaticus. »

« Pline, dit M. Ch. Lyell (7), n'avait point d'opinions
théoriques à lui personnelles, concernant les changements
de la surface de la terre ; et, dans cette question comme
dans les autres, il s'est borné au simple rôle de compila-
teur, sans discuter les faits qu'il constate et sans se donner
la peine de les présenter dans un ordre méthodique,
Pourtant, son énumération des nouvelles îles qui s'étaient
formées dans la Méditerranée ainsi que d'autres convulsions, montre que les anciens avaient observé avec attention les changements qui, de mémoire d'homme, s'étaient
opérés sur la surface du globe. »

Strabon, qui avait vécu avant Sénèque et Pline, est plus
explicite et plus clair à ce sujet que ses deux successeurs.
Voici plusieurs passages de sa géographie qui sont cités
par M. Elie de Beaumont (8).

« Les déluges, les tremblements de terre, les éruptions,
« le soulèvement subit ou l'affaissement subit du lit de la
« mer, voilà ce qui fait hausser ou baisser les eaux. En
« effet, si, comme on est forcé de l'avouer, il peut sortir
« de la mer non-seulement des masses enflammées, des
« îlots, mais encore de grandes îles, et non-seulement des
« îles, mais des parties de continent ; de même, on doit
« croire que de grands terrains peuvent, comme les petits,
« s'affaisser. N'a-t-on pas vu s'ouvrir des gouffres où se

« sont engloutis des pays entiers avec leurs villes, comme
« il est arrivé, dit-on, à Bura, à Bizone, et à bien d'autres
« cités, dans des tremblements de terre? Et il n'y a pas
« de raison de regarder la Sicile comme un morceau arra-
« ché de l'Italie, plutôt que comme une île lancée du fond
« de la mer par les feux de l'Etna, et née de la même
« manière que les îles Liparées (Lipari) et Pithécuses
« (Ischia). »

Ces divers passages, en prouvant que les Romains
avaient déjà fait sur les Grecs des progrès réels dans l'art
d'observer les faits naturels, établissent que Strabon considérait les feux souterrains comme susceptibles d'amener
de grands changements à la surface du globe; ils montrent en même temps que, pour expliquer ces grands
changements, il ne croyait pas nécessaire d'attribuer aux
forces naturelles une intensité supérieure à celle que les
hommes sont dans le cas de leur reconnaître par une
expérience presque journalière. En un mot, pour concevoir, par leur intervention, la formation d'une île comme
la Sicile, il lui suffit de rappeler bien des *faits du même
genre, dont la preuve se voit encore ou s'est vue jadis en
différents lieux.*

Les opinions cosmologiques exprimées dans le Coran
sont peu nombreuses, et ne s'y rencontrent d'ailleurs que
d'une manière incidente... Le Prophète déclare que la
terre fut créée en deux jours, et qu'ensuite les montagnes
furent placées à sa surface ; que, durant ces deux jours, et
deux autres supplémentaires, les habitants de la terre
furent formés, et qu'en deux nouveaux jours les sept cieux
furent créés. Le Coran n'ajoute aucun autre détail à ce
sujet, et le déluge, dont il est fait également mention, est
expliqué d'une manière aussi brève. Il y est raconté que
les eaux s'échappèrent d'un four, que tous les hommes

furent noyés, à l'exception de Noé et de sa famille, et que Dieu ayant dit ensuite : « O terre, absorbe tes eaux, et toi, ciel, retiens tes pluies ; » les eaux diminuèrent à l'instant (9).

On reconnaît ici le mélange des traditions bibliques et perses, que l'on retrouve partout dans le livre sacré de cette religion.

En copiant et mutilant la Bible, Mahomet n'a mentionné, comme le livre saint des Hébreux, que la catastrophe par l'eau ou le déluge.

Les savants attirés au VIIIe siècle à Bagdad par les premiers khalifes, et, après eux, les Maures d'Espagne, qui, au contact du christianisme, et grâce à la connaissance des livres grecs et latins, ont lutté, pendant quelques siècles, contre l'influence désespérante du fatalisme musulman, nous ont conservé quelques débris littéraires de l'antiquité et se sont même quelquefois montrés originaux, particulièrement en ce qui touche l'astronomie et en ce qui devait un jour devenir la chimie.

Dans les sciences géologiques, ils se sont surtout occupés d'énumération et de description des substances minérales empruntées presque toujours aux philosophes anciens, principalement à Aristote et à Pline.

Au point de vue des causes en géologie, et de celles qui dépendent des propriétés intrinsèques du globe, voici ce qu'on trouve de plus saillant dans le petit nombre des écrits qui nous restent d'eux.

Dans le Xe siècle, Avicenne (ou plutôt Ibn-Sidna), dans son court *Traité sur la formation et la classification des minéraux*, dit, dans le second chapitre « Sur la cause des montagnes » (10) :

« Montes quandoque fiunt ex causa essentiali, quandoque ex causa accidentali. Ex essentiali causa, ut ex vehe-

menti motu terræ elevatur terra, et fit mons acciden-
talis, etc. »

« Les montagnes sont formées, les unes par des causes
« essentielles, et les autres par des causes accidentelles.
« Comme cause essentielle, on peut citer les violents
« tremblements de terre par lesquels le sol est soulevé, et
« devient montagne. La principale cause accidentelle est
« l'excavation par l'eau, par quoi il se produit des cavités,
« et les terres voisines se séparent en formant des émi-
« nences. »

Mais si les tremblements de terre sont indiqués ici comme
cause mécanique essentielle de la production des montagnes (ce qui nuit encore à l'appui de la thèse que j'ai
soutenue dans la dernière séance), on ne les voit pas eux-
mêmes rattachés en aucune manière à l'existence de causes
premières et plus profondes.

Nous trouvons, au contraire, cette opinion très-nettement exprimée par un auteur arabe postérieur de trois
siècles à Avicenne. Mohammed-ben-Mohammed Kazwini
paraît avoir vécu dans le VII⁰ siècle de l'hégire, ou vers la
fin du XIII⁰ siècle de notre ère. Le livre de Kazwini, intitulé « *Merveille de la nature,* » se divise en deux parties,
traitant, l'une, des *êtres supérieurs,* comprenant l'astronomie, l'autre, des *êtres inférieurs,* comprenant tous les corps
subluaires. On y lit (11) :

« Il y a des philosophes qui appliquent également le
« nom de vapeurs à deux sortes de combinaisons élémen-
« taires ; ils désignent celles qui sont le produit de parti-
« cules aqueuses sous le nom de vapeurs humides ou
« aqueuses, et celles qui doivent leur formation aux mo-
« lécules terreuses sous le nom de vapeurs sèches ou fuli-
« gineuses. Ce sont ces deux sortes de vapeurs qui forment
« au-dessus de la mer les nuées, le vent, la pluie, la neige

« et autres phénomènes semblables ; et, dans l'intérieur
« du globe, les tremblements de terre, les sources, les
« mines. On regarde les vapeurs comme le corps et les
« exhalaisons comme l'esprit : des unes et des autres, sui-
« vant la diversité de leurs combinaisons et les différentes
« proportions dans lesquelles elles s'unissent, sont pro-
« duites dans les laboratoires de la nature un grand nombre
« de substances diverses, suivant ce qu'on lit dans les trai-
« tés de philosophie. »

Les idées relatives aux déplacements successifs de la
mer que nous allons voir tout à l'heure, discutées par Sténon, se trouvent déjà indiquées par Kazwini, bien que
sous une forme allégorique (12) : « Je passai un jour, dit
« Kidhz, par une ville ancienne et prodigieusement peu-
« plée, je demandai à l'un de ses habitants depuis com-
« bien de temps elle était fondée. — C'est maintenant, me
« répondit-il, une cité puissante, mais nous ne savons de-
« puis combien de temps elle existe, et nos ancêtres, à ce
« sujet, étaient aussi ignorants que nous. — Cinq siècles
« plus tard, je repassai par le même lieu et ne pus aperce-
« voir aucun vestige de la ville. Je demandai à un paysan,
« occupé à cueillir des herbes sur son ancien emplace-
« ment, depuis combien de temps elle avait été détruite :
« — En vérité, me dit-il, voilà une étrange question. Ce
« terrain n'a jamais été autre chose que ce qu'il est à
« présent. — Mais, n'y eût-il pas ici anciennement, lui
« répliquai-je, une splendide cité ? — Jamais, me dit-
« il, autant du moins que nous en puissions juger par ce
« que nous avons vu, et nos pères ne nous ont jamais
« parlé d'une pareille chose. — A mon retour, cinq
« cents ans plus tard, dans ces mêmes lieux, je les trou-
« vai occupés par la mer, et sur le rivage se trouvait un
« groupe de pêcheurs, à qui je demandai depuis quand la

« terre avait été couverte par les eaux ? — Est-ce là, me
« dirent-ils, une question à faire, pour un homme comme
« vous ? Ce lieu a toujours été ce qu'il est aujourd'hui. —
« Au bout de cinq cents années, j'y retournai encore, la
« mer avait disparu ; je m'informai d'un homme que je
« rencontrai seul en cet endroit, depuis combien de temps
« le changement avait eu lieu, et il me fit la même ré-
« ponse que j'avais eue précédemment. Enfin, après un
« laps de temps égal aux précédents, j'y retournai une
« dernière fois, et j'y trouvai une cité florissante, plus
« peuplée et plus riche en monuments que la première
« que j'avais visitée, et lorsque je voulus me renseigner
« sur son origine, les habitants me répondirent : La date
« de sa fondation se perd dans l'antiquité la plus reculée,
« nous ignorons depuis quand elle existe, et nos pères, à
« ce sujet, n'en savaient pas plus que nous. »

Enfin, je ne puis résister au désir de citer un passage de la première partie de l'ouvrage de Kazwini,
bien qu'il ne s'applique pas immédiatement au sujet que
je traite en ce moment, mais qui témoigne de la perspicacité avec laquelle il discutait et appréciait les idées des
philosophes grecs et, en particulier, celles des pythagoriciens (13).

« Parmi les anciens, quelques disciples de Pythagore
disaient que c'était la terre qui tournait sans cesse et que
le mouvement des étoiles n'était qu'apparent, et produit
seulement par la rotation du globe. D'autres imaginaient
qu'elle était suspendue au centre de l'univers, également
distante de tous les points, et que le firmament l'attirait de
toutes parts, ce qui lui faisait tenir un équilibre parfait ;
que, comme il est de la nature de l'aimant d'attirer le fer,
ainsi le firmament avait la propriété d'attirer le globe terrestre qui, soumis à une force attractive, exerçant sur lui,

de toutes parts, une action égale, restait suspendu au centre. »

Il y a sans doute, dit M. Elie de Beaumont, un rapport bien étonnant entre les idées exprimées dans ce passage et celles de la philosophie newtonienne. Il est curieux aussi d'en retrouver encore des traces dans le passage ci-dessous du *Bonn Dehesch* :

« Ces sept astres, mis en sentinelle, sont les étoiles fixes, savoir : Taschter, chargé de la planète Tir (Mercure); Haftorang, chargé de la planète Behram (Mars) ; Venaut, chargé de la planète Anhonma (Jupiter) ; Satévis, chargé de la planète Anahid (Vénus) ; Mesch, qui est au milieu du ciel, chargé de la planète Kevan (Saturne) ; Gourzscher et Dodjdom Monschever, étoiles à queue (comètes) sont sous la sauvegarde du soleil, de la lune et des étoiles. C'est le soleil qui lui-même a lié Monschever et le retient dans les bornes qu'il lui a marquées, de façon qu'il ne peut faire que peu de mal (14). »

On peut encore citer, en témoignage de l'esprit d'observation que les Arabes ont apporté dans les phénomènes de la nature, les exemples de pluies de pierres et d'aérolithes cités par eux : Avicenne dit d'un phénomène de ce genre (15) :

« Descendebat nempè de cœlo massa nescio qualis, centum et quinquaginta minarum propemodum..... »

« Une masse, je ne sais laquelle, du poids environ de « cent cinquante mines, descendait du ciel, etc. »

Aboulfeda cite aussi la chute d'un aérolithe : « Hujus anni quarto mense, narrat Ibn-el-Atir, in Libyam detonuisse nubem fulminibus, tonitruque et multis fœtam lapidibus, quorum unus quisque, quem feriret, confecerit. »

« Le quatrième mois de cette année, raconte Ibn-el-« Atir, éclata en Libye, au milieu de la foudre et du

« tonnerre, un nuage plein de pierres dont chacune tua
« celui qu'elle frappait. »

C'est sans doute le même fait qui est rapporté par
Kazwini, comme s'étant passé en l'an 411 de l'hégire (16).

Soyouts (manuscrit arabe de la Bibliothèque nationale)
parle aussi de pierres de foudre tombées sur la montagne
Rouge, en Egypte. Les pluies de pierres n'étaient pas non
plus inconnues des Romains, comme le prouve un passage de Pline (cité par M. Elie de Beaumont).

En résumé, si nous cherchons à apprécier le rôle et
l'intervention des Arabes dans cette double question de
l'observation des faits de la nature minérale, et dans l'appréciation des causes inhérentes au globe lui-même, qui
ont pu les produire, nous trouvons qu'ils ne se sont pas
contentés de traduire les livres grecs ou latins ; mais que,
d'un côté, certains phénomènes qui avaient échappé ou
avaient passé presque inaperçus aux anciens ont été constatés par eux avec une plus grande sûreté ; et, d'autre
part, qu'ils ont introduit dans leurs commentaires une précision, qui dépendait elle-même de leurs progrès dans
l'observation.

Au moyen âge, en Europe, mais particulièrement en ce
douzième siècle qui a produit tant de grands hommes, l'esprit mystique domine dans les recherches, même dans
celles qui s'adressaient à la philosophie naturelle (17).

« Il existait alors en Occident un assez grand nombre
« d'hommes éminents qui s'arrêtaient avec respect devant
« les différents objets de l'univers, ne pouvant se résoudre
« à n'en faire que des lettres mortes, sans signification et
« sans valeur. Loin de là, tout avait dans leur pensée un
« sens mystérieux, les astres qui brillent au firmament,
« les végétaux qui couvrent la surface de la terre, les phé-
« nomènes si variés dont elle est le théâtre, cette multi-

« tude innombrable d'êtres qui la parcourent en tous sens,
« jusqu'aux pierres précieuses et aux minéraux qu'elle
« recèle au fond de ses entrailles. Puis venaient le besoin
« et la tâche de traduire en un langage humain tous les
« mots de cette langue sublime et inconnue que l'univers
« parlait, tâche délicate et longue, que notre indifférence
« peut repousser avec dédain, mais à laquelle la foi, l'es-
« pérance et l'amour prêtaient un charme infini. On par-
« courait alors avec un soin scrupuleux les œuvres du
« Très-Haut, et à mesure que chacune d'elles s'offrait à la
« vue, on tâchait de découvrir quelles étaient ses relations
« avec les croyances et les devoirs de l'homme, quel
« dogme elle représentait, de quelle vertu elle était l'em-
« blème, quelle passion mauvaise ou bonne elle figurait.
« Enfin, quand, à force d'imagination et de labeur, on
« croyait avoir rattaché quelques réalités terrestres aux
« vérités morales ou religieuses que ces réalités expri-
« maient, on s'empressait de recueillir ces rapproche-
« ments si désirés ; on les déposait dans des livres comme
« de précieuses découvertes, et ces livres trouvaient des
« lecteurs capables de les comprendre, qu'ils édifiaient en
« les instruisant. »

Néanmoins, si le onzième siècle a produit saint Bernard,
il a aussi vu naître Abailard ; il est donc aussi le siècle des
grandes discussions. Vers la fin de ce siècle, et sous l'influence de cet esprit, il se rencontra, « à côté de ces doctes
prélats, de ces pieux abbés, et même parmi eux quelques
hommes, doués d'une capacité étendue et d'un esprit original, qui trouvèrent bon d'étudier un peu cet univers
grossier et charnel en lui-même, et tel qu'il s'offrait aux
regards, indépendamment des rapports plus ou moins
probables qu'il pouvait soutenir avec des réalités invisibles (18). »

« Tels furent Sigebert, moine de l'abbaye de Gemblou, habile astronome autant que profond théologien : un Anglais, Robert Canut, chanoine régulier de l'ordre de Saint-Augustin, qui entreprend sur l'histoire naturelle de Pline un travail qu'il dédie au roi Henri Ier ; un autre Anglais, Adélard de Bath, qui, au retour de ses longs voyages dans les contrées de l'Orient, rédige ses « *Questions naturelles,* » ouvrage dont l'unique objet est l'examen de quelques problèmes du genre de ceux-ci : Pourquoi les plantes ne trouvent-elles pas leur nourriture dans l'air et dans le feu, aussi bien que dans la terre ? Comment s'opère le fait de la vision ? Pourquoi le globe terrestre reste-t-il suspendu au milieu des airs ? D'où viennent les vents ? Quelle est la cause du tonnerre ? Les planètes sont-elles animées ?

« On peut encore citer Honoré, prêtre et écolâtre de l'église d'Autun, qui consacre une partie de son tableau de l'univers (*De Imagine mundi*) à l'explication des phénomènes les plus curieux, tandis qu'il composait encore deux ouvrages (*De Affectibus solis*) et la clef de la physique (*Clavis physicæ*), dont le dernier est perdu.

« Un des plus ardents adversaires d'Abailard, Guillaume de Saint-Thierry, auteur ascétique, qui a écrit sur la contemplation et sur l'amour, s'était arraché à ses spéculations mystiques pour composer un *Traité de la nature du corps et de l'âme de l'homme*, dont le premier livre est un véritable manuel d'anatomie, où les os et les nerfs sont comptés, la marche et les combinaisons des humeurs décrites, les grandes fonctions expliquées, etc.

« Pierre Diacre, bibliothécaire du Mont-Cassin, étudiait les propriétés des pierres précieuses, et, au milieu de plusieurs autres encore, Guillaume de Conches, écrivait sa *Philosophia mundi*, qui embrasse, en quatre livres, l'histoire du monde entier.

« Le premier livre, après quelques préliminaires sur Dieu et sur les anges, traite des éléments et de la formation successive des différentes espèces d'êtres. Le second livre est consacré à la description du ciel ; le monde sublunaire fait la matière du troisième, et, dans le quatrième, Guillaume de Conches examine plus à fond les questions relatives à la terre et à l'homme. »

Malgré tous ces travaux, et lorsqu'on cherche à quel ensemble d'idées le xiiᵉ siècle a abouti, on ne trouve guère qu'il ait ajouté de notions nouvelles à celles que lui avait fournies l'antiquité ; et même, sur certaines questions, on le voit bien au-dessous des philosophes grecs et latins. Veut-on savoir, par exemple, d'après Honoré et Guillaume de Conches, les rapports de l'eau de la mer avec celle des fleuves (19) ?

« C'est de la mer que sortent tous les fleuves ; ce qui explique pourquoi la mer ne s'augmente pas, malgré cette masse énorme d'eau que les fleuves lui apportent, car elle donne autant qu'elle reçoit. Ajoutez que pendant le jour l'ardeur du soleil tend incessamment à la dessécher. Mais si les eaux fluviales sortent de l'océan, pourquoi sont-elles douces, tandis que les eaux de l'océan sont amères ? Rien de plus facile à comprendre. Les eaux de l'océan déposent, dans les canaux souterrains par où elles se dirigent, leur amertume primitive. Aussi bien, la cause première de cette amertume n'est-ce pas le soleil qui, aux environs de la zone torride, darde sur la surface des flots des rayons brûlants qui la transforment en sel ; car, ajoute Guillaume de Conches, c'est un fait certain que l'eau est changée en sel par la chaleur. Or, dans la terre, il n'y a plus ni soleil ni rayons solaires, et, la cause disparaissant, il est tout simple que l'effet disparaisse.

« C'est également des eaux de la mer et aussi des eaux

pluviales qui filtrent à travers le sol que proviennent les fontaines et les sources.

« Parmi les sources, il en est dont les eaux sont chaudes ou fétides. On conçoit la raison de ce fait quand on sait qu'il y a dans l'intérieur de la terre des bancs de substances sulfureuses promptes à s'enflammer, et dont les vapeurs, transportées dans les eaux souterraines, leur donnent les différentes qualités dont nous parlons.

« D'où proviennent les tremblements de terre ? Il existe des cavernes souterraines où sont emprisonnées des masses d'air considérables. Celles-ci font effort pour aller se réunir à l'air extérieur, et réagissent avec violence contre tous les obstacles qui les arrêtent. De là ces terribles agitations qui se manifestent dans telle ou telle partie du globe (20). »

Assurément, si l'on compare ce passage à celui de Sénèque que nous venons de citer, l'avantage restera de beaucoup au philosophe romain.

Vers la première moitié du xve siècle, nous trouvons les idées plus saines et mieux arrêtées, comparables du moins à celles des anciens, dans Paulus Sanctinus, de Lucques, en Toscane (21).

« Mihi videtur Paulo quod tota terra rotunda stat in medio aquæ et una pars ejus est sub aquâ, alia pars extrà aquam, et sic participat de aqua et terra... et propter ignem materialem inclusum qui est in medio centri terræ, de quo centro, decoctione ignis, exeunt aquæ calidæ ac sulphur, de quo fit incendium et alia metalla ibi oriuntur et ideò medictas super aquam est quæ inclusa ad sursum aeris tendit et ignis flamma ad sursum ætheris tendit et sic terræ elevatur ad aerem ac ignem, quia istorum elementorum violentia sursum ascendit. »

« Il me semble, à moi Paul, que la terre entière de

« forme sphérique se tient en équilibre au milieu de l'eau ;
« qu'une partie est sous l'eau, que l'autre en émerge et
« participe ainsi de la terre et de l'eau ; que du centre de
« la terre, à cause du feu matériel que celle-ci renferme
« dans son sein, et de son action brûlante, sortent des
« eaux chaudes et du soufre qui produit l'incendie ; d'au-
« tres métaux s'y forment aussi, et celle des deux parties
« de la terre qui surnage est précisément celle qui s'élève
« en l'air, et la flamme du feu est portée vers les régions
« éthérées ; la terre suit donc ces deux éléments qui, par
« leur impétuosité, l'entraînent vers les hauteurs de
« l'atmosphère. »

Mais, lorsque dès la fin du xve siècle revinrent, avec le grand développement des beaux-arts, l'amour et l'étude des questions de philosophie naturelle, l'un des plus grands et des plus féconds génies, *Léonard de Vinci*, fut des premiers à appliquer le raisonnement à ces matières.

Avant Bacon, Léonard de Vinci avait dit : *Cominciare dall esperienza et per mezzo di questa scoprirne la ragione.*

Il développa, dans des ouvrages inédits, des vues remarquables sur la formation des masses géologiques.

D'après lui, c'est la vase des rivières qui a couvert et pénétré l'intérieur des coquilles fossiles lorsqu'elles étaient encore au fond de la mer près des côtes.

Après avoir réfuté l'opinion encore soutenue de son temps, que la nature et l'influence des astres ou la force plastique admise par Théophraste ont formé les coquilles dans les montagnes, il ajoute (22) :

« Le limon des rivières a recouvert ces coquilles fos-
« siles et a pénétré dans leur intérieur, lorsqu'elles étaient
« encore au fond de la mer près des côtes. On prétend
« que ces coquilles ont été formées sur les collines par
« l'influence des étoiles, mais je demande où sont aujour-

« d'hui les étoiles qui forment sur les collines des coquilles
« d'âges et d'espèces différents? Comment d'ailleurs les
« étoiles expliquent-elles l'origine du gravier que l'on
« rencontre à diverses hauteurs et qui se compose de
« galets qui semblent avoir été arrondis par le mouvement
« de l'eau courante? Comment enfin expliquer, par une
« telle cause, la pétrification, sur ces mêmes collines, des
« feuilles, des plantes et des crabes marins? »

Léonard de Vinci explique la formation des montagnes,
par les courants d'eau à la surface du sol, en s'appuyant
sur ce qui se passe sous nos yeux, dans l'action des eaux
qui creuse les vallées, dénude leurs fonds et en entraîne
les débris à la mer.

En 1517, *Fracastoro* explique les nombreuses pétrifications mises au jour par les réparations faites à la ville de
Vérone, en affirmant que ces coquilles fossiles apparte-
naient à des animaux qui avaient vécu et multiplié dans
les lieux mêmes où se trouvent leurs restes.

Les opinions de Fracastoro sont d'autant plus remarquables pour son temps que bien après lui le célèbre mi-
neur saxon *Agricola*, et Andrea Matholi, éminent botaniste, soutenaient encore qu'une certaine *matière grasse*
(*materia pinguis*), mise en fermentation par la chaleur,
avait donné naissance aux formes organiques fossiles.

L'anatomiste *Fallop*, de Padoue, considérait les défenses
fossiles d'éléphant qui furent découvertes de son temps
dans la Pouille comme de *simples concrétions terreuses.*

Mercati, en 1574, déclarait que les coquilles fossiles du
musée du Vatican étaient de simples pierres qui devaient
leur forme particulière à l'influence des corps célestes.

Et Olivi de Crémone considérait comme de simples jeux
de la nature les collections de coquilles du riche musée de
Vérone.

Deux siècles plus tard, quelques savants se contentaient encore d'expliquer la présence des restes fossiles par l'action du déluge mosaïque.

Fracastoro fait, au contraire, observer que cette action n'a pu être que courte et passagère ; qu'elle aurait pu amener la dispersion des coquilles à la surface du sol, mais non les enfouir dans la profondeur.

Le nom de Bernard Palissy se présente aussi à nous dans cette histoire. Le célèbre potier de Saintes fut, en effet, le premier en France qui, en 1580, dans son ouvrage intitulé : *De l'origine des sources*, et dans d'autres écrits, établit que les coquilles fossiles étaient de véritables coquilles, déposées autrefois par la mer dans les lieux mêmes où ils se trouvent (23).

« Les poissons armez, dit-il, lesquels sont pétrifiés en
« plusieurs carrières, ont esté engendrez sur le lieu
« mesme, pendant que les rochers n'estoyent que de l'eau
« et de la vase, lesquels depuis ont esté pétrifiés avec les
« dits poissons... après que l'eau a défailly. »

Enfin, il déclare « qu'il a trouvé plus d'espèces de pois-
« sons ou coquilles d'iceux, pétrifiés en terre, que non
« pas des genres modernes qui habitent dans la mer
« Océane. »

Voilà l'explication formelle des espèces perdues.

Mais c'est en Italie surtout que s'élaborent les principales idées relatives à l'application des faits géologiques.

Après Cesalpin, Majoli, Fabio, Colonna, sur lesquels je ne puis m'arrêter, vint, en 1669, Sténon.

Sténon était Danois, mais il avait été d'abord professeur d'anatomie à Padoue, puis avait résidé plusieurs années à la cour du grand-duc de Toscane.

Son traité, dédié au grand-duc de Toscane, porte le titre bizarre de *Solido intrà solidum contento*.

Sténon (24) distingua le premier les roches primitives antérieures à l'existence des plantes et des animaux sur le globe, et les roches secondaires superposées aux premières et remplies de ces débris.

Dans son livre, Sténon compare les coquilles découvertes dans les strates de l'Italie avec les espèces vivantes, montre leurs ressemblances, et trace les passages des coquilles vivantes à celles qui sont le plus fortement altérées par la fossilisation. Il distingue les fossiles marins de ceux qui se sont déposés dans les eaux douces; ces dernières contenant des roseaux, des herbes, ou des troncs et des branches d'arbres.

Ayant eu l'occasion de disséquer un squale qui avait été pris sur les côtes de l'Italie, il rapprocha ses dents de la pierre, en forme de flèche de lance que l'on appelait *glossopètre*, et montra que celle-ci n'était, en réalité, qu'une dent de squale.

Le premier, il établit la notion capitale de l'horizontalité primitive des anciens sédiments, et attribua leur inclinaison actuelle au dégagement de vapeurs souterraines qui auraient soulevé la croûte terrestre, ou à la chute de masses placées au-dessus des cavités intérieures.

Enfin il admet, à la manière des géologues modernes, pour le sol de la Toscane :

« Six grandes époques de la nature (*sex distinctæ Etruriæ facies, ex præsenti facie Etruriæ collectæ*), selon que la mer inonda périodiquement le continent, ou qu'elle se retira dans ses anciennes limites. »

Et il représenta graphiquement le résultat de ces mouvements comme il les comprenait.

Tout en s'appuyant sur l'observation, Sténon, comme on voit, s'éloigne un peu de ces préoccupations exclusivement actualistes qui dominaient dans l'antiquité et que nous allons retrouver dans la plupart de ses successeurs.

Le premier, Sténon imagina les méthodes d'observation suivies aujourd'hui par tous les géologues, il doit être considéré comme le vrai fondateur de la géologie moderne; et la valeur scientifique du célèbre Danois paraîtra plus grande encore si j'ajoute que, indépendamment de ses recherches purement géologiques, on trouve encore dans son ouvrage des aperçus fort justes, et très-remarquables pour l'époque, sur la structure et le mode d'accroissement des coquilles, et sur la structure des cristaux de quartz et de fer oxydé et sulfuré. Ces derniers pourraient être, à juste titre, considérés comme un premier germe des découvertes qui devaient, un siècle plus tard, constituer une science nouvelle, la cristallographie.

Cependant, parmi les modernes, ce n'est pas à Sténon, mais à un de nos plus illustres compatriotes, Descartes, que revient le mérite d'avoir le premier signalé la chaleur propre du globe comme un agent des phénomènes géologiques. Ce grand philosophe, dans les *Principes de la philosophie*, publiés en latin à Amsterdam, en 1644, puis en français, en 1668, considéra la terre comme un astre refroidi à sa surface, qui conserve dans son intérieur un *feu central*.

Ce feu central ramène à la surface les eaux d'infiltration et fait pénétrer les matières métalliques dans les vides (25).

« Feignons que cette terre a été autrefois un astre... en sorte qu'elle ne différait en rien du soleil, sinon qu'elle était plus petite... Au-dessus de la croûte intérieure fort pesante, de laquelle viennent tous les métaux, est une autre croûte de terre moins massive qui est composée de pierres, d'argile, de sable et de limon. Ce n'est pas le seul argent vif qui peut amener les métaux de la terre intérieure à l'extérieure, les esprits et les exhalaisons font le semblable au regard de quelques-uns, comme le cuivre, le fer et l'antimoine. » (Edition française de 1668, 5ᵉ partie, §§ 2, 44 et 72).

D'un autre côté, le refroidissement même de cette masse a dû amener, par la contraction de la masse interne, les dislocations de la voûte terrestre.

« Les fentes s'augmentant, les parties externes n'ont pu se soutenir plus longtemps, et la voûte se crevant tout d'un coup l'a fait tomber en grandes pièces sur la superficie du corps *c ;* mais pour que cette superficie, qui n'était pas assez large pour recevoir toutes les pièces de ce corps en la même situation qu'elles avaient auparavant, il a fallu que quelques-unes soient tombées de côté et se soient appuyées les unes contre les autres. (§ 42, p. 322 de l'édition précitée.)

Ces admirables éclairs du génie de Descartes n'ont pas dû être étrangers aux idées émises par Sténon, puisque, comme le remarque très-judicieusement M. Bertrand de Saint-Germain, le savant danois avait passé deux ans, 1664-1666, à Paris, en relation avec le philosophe français, dont le système avait évidemment produit chez lui une profonde impression, comme chez Jean Ray et Leibnitz dont nous allons trouver la mention.

En effet, après Descartes et Sténon, mais avant Lazzaro Moro et Buffon, nous trouvons sur la même voie le génie de Leibnitz. Dès le mois de janvier 1693, ce grand philosophe donna, dans les *Acta eruditorum*, un premier aperçu de la dissertation connue sous le nom de *Protogœa ;* mais ce n'est que trente-trois ans après sa mort, en 1749, l'année même où Buffon publia les trois premiers volumes de l'*Histoire naturelle* que la *Protogœa* parut en entier.

Dans la quatrième section de cet ouvrage, il présente,

aussi clairement que possible les fondements nécessaires à toute théorie qui attribuerait en grande partie les phénomènes géologiques à une force ignée intérieure.

Il attribue la formation des roches primordiales « id « enim potissimùm de primâ tantum massâ, ac terræ basi « accipio » au refroidissement de la croûte de ce noyau volcanique.

Les dislocations et les dérangements dans la position des couches (phénomène pour lesquels il cite les ouvrages de Sténon) sont dues à ce que ces couches se sont brisées dans les vastes cavernes produites dans l'intérieur de la masse par son refroidissement ; à quoi il ajoute l'action du poids même des matériaux et des vapeurs qui se dégageaient.

Ces ruptures de la croûte terrestre doivent, par suite des mouvements imprimés aux eaux superincombantes, avoir été nécessairement accompagnées d'actions diluviales sur une très-grande échelle « maximæ secutæ inunda-« tiones. » Mais ces mêmes eaux, dans les intervalles de repos, déposaient les matériaux *pierreux* et *terreux*.

Ainsi se déduit une double origine, l'une ignée, l'autre aqueuse, des masses rocheuses.

« Indè jam duplex origo intelligitur primorum corpo-« rum una, cum ab ignis fusione refrigescerent, altera, « cum reconcrescerent ex solutione aquarum. »

« De là, on comprend que les premiers corps ont une « double origine, l'une provenant du refroidissement des « matières que le feu a mises en fusion, l'autre de la « coagulation des matières dissoutes par l'eau. »

La répétition de phénomènes semblables (ruptures de la croûte et inondations qui résultent) amène un équilibre plus stable.

« Redeunte mox simili causâ, stratâ subindè alia aliis

« imponerentur et facies teneri adhuc orbis novata est. »

Enfin, et je voudrais, après un savant géologue anglais, M. Conybeare, appeler sur la phrase suivante l'attention des auteurs qui paraissent avoir pris comme une condition essentielle de leurs théories que les mêmes causes physiques ne peuvent, en aucune des circonstances passées, avoir agi avec une intensité plus grande qu'elles ne le font aujourd'hui.

« Donec, quiescentibus causis, atque æquilibratis, con-
« sistentior emergeret rerum status. »

« Jusqu'à ce que, ces causes venant à rentrer dans le
« repos et à s'équilibrer, il sortît un état de choses plus
« consistant. »

Leibnitz cite les observations de Sténon et s'appuie sur elles ; mais il n'en a jamais fait lui-même et n'en sent nullement le besoin. Il est encore un géologue de cabinet, un géologue théoricien. Ou plutôt, il n'est pas géologue ; son œuvre est toute philosophique. C'est en logique un admirable jouteur qui saisit le trait lancé par Descartes et le fait, en quelque sorte, pénétrer dans le corps d'observations recueillies par le naturaliste danois.

Tout autres avaient été déjà les procédés de Bernard Palissy, de Léonard de Vinci et surtout de Sténon ; tout autres aussi étaient ceux de Robert Hooke et de Jean Ray, contemporains de Leibnitz ; tout autres enfin nous allons trouver dans une prochaine leçon les méthodes employées par Lazzaro Moro, qui, en 1740, jeta les fondements réels de la géologie éruptive et partage avec Sténon le titre de père de la géologie moderne.

CINQUIÈME LEÇON.

Fin de l'historique des Ecoles anciennes et des systèmes presque exclusivement étiologiques.

MESSIEURS,

Dans une dernière leçon, j'ai eu l'occasion d'insister vivement sur les beaux résultats acquis à la science dans la célèbre dissertation publiée en 1669, par Sténon. Lorsqu'on voit de telles opinions appuyées, d'un côté sur la connaissance des fossiles, sur la description anatomique des animaux vivants; de l'autre sur l'observation exacte des faits qu'avait présentés, un siècle auparavant, la formation éruptive du Monte-Nuovo, dans la baie de Naples, on est frappé de la voie excellente où se plaçait la géologie, et on s'attend à la voir progresser avec la même rapidité dans les années qui vont suivre.

Il n'en fut pas ainsi. Pendant plus de 70 ans, à part quelques éclairs du génie de Leibnitz, la science subit un temps d'arrêt, s'acharnant avec une véritable passion à interpréter un petit nombre de faits mal connus, pour les faire cadrer systématiquement avec la version mosaïque du déluge universel. C'est cette préoccupation qui, de 1681 à 1696, donne lieu en Angleterre aux trois systèmes de *Burnet*, de *Whiston* et de *Woodward*.

Ces systèmes n'offrent rien qui mérite d'être signalé au point de vue qui nous occupe en ce moment, et je les passerai sans regret sous silence.

Je ne puis cependant résister au plaisir de vous citer la

réfutation de l'un de ces systèmes (celui de Whiston) par Buffon. La verve avec laquelle notre grand. naturaliste s'acharne sur les conceptions de son prédécesseur est d'autant plus singulière que ces conceptions sont, en quelques points, comme vous l'allez voir, assez peu différentes de celles de Buffon lui-même :

En effet, suivant Whiston, le déluge fut le résultat du passage d'une comète dont la queue rencontra notre terre. Buffon, oubliant qu'une comète jouera aussi un grand rôle dans son système, dit de Whiston (1) :

« Il prend de l'eau partout où il y en a ; le grand abîme,
« comme nous l'avons vu, en contient une bonne quantité.
« La terre, à l'approche de la comète, aura sans doute
« éprouvé la force de son attraction ; les liquides, conte-
« nus dans le grand abîme, auront été agités par un mou-
« vement de flux et de reflux si violent, que la croûte
« superficielle n'aura pu résister ; elle se sera fendue en
« divers endroits, et les eaux de l'intérieur se seront
« répandues sur la surface ; *et rupti sunt fontes*
« *abyssi.*

« Mais que faire de ces eaux que la queue de la comète
« et le grand abîme ont fournies si libéralement? Notre
« auteur n'en est point embarrassé. Dès que la terre, en
« continuant sa route, se fut éloignée de la comète, l'effet
« de son attraction, le mouvement de flux et de reflux
« cessa dans le grand abîme, et dès lors les eaux supé-
« rieures s'y précipitèrent avec violence par les mêmes
« voies qu'elles en étaient sorties : le grand abîme absorba
« toutes les eaux superflues, et se trouva d'une capacité
« assez grande pour recevoir, non-seulement les eaux
« qu'il avait déjà contenues, mais encore toutes celles que
« la queue de la comète avait laissées, parce que dans le
« temps de son agitation et de la rupture de la croûte, il

« avait agrandi l'espace en poussant de tous côtés la terre
« qui l'environnait. »

Pour être juste, néanmoins, il faut ajouter que des trois
auteurs que je viens de citer, l'un, Woodward; ne s'est pas
borné à recueillir à la hâte quelques faits pour servir de
base à ses conjectures; il avait beaucoup observé, et son
ouvrage renferme une foule de remarques dont le temps
n'a fait que confirmer la justesse, en particulier sur le
mode de stratification des roches fossilifères, qui se recouvrent en couches parallèles, aussi bien dans les plaines
que sur les plus hautes montagnes. Ces préoccupations se
poursuivent jusqu'en 1724 où on les retrouve dans l'ouvrage
de Hutchinson.

Il ne faudrait pas croire néanmoins que, même en Angleterre à cette époque, le point de vue théologique aussi
mal compris enrayât tout progrès. Deux contemporains et
deux compatriotes de Woodward, de Burnet et de Whiston, Hooke et Ray, ont proposé des systèmes qui, en
grande partie au moins, reposent sur l'observation des
phénomènes contemporains et leur comparaison avec les
phénomènes anciens.

Les œuvres posthumes de Robert Hooke, M. D., parurent en 1705, contenant un *Discours sur les tremblements
de terre* (2).

« Bien qu'un fragment de coquille puisse paraître, dit-
« il, à bien des gens une chose fort triviale, ce sont des
« coins et des médailles, aussi propres à donner la chro-
« nologie des temps anciens du globe que les livres et les
« manuscrits, ou inscriptions, pour faire connaître l'his-
« toire et pour établir les intervalles de temps entre les-
« quels ont eu lieu les catastrophes et les changements. »

Quant à l'extinction des espèces, Hooke était persuadé
que les ammonites ou nautiles fossiles, les autres coquilles

ou squelettes trouvés en Angleterre étaient d'espèces différentes que celles qu'on avait signalées jusqu'alors. Il lui
paraît probable qu'elles sont même entièrement perdues,
et il suggère l'idée qu'il pourrait y avoir quelques connexions entre la disparition de certains genres d'animaux
et de plantes et les changements apportés dans les périodes
anciennes par les tremblements de terre.

Remarquant que les tortues et les ammonites trouvées à
Portland semblent avoir été le produit de climats chauds,
il est amené à expliquer ces variations par un changement
dans l'axe de la terre. A la vérité, ce n'est qu'avec doute
qu'il propose une explication aussi éloignée des faits habituels.

Mais son principal but était d'expliquer la présence des
coquilles au sommet des plus hautes montagnes et dans
l'intérieur des continents. « Ces apparences et d'autres
« pourraient, dit-il, avoir été produites par des tremble-
« ments de terre qui auraient changé la position relative
« des terres et des mers, et placé les coquilles, les pois-
« sons, les plantes là où nous les voyons avec étonne-
« ment. » Et, pour appuyer son système, il énumère les
mouvements souterrains de *Sodome* et de *Gomorrhe*, le
tremblement de terre du Chili, en 1646 ; l'apparition du
Monte-Nuovo; l'élévation du sol dans l'île Saint-Michel,
aux Açores, en 1591 ; enfin, les mouvements souterrains
d'un tremblement de terre qui, en 1692, détruisit le fort
Royal de la Jamaïque, aux Antilles.

Ce sont des considérations de ce genre qui conduisent
son contemporain, *J. Ray*, dans son ouvrage le *Chaos et la
Création.*

Il fut aussi l'un des premiers qui étudia les effets de l'eau
en mouvement sur le sol et l'empiétement de la mer sur
ses rivages.

Telle était, à ses yeux, la grandeur des effets de ces causes que, dit M. Lyell (dans le savant ouvrage auquel j'ai emprunté une partie des faits que je viens de citer), il y vit une indication de la tendance de notre système à sa dissolution finale, et il s'étonna que la terre ne marchât pas plus rapidement à une submersion générale au-dessous de l'Océan, lorsque tant de matières étaient charriées par les rivières, ou minées dans les falaises et entraînées par la mer.

On voit qu'il est difficile de s'appuyer plus explicitement sur les phénomènes actuels, en s'exagérant leur véritable importance, afin de pouvoir les mettre en balance avec les phénomènes anciens.

Au sortir de cette période de discussions presque exclusivement théologiques, c'est encore l'Italie qui inaugurera le retour aux vraies méthodes scientifiques.

Vallisnieri, dans des ouvrages riches en observations originales, tenta le premier une *Description générale des dépôts marins de l'Italie*, il signala leur *extension géographique* et les restes fossiles qui les caractérisent.

Enfin, en 1740, parut le livre de *Lazzaro Moro*, intitulé : *Dei crostecei e degli altri marini corpi che si trovano nei monti : di aut. Lazzaro Moro. Venezia.*

Lazzaro Moro avait été vivement frappé d'un événement remarquable qui s'était passé, en 1707, au sein de la mer Egée, et qui avait fait sortir d'une grande profondeur, dans le golfe de Santorin, pendant les secousses continues d'un tremblement de terre et en moins d'un mois, une nouvelle île ayant plus de 2,000 mètres de circonférence et 8 mètres environ au-dessus de la mer. Partant de ce fait d'observation actuelle, Moro avait considéré les tremblements de terre et les faits analogues comme la première cause de tous les bouleversements et de toutes les dislocations des couches montagneuses. Allant plus loin, il généralise trop sa conception ; il avait été conduit à leur attribuer aussi la formation et le dépôt de toutes les couches stratifiées.

Pendant que les eaux de la mer acquéraient graduellement *une plus grande salure* à cause des exhalaisons volcaniques, le *sable et les cendres* rejetés par ces mêmes volcans, déposés au fond de l'Océan, formaient les *strata secondaires*, et étaient, à leur tour, relevés par les tremblements de terre.

Comme plus tard Hutton, Lazzaro Moro trouva un disciple et un ami enthousiaste de ses idées qui les fit connaître au monde.

Ce fut le carme Generelli, qui, neuf années après (et exactement la même année où parut la première édition de l'ouvrage de Buffon), exposa les idées de Moro dans une séance des académiciens de Crémone.

Après avoir exposé cette théorie, qui, dit Generelli, permet d'expliquer tous les phénomènes, comme l'avait désiré si ardemment Valisnieri : « Sans violences, sans fictions, sans hypothèses, sans miracles. »

Il aborde quelques objections faites au système de Moro *considéré* comme une méthode *naturelle* d'expliquer les phénomènes géologiques.

« Si les tremblements de terre, disait-on, ont été les agents de changements tellement considérables, comment se fait-il que leurs effets aient été si peu importants depuis les temps historiques ? »

Comment ? répond le disciple de Moro.

Non pas en supposant que ces actions ont pu un jour être plus considérables, mais en faisant simplement remarquer combien avaient été nombreux les comptes-rendus d'éruptions et de tremblements de terre, combien plus grand encore avait dû être pendant six mille ans le nombre de ces événements, qui n'avaient pas été notés.

Lazzaro Moro, dans son disciple, nous représente donc encore ce que je signalais dans les opinions de philosophes naturalistes grecs, chez les premiers philosophes italiens des xvi⁰ et xvii⁰ siècles ou même chez les auteurs de l'école théologique anglaise, à l'exception de Whiston.

Non-seulement on n'a pas à reproduire ici, contre aucune de ces écoles, le reproche, aussi injuste que banal, d'avoir cherché dans des hypothèses imaginaires, ou dans l'action de causes impossibles, l'explication des phénomènes géologiques ; mais vous voyez, au contraire, que si nous avions quelques critiques à leur adresser, ce serait de s'être, en général, bornées à regarder les forces actuelles comme susceptibles de produire seulement les effets actuels, et d'être ainsi amenées à rendre compte des phénomènes gigantesques, dont les traces sont incontestables, par la succession d'une série presque indéfinie d'événements en quelque sorte microscopiques.

Ainsi, d'Empédocle à Lazzaro Moro inspirés, l'un par le spectacle journalier de l'Etna, l'autre, par l'apparition saisissante d'une nouvelle île créée de toutes pièces par les feux souterrains, dans la base volcanique de Santorin, vous pouvez suivre l'histoire de cette grande conception d'un foyer de chaleur, propre à la terre, imprimant, dès son origine, un cachet indélébile sur sa croûte primitive ; remaniant et brisant mille fois cette enveloppe par l'effet d'un refroidissement inégal dans ses diverses parties ; poussant et infiltrant dans ses crevasses les exhalaisons des masses intérieures ; capable enfin, même dans notre époque de calme et de tranquillité, d'agiter encore violemment sa surface et de la recouvrir de fumée, de pierres embrasées et de torrents de lave.

Mais, vous l'avez vu, les traits épars de cette histoire, ce sont quelques lignes échappées, en trois mille ans, à quelques hommes de génie, qui, même dans leurs écrits, sont souvent perdues comme des perles dans le fumier.

Dans de prochaines leçons, nous verrons cette grande idée de la chaleur interne du globe, heureusement fécondée par Hutton; mais, même dans sa belle conception, combien encore d'idées confuses ou bizarres! Et que de pas à faire pour en dégager une notion claire et acceptable de tous, pour arriver aux admirables recherches analytiques de Fourier sur les conséquences actuelles de cette chaleur primitive, et pour en déduire les magnifiques conclusions que nous avons vues de nos jours grandir et se développer. Mais, dans ces recherches rétrospectives, qui ont, si je ne me trompe, un grand charme et une utilité réelle, gardons-nous, par une injustice trop commune, d'attribuer aux anciens le mérite de leurs successeurs!

Aussitôt qu'une idée générale, et qui paraît nouvelle, se produit, il ne manque pas de critiques pour la déprécier, même sans la bien connaître.

Et si, dans cette période de son développement, son auteur cherche à l'appuyer sur le témoignage de grands hommes qui en ont parlé vaguement, on se hâte de répudier pour eux cette solidarité : on cite une foule de passages de leurs écrits en contradiction avec elle, et on fait bonne justice d'une telle témérité. Mais que l'idée soit vraiment féconde, qu'elle vienne à être adoptée de tous, la critique change alors de tactique ; négligeant tout ce qui peut s'y opposer dans les vieux écrits, elle ressuscite, à grands renforts d'érudition, les textes les plus oubliés, et prouve que tout se trouvait chez les anciens, qui n'avaient, en réalité, laissé rien à faire à ceux qui les ont suivis.

Sachons éviter ces deux excès et accorder à chacun,

dans chaque époque, sa véritable part d'invention et d'originalité.

Venu après Descartes, Sténon, Newton et Leibnitz, Buffon leur emprunta l'idée de la chaleur centrale, et en fit la base d'un système qu'il développa dans deux ouvrages publiés à trente ans d'intervalle, : la *Théorie de la terre*, en 1749, et les *Epoques de la nature*, en 1777.

Mais Buffon ne se contenta pas d'admettre *à priori* cette chaleur propre du globe ; il la prouva par l'accroissement de température que les mineurs constatent en descendant profondément au-dessous de la surface.

Il en trouve une autre preuve dans les anciennes traces de la vie animale. Il signale le premier, d'une manière affirmative, l'existence d'*espèces perdues*, dans la population des mers comme dans celle de la terre. La multiplicité des grands ossements fossiles, leur présence dans les mêmes étages, dans les régions septentrionales de l'Europe, de l'Asie et de l'Amérique, ne lui permettent pas de douter que les êtres auxquels ils ont appartenu aient vécu aux lieux mêmes où l'on trouve leurs débris.

La constitution de ces animaux, la nature des végétaux enfouis sous terre dans les mêmes régions, y supposent une température plus élevée que celle qui y règne aujourd'hui, et analogue à celle qui échauffe actuellement les contrées tropicales. Buffon n'hésite pas à reconnaître, dans cette température primitive des régions septentrionales, un reste de la chaleur propre et originelle du globe.

Ces deux considérations, qui lui appartiennent ou qu'il a tout au moins développées d'une manière originale, constituent, à coup sûr, les germes les plus féconds que le grand naturaliste ait déposés dans son système de la terre.

Malheureusement, Buffon se crut obligé d'expliquer cette incandescence primitive du globe, et imagina que le

choc d'une comète avait enlevé au soleil la six cent cin-
quantième partie de sa masse ; ce qui lui suffit pour expliquer les six planètes connues de son temps et leurs satellites. Au reste, cette portion, entièrement hypothétique
du système de Buffon, est la seule dans laquelle il ait fait
appel à d'autres agents qu'à ceux que nous voyons fonctionner sous nos yeux dans la nature actuelle.

Vous allez voir, en effet, que tout s'expliquera, pour
lui, par leur moyen, et sans leur supposer plus d'énergie
qu'ils n'en possèdent aujourd'hui. Je n'insiste pas sur l'appui qu'il croit trouver dans des expériences imparfaites,
pour en conclure le temps depuis lequel la terre se refroi-
dit, celui à partir duquel elle est devenue habitable ; enfin,
et (ne se rendant pas suffisamment compte de l'effet réel
de la chaleur solaire) l'époque à laquelle sa surface sera
devenue trop froide pour être habitée par des êtres animés et deviendra un désert glacé.

Voyons le parti qu'il tira d'abord, pour la formation de
la terre, du principe d'une chaleur propre et de l'incandescence initiale (3).

« Les matières fixes, fondues et vitrifiées, s'étant con-
« solidées, formèrent la roche intérieure du globe et le
« noyau des grandes montagnes, dont les sommets, les
« masses intérieures et les bases sont, en effet, composées
« de matières vitrifiables. »

Et, partant de là, il donne la topographie du globe antérieure à la chute des eaux, et il comprend sous cette dénomination toutes les grandes chaînes de montagnes, quelle
que soit, d'ailleurs, leur nature.

Les veines métalliques s'expliquent aussi par la chaleur
interne : tous les métaux ayant été sublimés ou totalisés
successivement, pendant les progrès du refroidissement (4).

« Et comme, ajoute-t-il, il ne faut qu'une très-légère cha-

« leur pour volatiliser le mercure, et qu'une chaleur mé-
« diocre pour fondre l'étain et le plomb, ces deux métaux
« sont demeurés liquides et coulant bien plus longtemps
« que les quatre premiers ; et le mercure l'est encore,
« parce que la chaleur actuelle de la terre est plus que
« suffisante pour le tenir en fusion : il ne deviendra solide
« que quand le globe se sera refroidi d'un cinquième de
« plus qu'il ne l'est aujourd'hui, etc. »

Remarquons que, lorsque Buffon écrivait les lignes qui précèdent, Werner avait déjà publié depuis quatre ans ses *Caractères des minéraux;* et que, moins de sept ans après, parut la première édition de la *Théorie de la terre*, de Hutton.

Buffon eut le mérite de reconnaître, après Guettard et Desmarets, l'origine ignée du basalte; ce que, longtemps plus tard, se refusaient encore à admettre Werner, Pallas et de Saussure.

La troisième utilité que tira Buffon de l'hypothèse d'un foyer intérieur de chaleur, consiste dans l'explication, donnée déjà par Descartes, Sténon et Leibnitz, des grands phénomènes mécaniques dont la surface du globe a été le théâtre, et qu'il rattache aux tremblements de terre et aux éruptions volcaniques.

Mais, en parlant de ces dernières (5) : « Quelque grande,
« dit-il, que soit leur violence, et quelque prodigieux que
« nous en paraissent les effets, il ne faut pas croire que
« ces feux viennent d'un feu central, comme quelques au-
« teurs l'ont écrit, ni même qu'ils viennent d'une grande
« profondeur, comme c'est l'opinion commune ; car l'air
« est absolument nécessaire à leur embrasement, au
« moins pour l'entretenir »..... Et il ajoute, en terminant :
« Toutes les observations qu'on fera sur ce sujet prou-
« veront que le feu des volcans n'est pas éloigné du som-

« met de la montagne, et qu'il s'en faut bien qu'il descende
« au sommet des plaines. »

Ces citations étant empruntées à la *Théorie de la terre*,
on pourrait croire que les idées de Buffon se seront modi-
fiées pendant les trente ans qui séparent la publication de
ses deux ouvrages. Mais cela n'est vrai que dans de faibles
limites : en 1778, il pense que le « *fond de la matière électrique est la chaleur propre du globe terrestre;* » et il
ajoute (6) : « Cette électricité souterraine, combinée comme
cause générale avec les causes particulières des feux allu-
més par l'effervescence des matières pyriteuses et com-
bustibles que la terre recèle en tant d'endroits, suffit à
l'explication des principaux phénomènes de l'action des
volcans; par exemple, leur foyer paraît être assez voisin
de leur sommet; mais l'orage est au dessous. »

On voit qu'il est difficile de reprendre plus malheureusement la question, au point où l'avaient laissée Leibnitz
et Lazzaro Moro ; on voit, surtout, que Buffon ne peut être
accusé d'avoir recours, dans ses explications, à des moyens
extraordinaires, car, il se refuse même ceux que pourrait lui fournir l'observation directe de la nature et se ré-
fère, à peu de chose près, à l'expérience de Lémery.

Mais voyons si, lorsqu'il s'agira d'expliquer les terrains
de sédiment, nous serons en droit de lui reprocher quelque
écart d'imagination.

Nous assistons au moment où le refroidissement a été
suffisant pour que les mers, qui étaient toutes dans l'atmosphère, aient pu tomber et s'établir sur la terre (7).

« Ce temps, dit Buffon, de l'établissement des eaux sur
« la surface du globe, n'a précédé que de peu de siècles
« le moment où on aurait pu toucher cette surface sans la
« brûler; de sorte qu'en comptant soixante-quinze mille
« ans depuis la formation de la terre, et la moitié de ce

« temps pour son refroidissement, au point de pouvoir la
« toucher, il s'est peut-être passé vingt-cinq mille des pre-
« mières années avant que l'eau, toujours rejetée dans
« l'atmosphère, ait pu s'établir à demeure sur la surface
« du globe ; car, quoiqu'il y ait une assez grande diffé-
« rence entre le degré auquel l'eau chaude cesse de nous
« offenser et celui où elle entre en ébullition, et qu'il y ait
« encore une distance considérable entre ce premier degré
« d'ébullition et celui où elle se disperse subitement en
« vapeurs, on peut néanmoins assurer que cette différence
« de temps ne peut pas être plus grande que je l'admets
« ici. »

Mais nous avons la mer à la surface du globe, nous
allons voir comment elle s'y prendra pour former « les
« montagnes secondaires, composées, non de matières
« vitrifiables, mais d'argiles provenant de leurs détritus,
« et surtout de calcaires tout pétris de coquilles, dont les
« espèces, peut-être même les genres, sont en partie per-
« dus. »

« Commençons par nous représenter, dit Buffon, ce que
« l'expérience de tous les temps et ce que nos propres
« observations nous apprennent au sujet de la terre. »

Suit une description générale de la surface du globe,
une sorte d'exposition faite au point de vue autoptique, et
dans laquelle il passe en revue, dans un style magnifique,
l'atmosphère, les mers, les fleuves, les continents, les vallées ; enfin, les matériaux divers qui composent cette écorce
du globe.

Tout cela posé, dit-il, raisonnons (8) : La présence des
coquilles dans l'intérieur des montagnes lui « prouve que
« la partie sèche du globe que nous habitons a été long-
« temps sous les eaux de la mer ; par conséquent, cette
« même terre a éprouvé, pendant tout ce temps, les mêmes

« mouvements, les mêmes changements qu'éprouvent ac-
« tuellement les terres couvertes par la mer. Il paraît que
« notre terre a été un fond de mer ; pour trouver donc ce
« qui s'est passé autrefois sur cette terre, voyons ce qui
« se passe aujourd'hui sur le fond de la mer, et de là nous
« tirerons des inductions raisonnables sur la forme exté-
« rieure et la composition intérieure des terres que nous
« habitons.

« Souvenons-nous donc que la mer a, de tout temps et
« depuis la création, un mouvement de flux et de reflux
« causé principalement par la lune ; que ce mouvement,
« qui, dans vingt-quatre heures, fait deux fois élever et
« baisser les eaux, s'exerce avec plus de force sous l'équa-
« teur que sous les autres climats.

« (9) Le mouvement général du flux et du reflux
« a donc produit les plus grandes montagnes....,
« mais il faut attribuer aux mouvements particuliers
« des courants, des vents et des autres agitations irré-
« gulières de la mer l'origine de toutes les autres mon-
« tagnes. »

Quant aux couches de sédiments, que l'on voit inclinées
et redressées dans les montagnes, il ne se croit pas obligé,
comme Sténon, d'admettre leur horizontalité primitive :
« elles sont inclinées, suivant lui, comme ayant été for-
« mées par des sédiments déposés sur une base inclinée,
« c'est-à-dire sur un terrain penchant. »

Ainsi, les plus simples et les plus réguliers des phénomènes actuels, le flux et le reflux, les courants, l'action
destructive des flots contre les côtes, l'entraînement des
matières meubles par les vagues de l'océan suffisent à
Buffon pour expliquer les montagnes, les vallées avec
toutes leurs complications, l'accumulation des dépôts co-
quilliers en couches horizontales ou inclinées ; enfin, toutes

les circonstances que présente la surface accidentée de la terre.

Il se croit même tellement assuré sur ce terrain, qu'oubliant que, lui aussi, a fait son roman de la terre, il s'écrie (10) :

« Je ne parle point de ces causes éloignées qu'on pré-
« voit moins qu'on ne les devine, de ces secousses de la
« nature dont le moindre effet serait la catastrophe du
« monde : le choc ou l'approche d'une comète, l'absence
« de la lune, la présence d'une nouvelle planète, etc., sont
« des suppositions sur lesquelles il est aisé de donner car-
« rière à son imagination ; de pareilles causes produisent
« tout ce qu'on veut, et, d'une seule de ces hypothèses,
« on va tirer mille romans physiques, que leurs auteurs
« appelleront : *Théorie de la terre*. Comme historien, nous
« nous refusons à ces vaines spéculations ; elles roulent
« sur des possibilités qui, pour se réduire à l'acte, sup-
« posent un bouleversement de l'univers, dans lequel notre
« globe, comme un point de matière abandonnée, échappe
« à nos yeux et n'est plus un objet digne de nos regards :
« pour les fixer, il faut le prendre tel qu'il est, en bien
« observer toutes les parties, et, pour les inductions, con-
« clure du présent au passé. D'ailleurs, des causes dont
« l'effet est rare, violent et subit, ne doivent pas nous
« toucher : elles ne se trouvent pas dans la marche ordi-
« naire de la nature ; mais des effets qui arrivent tous les
« jours, des mouvements qui se succèdent et se renouvel-
« lent sans interruption, des opérations constantes et tou-
« jours réitérées, ce sont là nos causes et nos raisons. »

Ainsi, vous le voyez, personne n'est, pour se servir d'une expression qui est devenue aujourd'hui consacrée, plus actualiste que Buffon.

Non-seulement il repousse l'intervention de forces anor-

males et extraordinaires, il se contente, pour tout expliquer, de celles dont il voit les effets journaliers, mais il se
refuse même toutes les ressources qu'il pourrait tirer de
celles-là, en diminuant manifestement la portée des phénomènes qui se rattachent à la chaleur propre de la terre.

En signalant avec impartialité, et dans ses imperfections
mêmes, le système de Buffon, je ne puis avoir pour but de
diminuer à vos yeux la gloire et l'importance réelle du
grand naturaliste.

On peut dire que Buffon a été presque le dernier et
incontestablement le plus grand représentant de cette
école antique, dans laquelle l'observation et l'expérience
ne jouaient qu'un rôle secondaire, et qui, sur des aperçus
insuffisants, s'élevait trop facilement aux considérations
géogéniques les plus générales.

Le plus grand malheur du système de Buffon est d'avoir
manqué de faits bien constatés. Lorsque l'observation lui
en a fourni, comme pour la température croissante du sol
avec la profondeur, et surtout pour l'existence de cet immense ossuaire des contrées septentrionales, on le voit en
déduire les conséquences les plus belles et les plus hardies (11) :

« Buffon, a dit M. Elie de Beaumont, entreprit la géo-
« logie d'une manière plus théorique que pratique. Il avait
« commencé l'étude des sciences par la traduction en
« français de quelques-uns des ouvrages de Newton ; et
« la grandeur des idées de Newton, la grandeur aussi des
« idées du siècle de Louis XIV, dont la gloire expirante
« avait éclairé son berceau, eurent une grande influence
« sur ses travaux. La pompe du grand roi semble revivre
« dans son style ; l'admirable simplicité des idées newto-
« niennes était le type sur lequel se modelaient ses con-
« ceptions. Doué du talent d'allier ces deux genres de

« grandeurs si différents, il les porta dans toutes les par-
« ties de l'histoire naturelle, et principalement dans la
« géologie. Il a tracé à cette science un cadre aussi vaste
« que simple, dont on peut dire à sa louange qu'elle n'a
« pas encore complétement dépassé les bornes aujour-
« d'hui. »

La plus grande gloire de Buffon et son plus grand mérite peut-être aux yeux de la science ont été d'avoir su
faire partager à tout un siècle l'enthousiasme qu'il ressen-
tait lui-même pour les beautés de la nature ; d'en avoir
pénétré presque à son insu la jeune génération qui lisait
avec avidité la *Théorie de la terre* et les *Epoques de la nature*, et qui devait donner les Pallas, les Saussure, les
Werner et les Dolomieu.

Mais, circonstance singulière et bien caractéristique !
Cette génération nouvelle était précisément destinée à
combler le vide que laissait si manifestement, dans le système de Buffon, l'absence d'observations. Il est impossible
de ne pas voir dans ces tendances si bien accusées de l'é-
cole observatrice de la fin du siècle dernier, une véritable
réaction contre la méthode de Buffon.

Ainsi, c'est encore un don du génie de ne pouvoir rien
laisser d'indifférent, et d'être utile, même dans ses écarts
et ses imperfections, ne fût-ce que par les réactions nécessaires qu'il provoque.

Je n'insisterai pas sur l'ouvrage que Demaillet publia
en 1740, sous l'anagramme de *Telliamed*, et qu'il intitula :
Entretiens d'un philosophe indien. Ce petit ouvrage, maintenant oublié, eut alors un grand succès. L'auteur avait
longtemps résidé en Egypte et y avait vu comment les
eaux accroissent, par leurs sédiments, la masse de la terre :
frappé de ces phénomènes, il avait reproduit l'opinion,
déjà professée par les anciens, que notre globe était com-

posé de couches déposées successivement les unes sur les autres par une mer dont la retraite graduelle avait mis à découvert nos continents.

Ce mode de formation, basé uniquement sur l'emploi des forces actuelles, fut admis par Linné, dans son ouvrage sur l'accroissement de la terre habitable : *De telluris habitabilis incremento.*

Targioni, dans ses volumineux *Voyages en Toscane,* entreprit (1751-1754) d'exécuter le plan de la géologie de cette contrée, conçu plutôt que commencé par Sténon, soixante ans auparavant. Il combat l'opinion, avancée par Buffon, que les vallées sont dues à l'action des courants marins, et les attribue à la seule influence des rivières et des cours d'eau, qui avaient rompu les barrières des lacs après la retraite de l'océan.

Ainsi, si la cause à laquelle Targioni attribue le creusement et la formation des vallées est plus acceptable que celle qu'admettait Buffon, elle est, comme celle-ci, empruntée à l'observation de ce qui se passe dans la nature actuelle.

Il faudrait encore citer *Michel*, en 1760, et *Raspe*, en 1763.

Ce dernier, dans son *Histoire des îles nouvelles,* passe en revue tous les récits authentiques de tremblements de terre qui ont produit des changements permanents à la surface du globe. Il discute les systèmes de Hooke, de Ray, de Lazzaro Moro, de Buffon, et se rapproche, pour l'explication, de celui de Moro, bien que sa conception de la formation des couches sédimentaires soit beaucoup meilleure. Mais sa préoccupation est toujours de faire cadrer tous les effets observés avec la nature et l'intensité des forces mises journellement en jeu par la nature.

Parmi les contemporains, les admirateurs, et quelquefois les opposants de Buffon, il est juste de citer un savant anglais, Needham, qui, tout en employant les mêmes voies que lui, est arrivé sur bien des points à des conclusions meilleures et plus rationnelles.

Dans ses *Nouvelles recherches sur la nature et la religion*, publiées en 1769, il combat l'opinion de Buffon sur l'action exclusive des courants sous-marins dans la formation des montagnes. L'un de ses arguments est tiré de la nature entièrement montagneuse de la lune, combinée avec l'absence, à sa surface (12), « d'atmosphère dense, de « nuages, de grandes eaux, de marées, de courants des- « tructeurs ; » par conséquent, dit-il, « les montagnes « qui s'y trouvent proviennent de causes plus essentielles « à la constitution de la planète que ne peuvent être des « courants, ou toute autre cause extérieure et superfi- « cielle. »

Après s'être excusé d'avoir dit son sentiment sur la nouvelle théorie philosophique, critique qu'il ne présente, dit-il, que d'après la manière dont il la conçoit, Needham ajoute : « Si M. de Buffon veut admettre avec moi une « force intérieure expansive, modifiée par la gravitation, « un feu central qui se répand jusqu'à la superficie du « globe, et dont lui-même trouve partout avec les natura- « listes modernes les traces les plus évidentes pour pous- « ser en dehors toutes les grandes chaînes de montagnes ; « s'il fait dériver la régularité marquée de ces chaînes, « tant pour leurs directions que pour leurs hauteurs res- « pectives, de ces deux causes physiques combinées en- « semble, il s'approchera de si près de la cosmogonie de « Moïse et des phénomènes, que j'admettrai sans difficulté « avec lui les courants comme de vraies causes secon- « daires qui ont travaillé, en conséquence, à nous donner

« en partie l'aspect présent qui se voit sur l'extérieur de
« notre globe. »

Needham conciliait, on le voit, très-heureusement l'influence des deux grandes causes géogéniques et indiquait
nettement les conséquences auxquelles est arrivée plus
tard la science moderne, et qu'avait déjà si remarquablement désignées Avicenne dans le passage que j'ai cité
dans ma dernière leçon.

Deluc doit être cité aussi comme l'un des représentants
de cette école théorique qui bâtissait ses hypothèses sans
s'occuper de les appuyer d'observations. On va voir,
d'ailleurs, que Deluc, bien qu'il écrivît après eux, s'arrêtait à des conceptions bien inférieures à celles de Buffon
et surtout de Needham.

Voici le résumé de son système d'après M. d'Aubuisson (13) :

« Le premier coordonnateur de cet univers a primitive-
« ment formé nos globes dans les lieux où ils sont. Origi-
« nairement, ils étaient composés de pulvicules ou élé-
« ments secs et incohérents : la lumière fut créée et le
« soleil devint lumineux ; ses rayons, arrivant sur la terre,
« y développèrent la cause de la chaleur ; les pulvicules
« de l'eau devinrent liquides jusqu'à une certaine profon-
« deur ; l'eau prit alors en dissolution une partie des pul-
« vicules des autres corps, une autre partie d'entre eux,
« descendant au milieu d'elle, par son poids alla se dé-
« poser au fond de cette mer, c'est-à-dire sur la partie
« non fondue encore par la chaleur ; elle y forma une
« vase, les pulvicules en dissolution se réunirent, d'après
« les diverses lois de l'affinité, ils cristallisèrent et for-
« mèrent, sur la vase, une croûte solide ; ce sont les ter-
« rains primitifs. La révolution de l'eau pulviculaire en
« liquide continuant, il se fit des vides sous la croûte ;

« elle se brisa et ses parties s'affaissèrent. Les eaux exté-
« rieures, pénétrant dans ces cavernes, diminuèrent à la
« surface ; de nouveaux pulvicules vinrent se mêler dans
« la dissolution, et il se forma de nouvelles couches. A
« une certaine époque, les piliers qui soutenaient une
« grande partie de la croûte manquèrent ; elle s'affaissa
« tout à coup, les eaux extérieures éprouvèrent une grande
« diminution, et les continents de l'ancien monde furent
« mis à sec : ils se peuplèrent d'animaux terrestres et de
« végétaux ; la mer se peupla aussi. Des affaissements
« partiels continuèrent encore à avoir lieu, et de nou-
« velles couches à se former. Enfin, les masses de pulvi-
« cules, ou piliers, qui soutenaient les continents deve-
« nant liquides, ces terres s'affaissèrent ; la mer, se ver-
« sant sur les parties affaissées (c'est le déluge universel),
« abandonna son ancien lit qui est devenu nos continents
« actuels. C'est ici l'époque qui a conduit notre globe à
« son état actuel, car les effets des causes agissantes furent
« épuisés : depuis, le niveau de la mer n'a pas changé,
« et il ne s'est plus formé de couches minérales ; les der-
« nières précipitations étaient de pur sable ; c'étaient des
« pulvicules simplement concrétionnés. Lors des affaisse-
« ments, des portions de terrain éprouvèrent un mouve-
« ment de bascule qui, en précipitant dans des gouffres
« profonds une des branches de la bascule, souleva l'autre
« à de grandes hauteurs ; telle est l'origine des vallées et
« des montagnes. »

L'un des derniers exemples d'une théorie de la terre,
conçue et exposée à la façon de Buffon et des anciens, est
celui qui nous est fourni par le célèbre *Lamarck*.

Bien qu'il ait joué en histoire naturelle un rôle considérable et qu'il doive être considéré comme l'un des fondateurs de la paléontologie, Lamarck, dans son *Hydrogéo-*

logie, publiée en 1803, conserva le point de vue de Buffon, et ne sembla nullement tenir compte des innombrables et précieuses observations dont la géologie s'était enrichie depuis trente ans.

Il explique, en effet, toutes les aspérités de la surface du globe (sauf les montagnes volcaniques) par l'influence unique des eaux pluviales, et leur mouvement à la surface du globe. Après avoir remarqué que, dans beaucoup de montagnes, la plupart des couches sont verticales, ou au moins très-inclinées, il dit (14) :

« Concluera-t-on de là qu'il y a eu nécessairement une
« catastrophe universelle, un bouleversement général qui
« y a donné lieu ? Ce moyen si commode pour ceux des
« naturalistes qui veulent expliquer tous les faits de ce
« genre, sans prendre la peine d'observer et d'étudier la
« marche que suit la nature, n'est point du tout ici néces-
« saire ; car il est aisé de concevoir que la direction incli-
« née des couches dans les montagnes peut avoir été opé-
« rée par d'autres causes, et surtout par des causes plus
« naturelles et moins supposées que l'événement d'un
« bouleversement général. »

Cette direction inclinée des couches a pu résulter non-seulement de l'inclinaison naturelle du sol, mais elle a dû prendre son origine dans une infinité d'accidents particuliers, par exemple, d'affaissements locaux, etc.

Enfin, après avoir expliqué, comme Targioni, le creusement des vallées et le relief des montagnes par l'action des eaux superficielles, Lamarck ajoute :

« Cette marche est celle de la nature, celle de ses
« moyens connus et de ses facultés, celle enfin qu'indique
« l'observation de ce qui se passe continuellement sous
« nos yeux. »

Ainsi, dans cette dernière tentative de l'école ancienne,

nous retrouvons toujours la même propension à ne rien expliquer qu'avec les forces connues de la nature et journellement employées par elle ; en un mot, cette tendance exclusivement actualiste, que nous avons vu ressusciter de nos jours avec un certain éclat.

Dans cette revue que je viens de faire des opinions géogéniques des savants du siècle dernier, j'ai dû, sous peine de donner à ces leçons un développement que ne comportait pas le cadre auquel je me suis assujetti, passer sous silence quelques systèmes sans importance et n'indiquer même qu'assez légèrement certaines conceptions générales, qui, comme celle de Needham, ne manquent ni d'originalité, ni de vraisemblance.

Mais, malgré mon désir de ne point insister trop longuement sur cette partie théorique de la géologie qui a tant et si vivement préoccupé nos prédécesseurs, il m'est impossible de ne pas mentionner quelques idées cosmogoniques, s'appuyant, soit sur la chaleur propre du globe, soit sur des phénomènes chimiques, soit à la fois sur ces deux causes. Les noms que nous aurons à citer seront d'ailleurs parmi les plus illustres que présente la science moderne.

De l'hypothèse d'une incandescence primitive du globe, Newton avait déduit la forme, aplatie à ses deux pôles, du sphéroïde terrestre.

Laplace, par la considération des diverses parties de notre système planétaire, est conduit à une hypothèse plus générale encore, et qui, d'après lui, n'est en opposition avec aucun des faits astronomiques observés. Mais laissons parler le grand géomètre astronome :

« La considération des mouvements planétaires (15)
« nous conduit à penser, dit-il, qu'en vertu d'une chaleur
« excessive, l'atmosphère du soleil s'est primitivement

« étendue au-delà des orbes de toutes les planètes, et
« qu'elle s'est resserrée successivement jusqu'à ses limites
« actuelles ; ce qui peut avoir eu lieu par des causes sem-
« blables à celle qui fit briller du plus vif éclat, pendant
« plusieurs mois, la fameuse étoile que l'on vit tout à
« coup, en 1572, dans la constellation de Cassiopée. »

L'observation des nébuleuses amena Herschell à la
même conclusion. En effet, il avait vu que, parmi les nébuleuses, les unes n'offrent à l'œil qu'une lumière diffuse
et homogène, analogue à celle de la queue des comètes,
tandis que d'autres présentent dans cette même lumière
des points plus brillants, qui semblent indiquer que les
particules gazeuses commencent à se réunir en noyaux
liquides ou solides. Il avait, en outre, remarqué que l'éclat
de ces points s'accroît à mesure que la lumière diffuse va
perdant de son intensité, et de là il concluait que ces différences correspondent aux phases successives par lesquelles
chaque monde passe depuis l'époque de sa formation (16).

« De même, disait-il, que pour faire l'histoire du chêne,
« l'homme n'a pas besoin de suivre un être de cette espèce
« pendant la longue période de son existence, qui sur-
« passe de beaucoup la sienne propre, mais qu'il lui suf-
« fit de parcourir une forêt pour y observer des chênes
« dans tous les états par lesquels ils passent successive-
« ment, depuis le développement de leurs cotylédons,
« jusqu'à leur décrépitude et à leur mort, de même, il
« suffirait de trouver dans le ciel des nébuleuses qui re-
« présentassent les différentes époques de la formation
« d'un monde, pour en déduire les différents états suc-
« cessifs par lesquels chacun d'eux a passé ou passera. »

Sous ce point de vue, Herschell considère chaque nébuleuse comme le germe d'un système de mondes futurs,
analogue au système complet de notre soleil et de nos

étoiles ; toutes les étoiles, en y comprenant la multitude innombrable de celles qui sont disséminées dans la voie lactée, ne formant qu'une nébuleuse parvenue au point où la matière s'est déjà concentrée en noyaux solides.

Parmi les savants qui ont adopté ces idées générales proposées par Laplace et John Herschell, il faut citer H. de La Bèche. Cet éminent géologue a apporté dans l'étude de la science un coup d'œil très-sûr, une grande perspicacité et un sens pratique, qui en fait le fondateur du muséum de géologie économique, c'est-à-dire d'une véritable école des mines en Angleterre.

Dans ses *Recherches sur la géologie théorique*, il a déduit de ces prémisses, en les comparant aux faits observés, des conséquences nombreuses et importantes; j'espère pouvoir, dans la suite de ces leçons, vous faire apprécier en peu de mots le rôle considérable qu'a joué sir H. de La Bèche dans l'histoire des géologues qui ont précédé Elie de Beaumont.

Un illustre chimiste anglais, Humphry Davy, a cherché à expliquer les grands phénomènes géogéniques par des considérations purement chimiques.

Davy, ayant découvert les métaux alcalins, potassium et sodium, fit une expérience élégante qui consiste à déterminer la combustion de ces métaux au moyen de l'eau qui se décompose à leur contact. Partant de là, il suppose qu'au commencement des choses, ces métaux, qui existaient en grande proportion à la surface du sol, prirent feu spontanément; plus tard, l'eau, à mesure qu'elle pénétra dans l'intérieur des couches extérieures solidifiées, continuant d'enflammer les autres métaux, détermina un soulèvement de ces couches avec explosion et éruption.

Nos volcans actuels ne sont pas dus à une autre cause, et Davy croyait trouver la confirmation de cette opinion dans la nature des gaz qui s'échappent de leurs cratères.

Ainsi, dans cette hypothèse, la terre aurait été chauffée par la combustion de sa surface jusqu'à une profondeur assez considérable, mais qui, à moins d'un temps immense, n'aurait pu pénétrer jusqu'à son centre.

Sous ce rapport, elle amène à des conséquences absolument opposées à l'hypothèse précédente. Car, la température, au lieu de s'accroître en quelque sorte indéfiniment avec la profondeur, devrait, au contraire, présenter un maximum à une distance de quelques lieues, et, à partir de ce point où les laves des volcans prennent leur source, elle pourrait aller toujours en décroissant jusqu'au centre, qui peut-être n'aurait jamais été échauffé par l'incendie de la surface.

Ampère, notre grand physicien et mathématicien, n'a pas dédaigné de faire aussi son roman géogénique. Il a présenté sa conception dans la série de leçons qu'il a faites au Collége de France sur la philosophie des sciences, et dont j'ai longuement parlé dans mes deux premières leçons.

Je ne pourrais développer ici cette conception, qui est assez compliquée ; je vais seulement en donner une idée abrégée.

Ampère s'appuie d'abord sur l'hypothèse d'Herschell, qui n'a rien que de très-conciliable avec le texte de la Genèse : *Terra autem erat inanis et vacua.* Le mot *inanis* signifierait ici que la terre était à l'état gazeux. « Au reste, « ajoute-t-il, on verra bientôt se multiplier tellement les « rapports entre le récit biblique et notre théorie, qu'il « faudra conclure, ou que Moïse avait dans les sciences « une instruction aussi profonde que celle de notre siècle, « ou qu'il était inspiré. »

D'après l'hypothèse admise par Ampère, chaque corps

simple ou composé, entrant dans la masse gazeuse, ne constituera un dépôt liquide ou solide que lorsque cette masse elle-même se sera refroidie au point de liquéfaction ou de solidification de cette substance. Ce premier dépôt effectué (sous la forme d'un sphéroïde aplati, s'il y a rotation) attendra ainsi jusqu'à ce que le refroidissement de la masse gazeuse primitive ait atteint une température à laquelle se condensera une seconde substance, qui constituera autour de la première une couche nouvelle, et ainsi de suite.

Tous ces dépôts ayant été l'effet d'un refroidissement lent et graduel, il semblerait d'abord que chacune de ces couches devrait être homogène, et séparée des autres par des surfaces sans mélanges et sans inégalités.

Il n'en est rien cependant ; parce qu'il faut tenir compte des actions chimiques qui peuvent se développer au contact de deux couches superposées, et de l'immense quantité de chaleur que peuvent amener ces actions chimiques. Cette chaleur peut être telle que des couches inférieures, qui auraient été déjà solidifiées, pourraient de nouveau passer à l'état liquide, et, dans le cas où la masse déposée serait très-considérable, il faudrait un temps assez long pour que le centre, alors moins échauffé que la surface, se remît avec elle en équilibre de température.

Non-seulement deux couches successives pouvant réagir chimiquement l'une sur l'autre, il doit en résulter des mouvements et des dénivellations ; mais il peut arriver que dans le même cas où la dernière couche ne serait pas de nature à réagir directement sur celle qui l'a précédée, elle agit sur l'une des couches antérieures, à la faveur des fissures qui se seront formées dans la croûte extérieure.

On explique ainsi les révolutions qu'a éprouvées le

globe terrestre et les brisements qu'ont subis ses surfaces successives.

Aujourd'hui que la température est tellement abaissée que, parmi les corps susceptibles d'agir chimiquement avec violence, il n'y a plus que l'eau qui soit à l'état liquide, ce n'est plus que de l'eau qu'on peut craindre un nouveau cataclysme. Et Ampère fait alors appel, pour cette possibilité, à l'expérience dans laquelle Humphry Davy projette quelques gouttes d'eau sur le potassium et le sodium métallique.

L'énorme quantité d'azote répandue dans l'atmosphère provient de la décomposition par les métaux, d'un corps oxydant azoté, probablement d'acide nitreux ou nitrique, qui a dû constituer à la surface de la terre une couche acide dont l'oxygène s'est peu à peu, et pour la plus grande partie, combiné, laissant l'azote libre.

Nous ne suivrons pas l'auteur du système dans les détails qu'il donne sur l'histoire consécutive du globe, de son atmosphère, du développement des êtres organisés : histoire dont il poursuit la comparaison avec les termes de la Genèse.

Nous ferons remarquer que cette hypothèse, due à H. Davy, et adoptée par Ampère, d'un noyau non oxydé, et dont l'extérieur s'est oxydé jusqu'à une certaine profondeur, offrirait l'avantage d'expliquer les phénomènes éruptifs actuels, sans nécessiter une incandescence primitive et centrale du globe.

Nous verrons, en effet, dans une prochaine leçon, que des objections ont été faites à cette hypothèse. Mais il serait facile d'expliquer autrement que par des actions chimiques l'existence d'une zone intérieure, relativement peu profonde, et seule douée aujourd'hui d'une haute température.

Je terminerai par ce qu'on pourrait appeler une fantaisie cosmogonique d'Ampère cette revue des principales conceptions étiologiques depuis les anciens jusqu'à nos jours, et j'aborderai, dans ma prochaine leçon, l'étude d'une grande figure en géologie, celle de Hutton, dans lequel l'imagination domine encore, mais s'appuie, avec un rare bonheur, sur quelques faits bien observés, et surtout sur une puissance extraordinaire de comparaison.

SIXIÈME LEÇON.

Théorie de Hutton.

Comme je le disais en terminant la dernière leçon, Hutton a donné aussi une *Théorie complète de la terre* et, sous ce point de vue, il joue un rôle important dans l'école étiologique en géologie. Mais il se distingue nettement de tous ses devanciers, et l'on peut ajouter de tous ceux qui l'ont suivi dans cet ordre de considérations, en ce que les faits qu'il cite, et qu'il connaissait presque tous *de visu*, sont admirablement observés, et que les déductions qu'il en tire portent, en général, le cachet d'une logique excellente.

Après sa mort, son système, comparé à celui de son contemporain Werner, excita en Europe une lutte ardente. Puis, les savants obéissant à d'autres préoccupations laissèrent presque dans l'oubli ces conceptions, extrêmement remarquables pour le temps où elles parurent.

Aujourd'hui, en les examinant en dehors des discussions passionnées d'une époque, et aussi sans le dédain de celle qui l'a suivie, nous y découvrirons deux mérites très-réels et très-divers. En effet, d'un côté, Hutton a généralisé et précisé les aperçus, plus ou moins vagues, de ses devanciers et de ses contemporains ; de l'autre, s'appuyant sur ses propres conclusions, il a osé prévoir et annoncer des faits et des expériences qui n'ont été réalisés qu'après lui, et dont quelques-unes ont été entreprises dans le but même de contrôler ses idées.

La doctrine de Hutton, dont on a beaucoup parlé, est

10

en réalité assez mal connue; plusieurs de ses contradicteurs lui ont prêté très-gratuitement des opinions qu'il n'a jamais émises, et quelques-uns de ses admirateurs l'ont abandonné précisément en ce qui constitue, à mes yeux, ses meilleurs titres à notre estime. Je crois donc utile d'étudier avec vous l'œuvre de Hutton dans l'ordre même qu'a suivi Playfair dans son exposition.

James Hutton, né à Edimbourg en 1726, mourut en 1797, deux ans seulement après la publication en deux volumes (1) de sa *Théorie de la terre* (Theory of the earth, with proofs and illustrations, by James Hutton M. D. and F. R. S. E. Edimbourg, 1795).

Il était docteur en médecine et membre de la Société royale d'Edimbourg. Très-passionné dans ses études, il mit autant de chaleur et d'animation à défendre ses idées en philosophie et en théologie qu'à soutenir son système géogénique. Heureusement le géologue, dont nous avons seulement à nous occuper ici, est infiniment supérieur au métaphysicien.

Hutton n'était pas aussi bien doué pour l'exposition que pour l'invention. Sa *Théorie de la terre* comme les articles isolés qu'il a publiés dans les *Transactions philosophiques* laisse à désirer au point de vue de la clarté. Heureusement pour sa doctrine, Hutton trouva dans le célèbre Playfair, secrétaire de la Société royale d'Edimbourg, un élève enthousiaste, en même temps qu'un écrivain élégant et précis (2).

En 1802, cinq ans après la mort du maître, Playfair publia son *Illustration of the Huttonian Theory of the earth.* Voici ce que dit Playfair dans son avertissement (3) :

« Le traité que j'offre ici au public a été entrepris dans
« l'intention d'appliquer la *Théorie de la terre* du docteur
« Hutton, d'une manière plus simple et plus claire que

« l'auteur ne l'a fait. On s'est souvent plaint de son obscu-
« rité, qui ne peut avoir d'autre cause que le peu d'atten-
« tion qu'on a donné aux spéculations ingénues et origi-
« nales du célèbre géologue.

« Parmi les qualités que cette entreprise requiert, ajoute
« Playfair, il en est une que j'avoue posséder entièrement,
« comme j'ai été instruit par le docteur Hutton lui-même sur
« la *théorie de la terre ;* comme j'ai vécu pendant plusieurs
« années dans l'intimité de cet homme étonnant, et que
« nous avions l'habitude presque journalière de traiter
« ensemble des questions de ce genre, personne ne peut
« mieux que moi interpréter ses vues, ni être familiarisé
« avec ses particularités, ses expressions et ses pensées. »

Nous nous ferons d'autant moins de scrupule d'étudier
le système de Hutton dans l'ouvrage de son disciple, que
celui-ci a eu l'excellente pensée de ne mêler en rien son
œuvre à celle qu'il exposait, et de réunir dans une
deuxième partie entièrement détachée, les notes qu'il a
cru devoir lui ajouter.

L'*Exposition* de Playfair est divisée en trois parties :

I. Phénomènes particuliers aux corps stratifiés.

    a) Matière des strata.
    b) Consolidation des strata.
    c) Position des strata.

II. Phénomènes particuliers aux corps non stratifiés.

    a) Veines métalliques.
    b) Le whinstone.
    c) Le granite.

III. Des phénomènes communs aux corps stratifiés et aux corps non stratifiés.

Dès le début, Hutton définit très-bien une *couche* (4). Ce sont « des lits d'une épaisseur déterminée, inclinés à l'horizon sous différents angles, séparés les uns des autres par des superficies à égales distances, qui conservent souvent leur parallélisme sur une grande étendue. »

« Ces lits, ajoute-t-il, portent des marques si évidentes « d'une disposition produite par l'eau, qu'on les reconnaît, « en général, comme ayant eu leur origine au fond de la « mer. »

C'est peut-être ici le cas de remarquer tout d'abord combien on pourrait se faire une idée fausse de la véritable pensée de Hutton si on ne la connaissait que par ce qui en est dit généralement, ou même par ce qui en a été écrit. Qui de vous, Messieurs, n'a entendu répéter que, d'après Hutton, tous les matériaux qui composent l'écorce solide du globe avaient été tenus à l'état de fusion ignée, et que par le refroidissement ces matériaux s'étaient déposés dans l'ordre et la succession où on les observe. Rien n'est plus éloigné, comme vous le voyez, des véritables opinions de Hutton.

Cette définition donnée, il émet la proposition fondamentale que : « dans les couches, nous découvrons des indices « des substances qui ont existé comme éléments des corps, « et que ces corps doivent avoir été détruits avant la for- « mation des couches dont ces substances font mainte- « nant partie. »

Les couches calcaires lui paraissent celles qui prouvent le plus évidemment la vérité de cette assertion.

Elles contiennent souvent des débris d'animaux marins, même lorsqu'elles sont transformées en marbre, et l'on découvre les restes d'une ancienne continuité dans les fragments de roches brisées qui s'y trouvent réunis.

Mêmes conclusions pour les roches siliceuses. Les *brè-*

ches et *puddings* (poudingues), dans lesquels le gravier est arrondi, prouvent même que ce gravier s'est formé dans le lit des rivières ou sur les bords de la mer ; car, au fond de l'océan, l'eau ne peut avoir un mouvement assez rapide, ni produire un brisement suffisant pour arrondir et polir les surfaces.

Il doit donc avoir existé, non-seulement une mer, mais des continents, avant la formation des lits ou couches actuels.

Les roches argileuses présentent des caractères de la même importance ; car elles contiennent fréquemment des empreintes de végétaux, de corps de poissons et d'animaux amphibies.

De leur côté, les lits réguliers et étendus de charbon de terre sont les indices les plus certains de l'existence et de la ruine d'anciens continents. Lorsqu'on voit le passage graduel du combustible minéral, qui a perdu toute trace d'organisation, à celui dans lequel la structure végétale est encore parfaitement visible, on ne peut douter que ce fossile ne tire son origine des arbres et des plantes qui ont végété sur la surface du globe avant la formation de celle sur laquelle nous vivons à présent.

Ainsi, première conséquence de cette étude générale des terrains stratifiés : c'est que de tout temps, il a existé une mer et des continents, et que la plus grande partie des matériaux déposés dans la mer pour former les couches, provient de la ruine des premiers continents par la destruction des roches et la dissolution des corps végétaux et animaux.

Ces conclusions, Hutton les étend à toutes les couches stratifiées, même à celles qu'on appelle primitives (et desquelles il a bien soin de séparer le granite), mais il y comprend le gneiss, les schistes micacés et talqueux, les schistes siliceux, l'ardoise, la pierre à chaux micacée et la plupart des marbres.

Ces roches, ces marbres en particulier, contiennent si peu de vestiges de corps organisés, qu'ils ont été appelés primitifs par les géologues, qui les ont distingués d'abord des autres roches, dans la supposition qu'elles étaient une partie du premier noyau du globe, qui n'a jamais subi aucun changement.

« Mais, ajoute Hutton, je crois qu'il n'existe plus de « géologues qui puissent soutenir cette opinion. »

Aussi, si, pour se conformer au langage adopté par les minéralogistes, il leur donne encore le nom de couches *primitives*, il ne les décrit que comme des lits plus anciens qu'aucun de ceux qui aient jamais existé, et, dans son système, ces lits sont désignés plutôt sous le nom de *primaires*, que sous celui de *primitifs*.

Vous voyez, qu'il est difficile d'analyser avec plus de simplicité et de clarté les principales circonstances qui ont présidé au dépôt des roches sédimentaires.

Si, de ce beau chapitre, on supprime quelques phrases obscures, et qui se ressentent encore de l'imperfection des connaissances chimiques, sur la décomposition journalière des substances animales ou végétales, laquelle, suivant lui, doit produire « une quantité d'huile et de matière bitumineuse qui, combinées avec tous les éléments, montent d'abord dans l'atmosphère, puis se précipitent au fond de l'océan, » on n'y trouve rien qui ne pût être accepté aujourd'hui. On voit comment Hutton, par ses vues si neuves et si hardies sur l'origine des premières couches sédimentaires anciennes, devançait son époque, et exprimait des opinions qui, reprises trente ans plus tard, paraissaient encore hasardées, et n'ont acquis qu'assez récemment droit de cité dans la science.

Hutton a aussi entrevu l'importance des débris de coquilles et d'animaux marins comme éléments constitutifs des couches calcaires. On sait que, depuis lors, le microscope a découvert dans ces formations tout un monde nouveau ; qu'Ehrenberg et ses successeurs ont montré que chaque centimètre cube de la craie de Meudon présente les débris de carapaces d'infusoires dont le nombre effraie l'imagination.

D'après le grand géologue écossais, ces roches calcaires « contiennent souvent des coquilles, des coraux et d'autre dépouilles d'animaux marins en si grande quantité, qu'elles paraissent n'être composées de rien autre chose » (4).

Il va même plus loin, car, dit Playfair, « le docteur « Hutton s'exprime quelquefois comme s'il pensait que les « roches calcaires actuelles fussent toutes composées de ré « sidus d'animaux, mais cette conclusion est plus générale « que les faits ne le démontrent, et l'auteur l'a généralisée « plus encore par quelques incorrections et par des expres « sions ambiguës que par l'intention.

« Il est peut-être vrai, ajoute encore Playfair, qu'il « n'existe pas aujourd'hui sur la surface de la terre une « seule particule de matière calcaire qui n'ait fait partie « autrefois du corps d'un animal, mais nous n'avons pas « sur cela de certitude, et il nous importe peu d'en avoir. « Il suffit de savoir que les roches calcaires et les marbres « contiennent, en général, des preuves qui attestent qu'ils « ont été formés de matières ramassées dans le fond de la « mer : aussi la plus petite coquille ou un morceau de co « rail trouvés dans une roche aident à reconnaître toute « la masse dont ils font partie.

« Le principal objet du docteur Hutton, quand il parle « des masses de marbre et de pierres calcaires comme « composées de résidus de corps marins a été de prouver

« qu'elles ont été formées au fond de la mer et de matiè-
« res qui y étaient déposées. »

Malgré ces assurances de Playfair, tout fait penser que Hutton n'avait nullement défiguré sa pensée par des incorrections ou des ambiguïtés, mais qu'il avait déjà compris qu'une grande partie des lits calcaires ne sont autre chose qu'une agglomération de débris animaux, cimentés postérieurement.

Le plus grave reproche qu'on puisse faire, semble-t-il, à cette première partie du travail de Hutton, c'est de donner trop d'importance aux *phénomènes chimiques;* qui ont présidé au premier agencement des matériaux des couches, et point assez aux *phénomènes mécaniques*; distinction que Werner faisait déjà si bien ressortir à la même époque.

2° *Consolidation des couches.*

C'est la partie la plus exclusive du système de Hutton ; c'est celle aussi qui a été le plus vivement critiquée par les géologues neptuniens de cette époque, tels que Deluc et Kirwan ; cependant, c'est peut-être aussi celle où il fait preuve du génie le plus perspicace. Bien que Hutton ne définisse nulle part ce qu'il entend par l'expression de *consolidation,* il y attache effectivement toujours le même sens : il exprime par ce mot, non-seulement la propriété qui rend un corps dur ou résistant, mais aussi celle qui remplit parfaitement les interstices de ses matériaux, et lui donne la compacité et l'impénétrabilité.

Il remarque, d'abord, que cette consolidation des masses libres et détachées qui constituaient le dépôt primitif, ne peut avoir lieu que de deux manières : ou la masse, mise préalablement en fusion, ou au moins amollie par la chaleur, vient à se refroidir; ou la matière, dissoute dans quelque menstrue fluide, s'introduit, avec cette menstrue, dans une masse poreuse, et forme, par son dépôt, un ciment qui rend le tout dur et compacte.

On sait que Hutton, après avoir ainsi établi que le feu et l'eau sont les seuls agents physiques auxquels on puisse attribuer la consolidation des lits, se prononce exclusivement pour le premier.

Avant de formuler cette opinion, Hutton cherche d'abord à combattre la *théorie exclusivement neptunienne* de la formation des couches. Ses objections portent principalement sur trois points :

1° La consolidation produite par l'action de l'eau ou de de toute autre menstrue fluide serait nécessairement imparfaite et ne pourrait jamais entièrement détruire la porosité de la masse. Un liquide dissolvant ne peut jamais boucher les pores d'un corps au point de s'exclure lui-même tout à fait, et, dans les substances minérales que nous supposons ici consolidées, le dissolvant a dû ou rester avec elles dans un état liquide, ou, s'il s'est évaporé, il a dû laisser les pores vides, et le corps perméable à l'eau.

2° Si *l'eau* était le dissolvant par le moyen duquel le ciment s'est introduit dans les interstices des lits, cette matière ne serait formée que de *substances solubles dans l'eau,* tandis qu'elle se compose d'une immense variété de substances insolubles dans ce liquide : quartz, chaux fluatée, feldspath, sulfures métalliques, etc... Pour affirmer que l'eau a été capable de dissoudre ces substances, il faudrait lui reconnaître une puissance qu'évidemment elle n'a pas à présent.

3° Il resterait encore à expliquer comment l'eau s'est insinuée dans les pores d'un lit pierreux avec la matière qu'elle tenait en dissolution, et comment elle a acquis subitement la propriété de déposer cette matière et de lui permettre de prendre une forme solide par la cristallisation ou la concrétion.

Hutton fait remarquer qu'on ne peut pas, dans l'hypothèse des neptunistes s'appuyer sur les phénomènes de concrétion qui se passent sous nos yeux dans la formation des *stalactites*. Car, en supposant la matière dissoute dans l'eau, pour que les choses se passassent, pour les dépôts stratifiés comme pour les stalactites, il faudrait que cette eau fût séparée de la substance, soit par évaporation, soit par la réaction chimique d'une troisième substance qui formerait un composé insoluble dans l'eau. De plus, l'eau qui est ainsi privée de la substance qu'elle tenait en dissolution doit se dissiper, comme il arrive dans un ruisseau qui coule ou dans la paroi d'une caverne où l'eau tombe goutte à goutte.

Or, ces deux conditions sont inadmissibles pour le fond de la mer où l'état du fluide environnant ne peut pas permettre que l'eau qui a été privée de la substance dissoute disparaisse, et que l'eau qui contient la solution succède à la première.

Et il poursuit ces arguments d'une manière assez curieuse même à propos du dépôt de *matières très-solubles dans l'eau*, comme le sel gemme, par exemple.

A la vérité il ne peut pas objecter ici l'incapacité de l'eau de dissoudre les substances comme dans le cas des corps pierreux ; mais il pose la question, assez peu embarrassante, ce semble, de savoir comment l'eau est parvenue à déposer les sels qu'elle tenait en dissolution, et à les déposer si abondamment dans quelques endroits, sans le moindre vestige d'un dépôt semblable dans les lieux immédiatement contigus.

Telles sont les objections qu'oppose Hutton aux procédés par lesquels les neptunistes de son temps expliquaient la formation des couches sédimentaires.

Bien que le problème chimique de la consolidation des couches de sédiments dans le sein des eaux de la mer, soit bien loin d'être résolu complétement, on sait néanmoins très-bien aujourd'hui quelles sont les forces dont se sert la nature pour l'opérer, même encore sous nos yeux.

Non-seulement on sait que la plupart des substances que Hutton considérait comme insolubles dans l'eau, s'y dissolvent en réalité, bien que dans une faible proportion ; mais on a découvert plusieurs réactions, en général très-simples et susceptibles de réaliser dans les circonstances ordinaires le dépôt lent et moléculaire de ces substances dans les interstices des roches, sans supposer aucune évaporation du dissolvant.

Pour ne citer qu'un exemple, qui sera le plus concluant, parce qu'il se rapporte aux plus abondantes des roches sédimentaires, il suffirait d'admettre l'accession et la disparition successives d'acide carbonique dans l'eau pour y concevoir la dissolution et le dépôt d'un ciment calcaire. On sait aussi aujourd'hui quel rôle tout particulier et très-important peuvent jouer dans des phénomènes de ce genre certains animaux susceptibles de sécréter le carbonate de chaux, la silice, etc.

Mais il faut reconnaître qu'à l'époque où Hutton proposait ses objections, il était bien difficile d'y répondre d'une manière satisfaisante.

Au reste, circonstance bien singulière, c'est le grand esprit lui-même, qui, en cherchant à expliquer autrement que par l'action dissolvante des eaux, la consolidation des roches, va fournir les bonnes raisons qu'on aurait pu lui opposer, en imaginant un des moyens les plus naturels de

concevoir et même de reproduire les phénomènes de ci-
mentation.

Voyons comment Hutton est arrivé à cette idée si féconde
de l'effet de la pression, en s'efforçant d'appuyer son système exclusif de consolidation des strates (5) :

« Les effets du feu sur les corps varient comme les cir-
« constances qui accompagnent son action, et, pour ap-
« précier ces effets, il faut faire beaucoup de restrictions,
« si nous voulons comparer l'opération de cet élément,
« lorsqu'il a consolidé les bancs ou lits avec les résultats
« de notre expérience journalière.

« Les matières des lits ont été déposées libres et sans
« connexion au fond de la mer, c'est-à-dire d'après l'es-
« timation la plus basse à la profondeur de quelques mil-
« les sous sa surface ; et, quoique notre expérience ne
« nous permette pas de calculer cette différence avec
« exactitude, elle doit néanmoins nous conduire à con-
« naître en quoi elle consiste, et fixer même quelques li-
« mites jusqu'où elle peut probablement atteindre. »

Hutton va plus loin ; il applique de suite ce principe à
la formation des substances et il prédit avec un rare bonheur les plus belles expériences (6).

« La tendance d'une pression toujours croissante sur
« les corps soumis à l'effet de la chaleur, sert à contenir
« la volatilité des parties qui pourraient s'échapper et à
« les soumettre à une action plus intense de la chaleur.
« A une certaine profondeur sous la surface de la mer, la
« puissance d'une chaleur, même très-forte, n'a donc pu
« dégager les parties huileuses et bitumineuses des ma-
« tières inflammables, de sorte que, lorsque la chaleur
« s'est retirée, ces premiers dépôts se sont trouvés encore
« unis aux parties terreuses et carboniques et ont formé
« une substance très-différente du résidu qu'on obtient

« sous une pression qui n'excède pas le poids de l'atmo-
« sphère. »

Voilà l'explication bien rationnelle de la houille, et l'indication des expériences ingénieuses qu'on a tentées depuis pour la reproduire.

Continuons :

« Il est donc raisonnable de penser, que, dans des sub-
« stances calcaires, soumises à l'action du feu sous une
« grande compression, le gaz carbonique a été forcé de
« rester ; que la production de la chaux vive a été préve-
« nue, et que le tout s'est trouvé amolli et même entière-
« ment mélangé ; quoique l'existence de ce dernier effet ne
« soit pas encore directement prouvée par une expérience,
« elle devient très-probable par l'analogie qu'il a avec
« certains phénomènes chimiques. »

Peut-on annoncer plus nettement le résultat de la célèbre expérience de J. Hall, qui, comme on sait du reste,
dans l'introduction de son admirable Mémoire, a bien soin
de dire que ses recherches n'ont été entreprises que pour
vérifier la justesse des prévisions de son maître et de son
ami ?

Tout le monde sait le beau parti que la science moderne
a tiré de ce principe si fécond de la pression invoqué ici,
pour la première fois, par Hutton ; soit que, en l'associant,
comme il le proposait, à la chaleur, on soit parvenu à reproduire les minéraux les plus variés des filons métallifères ; soit que, la combinant avec la présence de substances gazeuses, en particulier, d'acide carbonique, on ait
réalisé la distinction des roches silicatisées, et la reconsti-
tution de toutes pièces des eaux minérales. L'une des difficultés singulières de cette question du dépôt des terrains
sédimentaires est celle-ci : ces terrains présentent sur une
étendue considérable, et sur une épaisseur immense, des

accumulations de couches, remplies de restes de corps marins, souvent dans un bel état de conservation. Or, si l'on admettait, comme le fait Hutton, et comme l'ont fait un grand nombre de géologues après lui, que ces mollusques ont vécu, là où se trouve leur dépouille, et sous des profondeurs d'eau énormes, on irait contre les observations les plus précises faites par plusieurs savants, principalement par Edward Forbes, et qui prouvent qu'à une certaine profondeur, au moins pour certaines espèces, la vie n'est plus possible dans l'océan,

On trouve peut-être la véritable réponse à cette question en tenant compte précisément de la pression des dépôts nouveaux sur la portion encore molle de l'intérieur, qui a pu céder graduellement sous leur poids, le fond du bassin s'affaissant au fur et à mesure que les dépôts s'accumulaient, de manière que, une petite profondeur d'eau, de moins de 100 mètres, par exemple, a pu suffire au dépôt de masses considérables.

C'est une considération qui a été très-heureusement introduite par M. Elie de Beaumont pour l'explication des immenses accumulations des couches du terrain houiller, présentant des animaux qui n'ont pu vivre que sous une faible épaisseur d'eau et surtout des plantes, dont le pied tout au plus a été baigné par les eaux.

Remarquons que ces idées si originales sur la consolidation des couches, par la pression d'une grande masse d'eau, loin d'être empruntées à des causes extraordinaires, reposent, au contraire, sur un fait d'observation journalière, et, en la combinant avec la chaleur interne du globe, dont nous le verrons bientôt tirer le plus beau parti, Hutton est arrivé à des conséquences qui dénotent une rare sagacité, à des prévisions bien hardies pour son temps, et que l'expérience est venue confirmer.

3° *Position des strata.*

Après avoir expliqué la formation des couches sédimentaires et leur consolidation, Hutton cherche à rendre compte des positions qu'elles affectent aujourd'hui.

D'abord, pourquoi, après avoir été recouvertes par l'océan, ces strates sont-elles placées aujourd'hui à des hauteurs qui dépassent de plusieurs milliers de mètres le niveau ordinaire de l'océan (7)?

« Cela ne peut-être attribué, répond-il, qu'à l'abaisse-
« ment de la mer, ou à l'élévation des strates elles-mêmes. »

Il n'y a aucune peine à critiquer l'hypothèse, qui était de son temps la plus en faveur, d'un retrait de la mer, et il faut avouer qu'il a beau jeu contre les dépressions que son contradicteur Deluc, ouvrait, comme Buffon, dans l'intérieur du globe, et dans lesquelles il faisait disparaître à volonté les masses d'eau qui l'embarrassaient.

Quand on compare ces conceptions de ses contemporains à ce que je vais vous dire du système statigraphique de Hutton, on est vraiment frappé de sa supériorité.

Il remarque d'abord qu'il ne s'agit pas seulement de rendre compte de *changements de niveau relatifs entre les mers et les terres ;* mais que, s'il est prouvé que ces strates ont changé de place les unes par rapport aux autres, de manière à montrer elles-mêmes les indices d'un *mouvement angulaire*, la retraite de la mer ne donnera pas l'ombre d'une explication.

Or, dans un grand nombre de contrées, ces couches *ne sont pas horizontales ;* elles affectent des inclinaisons variables, qui peuvent même atteindre jusqu'à la verticale.

Et cela est une preuve d'un mouvement angulaire, car leur position originelle a dû être presque l'horizontalité (8).

« Des matières libres, dit-il, et détachées, comme le sa-
« ble et le gravier, posées au fond de la mer, et ayant

« leurs interstices remplis d'eau, sont douées d'une espèce
« de fluidité : elles sont disposées à se rendre au côté
« opposé à celui où la pression est plus grande, et sont,
« par conséquent, en quelque sorte, soumises aux lois de
« l'hydrostatique. D'après cela, elles doivent s'arranger
« elles-mêmes en couches horizontales ; et les vibrations du
« fluide environnant, par un léger mouvement d'aller et de
« retour sur les substances des couches, doivent prodigieu-
« sement concourir à l'exactitude de leur nivellement.

« Ce n'est pas cependant qu'on veuille nier que la forme
« du fond de la mer puisse influencer, jusqu'à un certain
« degré, la forme de la stratification des matières qui y
« sont déposées. La figure des lits les plus bas, déposés
« sur une surface inégale, sera modifiée nécessairement
« par deux causes : l'inclinaison de cette surface, et la
« tendance à l'horizontalité. Mais comme l'effet de la pre-
« mière cause doit diminuer en raison de son éloignement
« du fond, la dernière cause prévaudra finalement, au
« point que les lits supérieurs approchent de l'horizonta-
« lité, et que les plus bas ne seront exactement parallèles
« ni à eux-mêmes ni aux autres. Toutes les fois pourtant
« que nous trouverons des roches disposées en couches
« parfaitement parallèles les unes aux autres, nous pou-
« vons être certains que les inégalités du fond n'ont eu
« aucun effet, et qu'aucune cause n'a arrêté la tendance
« statique indiquée plus haut. »

On voit qu'il est impossible d'analyser avec plus de précision et de justesse les conditions qui ont dû présider au
premier arrangement des dépôts sédimentaires.

Et ces notions étaient bien loin d'être inutiles ou oiseu-
ses à l'époque où écrivait Hutton, si vous vous rapportez
aux moyens qu'employait Buffon lui-même pour expliquer
les saillies de la surface du globe.

Bien plus, elles sont encore excellentes à rappeler de notre temps, car nous avons vu, récemment encore, des géologues chercher à expliquer les inclinaisons des couches dans les plus hautes montagnes par ce qui se passe, lorsqu'on fait arriver dans une caisse de quelques mètres de diamètre des eaux chargées de particules solides qu'elles y déposent, ou bien encore comparer les couches, qui, dans un grand bassin comme celui de Paris, par exemple, sont en retrait les unes sur les autres, en s'inclinant des deux côtés vers le fond, à ce qui se passe, lorsqu'une mare peu étendue vient à se dessécher et que, de tous les côtés, les portions d'argile qui adhèrent aux parois plongent vers le centre.

Vous voyez combien la manière de voir de Hutton, en 1786, était supérieure à celle de ces géologues du XIX siècle.

Nous verrons, néanmoins, dans une prochaine séance, que cette considération de l'horizontalité primitive des dépôts sédimentaires, et, par suite, le redressement postérieur de celles de leurs couches qui présentent une forte inclinaison, déjà nettement formulés par Sténon, n'avaient point échappé à l'un des plus illustres contemporains de Hutton.

Saussure, en effet, dans quelques beaux passages de ses écrits, en pose nettement le principe.

Mais Hutton ne s'arrête pas à cette conséquence du redressement postérieur des couches sédimentaires. Non-seulement il insiste sur les contournements et les inflexions des strates, qui lui paraissent des preuves des convulsions qu'elles ont éprouvées et de la violence qui les a déplacées de leur première situation, mais il va plus loin, et cherche le rapport entre les couches qui seront inclinées et celles qui reposeront horizontalement sur elles.

Quoique ces marques de violence, dit-il, soient communes en quelque sorte à toutes les strates, elles sont *plus abondantes dans les primaires*, et elles nous les indiquent comme la partie de notre globe qui a été exposée aux plus grandes vicissitudes, à leur jonction avec les srates secondaires; il arrive souvent que le *schiste primaire* soit relevé *en lits presque verticaux* et recouvert par des *couches horizontales de pierres de sable secondaires*, et que ces dernières renferment des fragments de cette roche, tantôt angulaires, tantôt ronds et friables, comme s'ils avaient été usés par le frottement.

Hutton en conclut que les couches primaires, après avoir été formées au fond, de lames ou plans presque horizontaux, ont été élevées de manière à devenir presque verticales, pendant qu'elles étaient encore couvertes par l'océan, et avant que les lits secondaires eussent commencé à se déposer sur eux. Il conclut aussi, de ce que la plupart des fragments de la roche ancienne sont arrondis et usés, que le dépôt de la roche la plus moderne doit avoir été séparé de celui de la première par un intervalle de temps considérable.

Ces observations de surperposition n'ont pas été faites par Hutton le premier ; on en trouve des indications dans Saussure, Deluc, Werner et dans d'autres contemporains du géologue écossais, mais personne n'en avait tiré les conclusions avec cette netteté.

En définitive, en comparant la position actuelle des strates, leur élévation verticale, leur courbure, les interruptions de continuité, les failles et les glissements (*stifts et schifts*) très-bien décrits par Hutton, la stratification *transversale* (on dit aujourd'hui *discordante*) avec celle des roches primaires, Hutton en déduit une démonstration complète du bouleversement, du déchirement des parties, et du *mouvement angulaire* produit par une force qui, *en général*, dit-il, *a été dirigée du bas en haut.*

Et il ajoute (9) :

« En adoptant cette conclusion, nous avons raisonné
« plus d'après les faits qui se rapportent à l'élévation an-
« gulaire des strata que d'après ceux qui ont rapport avec
« leur élévation absolue, ou leur translation à une grande
« distance du centre de la terre ; et cela parce que les appa-
« rences de l'élévation absolue des strata sont plus trom-
« peuses que celles qui appartiennent au changement de
« leur position angulaire. »

Et encore (10) :

« Tout cela présente des effets incontestables d'une
« grande convulsion qui a ébranlé jusqu'aux fondements
« de la terre, mais qui, loin d'être un désordre dans la
« nature, fait partie d'un système régulier essentiel à la
« constitution et à l'économie du globe. »

Or, la force qui a produit les déplacements angulaires est évidemment la même que celle qui a pu changer les niveaux relatifs de la mer et de ces strata, ou pour mieux dire, c'est un seul et même phénomène.

Quant au pouvoir qui a produit ce grand effet, nous ne pouvons le connaître avec la même évidence, et il faut se borner à passer de ce qui est certain à ce qui est probable. Mais, nous pouvons remarquer que, de toutes les forces de la nature que notre expérience ne peut mesurer, aucune ne semble plus capable de produire l'effet que nous leur attribuons que la puissance expansive de la chaleur, puis-sance qui ne connaît point de limites, et qui sur tout ce qui est indépendant de l'élévation des strata, est déjà dé-montrée comme agissant avec une grande énergie dans les régions souterraines.

La probabilité de cette hypothèse acquiert de la

force, si on considère tous les autres effets dus à la chaleur.

Ainsi, en examinant les indices de mouvement et de désordre parmi les strates, on observera que, malgré la fracture et la dislocation, dont il y a tant d'exemples, il se trouve entre eux peu d'espaces vides. Les fentes, les séparations, sont nombreuses et distinctes; mais elles sont presque toujours remplies de minéraux, d'une espèce toute différente de celle de la roche qui se trouve des deux côtés, et remarquables en ce qu'ils ne contiennent aucun vestige de stratification.

Ceci nous mène à l'examen des fossiles non stratifiés (ce sont les roches éruptives) : ces fossiles, dit Hutton, sont immédiatement liés au bouleversement des strata, et paraissent, dans beaucoup d'occasions, avoir servi d'instrument à leur élévation.

Il est impossible, comme on voit, d'indiquer plus clairement les idées que Léopold de Buch a émises quelques années plus tard, sur le rôle des roches éruptives dans les phénomènes de soulèvement. Playfair, dans son élégante et claire *exposition du système de Hutton* ménage ainsi très-naturellement le passage à la 2ᵉ partie de ce système, c'est-à-dire, à celle qui traite des *Phénomènes particuliers aux corps non stratifiés*.

Parmi les matières qui remplissent les petits compartiments qui séparent les strates, et sont les témoins des brisures, des révolutions dont parle Hutton, il distingue les veines métalliques, de ce que nous nommerions aujourd'hui les roches éruptives, et qu'il divise en *whinstone* et *granite*.

Il traite d'abord des veines métalliques. Hutton définit très-bien les veines comme (11) « des séparations dans la

« continuité d'une roche, d'une largeur déterminée, mais
« d'une étendue indéfinie en *longueur* et en profondeur, et
« remplies de substances minérales différentes de la roche
« elle-même. »

Les veines minérales sont celles qui contiennent des
substances spathiques ou cristallisées, et des mines métalliques.

Postériorité des veines aux strates qu'elles traversent,
relations de position de ces veines, soit entre elles, quand
elles se coupent, soit avec les strates qu'elles traversent ;
rejet des filons les uns par les autres ; antériorité du filon
rejeté. Toutes ces notions capitales de l'histoire des filons
sont analysées ou rappelées par Hutton. Je dis rappelées,
parce que l'on peut penser qu'elles ne lui appartiennent
pas en propre, si on réfléchit que Werner avait déjà publié
quatre ans auparavant, en 1791, sa *Nouvelle Théorie de la
formation des filons*, et que, d'ailleurs, depuis longtemps
l'illustre professeur de Freyberg avait popularisé ces idées
par son enseignement.

Il y a même une portion très-importante de ces considérations (la plus originale et la plus féconde assurément de toutes celles qu'a émises Werner sur ce sujet)
que néglige entièrement Hutton : c'est celle qui est relative aux directions des filons, au parallélisme de ceux qui
paraissent avoir le même âge et une composition analogue ; toutes conséquences qui, bien qu'éclaircies et
développées depuis Werner, n'avaient pas moins été
signalées par lui le premier, et avec une supériorité
incontestable.

En général, cette notion des *directions* a échappé à Hutton, même dans les terrains stratifiés. Ses prédécesseurs,
Buffon, Deluc surtout, avaient été frappés de l'importance
qu'il fallait attribuer à la direction plus ou moins constante

des chaînes ou chaînons de montagnes, et chacun d'eux cherchait à l'expliquer à sa manière : Buffon, comme on sait, par l'action des courants ; Deluc, par l'action beaucoup plus philosophique et plus acceptable, d'affaissements longitudinaux ; c'était aussi une des principales préoccupations de Sténon.

Chez Hutton, aucune trace de ce point de vue, ou même s'il l'aborde en quelques endroits, c'est pour le critiquer vaguement.

Dans la prochaine séance, l'occasion se présentera pour nous de comparer, en les présentant avec quelques développements, les conceptions de Werner à celles de Hutton relativement aux filons et aux veines métalliques.

Pour donner une idée générale du système de Hutton, je me bornerai à dire que, pour lui, le remplissage des filons s'explique par l'introduction pure et simple d'une seule masse, fondue par la chaleur, qui aurait contenu tous les éléments minéraux, et qui les aurait déposés, par le refroidissement, dans l'ordre où les présentent les veines.

Toutes les circonstances des filons, même celles qui ont été très-justement réclamées par Werner et son école en faveur de leur origine aqueuse, sont utilisées par Hutton pour en faire ressortir l'origine exclusivement ignée.

C'est incontestablement la partie la plus imparfaite de son œuvre ; et l'on ne peut pas, comme lorsque nous exposions tout à l'heure ses idées sur la consolidation des strates, montrer à côté d'erreurs capitales, des éclairs de génie.

Ici, au contraire, après avoir évoqué ces deux puissants leviers, la chaleur unie à la pression, il oublie de les appliquer à un liquide plus ou moins chargé de matières solubles, et passe ainsi à côté de la solution.

Cependant, il ne faudrait pas être trop sévère, si, après

avoir nettement posé les prémisses, après avoir donné les idées les plus justes sur la formation des fentes ; avoir pressenti qu'elles avaient été remplies, de bas en haut, par suite de phénomènes dépendant d'une chaleur intérieure ; après avoir, dans une autre partie de son œuvre, indiqué l'influence que peuvent avoir sur les phénomènes géologiques, le concours de la pression et de la chaleur, Hutton n'a pas songé à en suivre les effets dans les fissures, remplies d'eaux minérales, qui sont devenues les plus métallifères. Il est juste de remarquer que cette explication rationnelle avait échappé à l'homme qui, de son temps, connaissait le mieux les filons, à Werner ; et que ces conséquences des principes de Hutton n'ont été établies d'une manière incontestable que dans ces dernières années, par les déductions hardies de M. Elie de Beaumont (12) et par les belles expériences synthétiques de M. de Sénarmont.

En séparant toutes les roches d'origine éruptive en deux groupes :

> Les granites
> Et le whinstone.

Hutton a fait preuve d'un grand sens lithologique, car, en définitive, ces deux classes de roches correspondent à celles qui sont caractérisées par les deux feldspaths dominants :

> L'orthose
> Et le labrador.

Le whinstone, dont il s'occupe d'abord, correspond au *grienstein* de Werner, au *greenstone* des Anglais.

Ce sont les roches que j'ai décrites dans cette chaire, il y a quelques années, sous le nom de *roches doléritiques*.

D'après Hutton, le whinstone se présente sous deux formes :

En *veines* ou *dykes*, traversant les strates comme les autres veines ;

En *masses irrégulières* placées sur les strata ou interposées entre eux.

Sous ces deux formes, il offre les mêmes caractères, et il a toujours la plus grande ressemblance *avec les laves des volcans* (13), « souvent même, dit-il, ces roches ont été prises l'une pour l'autre. »

« Les ressemblances, les affinités étant constantes et « essentielles, ajoute-t-il, et les différences variables et ac- « cidentelles, on est amené naturellement à soupçonner « que l'origine de ces deux pierres est la même, et, comme « la lave est essentiellement une production du feu, le « whinstone en est une aussi probablement. »

Mais le whinstone contient souvent des zéolithes et du spath calcaire, c'est sa principale différence avec les laves.

Hutton explique la présence du dernier minéral, par la circonstance que les assises de whinstone peuvent s'être formées sous l'influence d'une pression considérable qui aurait empêché le dégagement de l'acide carbonique.

C'est à peu près aussi l'explication actuelle, si l'on ajoute que l'action a eu lieu sous la double influence de l'eau et de l'acide carbonique.

Dans le système des neptunistes (pour lesquels le whinstone est un produit de l'eau), la ressemblance de la lave et du whinstone est, suivant Hutton, un paradoxe qui n'admet point de solution.

Il trouve encore dans la structure souvent colomnaire des basaltes, une probabilité en faveur de leur origine ignée ; il remarque que les laves présentent aussi cette disposition.

La présence des pyrites est encore pour lui un argument en faveur de son hypothèse.

Hutton cherche ensuite les preuves de la chaleur originelle du whinstone, et il les trouve dans l'endurcissement
extraordinaire des parties des strata qui sont en contact
avec lui.

Si ces strata sont composés de sable ou d'argile, ils sont
ordinairement durs et fortement consolidés ; les premiers
surtout perdent leur structure granulaire et sont souvent
changés en jaspe parfait.

C'est Hutton qui a fait, le premier, ces observations
curieuses, et par conséquent c'est à lui qu'on doit le premier exemple de métamorphisme, dans le sens actuel
du mot.

Enfin, c'est encore lui qui a fait cette singulière remarque, confirmée depuis : une veine de whinstone traversant des couches de houille, celles-ci sont en partie carbo-
nisées et transformées en coke.

(14) « De plus, dit Hutton, partout où le whinstone
« abonde, si la confusion des strata n'est pas une preuve
« directe de la fusion originelle de cette matière, elle est
« au moins une indication de la violence qu'elle a éprouvée
« pour prendre sa place.

« Cette confusion dans la position des couches, leur
« élévation extraordinaire et les autres singularités qu'on
« remarque quand elles sont entrecoupées par des veines
« de whinstone, sont des faits si bien connus des mineurs,
« que, lorsqu'ils rencontrent dans les veines métalliques
« quelques changements subits, ils ont coutume de pré-
« dire leur arrivée à quelque masse ou veine de matières
« non stratifiées. »

Enfin, dans les contournements des couches stratifiées
au contact du whinstone, Hutton voit encore une preuve
légitime de son intrusion violente.

Si, en effet, il y a eu introduction postérieure du whinstone au milieu des strata, il doit arriver souvent que, des deux côtés de la masse de whinstone, la nature de la couche soit la même : or, cela se vérifie, particulièrement à Salisbury-Craig, près d'Edimbourg.

Les neptunistes disent que, dans ce cas, il y a passage graduel. Mais il n'en est rien ; la roche stratifiée est quelquefois divisée, altérée, mais la ligne de séparation entre les deux roches est toujours bien marquée.

Enfin, si les roches, stratifiées ou non, sont des productions de la mer, quelles sont les circonstances qui ont déterminé le whinstone et les lits qui l'entourent à prendre une structure si différente, quoique formés dans le même temps et en contact immédiat ?

Pourquoi les substances stratifiées au dessus et au dessous, sont-elles identiquement les mêmes ?

Enfin, une des objections contre l'origine ignée du whinstone était celle-ci :

Lorsqu'un fragment de cette substance ou de basalte est fondu dans un creuset, par le refroidissement, il se change en verre et perd entièrement ses caractères primitifs : ces caractères n'ont donc pas été produits par la fusion.

Mais sir J. Hall, dans des expériences que j'aurai l'occasion de vous rappeler, fit fondre le whin, et par refroidissement *lent*, obtint une substance pierreuse, en partie cristallisée.

Aussi, à cette occasion, comme pour la transformation du calcaire terreux en marbre, J. Hall confirma les aperçus théoriques de Hutton ; il fut l'expérimentateur de l'Ecole écossaise.

Hutton est moins heureux pour expliquer l'existence dans le whinstone des cavités remplies d'agates ou de calcédoine, qui, dans son système, *exclusivement plu-*

tonien, ne seraient que les produits de la simple fusion (15).

« En un mot, dit Hutton, pour bien concevoir l'origine
« de cette classe de roches non stratifiées, distinguée par
« le nom de whinstone, nous devons supposer que, long-
« temps après la consolidation des strata, et pendant le
« temps de leur élévation, les matières du whin ont été
« mises en fusion par la force de la chaleur souterraine,
« et injectées dans les fentes des roches déjà formées.
« C'est ainsi qu'ont été produites les veines et les couches
« de whinstone, et lorsque les circonstances ont permis
« au ruisseau de matières fondues de se répandre au large,
« alors se sont formées les masses en table, qui, dans la
« suite, se sont élevées avec les lits environnants, au-des-
« sus du niveau de la mer, et depuis ont été mises à dé-
« couvert par les causes qui continuellement changent et
« bouleversent la surface de la terre.

« Ces roches non stratifiées ne sont pas cependant l'ou-
« vrage de la même période ; elles diffèrent évidemment
« par la date de leur formation, et il n'est pas extraordi-
« naire de trouver des masses tabulaires d'une espèce de
« whin, coupées par des veines d'une autre espèce. En
« effet, de tous les corps fossiles qui composent aujour-
« d'hui notre terre, les veines de whin paraissent être les
« plus récemment consolidées. »

Du granite. — De même que, sous le nom de whinstone,
le docteur Hutton réunit un groupe *très-naturel de roches*,
de même aussi il fait pour le *granite*, dont le type consiste
pour lui, comme pour nous, en une agrégation de quartz,
de feldspath et de mica distincts l'un de l'autre (16).

« En y ajoutant le hornblende, le schorl ou le grenat,
« on ne change pas le genre de cette pierre, dit-il, mais

« seulement on établit une différence spécifique que le
« lithologiste seul fait connaître, par quelques caractères
« propres comme appartenant au nom générique du gra-
« nite. »

On voit que Hutton reconnaît très-bien la liaison entre
le granite, la syénite et les autres roches du groupe gra-
nitique.

De plus, il faut remarquer ce premier emploi de l'expression *lithologie*, pour exprimer précisément ce que
nous entendons par ce mot : l'étude des roches en elles-
mêmes et dans leurs propriétés intrinsèques.

Par le fait, les deux premières parties du système de
Hutton correspondent aux deux grandes divisions que
nous avons reconnues dans la géognosie et pourraient
s'appeler l'une *stratigraphie*, l'autre lithologie.

Hutton remarque qu'une des parties intégrantes du granite, le quartz, ne se trouve pas dans le whinstone, et ce
caractère, dit-il, sert à distinguer un genre de l'autre.

Comme le whinstone, le granite se présente en veines
et en masses, plus souvent sous cette dernière forme.

Ces masses granitiques sont rarement placées sur d'autres roches. Elles sont la base de ce qui repose sur elles et
semblent presque toujours s'élever de dessous les strata
anciens ou primaires.

Hutton regarde donc le granite comme une pierre de
plus récente formation que celle des strata qu'il porte,
comme une substance qui a été fondue par la chaleur et
qui, en s'échappant du fond des régions minérales, a été
élevée en même temps que les strata.

Point de vue bien remarquable et tout à fait en rapport
avec ce qui a été développé depuis, particulièrement par
MM. de Humboldt et Léopold de Buch.

Quant à la fluidité primitive du granite, elle se prouve

par sa structure cristalline. Cette fluidité n'a pas été seulement celle d'éléments pris séparément, mais celle de toute la masse. Cette conclusion résulte de la structure de ces échantillons où l'une des substances reçoit l'impression des autres, comme lorsque le quartz reçoit l'impression d'un cristal rhomboïdal de feldspath ou réciproquement.

Le granite n'est donc pas un amas de parties qui, après avoir été formées séparément, se sont réunies et agglutinées d'une manière ou d'une autre ; mais les parties du granite étaient fluides, lorsqu'elles se sont mélangées, ou au moins lorsqu'elles sont venues au contact les unes des autres.

« On a remarqué souvent, dit encore Playfair (17), que,
« lorsque le granite et les roches stratifiées, comme le
« schiste primaire, sont en contact, les veines de granite
« pénètrent l'autre roche et la traversent dans différentes
« directions. Ces veines sont d'une dimension variée,
« quelques-unes sont de la largeur de plusieurs verges,
« d'autres de quelques pouces, ou même de la dixième
« partie d'un pouce ; elles diminuent à mesure qu'elles
« s'éloignent du corps principal du granite, auquel elles
« sont toujours intimement unies comme faisant en effet
« partie de la même roche.

« Ces phénomènes, qui ont été distinctement observés
« par le docteur Hutton, sont d'une grande importance en
« géologie et donnent une solution claire des deux ques-
« tions principales qui concernent la relation qu'on re-
« marque entre le granite et le schiste. Chaque veine de-
« vant être d'une date postérieure à celle du corps qui la
« contient, il s'ensuit que le schiste n'a pas été posé sur
« le granite après la formation de ce dernier. Si on sou-
« tient que ces veines, quoique postérieures au schiste,
« sont aussi postérieures au granite, et ont été formées

« par l'infiltration de l'eau qui lui a servi de dissolvant ;
« on peut répondre : 1° que le pouvoir de l'eau comme
« dissolvant du granite est une de ces propositions que,
« pour de bonnes raisons, nous avons souvent refusé d'ad-
« mettre, et 2° que, dans beaucoup d'occasions, les veines
« partent du corps principal du granite pour se rendre,
« *en haut*, dans l'intérieur du schiste, de manière à former
« des plans plus élevés que celui de l'horizon, et à prendre
« une direction entièrement opposée à celle qu'exige l'hy-
« pothèse de l'infiltration. Il reste donc certain que toute
« la masse de granite et les veines qui en procèdent sont
« contemporaines et d'une formation plus récente que les
« strata. »

Conclusion, certes, bien remarquable et bien hardie, à
l'époque de Hutton et de Playfair.

Non-seulement tous les géologues considéraient alors
le granite comme la roche qui a été le plus anciennement
consolidée, et qui sert de base et de support à toutes les
formations sédimentaires ; mais bien longtemps encore
après, cette idée de l'antiquité du granite prévalait assez
pour que, en 1830, M. Elie de Beaumont éprouvât les plus
grandes difficultés à faire admettre l'injection du granite
au travers des terrains de lias dans les Alpes du Dauphiné.

Depuis lors, M. Dufrénoy a indiqué dans les Pyrénées
des granites injectés postérieurement aux dépôts crétacés,
et l'on a même cité, en Toscane et dans l'île d'Elbe, des
roches appartenant à ce groupe lithologique, et qui ont
traversé des terrains tertiaires.

Tels sont les principaux traits du système de Hutton en
ce qui concerne les faits relatifs aux deux grandes classes
de roches.

De cette exposition, il ressort pleinement, je pense, que
le fondateur de l'Ecole géologique écossaise était à la fois

un excellent observateur, un grand logicien, et que, dans une foule de questions, il a fait preuve d'une admirable perspicacité, qui lui a permis de prévoir et d'annoncer des découvertes faites après lui.

Dans la prochaine séance, nous aurons à l'apprécier comme étiologiste et à le comparer dans quelques-unes de ses conceptions à son contemporain et à son rival, le célèbre Werner (18).

SEPTIÈME LEÇON

Fin de la théorie de Hutton. Werner.

MESSIEURS,

Je vous ai fait voir, dans la dernière leçon, comment Hutton, par le développement naturel de ses idées et par les indices qu'il trouvait partout, même là où ils n'existaient pas, des effets de la chaleur, était amené à conclure l'existence probable d'une chaleur interne, propre à la terre.

Mais, en abordant cette dernière partie de sa tâche, il ne se dissimule pas qu'il quitte le terrain de l'observation et celui des déductions logiques pour faire appel à l'hypothèse.

L'existence de cette chaleur centrale n'est pas démontrée, il le reconnaît ; mais il cherche à la rendre probable en énumérant les faits qui viennent à l'appui de cette opinion. C'est ainsi qu'il cite les sources chaudes, les phénomènes volcaniques, les tremblements de terre. Ceux-ci ne laissent, suivant lui, aucun doute sur l'existence d'un pouvoir expansif dans les entrailles de la terre.

Il ajoute (1) : « La cause des tremblements de terre est « certainement une force qui réside très-profondément « au-dessous de la surface ; sans cela l'étendue de la « commotion ne serait pas telle qu'on l'a observée dans « beaucoup de circonstances. »

La seule preuve qui lui manque, quoiqu'elle soit peut-être la plus directe de toutes, c'est celle qui se fonde sur l'observation immédiate des températures croissant avec la profondeur du sol.

Ignorait-il les observations citées par Kircher, dès 1644, et les expériences qu'avait faites *Gensanne*, en 1749, dans les mines de Giromagny ? On doit le croire ; car un esprit aussi perspicace que le sien n'eût pas manqué de les utiliser à l'appui de ses opinions.

Cependant, comme ces indices directs d'une chaleur interne n'avaient pas échappé à Buffon, on est en droit de reprocher à Hutton, et plus encore à Playfair, de n'avoir par recherché cet argument dans un livre qui, comme celui de Buffon, était entre les mains de tout le monde.

Mais Hutton est bien supérieur à Buffon, lorsqu'il a soin d'établir qu'il ne faut pas confondre cette chaleur interne du globe avec le *feu* ou la flamme entretenue par la combustion, qu'elle est tout à fait indépendante de tels phénomènes qui ne peuvent, ainsi qu'il le remarque, se manifester qu'au contact de l'air.

Il rend compte ensuite, avec une grande simplicité, de la manière dont on peut concevoir que les fissures de la croûte terrestre amènent à la surface, soit des roches fondues, soit des vapeurs chaudes.

Telles sont, d'après Hutton, les métamorphoses qu'éprouvent les substances minérales dans les profondeurs de la terre. Elles sont différentes pour les substances stratifiées, et pour celles qui ne sont pas stratifiées, puisqu'elles déterminent, dans les unes, la fusion complète, dans les autres, un simple ramollissement, qui cimente les parties préalablement libres et détachées ; mais elles se rattachent toutes au même principe et s'expliquent par la même cause.

Reste enfin à considérer l'histoire des changements

qu'éprouvent les substances minérales, après leur élévation à la surface.

C'est ce que fait Playfair, dans l'exposition de la troisième partie du système de Hutton, qu'il intitule : *Des phénomènes communs aux corps stratifiés et aux corps non stratifiés*, titre qui ne répond qu'imparfaitement à son sujet, et qu'il faut entendre ainsi : Hutton avait été conduit à reconnaître l'action constante, mais *diverse* d'une même cause, la chaleur interne, sur les deux grandes classes de roches qu'il avait distinguées l'une de l'autre. Il va maintenant étudier l'effet des causes agissant *de la même manière*, sur les roches stratifiées et sur les roches non stratifiées. En effet, si les corps fossiles, lorsqu'ils sont enfouis au fond des mers, y subissent, d'après Hutton, des métamorphoses continuelles, une fois élevés, par leur redressement et leur mouvement angulaire, au-dessous de son niveau, ils deviennent la proie de nouvelles influences incessantes aussi.

C'est ainsi qu'ils sont exposés à l'action de l'air et à l'influence des agents physiques et chimiques. Il cite l'oxydation activée par l'humidité, la chaleur, peut-être même par la lumière. Il distingue les agents chimiques des agents mécaniques.

Parmi les premiers, il insiste surtout sur l'eau, cet agent universel de dissolution, qui désagrége les roches et entraîne les calcaires, par exemple, molécule à molécule ; mais il ignore encore l'aide que fournit à l'eau, dans ce travail de destruction, l'association de faibles proportions d'acide carbonique.

Parmi les effets mécaniques, il rappelle les entraînements par les eaux, la trituration, le frottement des matières meubles les unes contre les autres ; l'eau porte avec elle le sable, les graviers, les quartiers de roche ; les rivières creusent successivement leurs lits à des niveaux de moins en moins élevés : « Dans ces actions, l'eau, dit-il, « tourne les forces du règne minéral contre lui-même. »

Il exagère à son tour, comme avait fait Buffon, cette action destructive des eaux à la surface des continents, et lui attribue non-seulement le creusement des vallées, mais leur formation primitive.

(2) « En observant le Patowmack, lorsqu'il pénètre le sommet des montagnes de l'Allegany, ou l'Irtisch, lorsqu'il sort des défilés de l'Altaï, il n'y a pas d'homme, quelque peu familiarisé qu'il soit avec les spéculations géologiques, qui ne reconnaisse immédiatement que la montagne autrefois était continuée à travers l'espace où coule maintenant la rivière ; et, s'il hasarde de raisonner sur la cause d'un changement si prodigieux, il l'attribue à quelque grande convulsion de la nature, qui a brisé cette montagne en pièces pour livrer un passage aux eaux. Le philosophe seul, qui a médité profondément sur les effets possibles d'une action longtemps continuée, et sur la simplicité des moyens mis en œuvre par la nature dans tous ses procédés ; lui seul ne voit rien là que le travail graduel d'un ruisseau qui a coulé jadis aussi haut que les bords qu'il coupe maintenant si profondément, qui s'est frayé une route à travers le rocher, de la même manière, et presque avec le même instrument dont se sert le lapidaire pour couper un bloc de marbre ou de granite. »

(3) « Ces montagnes, dans leur état présent, peuvent, « dit-il avec justesse, être comparées à ces piliers de terre « que les ouvriers laissent derrière eux, pour servir de « mesure à la quantité qu'ils ont enlevée. »

Ainsi, celui qu'on représente comme un plutoniste absolu devient ici un neptuniste déterminé ; et, chose remarquable, lorsqu'il fait appel à celle de ces deux forces, qui lui est pour ainsi dire la moins familière, il redescend au niveau des géogénistes ses prédécesseurs, en se bornant à invoquer les effets qu'il observe journellement, et dont il exagère la portée, pour pouvoir expliquer les résultats qu'il lui attribue (4).

« Tels sont, dit Playfair, suivant la théorie du docteur
« Hutton, les changements que la destruction opère cha-
« que jour sur la surface du globe. Ces opérations peu
« considérables, prises séparément, deviennent immenses
« en concourant toujours au même but, sans jamais se
« contrarier, et en suivant toujours la même direction
« dans une période de temps infini. Ainsi, chaque chose
« descend et rien ne remonte ; les corps durs et solides
« se dissolvent partout, et ceux qui sont mous et tendres
« ne se consolident nulle part. Les puissances qui tendent
« à conserver, et celles qui tendent à changer la surface
« de la terre, ne sont jamais en équilibre : les dernières,
« dans tous les cas, sont les plus fortes ; et eu égard aux
« premières, elles sont comme les forces vitales comparées
« avec celles de la mort. La loi de destruction est une de
« celles qui ne souffrent point d'exceptions : les éléments
« de tous les corps ont été autrefois libres et sans liaison,
« et la nature a ordonné qu'ils retourneraient tous au
« même état. »

Mais il n'y a pas seulement œuvre de destruction, il y a aussi une œuvre de réparation et de reconstruction, par l'accumulation des détritus, par la sécrétion énorme des produits calcaires, des coraux, etc. Cet ensemble de circonstances constitue une série de changements de transformations, qui se passe à la surface du globe, et qui forme aux yeux de Hutton, pour cette surface, comme une sorte de vie particulière.

Ces phénomènes sont tous autant d'indications du temps

écoulé dans lesquelles les principes de géologie nous aident à distinguer un certain ordre, de manière à reconnaître la différence dans les époques sans pouvoir fixer avec certitude la proportion des intervalles immenses qui les séparent. Ces intervalles ne peuvent être mis en comparaison avec les mesures astronomiques du temps ; on ne peut les expliquer par les révolutions du soleil ni de la lune ; et il n'existe point de synchronisme entre les époques les plus récentes du règne minéral, et les plus anciennes de notre chronologie ordinaire.

Tels sont les traits principaux du système géogénique de Hutton ; vous voyez qu'il ne mérite pas, à beaucoup près, la réputation exclusive de plutonien qu'il a value à son auteur.

En définitive, l'eau, dans ce système, joue un très-grand rôle, aussi bien pour la production que pour la destruction des masses minérales.

Seulement, son action est complétée par celle de la chaleur interne, jointe à la pression : pensée originale et féconde, mais dont la valeur réelle, dans la théorie de Hutton, a été longtemps méconnue, peut-être même à cause du rôle exagéré qu'il lui a attribué.

L'eau, après avoir attaqué les roches émergées, en dépose les débris au fond du bassin des mers : c'est dans ce grand laboratoire que les couches sont ensuite minéralisées et transformées, sous la double influence de la pression de l'océan et de la chaleur propre du globe, en roches cristallines (marbres, schistes micacés, gneiss), lesquelles seront soulevées plus tard par l'action de cette même chaleur interne, pour être détruites à leur tour par les eaux et les agents atmosphériques. La dégradation d'une partie du globe sert donc constamment à la reconstruction d'autres parties, et l'absorption continue des dépôts inférieu produit sans cesse de nouvelles roches fondues qui peuvent être injectées à travers les sédiments.

Enfin tous ces phénomènes, même les commotions qui paraissent menacer le globe lui-même de destruction, sont toujours présentés par Hutton comme une partie de la série des événements essentielle à l'ordre général et à la conservation du tout.

En mettant de côté ce qu'il y a d'extrême et d'exagéré dans la continuité attribuée à ces phénomènes et qui lui donne un air de parenté avec les conceptions panthéistes de Pythagore et de Lucrèce, il est impossible de n'y pas reconnaître une pensée profonde, et le germe très-net de ce qu'un des compatriotes de Hutton, sir Ch. Lyell, a appelé plus tard le *métamorphisme*.

Par la nature de son esprit, par la manière dont il aborde les questions, et surtout par le point de vue étiologique, qui domine toujours chez lui, Hutton est un descendant des anciennes Écoles. Mais, par la sûreté de ses observations, par la rigueur de ses déductions, et par ce don singulier de synthèse dont il offre le plus remarquable exemple, et qui lui permet de prévoir et d'annoncer à l'avance les conséquences pratiques de la cause une fois déterminée, il se rattache à l'École moderne, qui avait déjà produit Guettard et Desmarets, et dont Werner était déjà, de son temps, la plus haute manifestation.

L'illustre professeur de Freyberg se distingue du géologue écossais par des qualités assez différentes, et surtout par des tendances presque opposées.

Bien que préoccupé aussi de l'étude des causes, le plus pressant besoin pour le premier est moins d'expliquer les faits que de les bien connaître. A peine âgé de vingt-quatre ans, s'il publie un premier ouvrage, ce sera un *Traité des caractères des minéraux*. Professeur à vingt-cinq ans à l'Ecole des mines de Freyberg, il y *fonde* une science nouvelle, la géognosie, qu'il prétend *fonder* sur des connaissances certaines et positives ; douze ans plus tard, en 1787, il donne sa *Classification et description des terrains*. Et ce n'est qu'en 1791 qu'il se détermine à résumer assez brièvement dans sa *Nouvelle théorie de la formation des filons* le nombre immense d'observations qu'il avait recueillies sur ces gîtes singuliers. Aussi est-ce moins par ses écrits que par son enseignement, par l'enthousiasme qu'il savait inspirer aux nombreux élèves qui, de tous les points de l'Europe, accouraient pour l'entendre, et par les détails que nous trouvons dans leurs ouvrages, que sa doctrine nous est parvenue.

« Il exposait cette doctrine avec un tel art, dit l'un
« d'eux (5), à qui j'en vais emprunter tout à l'heure les
« traits principaux, qu'il en pénétrait ses auditeurs jus-
« qu'à l'enthousiasme ; il savait inspirer non-seulement le
« goût, mais encore la passion de sa science. C'est au
« sortir de ses leçons, et pleins de leur objet, qu'une foule
« de ses élèves, Freisleten, Mohs, Esmark, d'Andrada,
« Raumer, Engelhart, J. Charpentier, Brocchi, etc., se
« sont répandus dans toutes les parties de l'Europe, et
« qu'ils ont rempli les archives de la minéralogie de leurs
« nombreuses observations ; que M. de Humboldt, bravant
« toute espèce de dangers, de peines et de privations,
« s'est enfoncé dans le Nouveau-Monde, et nous a ensuite
« étonnés par la multitude et par l'importance des résul-
« tats de ses recherches ; que M. de Buch est allé parcou-
« rir la Norwége, l'Italie, les îles de l'Afrique, etc., d'où
« il a rapporté une si riche moisson de faits géognos-
« tiques. »

Comme classificateur, Werner a rendu un véritable service à la géologie.

En minéralogie, il attribue, à la vérité, une trop grande importance aux caractères extérieurs, mais il faut se souvenir que la chimie analytique existait à peine, et que Romé de l'Isle et Haüy n'avaient point encore, en créant une science nouvelle, introduit dans le diagnostic des minéraux un élément capital, la forme cristalline : la classification de Werner est réellement la première qui mérite ce nom.

Werner chercha aussi la nomenclature dans la connaissance des roches.

L'entreprise était encore plus difficile.

Werner considère ces *incommensurables du règne minéral*, ainsi que les appelait Haüy, comme des parties intégrantes de l'écorce solide du globe ; ce sont pour lui des *espèces de montagnes* ou *espèces de terrains* (*gebirgs art*), et, comme tels, il a défini le premier les granites, les porphyres, les basaltes, puis les gneiss, schistes, grauwackes, etc. ; nomenclature qui est restée encore presque entièrement dans la science, et que les études ultérieures ont à peine transformée.

Non-seulement Werner, en introduisant dans la connaissance des minéraux et des roches une précision qui était inconnue avant lui, a posé les bases de l'oryctognosie, mais il fonda la géognosie en établissant nettement le premier l'âge relatif des couches superposées qui constituent l'écorce supérieure du globe.

Entre les *terrains primaires* et les *terrains secondaires*, que l'on séparait seuls avant lui, il distingua les *terrains de transition* (*übergang gebirg*).

Cette dernière dénomination a disparu à peu près de la science, son introduction première n'en a pas moins constitué un grand progrès ; et si, sous l'influence des travaux ultérieurs, de nouveaux noms ont été proposés, il faut bien avouer que ce qu'on appelle aujourd'hui *terrains paléozoïques* diffère assez peu de ce que Werner avait appelé *terrains de transition*.

Voilà donc, Messieurs, le point de vue *cryptoristique* introduit avec un rare bonheur par Werner dans les sciences géologiques.

Il étudie en lui-même, définit et dénomme chacun des minéraux qui se trouvent isolés dans la nature, ou qui, par leur association, constituent les roches : les roches elles-mêmes, il les examine à part et dans leurs propriétés intrinsèques; puis il les considère en tant que parties intégrantes de l'enveloppe superficielle, recherche l'ordre relatif de leur superposition et fait entrer, ce que personne, avant lui, n'avait compris comme lui, l'élément chronologique dans la géognosie.

Voilà des titres de premier ordre et qui suffiraient à eux seuls pour immortaliser la mémoire de Werner. Mais nous allons le trouver plus remarquable encore et surtout plus original dans une autre partie de son œuvre, dans l'étude des filons. Disons d'abord comment Werner entend la distribution des matériaux de l'écorce terrestre.

Pour lui, la géognosie a surtout pour but de faire connaître méthodiquement les *Lagerstäite* ou gîtes de minéraux qui constituent cette écorce. Cette expression de Lagerstätte est très-difficile à traduire en français, elle s'applique aux gîtes de minerais ; mais Werner l'étend aussi à toute masse minérale, dans l'acception la plus générale (6).

« Ainsi ces Lagerstätte sont, d'après lui, les espaces
« souterrains dans lesquels les minéraux ont été formés
« et dans lesquels ils se trouvent. Ils sont généraux ou
« particuliers. Les premiers sont ces grandes masses mi-
« nérales d'une étendue indéfinie, et dont l'ensemble

« forme la partie solide du globe terrestre ; les seconds
« sont des parties des premiers, ou sont renfermés dans
« leur masse. »

« Tâchons, ajoute d'Aubuisson, de donner une idée
« nette de ce que Werner entend par *gîtes généraux et
« particuliers*. Qu'on se représente le globe formé de
« grandes couches ou assises concentriques de matière
« minérale, mais chaque assise de nature différente ; cha-
« cune sera un gîte général, soit qu'elle enveloppe entiè-
« rement tout le globe, soit qu'elle n'en embrasse qu'une
« partie : les terrains de granite, de schiste phyllade, de
« houille, etc., seront ainsi des gîtes généraux (*allgemeine
« Lagerstätte*). Il sont ordinairement divisés en couches
« ou assises plus minces, parmi lesquelles il y en a sou-
« vent qui sont d'une matière différente de celle des
« autres ; ce sont des gîtes particuliers (*besoudere Lagers-
« tätte*), faisant partie du gîte général ; d'autrefois, celui-
« ci contient des assemblages particuliers de substances
» minérales qui, au lieu de former des assises intercalées
« dans les autres couches, les coupent ; tels sont les filons.
« Lorsque, parlant d'un échantillon de minerai d'étain,
« par exemple, on dit qu'il vient de tel filon renfermé
« dans du granite, ce filon représente ici le gîte particulier
« de cet échantillon, et le granite en est le gîte général. »

Par le fait, on voit que le mot français qui rendrait le
plus exactement celui de *Lagerstätte*, dans le sens que lui
attribue Werner, est celui de *formation*. Car, à la rigueur,
on peut l'appliquer au filon aussi bien qu'aux terrains sédimentaires.

Il y aurait donc, d'après Werner, deux classes de formations :

Les *formations générales*, qui comprennent toutes les
grandes masses minérales, depuis le granite jusqu'aux

couches les plus modernes ; les *formations particulières* qui présentent des caractères spéciaux soit dans leurs formes, soit dans leur composition, et parmi elles se trouvent les filons.

Lorsque nous aurons exposé dans quelques instants la manière dont Werner concevait le dépôt de ces divers matériaux, on comprendra pourquoi il les réunit tous dans une même dénomination générale : pour lui, en effet, la matrice était commune à tous, et les différences ne sont dues qu'à des circonstances particulières.

Les formations générales (*allgemeine Lagerstätte*) se composent de toutes les (*gebirgs art*) espèces de terrains, ou roches, que Werner a décrites dans sa *Lithognosie*.

Pour lui, tous les étages dont elles se composent sont indistinctement, et quelle que soit leur nature propre, des produits de sédimentation. Il considère comme tels non-seulement les schistes micacés et les gneiss, mais aussi les granites, les basaltes et toutes les roches analogues, sans tenir compte des observations de Desmarets, qui dataient de plus de cinquante ans.

« Werner, dit d'Aubuisson (7), admettait, comme Saus-
« sure, la stratification du granite et de la plupart des
« roches que nous rangeons dans la classe des non strati-
« fiées, en observant que la grande épaisseur des strates
« empêche souvent de les distinguer. »

Voulons-nous maintenant nous rendre compte, d'après les principes de Werner, des circonstances qui ont présidé à ces dépôts si variés, des rapports que ces couches présentent dans leurs positions relatives, etc., écoutons son interprète et son élève, d'Aubuisson (8) :

« Lorsque les formations qui nous sont connues ont
« commencé à se déposer, la partie du globe déjà exis-
« tante, et qui était entourée de la dissolution d'où elles

« se sont précipitées, présentait très-vraisemblablement,
« à sa surface, des inégalités, des élévations et des bas-
« fonds. Chaque précipité qui se déposait, était une strate
« ou une couche, qui, en se moulant sur le sol déjà exis-
« tant, et en suivant toutes ses sinuosités, en enveloppait
« indistinctement les éminences et les enfoncements, et
« qui présentait ainsi *une alternative de convexités, de plans*
« *et de concavités.* Toutes ces couches et strates, abstrac-
« tion faite des renflements ou étranglements qu'elles
« pouvaient présenter dans quelques parties, étant ainsi
« placées les unes sur les autres, *les fissures de la stratifi-*
« *cation étaient parallèles,* et la superficie de la couche ou
« strate supérieure était également parallèle à la stratifi-
« cation. Admettons maintenant que la dissolution vienne
« à changer de nature, il se produira une nouvelle forma-
« tion ; la surface de sa superposition sera la superficie de
« la couche dernièrement formée, et, par conséquent, la
« surface de superposition de la nouvelle formation sera
« parallèle à la stratification de la formation qui est immé-
« diatement au dessous. De plus, chaque strate ou couche,
« pouvant être supposée envelopper tout le globe, n'aura
« point de tranche ou de bord.

« Supposons actuellement que la dissolution ait baissé
« de niveau jusqu'à ce qu'une cime de montagne se soit
« sensiblement trouvée au dessus. Dès ce moment, les
« strates et les couches qui continueront à se former,
« n'envelopperont plus le globe entier ; chacune aura une
« tranche qui entourera, au niveau de la dissolution, la
« cime qui s'élève au dessus, et elle sera disposée comme
« un manteau autour de la montagne, laquelle semblera,
« par la suite, avoir percé les couches pour porter sa tête
« au dessus. Si la dissolution continue de baisser graduel-
« lement, en formant toujours des précipités, on aura, les

« unes sur les autres, plusieurs couches disposées comme
« la première ; mais leur tranche baissera successivement
« de niveau à mesure qu'elles seront de formation plus
« nouvelle.

« Supposons de plus que, lorsque la dissolution est
« descendue jusqu'à un certain niveau, la précipitation
« soit suspendue ; que les formations déjà produites éprou-
« vent une grande dégradation, et que cette dégradation
« soit plus forte sur un point que sur un autre, ainsi que
« cela doit presque toujours arriver, dès lors la superficie
« de la dernière formation perdra son parallélisme à sa
« propre stratification, et s'il vient à se déposer, sur cette
« superficie, une nouvelle formation, sa stratification étant
« toujours parallèle à la superficie de l'ancienne forma-
« tion, ne sera point parallèle à la stratification de
« celle-ci. »

Remarquons que cela est écrit en 1819, par un élève
enthousiaste de Werner, deux ans après sa mort, et dix
ans après les travaux de Brongniart et de Cuvier sur le
bassin de Paris. Par conséquent, la doctrine ainsi
exposée ne peut qu'être supérieure à celle que Werner
lui-même avait enseignée à l'auteur quinze ans auparavant. Or, nous y voyons chaque matière se précipiter d'un même fluide qui a tout dissous, les éléments du
granite, comme ceux du schiste, des grès, et ceux du calcaire.

Pour Werner comme pour Hutton, la houille est le résultat de l'enfouissement et de l'altération des substances
végétales. Mais au lieu d'expliquer, comme Hutton, cette
altération par la chaleur aidée d'une forte pression, Werner
préfère l'attribuer à l'action de l'acide sulfurique dont il
rattache l'existence à celle des nombreuses pyrites que
contient encore le combustible minéral.

Voilà pour la partie chimique ; la partie mécanique du système n'est pas meilleure.

Une mer universelle qui enveloppe indistinctement les éminences et les enfoncements, et dépose sur leurs pentes les couches parallèles, mais non horizontales, et pouvant même présenter toute espèce d'inclinaison ! Les discordances de stratifications expliquées par le retrait graduel de cet océan ! Quelle distance entre de pareilles conceptions et la notion de ce *mouvement angulaire*, si bien compris et si nettement exposé par Hutton, si bien démontré par Saussure ! Mais le retrait de la mer, cet impitoyable *postulatum* que chacun des anciens géogénistes avait trouvé au terme de ses spéculations, se présente fatalement aussi à Werner.

« La mer a couvert autrefois nos plus hautes mon-
« tagnes, dit d'Aubuisson ; c'est un fait aussi positif qu'ex-
« traordinaire. »

Deluc, après Buffon, avait comme on sait englouti, au fur et à mesure du besoin, une partie des eaux de l'océan dans de vastes cavernes intérieures.

Demaillet avait émis l'opinion que les eaux pouvaient, en se réduisant en vapeur, avoir abandonné notre atmosphère.

Saussure lui-même, dans ses *Essais sur l'hygrométrie*, ne considère pas comme impossible que, malgré le froid excessif qui règne aux limites de l'atmosphère (9), « il ne
« s'échappe encore quelques portions de l'eau répandue
« à la surface de la terre, qui se mêlent avec l'éther et
« abandonnent ainsi notre planète. Ces pertes, ajoute-t-il,
« accumulées pendant une longue suite de siècles, pour-
« raient même produire enfin, ou avoir déjà produit, une
« diminution sensible dans les eaux de notre globe. »

« Werner, dit d'Aubuisson, qui inclinait pour cette opi-

« nion, fait observer que peut-être un de ces corps célestes
« qui s'approchent quelquefois d'assez près de la terre
« aurait pu, dans son passage, lui enlever une portion de
« son atmosphère et, par suite, de ses eaux. »

Je n'insisterais pas autant sur ces portions si imparfaites
de la doctrine de Werner, auxquelles il attachait peut-être
lui-même peu d'importance, si l'on n'en pouvait tirer
quelques remarques intéressantes.

Et d'abord, n'est-il pas singulier de voir, en 1819, le
savant géologue français, qui est ici l'interprète de Werner,
amené à comparer ces idées de l'école de Freyberg à celles
de Hutton et de Playfair, sur le redressement des couches
sédimentaires, tourner impitoyablement celles-ci en ridi-
cule, et s'écrier : « Parce que nous sommes en peine de
« faire baisser le niveau mobile des mers, on nous pro-
« pose de hausser le niveau solide de la terre ferme ! »
Mais ce sont ces discussions, qui datent presque d'hier et
qui semblent déjà si loin de nous, sur l'abaissement probable du niveau général des mers actuelles qui, en 1731,
avaient engagé Linné et Celsius à entailler à fleur d'eau la
roche de la mer Baltique, et à mettre ainsi leurs successeurs
pleinement en mesure de reconnaître l'élévation graduelle
de cette côte. C'est ainsi que les erreurs ont mené directement à la découverte de la vérité.

Une dernière remarque, et c'est sur elle que je voulais
surtout attirer votre attention, car elle rentre bien naturellement dans notre sujet, c'est que, dans l'esprit de
Werner, les eaux, quelle qu'en fût la cause, d'ailleurs (10),
« étaient arrivées à leur niveau actuel, non par suite d'un
« mouvement subit, et, comme eût dit Cuvier, d'une ré-
« volution du globe, mais bien par l'effet d'une diminution
« graduelle, dans un ordre de choses dont le nôtre serait
« une continuation non interrompue. »

« Ainsi (11), la croûte du globe et les masses qui la
« composent ont éprouvé, depuis l'époque de leur forma-
« tion, des dégradations et des changements considérables.
« Du moment que nous entreprendrons de rechercher
« quels sont les *agents* qui ont pu produire de pareils effets,
« nous devrons porter notre attention sur ceux qui exer-
« cent encore une action sur les masses et couches miné-
« rales : *ce n'est que de ce qui s'opère que nous pourrons*
« *conclure, par induction, ce qui s'est opéré.* »

Suit une énumération des agents qui modifient sous
nos yeux la surface du globe : agents chimiques et mécaniques, fluides aqueux ou aériformes, éruptions volcaniques sous toutes leurs formes, tremblements de
terre, etc. (12).

« Werner, dit d'Aubuisson, était très-circonspect lorsqu'il s'agissait des cataclysmes et des révolutions de la
nature ; il ne se prononçait jamais d'une manière positive,
vraisemblablement parce qu'il n'avait pas encore une opinion parfaitement arrêtée sur ces matières. »

Né dans le pays le plus riche de l'Europe en filons métallifères et où leur exploitation formait comme une tradition classique, Werner, après avoir passé la plus grande
partie de sa jeunesse à les étudier, avait pu se faire, lorsqu'il publia sa *Nouvelle théorie des filons*, en 1791, les idées
les plus exactes sur ces *gîtes particuliers*. Aussi ce troisième
ouvrage, qui fut son dernier, acquit-il presque immédiatement une immense popularité.

Au reste, malgré le titre de l'ouvrage, qui semble indiquer une tendance exclusivement géogénique, Werner y
reste fidèle à sa méthode, et étudie son sujet au double
point de vue de la cryptoristique et de la troponomie, avant
d'aborder la question des causes. Ainsi, lorsque, dans sa
préface, il énumère ce qui, d'après lui, est entièrement

nouveau dans son œuvre et qu'il peut revendiquer comme sa propre invention, c'est, dit-il (13) :

a) D'avoir observé et décrit d'une manière détaillée la structure intérieure des filons ; d'avoir déterminé la forme et la disposition réciproque des substances qui les composent ; et, particulièrement, d'avoir assigné l'époque relative de la formation de ces substances ;

b) D'avoir donné des observations plus exactes et des connaissances plus positives sur les rencontres et intersections des filons, et surtout d'avoir fait servir ces observations à fixer leur âge relatif ;

c) D'avoir déterminé les différentes formations des filons, et particulièrement des filons métalliques, ainsi que la série de leur âge. Ainsi, nature et arrangement réciproque des minerais dans un même filon, rencontre des filons entre eux, formations diverses des divers filons, mais surtout âge relatif des minerais déposés dans le même filon, âge relatif du remplissage des filons de diverses formations, voilà ce qui d'abord le préoccupe, et ce n'est qu'après avoir étudié successivement son sujet au double point de vue cryptoristique et troponomique, qu'il ajoute :

d) D'avoir le premier eu l'idée que les espaces qu'occupent les filons ont été immédiatement remplis par des précipitations provenant de ces mêmes dissolutions qui, dans le même temps, formaient, par d'autres précipitations, les couches des montagnes, et d'en avoir donné les preuves ;

e) D'avoir déterminé la différence qui se trouve entre la nature intérieure des filons et celle des couches.

Werner donne successivement dans son ouvrage deux définitions des filons. D'après la première, faite au point de vue autoptique ou descriptif, les filons sont (14) « des « gîtes particuliers (*besondere Lagerstätte*), d'une forme « plate, qui coupent presque toujours les strates des monta-

« gnes. » La seconde, impliquant leur mode de formation, les considère comme « des fentes qui se sont faites
« dans les montagnes, et qui ont été ensuite remplies de
« diverses substances minérales, dont la nature est plus
« ou moins différente de celle de la roche. »

Ainsi, pour Werner comme pour Hutton, les filons sont
des fentes remplies postérieurement. Mais comment, dans
les deux systèmes, ces fentes se sont-elles déterminées,
et par quel procédé se sont-elles remplies ?

Hutton explique, nous l'avons vu, ces fissures par les
phénomènes mécaniques, dus à l'action de la chaleur centrale sur les couches déjà consolidées ; Werner y voit à
peu près exclusivement l'effet du retrait des eaux du milieu de masses humides et peu solides, qui doivent s'être
affaissées du côté où elles étaient le moins soutenues. S'il
fait intervenir l'idée de phénomènes mécaniques, c'est
bien accessoirement. Voici sa phrase :

(15) « Le retrait de la masse des montagnes opéré par
« le desséchement, et, plus encore, les tremblements de
« terre et autres causes semblables, peuvent aussi avoir
« contribué à la formation des fentes. »

Ici, Hutton lui est incontestablement supérieur. Cela est
encore plus frappant lorsqu'il s'agit d'expliquer l'origine
des matériaux qui remplissent les filons.

Pour Hutton, un filon a été rempli par une action dirigée de bas en haut, et en rapport avec les phénomènes
intérieurs du globe.

Pour Werner, tous les filons ont été remplis par en haut
et par les mêmes dissolutions aqueuses qui ont produit la
masse des montagnes (16). « La même précipitation, dit-il,
« qui, par la voie humide, a produit les strates et couches
« de montagnes (parmi ces couches sont aussi celles qui
« contiennent du minerai), cette précipitation, dis-je, a

« également fourni et produit la masse des filons : cela
« s'est fait dans le temps où la dissolution qui a donné les
« précipités couvrait le terrain où se trouvaient des fentes
« déjà existantes, et qui étaient alors entièrement ou par-
« tiellement vides et ouvertes par leur partie supé-
« rieure. »

L'idée de Hutton a été confirmée par les observations
et les expériences modernes, tandis que celle de Werner
est aujourd'hui entièrement abandonnée.

Pour Werner, la fréquence des filons dans certaines
contrées dépend de la forme extérieure des montagnes,
de leur étendue, de leur pente (17) : « Aussi, dit-il, on a
« remarqué que les filons se trouvent en plus grande
« quantité :

« *a*) Dans les montagnes d'une pente douce, et même
« dans les plateaux qu'elles présentent ; les grandes mon-
« tagnes escarpées, les chaînes déchirées ne contiennent
« que peu de filons ;

« *b*) Sur les montagnes et coteaux qui bordent les
« grands vallons. »

Et il cite comme exemple de ces deux cas les principaux
gîtes du Harz et de l'Erzgebirge. Mais ici on sent combien
ses conceptions eussent gagné en justesse et en largeur,
si de nombreux voyages lui eussent permis de comparer
les principaux gîtes miniers de l'Europe à ceux de son
pays natal.

Werner semble le comprendre lui-même, bien qu'il s'en
défende, et on sera touché en lisant le passage suivant de
la préface de sa *Théorie des filons* (18) :

« Je ne crois pas qu'on puisse m'adresser, au sujet des
« observations que j'ai faites et rassemblées sur cette ma-
« tière, et sur lesquelles j'ai élevé l'édifice de ma *Théorie*,
« le reproche de *n'avoir connu qu'un seul pays*. Ce repro-

« che m'a déjà été fait une fois, quoique à tort, au sujet
« d'une autre matière géologique.

« ..... Ma petite fortune et la situation où je me suis
« trouvé jusqu'ici ne m'ont pas permis de faire de voyages
« dans des pays plus éloignés, quelque utiles que je les
« aie crus, et quelque désir que j'aie eu de les entre-
« prendre. »

Hutton et Werner remarquent tous deux que certaines
contrées sont plus riches que d'autres en filons.

Mais Hutton n'hésite pas à reconnaître que c'est
dans les schistes primaires qu'ils sont le plus abon-
dants (19).

« Les contrées les plus remarquables pour leurs mines
« et les montagnes que l'on appelle métallifères sont pri-
« maires..... La préférence que les métaux semblent
« donner aux schistes primaires s'accorde très-bien avec
« la théorie qui nous représente les roches de cet ordre
« comme ayant éprouvé un déplacement considérable, et
« comme ayant été soumises le plus souvent à l'énergie
« incalculable des forces souterraines. »

Mais si, dans toutes les questions d'origine, Werner est
incontestablement inférieur à Hutton, on découvre dans le
premier un don d'observation et de comparaison qui, pour
tous les autres points de la théorie des filons, non-seulement l'élève au-dessus de tous ses contemporains, mais
ne permet pour ainsi dire pas de rapprochement entre
eux et lui ; car ce qu'il définit clairement, ce qu'il conclut
sans hésitation, leur échappe à peu près entièrement ; ils
ne l'entrevoient même pas.

Ces conclusions générales qui appartiennent à Werner,
portent sur deux considérations :

Celle de l'âge relatif ;

Celle de la direction

D'après Werner, les *caractères distinctifs* de l'âge des filons sont les suivants :

1° Lorsque deux filons se croisent, il y en a un qui, sans éprouver aucune interruption et dérangement, passe au travers de l'autre : ce dernier est coupé et interrompu par le premier dans toute sa puissance.

Tout filon qui en traverse ou qui en rejette un autre est plus récent que le filon traversé et que tous ceux qui sont traversés par ce dernier.

2° Dans un même filon, la matière qui est dans le milieu du filon est ordinairement de formation moins ancienne que celle qui est plus proche des salbandes ; et ce qu'on trouve dans la partie supérieure du filon est également moins ancien que ce qui est à une grande profondeur.

3° Dans son échantillon composé de plusieurs minéraux différents, le minéral superposé est le plus récent. Celui qui semble être comme enveloppé par d'autres est plus ancien que ceux-ci.

S'élevant encore dans cet ordre de considérations, Werner distingue dans un même district minier des filons de plusieurs formations et de plusieurs âges.

Et il distingue chacune de ces époques à la fois par la nature des minerais et de leur gangue, et par la direction générale qu'ils affectent.

Ce sont deux idées considérables et qui se rattachent, l'une à la chronologie géologique, l'autre à la série des accidents mécaniques qui se sont succédé à la surface du globe.

Certainement Werner n'avait pas deviné combien ces deux principes deviendraient féconds entre les mains de ses disciples, les Humboldt et les de Buch, pour ne citer que les plus illustres. Il n'avait pas entrevu les conclusions qu'on tirerait plus tard du parallélisme des filons du même âge au parallélisme des chaînes de montagnes du même âge, et toutes les magnifiques conséquences qui en découleraient pour la stratigraphie comparée. Mais il serait injuste de ne pas faire remonter à lui cette notion première du rapport entre l'âge et la direction d'un même accident géologique.

En résumé, Werner a été en géologie le premier grand classificateur des choses et des idées.

Avant d'aborder les recherches originales, il semble qu'il ait d'abord voulu se rendre compte de tout ce que l'on avait de notions certaines, en faire ce catalogue autoptique dont je vous parlais il y a quelques semaines. Puis il se met à l'œuvre comme observateur, et, après avoir cherché à définir les matériaux de l'écorce du globe aussi exactement que possible par leurs caractères propres, il cherche à reconnaître et à établir aussi exactement que possible leurs relations mutuelles de superposition ou de juxtaposition.

A la vérité, il avait peu voyagé, mais ses études sur les environs de Freyberg et sur la Saxe étaient à la fois aussi précises et aussi profondes qu'elles pouvaient l'être.

Par ce côté cryptoristique de son génie, et bien qu'il ait surtout travaillé dans son cabinet, Werner se rapproche, en quelque sorte, de ceux de ses contemporains qui, comme Pallas et Saussure, allaient étudier la nature sur place, et il a fondé une science, la *géognosie*, comme Haüy, quelques années après, a fondé la *lithognosie* ou minéralogie.

D'un autre côté, ce que je viens de vous dire de ses admirables résultats sur les lois qui régissent les filons, quant à leur âge et quant à leurs directions, c'est-à-dire dans leurs variations avec le temps et avec le lieu, me dispense d'ajouter que Werner a porté un grand jour sur la géologie troponomique.

Ayant ainsi magistralement exploré la science sur trois de ses faces, ayant ouvert en chacune d'elles des voies nouvelles, doué, d'ailleurs, au plus haut degré du don de la persuasion et de l'entraînement, on s'explique l'immense influence qu'a exercée, pendant quarante ans, le professeur de l'école de Freyberg, et qui fait que Cuvier a pu dire de lui, comme on avait dit de Linné, que « du bout du « monde à l'autre, on avait interrogé la nature au nom « de Werner. »

Moins érudit que Werner, ou du moins éprouvant moins vivement que lui le besoin de classer ses connaissances et celles des autres ; aussi bon observateur tout au moins, peut-être plus perspicace à démêler les faits, mais ne les recherchant pas pour leur intérêt propre ; les considérant plutôt comme des preuves à l'appui de ses idées ; ne sentant pas non plus aussi nettement le besoin de les rapprocher entre eux, et d'en déduire les lois, Hutton passe, pour ainsi dire, à pieds joints, sur la notion des rapports où s'arrête si complaisamment Werner, et va droit à son but, qui est le domaine de l'étiologie, la recherche des causes et des origines.

C'est dans cette recherche la plus ardue et la plus périlleuse de toutes, que Hutton se montre le plus original et le mieux inspiré. Non-seulement il sait tourner vers ce but, avec une remarquable logique, le petit nombre de faits bien établis que possédait alors l'histoire de la terre ; mais il va plus loin, et, par une admirable perspicacité, il en prévoit de nouveaux auxquels il croit avec la même certitude que s'ils étaient réellement acquis à la science, n'allant guère consulter la nature que pour constater l'exactitude de ses théories, et, circonstance bizarre, qui peint bien cet esprit singulier et absolu, n'attachant même qu'un intérêt secondaire à leur confirmation expérimentale (20).

Par ces tendances, sinon absolument opposées, du moins essentiellement différentes, Hutton, le dernier et le plus remarquable représentant de l'école antique, tient d'elle son mode de recherche prime-sautière et presque divinatoire, tandis que Werner, procédant plus méthodiquement, donne la main à l'école observatrice de son temps, et, lui rendant justice, proclame de Saussure et Dolomieu les premiers des géognostes observateurs.

Enfin, et cette remarque, toute dans mon sujet, et bien conforme à la thèse que j'ai déjà présentée dans mes précédentes leçons, terminera cette étude, qui ne vous aura pas, j'espère, paru trop longue, sur deux grands esprits qui ont tant occupé nos pères, à une époque où l'on savait encore se passionner pour des idées; si Werner et Hutton sont réellement très-inégaux sur le terrain de l'étiologie, si leurs conclusions touchant l'origine et la formation des masses minérales sont entièrement opposées, leur point de départ, dans ces recherches, est le même. Pour tous deux le seul levier dont puisse disposer l'étiologiste est la connaissance des forces actuellement mises en jeu par la nature. Mais tous deux, dans des limites bien différentes, admettaient une variation dans l'intensité de ces forces avec les âges du globe; chez Werner, cette conséquence ne résulte qu'implicitement de la théorie, tandis que Hutton, en faisant concorder cette continuité, cette pérennité des forces naturelles avec l'alternative d'époques de calme et d'agitation, a, en réalité, posé les bases de l'explication rationnelle des faits géologiques.

Je termine ici l'historique de ceux des géologues qui ont précédé M. Elie de Beaumont, et dont les préoccupations, au moins en très-grande partie, se sont portées sur les questions relatives aux causes des phénomènes.

Si vous parcourez ce court historique, en laissant de côté les traditions purement cosmogoniques des peuples primitifs, qui n'ont pas un caractère scientifique, vous reconnaissez que, dans leurs conceptions géogéniques, les philosophes anciens se sont uniquement placés à deux points de vue : le point de vue autoptique et le point de vue étiologique. Ils jettent un premier coup d'œil sur les phénomènes que la nature leur présente, et, sans se préoccuper de rechercher les variations dans le mode et l'époque assignés à ces phénomènes, ils se proposent immédiatement d'en trouver les causes.

Tout au plus, trouve-t-on chez les pythagoriciens un indice du travail cryptoristique, qui se développe davantage chez les Latins, acquiert même un caractère presque scientifique dans Strabon, et chez quelques Arabes du xe au xiiie siècle.

Quant à la recherche troponomique des lois qui peuvent présider aux variations ainsi constatées, soit avec le temps, soit avec les lieux, on n'en découvre aucune trace chez les anciens ; car on ne peut reconnaître de valeur vraiment scientifique aux vagues traditions de convulsions périodiques, dont la terre aurait été le théâtre, bien que l'origine de cette croyance commune à tous les peuples remontât sans doute à quelque grand événement d'une immense étendue, dont l'homme aurait été le témoin.

La géologie, d'ailleurs, n'existait point encore, et je crois qu'on peut dire que Sténon a, le premier, mérité d'être appelé un géologue. Il introduit la cryptoristique dans l'histoire de la terre et constate la variation, avec le temps, des dépôts sédimentaires : *Sex distinctæ Etruriæ facies*.

Mais pendant près d'un siècle, sa pensée reste isolée et sa parole sans écho. Leibnitz, après Descartes, développe un système étiologique, s'appuyant seulement sur les observations de Sténon, mais sans en faire lui-même. A la même époque, l'école théologique anglaise se perd dans la préoccupation de faire coïncider, avec la version biblique du déluge, et dans leurs derniers détails, chacun des systèmes qu'elle enfante. Robert Hooke presque seul, à cette époque, semble suivre de loin la tradition de Sténon.

Vous avez vu ces préoccupations étiologiques se poursuivre par Buffon, Demaillet, de La Métherie, Deluc, etc., et un grand naturaliste, Lamarck, donner encore, dans les premières années de ce siècle, une théorie de la terre, comparable à celles qui l'ont précédée de quatre-vingts ans.

Néanmoins l'école cryptoristique, fondée par Sténon, reparaît dans Lazzaro Moro, qui applique les procédés de l'observation aux phénomènes éruptifs, avant d'en proposer la théorie.

Mais le moment est venu où la géologie cryptoristique prendra un corps. Bientôt Guettard, Monnet, Desmarets, Dolomieu, et une foule d'autres en France ; Spallanzani, Mario Gemmellaro, en Italie ; de Saussure, en Suisse ; Pallas, en Russie ; Werner, en Allemagne, fondent la géognosie ; ils sont suivis par cette pléiade de savants, quelques-uns illustres, que l'école de Freyberg répand dans toute l'Europe.

Les Humboldt, les de Buch, les Charpentier vont interroger au nom de la science les annales de la terre en une foule de régions éloignées ; Smith, Alexandre Brongniart, publient leurs brillantes découvertes ; bientôt après, les Buckland, les de La Bèche, les Murchison, jettent sur l'école anglaise un vif éclat. L'observateur a, dès lors, acquis droit de cité en géologie.

Le point de vue troponomique n'apparaît que plus tard.

Hutton l'aborde résolûment, mais ne s'y arrête, comme il a déjà fait pour la cryptoristique, que le temps nécessaire pour se placer avec plus de sécurité au point de vue qu'il préfère encore, celui de l'étiologie. Il était réservé à Werner de donner, dans sa *Théorie des filons*, le premier exemple d'un ensemble de phénomènes, étudié d'abord dans leurs manifestations propres, puis examiné dans les modifications qu'ils présentent au double point de vue des variations dans le lieu et de la succession dans le temps.

La paléontologie, inaugurée par Daubenton, Blumembach, Schlottheim, Goldfuss, etc., avait trouvé dans Cuvier, à la fois, son initiateur aux méthodes d'observation précise, et son législateur. Elle est devenue aujourd'hui, pour le règne végétal comme pour le règne animal, une branche essentielle de la géologie chronologique.

La géologie technologique (en laissant de côté l'art de l'exploitation, qui est en dehors de nos études, et ne prenant de la géotechnie que la branche qui nous touche) est de formation plus récente encore.

Lémery avait fait une expérience devenue célèbre, parce qu'elle était unique alors, mais qui ne laissa pas de traces. C'est à James Hall qu'il faut faire remonter la pensée de reproduire artificiellement les résultats que la nature aurait obtenus d'après les procédés indiqués par la théorie de Hutton. D'illustres chimistes, Humphry Davy, Gay-Lussac ont cherché à résoudre expérimentalement le problème que s'était proposé Lémery. Enfin, de nos jours, cette partie des sciences géologiques a pris un beau développement et jeté un grand éclat, en montrant l'application qu'on peut faire des connaissances physiques et chimiques à la reproduction des faits naturels et des substances si variées que présentent les gîtes métallifères.

J'ai grandement avancé la tâche que je m'étais tracée de vous faire connaître les principaux géologues qui ont précédé M. Elie de Beaumont dans la carrière qu'il a si noblement parcourue. Je me propose de consacrer encore une leçon à chacun des trois points de vue cryptoristique, troponomique et technique, abordés avec tant de succès dès la fin du siècle dernier. Mais auparavant, et pour terminer tout ce qui touche au point de vue étiologique, je voudrais, dans la prochaine leçon, vous soumettre quelques considérations sur cette question *des causes en géologie*, qui a tant préoccupé nos ancêtres.

HUITIÈME LEÇON

Des causes en Géologie.

Messieurs,

Nous avons consacré les deux dernières séances à faire poser, pour ainsi dire, devant nous les deux imposantes figures de Hutton et de Werner.

Si j'ai insisté plus particulièrement sur le premier de ces deux grands esprits qui, à la fin du siècle dernier, ont partagé, avec de Saussure, la gloire d'asseoir la géologie sur des bases solides, c'est qu'il m'a paru que son système, bien qu'on en ait beaucoup parlé, était encore mal connu et mal apprécié. J'ai fait ressortir aussi les différences caractéristiques qui séparaient ces deux remarquables natures. Hutton, en effet, est un excellent observateur ; et la géologie positive, ou si vous voulez, la géologie cryptoristique lui doit les faits les plus curieux et les plus importants. Mais Hutton n'estime, pour ainsi dire, ces faits et ne les cite que parce qu'ils appuient sa doctrine ; bien plus, il n'est allé le plus souvent les constater qu'en confirmation de cette doctrine.

Le savant Ecossais ne recherche pas non plus, même comme procédé transitoire, à comparer ces faits entre eux, pour en conclure les rapports et les coordonner suivant des lois, il va directement à son but qui est leur utilisation ou plutôt leur adaptation immédiate à ses vues théoriques.

Werner, au contraire, estime les faits pour eux-mêmes et pour leur valeur propre, il les classe avec complaisance et avec méthode, et, grâce à ce don de la comparaison dont il était si admirablement doué, il saisit et formule nettement la loi de leurs variations.

Tous les ouvrages de Werner sont écrits à ce double point de vue des recherches cryptoristiques et troponomiques ; on y trouverait à peine quelques pages consacrées à l'explication même des phénomènes.

S'il a pourtant développé, dans ses leçons, tout un système de géogénie, c'est qu'il n'était guère permis, de son temps, à un géologue placé comme lui, de n'avoir point sa *Théorie de la terre ;* mais il ne l'a jamais formulée dans un ouvrage écrit, et il a laissé aux nombreux élèves qu'elle avait charmés, et en quelque sorte séduits, le soin de la répandre avec enthousiasme dans toute l'Europe.

Ils l'apportèrent jusque dans la patrie de Hutton et soulevèrent autour de Playfair, son digne et éloquent interprète, la plus violente opposition.

Déjà Hutton, de son vivant, avait soutenu contre Kirwan, président de l'Académie royale de Dublin, une discussion dans laquelle, il faut l'avouer, chacun des deux adversaires se laissa aller à une vivacité qui ne fut exempte ni d'aigreur ni d'amertume.

Mais, ainsi que le remarque sir Ch. Lyell, Hutton avait quelque raison de s'indigner contre des arguments qui présentaient sa doctrine comme une attaque contre les Ecritures saintes et comme un *système d'athéisme et d'infidélité*.

Deluc, dans ses *Lettres à Lamettrie*, et surtout dans ses *Essais géologiques*, publiés à Londres, en 1809, fit à la doctrine de Hutton et de Playfair les mêmes reproches d'irréligion.

En mêlant ainsi dans leurs griefs la science et la théologie, et surtout en prétendant faire cadrer jusque dans

les détails leur système avec le récit de Moïse, Kirwan et
Deluc oubliaient, au XIXe siècle, ces sages maximes que,
bien longtemps auparavant, Bacon avait exprimées dans
le *Novum organum* (1) : « Tanto magis hæc vanitas inhi-
« benda venit et coercenda, quia ex divinorum et huma-
« norum male sanâ admixtione, non solum educitur phi-
« losophia phantastica, sed etiam religio hæretica. Itaque
« salutare admodum est, si mente sobriâ, fidei tantum
« dentur quæ fidei sunt. »

« Cette vanité doit être d'autant plus condamnée et répri-
« mée, que non-seulement la philosophie fantaisiste, mais
« encore la religion hérétique sont nées du mélange mal-
« sain des choses divines et humaines. C'est pourquoi il
« est très-salutaire pour un esprit sobre de ne donner
« pour article de foi que ce qui est article de foi. »

Ces systèmes, qu'ils opposaient avec tant d'animosité à
celui de Hutton, n'avaient d'ailleurs rien de nouveau ni
d'original. Comme Werner, tous deux expliquaient l'uni-
versalité des formations au moyen des masses aqueuses,
et les idées de Kirwan étaient à peine supérieures à celles
de Whiston et de Burnet. La théorie de Deluc était déci-
dément bien au-dessous de celle de Buffon.

C'est toujours une retraite de l'océan qui amène l'émer-
sion des continents ; mais ici, cette retraite est subite et
est due à l'enfouissement des eaux dans des cavernes souterraines. La formation des roches qui composent la croûte
du globe débuta par la précipitation du granite du sein
d'un liquide primordial ; après quoi, se déposèrent les
autres couches contenant des restes fossiles, jusqu'à ce
qu'enfin la mer actuelle restât comme le résidu du liquide
primitif incapable désormais de produire de nouvelles
assises minérales.

Il y a donc, d'après Deluc, des causes qui ont cessé

d'agir à la surface du globe, et des causes qui ont maintenu jusqu'à présent leur efficacité. La principale préoccupation du géologue doit être de déterminer ceux des phénomènes qu'on doit attribuer aux premières, et parmi ces phénomènes, il range le dépôt des masses minérales et leur élévation au-dessus du niveau de l'océan.

Deluc ne se contente pas de formuler cette hérésie scientifique ; il prétend même, à entendre Playfair (2), « donner l'histoire de notre système planétaire, quand le « soleil n'existait pas, et compte tous les événements qui « sont arrivés entre l'existence de ce globe lumineux et « l'existence de la lumière. »

Parmi les adversaires des idées de Hutton, je ne ferai que citer Murray, dont le livre intitulé : *Examen des deux systèmes géologiques,* et publié à Edimbourg, en 1804, ne contient aucune idée originale.

Mais je dois rappeler un savant assez distingué, Jameson, Ecossais aussi, qui, revenu de Freyberg où il avait suivi les leçons de Werner, fonda à Edimbourg même une *Association wernerienne* en opposition avec les théories de Hutton et de Playfair.

Pendant que les querelles entre les neptunistes et les plutonistes, entre les partisans de Werner et ceux de Hutton, agitaient un grand nombre d'esprits, d'autres savants, leurs contemporains ou leurs élèves, abordaient la science à un point de vue tout autre ; et, soit en recueillant les faits avec dévouement et discernement, soit en cherchant à établir entre eux des rapports et des comparaisons, contribuaient à faire sortir la géologie de sa phase primitive.

Il ne faudrait pas croire, néanmoins, que les fondateurs de l'école observatrice en géologie fussent absolument indifférents aux questions de cause et d'origine.

Dolomieu, dans plusieurs mémoires insérés au *Journal de physique* et au *Journal des mines*, a traité quelques-unes des questions de géogénie qui étaient en grande faveur de son temps. Il a rendu à la science un immense service en reprenant et développant les observations de Guettard et de Domarch auxquelles Buffon n'avait pas attaché tout l'intérêt qu'elles méritaient. Il contribua plus que personne du vivant de Werner à présenter les phénomènes volcaniques comme une dépendance immédiate des forces intérieures du globe, et de sa propre chaleur.

Néanmoins, et bien que Dolomieu recommande, dans ses écrits, l'application des études chimiques aux recherches de la géologie, ses connaissances personnelles en chimie étaient fort imparfaites, et il se faisait sur la cause qui détermine la fusion des laves des idées bien inférieures à celles qu'aurait pu avoir un contemporain de Lavoisier, de Cavendish et de Priestley.

Saussure lui-même, en plusieurs endroits de ses admirables *Voyages dans les Alpes*, annonce son projet de présenter un jour ses vues sur l'ensemble des phénomènes géologiques, en particulier, à la fin du beau passage qui termine le récit de son ascension au mont Blanc ; mais surtout, aux premières pages du tome troisième, après avoir insisté sur la nécessité d'expliquer par un *refoulement* la position des couches originairement horizontales et actuellement brisées et redressées, il ajoute : « *C'est ce que je prouverai lorsque je traiterai de la Théorie de la terre.* » Mais, si la mort prématurée de l'illustre géologue genevois ne nous eût pas privés de ce traité général, ce dernier ouvrage eût-il été, dans son genre, à la hauteur de ses autres écrits et surtout de ses immortels voyages ?

Certainement de Saussure y eût présenté des considérations bien neuves et bien originales sur les causes méca-

niques du relèvement et du plissement des couches stratifiées ; mais quant aux circonstances qui ont présidé au
dépôt de ces couches elles-mêmes, on doit sans doute
éprouver moins de regrets de n'avoir pas connu l'ensemble
de ses opinions, quand on sait qu'il admettait l'existence
du *fluide chaotique* de Werner, et que, à son exemple, il
considérait le granite comme une précipitation opérée
dans ce dissolvant universel. Humboldt et Léopold de
Buch se sont abstenus à peu près complétement d'aborder
ce terrain, qui ne convenait ni à leurs instincts scientifiques ni aux besoins de leur temps, et sur lequel d'ailleurs, éclairés par leurs propres recherches et par leurs
innombrables observations, ils se seraient trouvés en opposition avec les idées générales de Werner.

A la vérité, L. de Buch, en réprenant et précisant les
notions apportées par Hutton sur ce qu'on a appelé depuis
le *métamorphisme des roches*, a ajouté à la géologie étiologique un de ses plus beaux et plus curieux chapitres.

Mais ces travaux, et d'autres du même genre, qu'on
pourrait citer, soit de ces deux grands promoteurs des
sciences géologiques au xixe siècle, soit de leurs émules et
de leurs élèves, portent sur l'étiologie d'un ordre particulier de phénomènes, et non sur l'étiologie générale.

M. de Humboldt exprime en plusieurs endroits de ses
écrits son aversion pour le dernier genre de considérations :

« La véritable géognosie (3), dit-il dans son *Essai géo-*
« *gnostique sur le gisement des roches dans les deux hémi-*
« *sphères*, fait connaître la croûte extérieure du globe,
« telle qu'elle existe de nos jours. C'est une science aussi
« sûre que peuvent l'être les sciences physiques descrip-
« tives. Au contraire, tout ce qui a rapport à l'ancien état
« de notre planète, à ces fluides qui, dit-on, tenaient toutes
« les substances minérales en dissolution, à ces mers que

« l'on élève jusqu'au sommet des Cordillières pour les
« faire disparaître dans la suite, est aussi incertain que le
« sont la formation de l'atmosphère des planètes, les mi-
« grations des végétaux, et l'origine des différentes va-
« riétés de notre espèce. Cependant l'époque n'est pas
« très-éloignée où les géologues s'occupaient de préfé-
« rence de ces problèmes presque impossibles à résoudre,
« de ces temps fabuleux de l'histoire physique du
« monde. »

Tels étaient, en effet, le dégoût et la fatigue qu'avaient
amenés les longues et acrimonieuses disputes des neptunistes et des plutonistes, que la nouvelle génération de
géologues, qui se livrait, avec un zèle et une ardeur cou-
ronnés par le succès, aux travaux d'observation qui ont
servi de base à la science moderne, étaient arrivés par
une réaction inhérente à la nature de l'esprit humain, à
confondre dans une commune réprobation tous les hommes,
même les plus éminents, qui avaient autrefois jeté un coup
d'œil d'ensemble sur les phénomènes de la terre et cherché
à les rattacher à une cause générale. Tandis qu'à l'époque
précédente, chacun avait voulu avoir son système et sa
formule, maintenant ces mots de système, de théorie,
étaient impitoyablement mis à l'index et l'on n'avait que
des plaisanteries pour ceux qui les avaient jadis soutenus.

Les esprits les plus élevés ne surent pas se garantir de
cet entraînement. Cuvier, lui-même, pendant que d'un
côté il fondait l'anatomie comparée, et que de l'autre il
créait, avec Alexandre Brongniart, une branche nouvelle
de la géologie, la stratigraphie paléontologique, y céda
comme les autres.

Voici comment débute ce chef-d'œuvre de style et de
bon goût (4) :

« La fin du xviie siècle vit naître une science nouvelle,

« qui prit dans son enfance le nom orgueilleux de théorie
« de la terre. Partant d'un petit nombre de faits mal ob-
« servés, les liant ensemble par des suppositions fantas-
« tiques, elle prétendit remonter à l'origine des mondes,
« jouer en quelque sorte avec eux, et leur créer une his-
« toire. Ses méthodes arbitraires, son langage pompeux,
« tout semblait devoir la rendre étrangère aux autres
« sciences ; et, en effet, les savants de profession la re-
« poussèrent longtemps du cercle de leurs études.

« Enfin, après un siècle de tentatives vaines, elle est
« rentrée dans les limites assignées à l'esprit humain : se
« réduisant à la fonction modeste d'observer le globe tel
« qu'il est, elle a pénétré dans ses entrailles et en a fait,
« en quelque sorte, l'anatomie. Dès lors, elle a pris rang
« parmi les connaissances positives, et, ce qui est bien
« remarquable, sans rien perdre de son merveilleux.

« Les choses qu'il lui a été donné de voir et de toucher,
« les vérités qu'elle a mises chaque jour sous nos yeux,
« sont plus admirables et plus surprenantes que tout ce
« que des imaginations téméraires s'étaient plu à con-
« cevoir. »

C'était peut-être traiter un peu rudement les idées qui
avaient occupé des hommes comme Léonard de Vinci,
Descartes, Sténon, Leibnitz et Buffon.

Plus loin, à la vérité, Cuvier se croit obligé d'accepter
en quelque sorte la responsabilité des idées théoriques de
Werner, et après avoir exposé ces idées dans un style
magnifique : « Une mer universelle et tranquille dépose
« en grandes masses les roches primitives, etc. ; » il ajoute
que, si l'on excepte les opinions de Werner sur les terrains
volcaniques, *tout le reste de ses idées n'a éprouvé que des
contradictions passagères.*

Mais si l'illustre secrétaire perpétuel de l'Académie des

sciences écrivait ces lignes en 1818, après les voyages de Humboldt sur le nouveau continent, et de Léopold de Buch en Norwége, s'il témoignait une si grande indulgence en faveur des théories géogéniques de Werner, il était sans doute dans son rôle de panégyriste et n'y attachait pas peut-être une importance extrême. Ce qui peut le faire penser, c'est que, dans l'historique qui précède le *Discours sur les révolutions du globe*, il ne loue Werner que pour avoir fixé les lois de la succession des couches et fondé la connaissance de leur nature minérale.

Mais dans un ouvrage qui a un caractère exclusivement scientifique, le *Discours sur les révolutions du globe*, Cuvier n'a pas épargné les faiseurs de systèmes, et s'il ne prononce pas à ce sujet le nom de Werner dont il avait, comme nous venons de voir, quelques années auparavant, paru adopter et patronner la théorie, on doit reconnaître que les plus grands noms ne l'arrêtent pas et qu'il fait pleine justice à tous (5).

« Le grand Leibnitz lui-même, dit-il, s'amusa à faire « comme Descartes, de la terre un soleil éteint, un globe « vitrifié, sur lequel les vapeurs, étant retombées lors de « son refroidissement, formèrent des mers qui déposèrent « ensuite les terrains calcaires. » Cela lui suffit pour caractériser la *Protogœa*.

Buffon n'est pas mieux traité (6).

« Le système de Buffon n'est guère qu'un développe-« ment de celui de Leibnitz; avec l'addition seulement « d'une comète qui a fait sortir du soleil, par un choc « violent, la masse liquéfiée de la terre, en même temps « que celle de toutes les planètes; d'où il résulte des « dates positives; car, par la température actuelle de la « terre, on peut savoir depuis combien de temps elle se re-« froidit; et puisque les autres planètes sont sorties du

« soleil en même temps qu'elle, on peut calculer com-
« bien les grandes ont encore de siècles à refroidir, et
« jusqu'à quel point les petites sont déjà glacées. »

Quant à Hutton, quatre lignes suffiront à Cuvier pour apprécier cette *Théorie de la terre* à laquelle le géologue écossais avait consacré les labeurs d'une vie entière et toutes les ressources de son esprit (7).

« Chez l'autre, dit Cuvier, les matériaux des montagnes
« sont sans cesse dégradés et entraînés par les rivières,
« pour aller au fond des mers se faire échauffer sous une
« énorme pression et former des couches que la chaleur
« qui les durcit relèvera un jour avec violence. »

Et l'auteur passe ainsi en revue, avec un laisser-aller vraiment piquant, les malheureux faiseurs de systèmes que le hasard amène sous sa plume.

Remarquez avec moi la marche intéressante de l'esprit humain pendant ces cent années si importantes dans l'histoire de la géologie. L'impulsion essentiellement étiologique de l'antiquité et de la Renaissance se poursuit par Descartes et Leibnitz, jusqu'à Buffon et Hutton, sans que le progrès des études d'observation et d'expérience, tout en l'éclairant, ralentisse sensiblement sa force. Hutton représente la course extrême de cette sorte de pendule. Déjà, dans Werner, le cryptoricien et le troponomiste dominent ; l'étiologie n'est plus pour lui qu'au second rang, et il ne publie rien ou presque rien de son système.

Dolomieu hasarde timidement quelques essais de théorie générale ; Saussure promet la sienne, mais ne la donne pas. Quant à Pallas, il ne s'en préoccupe nullement. Il y a chez lui tout au moins de l'indifférence. Chez la génération qui suit, cette indifférence a fait place à une véritable aversion, et, si les deux grands disciples de Werner ne la témoignent pas plus vivement, c'est manifestement en souvenir et par un pieux respect du maître. Mais Cuvier n'est point obligé à ces ménagements, et vous venez de voir avec quelle verve il exprime son dédain.

Aussi, à mesure que ces grands esprits enrichissent la science de faits plus nombreux et plus certains ; à mesure qu'ils découvraient plus nettement les lois de leurs variations, ils semblaient s'élever aussi avec plus de raison contre cette prétention souvent si mal justifiée, il faut bien le reconnaître, de tout expliquer sans presque rien savoir.

Mais la même loi d'oscillation va se retrouver ici dans ces mouvements réguliers de l'esprit humain.

Vous avez pu voir, et c'est ce que j'ai continuellement cherché à vous démontrer dans cette étude historique, que presque tous les géogénistes avaient tendu à expliquer les phénomènes des époques anciennes du globe par l'action des forces qui sont encore en jeu aujourd'hui, en ne leur attribuant même pas une intensité supérieure à leur intensité actuelle.

Cuvier, frappé de leur impuissance à rendre ainsi compte des phénomènes géologiques, passe brusquement à une autre extrémité, et conclut qu'il y a un hiatus infranchissable entre les phénomènes anciens et les phénomènes actuels.

(8) « Examinons, dit-il, ce qui se passe aujourd'hui sur « le globe ; analysons les causes qui agissent encore à sa « surface, et déterminons l'étendue possible de leurs effets. « C'est une partie de l'histoire de la terre d'autant plus « importante, que l'on a cru longtemps pouvoir expliquer, « par ces causes actuelles, les révolutions antérieures, « comme on explique aisément dans l'histoire politique « les événements passés, quand on connaît bien les pas- « sions et les intrigues de nos jours. Mais nous allons voir « que malheureusement il n'en est pas ainsi dans l'histoire « physique : le fil des opérations est rompu ; la marche

« de la nature est changée, et aucun des agents qu'elle
« emploie aujourd'hui ne lui aurait suffi pour produire
« ses anciens ouvrages. »

Mais on pourrait être tenté de voir dans ces derniers
mots une sorte de boutade sans conséquence. Il n'en est
rien. Cuvier analyse les quatre causes actives qui contri-
buent à altérer la surface de nos continents, et qui sont,
suivant lui (9) : « les pluies et les dégels, qui dégradent
« les montagnes escarpées et en jettent les débris à leurs
« pieds ; les eaux courantes qui entraînent ces débris et
« vont les déposer dans les lieux où leur cours se ralentit ;
« la mer qui sape le pied des côtes·élevées pour y former
« des falaises et qui rejette sur les côtes basses des mon-
« ticules de sables.

« Enfin, les volcans qui percent les couches solides et
« élèvent ou répandent à la surface les amas de leurs
« déjections. »

Nous ne suivrons pas l'illustre écrivain dans cette analyse des seuls moyens de modifications qu'il reconnaisse à
la nature actuelle ; analyse qu'il termine par ces mots :

(10) « Nous le répétons, c'est en vain que l'on cherche,
« dans les forces qui agissent maintenant à la surface de
« la terre, des causes suffisantes pour produire les révo-
« lutions et les catastrophes dont son enveloppe nous
« montre les traces. »

Sera-ce alors dans les forces extérieures constantes,
connues jusqu'à présent, phénomènes astronomiques ou
autres, qu'il faudra chercher ces causes ? Non, certainement, et Cuvier n'a pas grand'peine à établir le peu de
probabilité de pareilles hypothèses.

Arrivé là de cette célèbre introduction de l'histoire des
ossements fossiles, il faut reconnaître que le lecteur pourrait éprouver quelque embarras, et aurait le droit d'en

rejeter sur l'auteur toute la responsabilité. Car si les causes des phénomènes géologiques ne résident ni dans les forces propres au globe et que nous y voyons en fonction, ni dans des forces extérieures à ce globe, mais liées à lui de quelque manière intime, où pourrait-on les chercher ?

Il semble que notre grand anatomiste veuille faire appel à des forces dont la nature serait inconnue aujourd'hui, et qui, dans les époques anciennes du globe, auraient produit les grands événements dont nous y constatons les traces.

Vous voyez que je n'atténue en rien les reproches qu'on pourrait faire à Cuvier considéré comme étiologiste.

Ces reproches, on les lui a adressés, en effet ; et deux géologues, l'un en France, l'autre en Angleterre, ont pris à ce sujet le parti de ce qu'on a appelé, de ce que Cuvier avait assez malheureusement appelé lui-même, les *causes actuelles*.

Dès 1825, M. Constant Prévost combattait le sens qu'on peut, littéralement et à la rigueur, attribuer à ces phrases de Cuvier (11) : « Le fil des opérations est rompu ; la « marche de la nature est changée, et aucun des agents « qu'elle emploie aujourd'hui ne lui aurait suffi pour pro- « duire ses anciens ouvrages. » Il disait, avec toute raison, qu'autour de nous, soit sur la terre, soit sur les eaux, soit au sein et dans le voisinage des volcans, il se produit des phénomènes dont les causes ne diffèrent pas essentiellement de celles qui, dans les temps plus ou moins éloignés, ont successivement donné lieu aux divers états géologiques du globe.

M. Lyell a protesté, de son côté, dans ses *Principes of geology*, contre les termes de Cuvier.

Mais, Messieurs, ces protestations étaient-elles bien nécessaires ? Et peut-on raisonnablement supposer qu'en parlant comme il le fait des *causes actuelles*, Cuvier entendît, en effet, qu'il y a deux ordres de forces essentiellement différentes dans leur nature, et dont les unes, après avoir produit les phénomènes anciens et tout ce qui en reste, auraient cessé d'opérer et auraient été remplacées par l'autre ordre de forces, qui exerceraient seules aujourd'hui leur action et réaliseraient sous nos yeux tout ce que la nature inorganique subit encore de transformations. Cette proposition ainsi formulée frapperait de suite par son impossibilité, par son absurdité.

Il n'y a donc pas deux manières de comprendre la pensée de Cuvier ; quelque absolus que soient les termes dont il se sert, quelque fâcheuse exagération, je le veux encore, qu'on puisse lui reprocher quand il a dit qu'aucun des agents qu'emploie aujourd'hui la nature ne lui aurait suffi pour produire ses anciens ouvrages, il a entendu évidemment « aucun des agents employé dans *sa forme et dans son expression actuelle.* » Il n'a pas pu vouloir dire que les mêmes agents, mus par des forces incomparablement supérieures, n'auraient pu produire les effets observés ; sans quoi, je le répète, la proposition choquerait par sa singularité, puisque, comme le fait fort justement observer M. Constant Prévost, elle exigerait le renversement des lois de la physique.

M. Elie de Beaumont dit avec une grande justesse que ceux qui se refuseraient à croire que les causes qui agissent aujourd'hui aient pu produire les grands phénomènes géologiques, raisonneraient comme des gens qui, n'ayant jamais éprouvé un froid inférieur à zéro, nieraient que l'eau puisse devenir solide.

Donc tout le monde est d'accord sur ce point. Les grandes causes géogéniques ne peuvent pas plus être sup-

posées avoir cessé d'exister à un certain moment que les
grandes causes astronomiques, par exemple.

Si le dissentiment ne portait que sur les termes précédents, il résulterait, en réalité, d'un simple malen-
tendu, ou, pour mieux dire, il n'y aurait pas de dissentiment.

Malheureusement, les géologues *actualistes* ne se sont
pas arrêtés là. M. Prévost, renonçant à tort aux sages
explications dont il avait accompagné son mémoire de
1825, s'est de plus en plus rapproché de l'idée que les
forces mises en jeu dans la production des phénomènes
anciens avaient été, non-seulement comparables quant à
la nature, mais équivalentes, pour l'intensité, à celles que
nous voyons fonctionner aujourd'hui sous nos yeux. Et,
en 1845, il terminait une lecture faite à l'Académie des
sciences par cette phrase (12) :

« Les phénomènes géologiques de l'ordre actuel agis-
« sent sur une échelle aussi grande que dans les temps
« précédents, et les effets aujourd'hui produits ou qui
« pourraient l'être par des événements extraordinaires,
« mais possibles, ne sont et ne seraient inférieurs en éten-
« due, ni en grandeur, ni en puissance, à ceux que nous
« offre la succession des terrains, en ne remontant, si l'on
« veut, que jusqu'à l'époque des terrains carbonifères
« inclusivement, pour éviter toute apparence d'exagé-
« ration. »

Assurément, je ne me charge pas d'expliquer entièrement une pareille logomachie ; il semble, néanmoins, qu'en
affirmant que les phénomènes géologiques de (l'ordre
actuel) agissent sur une échelle aussi grande que dans les
temps précédents, l'auteur attribue aux causes qui ont
agi en tout temps sur le globe, non-seulement une nature
constante ; mais, aussi une intensité invariable.

M. Lyell, quant à lui, ne met à sa pensée aucune de ces restrictions.

Il tranche nettement la question et pose en principe que les causes, ou, si vous voulez, les forces auxquelles sont dus les monuments géologiques des âges anciens, ont toujours été identiques, quant à leur espèce et quant à leur intensité, à celles que nous voyons en jeu dans la nature actuelle. Et c'est pour développer cette pensée qu'il a composé les *Principes de géologie*, livre qui est aujourd'hui entre les mains de tout le monde, et qui le mérite, non-seulement par le rare talent d'exposition qu'y montre l'auteur, mais aussi par le grand nombre de recherches d'érudition ou d'observation auxquelles l'auteur s'est livré pour appuyer sa thèse.

Constatons d'abord que ce système est loin d'avoir la nouveauté que lui suppose son auteur.

Vous avez pu voir que la préoccupation la plus générale et la plus constante a été, chez les anciens, comme à la Renaissance et dans les derniers siècles, de chercher à expliquer les phénomènes antérieurs à l'ère actuelle par une succession d'événements tout à fait semblables à ceux qui se passent sous nos yeux ; et, si l'on peut leur adresser un reproche, c'est de n'avoir pas toujours tiré tout le parti qu'ils auraient pu même des événements actuels, bien observés et convenablement interprétés.

Aussi ce système, soutenu, je le répète, avec un rare talent dans un éloquent plaidoyer, n'est, au fond, nullement nouveau. C'est, à vrai dire, le plus ancien de tous les systèmes.

Mais, Hutton ayant été le premier qui ait formulé nettement la continuité des causes et présenté les événements actuels comme la suite et la succession naturelle des événements du passé, sir Ch. Lyell a insisté chaudement pour qu'on rendît justice à ce grand esprit, et il a, en réalité, le mérite d'avoir, le premier, montré combien le chef de l'Ecole géologique écossaise était au-dessus de sa réputation.

Bien qu'on ne puisse convenir, avec M. Lyell, que le traité de Hutton soit le premier dans lequel on ait essayé de ne faire aucun appel à des causes hypothétiques, il est juste de reconnaître qu'il a fixé, d'une manière sérieuse et vraiment scientifique, le principe qui n'était que vaguement appliqué, de la continuité des effets en géologie.

Mais Hutton constatait aussi la nécessité d'admettre, à certains moments, de grandes perturbations qui, loin d'être en opposition avec les causes générales, en étaient la suite nécessaire et faisaient partie de l'ordre universel de la nature.

Hutton considérait donc, et en cela M. Lyell s'éloigne de lui et le blâme ouvertement, l'histoire de la terre comme une alternative de périodes de repos et d'agitations, celles-ci étant incomparablement plus courtes que les premières.

Pour M. Lyell, au contraire, rien de semblable, et, pour expliquer la formation d'une chaîne de montagnes, comme le Caucase ou l'Himalaya, il lui suffit de concevoir un nombre immense de tremblements de terre semblables à ceux qui, de nos jours, agitent presque constamment les côtes du Chili.

Avant de discuter ces opinions et même de nous demander, d'une manière plus générale, dans quelles limites a pu varier à la surface du globe l'intensité des causes qui ont produit les phénomènes géologiques de tous les âges, il semble naturel de bien fixer la nature même de ces causes.

C'est ce que je vais essayer de faire dans la dernière partie de cette leçon.

Au premier abord, l'écorce minérale du globe, cette pellicule extérieure sur laquelle nous habitons et qui est seule sujette à nos investigations, nous paraît être une masse absolument inerte. Mais si nous venons à l'examiner avec plus d'attention, nous ne tardons pas à reconnaître qu'elle porte les traces de phénomènes très-multiples, de mouvements extrêmement nombreux, de modifications plus ou moins profondes qui se sont effectuées à la surface de la terre probablement dès son origine, et qui s'y poursuivent encore sous nos yeux. Poussons-nous plus avant nos recherches et voulons-nous nous rendre compte des agents qui produisent cette continuité de mouvements et de transformations, ou pour entrer dans la pensée de Hutton, des organes qui desservent cette vie particulière du globe, nous voyons qu'ils lui appartiennent en propre et qu'ils se différencient très-bien entre eux par leur nature et par leurs positions relatives. Les uns qu'on pourrait appeler les *organes extérieurs* ou *parasites*, sont les deux agents, essentiellement mobiles, qui reposent sur l'écorce solide : l'atmosphère et les eaux. Aidés par leur mobilité même, ils ont pu modifier de mille manières les éléments de cette croûte solide, en désagréger les matériaux, les transporter d'un point à un autre et produire ainsi la plupart des phénomènes qui ont présidé à la formation des terrains sédimentaires.

Les organes *intérieurs* ou *essentiels* se manifestent à nous, au moins habituellement, d'une façon qui ne trahit qu'indirectement leur intervention.

Cependant, leur existence se révèle aussi dans certains phénomènes qui ont été longtemps considérés comme anormaux, mais qui sont, au contraire, essentiellement liés aux conditions les plus intimes de notre planète, par exemple, dans les phénomènes volcaniques.

Ces deux genres d'actions, le géologue peut les suivre depuis l'époque actuelle jusqu'aux âges les plus reculés de l'existence du globe.

Les innombrables assises qui composent les terrains de sédiment sont, en effet, presque uniquement le résultat d'une série non interrompue de phénomènes analogues à ceux que nous voyons encore se passer dans les eaux douces et dans les eaux marines, tandis que l'étude des roches massives et cristallines montre qu'à toutes les époques la surface de la terre a été le théâtre d'événements plus ou moins comparables à ceux que présentent aujourd'hui les éruptions volcaniques.

Les portions de cette surface qui ont été exposées à l'une ou à l'autre de ces actions en portent encore des traces caractéristiques; chacune d'elles a conservé les corps qui ont été déposés dans son sein par ces actions, et c'est en étudiant ce trésor archéologique, en consultant ce registre où sont venus s'inscrire d'eux-mêmes tous les événements dont la succession forme l'histoire du globe, que le géologue s'efforce de reconstituer cette histoire.

Mais ces agents qui ne sont par eux-mêmes que des corps parfaitement inertes, ces organes qui ne font que transmettre des mouvements, quelle est donc la force qui les anime?

De tout ce que nous avons dit précédemment, il ressort que le géologue qui cherche les causes générales des phénomènes dont le globe a été anciennement le théâtre, n'a qu'un moyen logique de procéder : c'est d'étudier les actions qui se passent encore sous ses yeux et de se demander à quelles causes elles peuvent être attribuées. Or, il est aisé de se convaincre que ces actions sont dues uniquement à deux grandes causes universelles : la gravitation et la chaleur.

L'existence non plus que la constance de la première de ces deux causes générales ne peut être contestée. Il est manifeste qu'après avoir contribué à donner, dès l'origine, à notre globe la forme d'un sphéroïde aplati, et déterminé l'équilibre relatif des portions solides, liquides et gazeuses qui le composent, la pesanteur modifie encore aujourd'hui, atténue ou accélère les effets d'une première impulsion due aux forces calorifiques.

Cela est surtout vrai pour les phénomènes mécaniques, tels que les déplacements des eaux, les entraînements de matériaux solides. L'action de la pesanteur finit toujours par y devenir prépondérante, bien que la cause première ait été, comme je vais le montrer, une variation dans les quantités de chaleur.

Quant aux causes calorifiques, nous sommes amenés à leur attribuer deux sources distinctes (bien que leur origine première ait été primitivement la même), l'une de ces sources, intérieure à la terre, lui appartient en propre ; l'autre lui est étrangère et gît dans le foyer solaire, ou, pour parler plus exactement, dans l'ensemble des rayonnements de tous les corps célestes.

Les physiciens ne sont pas d'accord, même approximativement, sur la température qu'on peut attribuer, soit à l'espace qui entoure notre système solaire, soit à celle du soleil lui-même. Mais les recherches du géologue, au moins jusqu'à présent, n'exigent pas la détermination exacte de ces deux données. Il leur suffit de savoir :

1° Que la température de l'espace est certainement fort basse, probablement inférieure à celle de la congélation du mercure ;

2° Que la température du soleil est incomparablement

plus élevée que celle de la surface du globe ; double condition qui détermine, pour la terre, d'après les lois du rayonnement d'un côté, une déperdition constante de chaleur cédée à l'espace ; de l'autre, une acquisition de chaleur due au foyer solaire, laquelle est variable, pour chaque point de la surface de la terre, avec les positions relatives des deux astres, dans le jour et dans l'année. Je néglige ici la possibilité d'un rayonnement calorifique dû à notre satellite. Bien que ce rayonnement paraisse certain, il ne peut avoir aucune influence sur les phénomènes géologiques.

L'action calorifique du soleil sur notre globe ne peut être mise en doute par le géologue.

En effet, si nous examinons d'abord ce qui se passe à la surface, nous voyons qu'une grande partie des mouvements qui s'y manifestent est le résultat du déplacement des portions mobiles de l'enveloppe terrestre, de l'atmosphère et des eaux.

Or, ces déplacements partiels de l'atmosphère, ces *vents*, qui les détermine ? L'échauffement régulier ou accidentel sous l'influence solaire d'une certaine superficie, d'où résultent la dilatation et l'ascension de l'air qui reposait sur elle, et, par suite, l'appel de masses d'air voisines. De là, vent inférieur d'aspiration et contre-courant supérieur. Nous savons que telle est l'origine première des vents généraux, comme les vents alizés, et des vents alternatifs comme les moussons.

Cette action calorifique du soleil s'exerçant sur les molécules superficielles de l'eau de la mer, les vaporise et amène la dissolution dans l'air réchauffé lui-même ; puis, lorsque cet air saturé d'humidité est apporté par les vents dans des régions plus froides, une portion de cette humidité se condense, sous forme de vapeurs vésiculaires ou

de nuages, ou en eau sous forme de pluie, de neige, etc.;
de là les orages et tous les phénomènes météoriques. De
là aussi la formation des sources, des cours d'eau; de là
enfin des érosions, l'entraînement et le dépôt de matières
meubles, c'est-à-dire des phénomènes géologiques qui
peuvent atteindre de grandes proportions.

Les vents, dont nous venons de signaler le mécanisme
lorsqu'ils sont constants, comme les vents alizés, exercent
leur influence sur la portion superficielle des mers; d'autres
actions, dépendant aussi des propriétés calorifiques du
soleil déterminent dans la masse de l'océan des mouvements beaucoup plus considérables.

Si, par suite de l'abaissement de la température aux
deux pôles du globe, les eaux s'y sont solidifiées et accumulées sous forme de neige ou de glace, et qu'elles viennent, par l'effet de la chaleur estivale, à se fondre en partie,
elles tendront à gagner le fond des mers, et, se dirigeant
vers les régions équinoxiales, elles constitueront les immenses courants sous-marins froids que la sonde thermométrique est allée reconnaître jusque sous l'équateur.
Mais par une compensation nécessaire, les eaux équato-
riales forment à leur tour un contre-courant supérieur
chaud, qui, en descendant vers les pôles, exercent une
influence considérable sur les climats des contrées, par
suite sur leurs productions animales et végétales et sur le
sort de l'espèce humaine qui les habite. Tel est le *Gulf-
Stream* dont bénéficient d'une manière si remarquable les
côtes occidentales de l'Europe.

Ici, comme dans le phénomène des vents généraux, si
la direction du courant est modifiée par le sens du mouvement de rotation de la terre, la cause première du déplacement gît uniquement dans les propriétés de la chaleur
solaire. Le sommet des montagnes présente annuellement

des phénomènes successifs de fusion et de congélation tout à fait comparables, quant à leurs causes, à ceux que nous venons de mentionner pour les pôles de la terre ; de là les glaciers, qui sont eux-mêmes susceptibles de produire certains déplacements à la surface du sol.

Mais surtout si, au milieu des régions éternellement couvertes de ce manteau de glace, viennent à se produire sur une certaine échelle, des effets qui dépendent aussi de la chaleur, mais de la chaleur interne, il en pourra résulter d'immenses courants d'eau, chargée de neiges et de glaces, et, par suite, l'entraînement de matériaux meubles dans des proportions qui effraient l'imagination et dont les traces, à des périodes relativement assez récentes, sont cependant incontestables.

Mais ce n'est pas seulement par des phénomènes mécaniques, plus ou moins violents, que l'action calorifique des rayons solaires modifie encore sous nos yeux la surface du globe, on peut la découvrir aussi dans des phénomènes d'un tout autre ordre, phénomènes chimiques et moléculaires, toujours lents et continus.

Toutes les eaux de sources, même celles dont la température sensiblement égale à celle du sol superficiel, dépend, comme celle-ci, presque uniquement de la concentration de la chaleur solaire, sont susceptibles, lorsqu'elles sont placées dans des circonstances convenables, de dissoudre et de déposer, en arrivant au jour, des substances solides.

Les eaux de la mer, surtout sous les basses latitudes, empruntent plus directement encore à la température solaire la propriété de former, par sécrétion chimique, un produit à peu près exclusivement calcaire qui, cimentant les débris roulés sur les plages, entoure souvent les côtes de formations actuelles d'une certaine importance.

Mais c'est surtout dans les mers intertropicales où les polypiers se développent, sous l'influence d'une haute température, que nous voyons encore s'effectuer avec rapidité, par des actions moléculaires organiques, des accumulations de matières minérales, jusqu'à un certain point comparables à celles que nous présentent les assises sédimentaires plus anciennes.

Voilà donc une première cause de mouvements et de transformations pour les matériaux qui composent l'écorce minérale du globe : c'est la chaleur solaire. Pour celle-là, son existence n'a pas besoin d'être démontrée ; car, indépendamment des effets physiques et mécaniques dont nous venons d'énumérer quelques-uns, l'homme, comme tous les animaux, comme tous les êtres vivants, en ressent incessamment l'influence.

Il n'en est pas de même de l'autre foyer de chaleur que nous avons à signaler, et dont le siége est dans l'intérieur même de notre planète. Bien qu'on puisse dire que l'homme ne se soustrait jamais absolument à l'influence de cette chaleur, il n'en reçoit presque jamais non plus directement les effets ; ce n'est qu'à de rares intervalles qu'il perçoit par ses sens des émanations qu'il soit naturellement amené à attribuer à un foyer intérieur.

Aussi, malgré le nombre des conceptions fondées sur l'existence d'un *feu central*, dont j'ai fait passer sous vos yeux la longue énumération depuis Empédocle jusqu'à Hutton, n'est-ce que bien récemment que l'opinion d'une chaleur propre à la terre a pris dans la science la place qu'elle mérite, et l'importance qu'on lui accorde généralement aujourd'hui.

Après Desmarest, les Humboldt, les de Buch et la génération des géologues voyageurs qui les a suivis sont allés recueillir sur les lieux les témoignages des hommes en même temps qu'ils interrogeaient les monuments de la nature. Ils ont rapporté des idées de plus en plus saines sur les phénomènes qui impliquent une chaleur et même une incandescence intérieure. On s'est ainsi assuré que les volcans actuels et les volcans éteints occupent sur la surface de la terre des zones très-étendues, et on a été ainsi amené à penser que le foyer qui les alimente devait se trouver à une grande profondeur. Il en est de même pour les tremblements de terre que l'on a longtemps regardés comme des phénomènes purement locaux. Mais, en comparant des relations exactes de ces événements, en étudiant les époques auxquelles ils ont eu lieu et l'étendue de leurs effets, on s'est convaincu que des secousses simultanées ou presque simultanées avaient ébranlé souvent une portion considérable de l'écorce terrestre, avaient embrassé, par exemple, près de la moitié d'un grand cercle du sphéroïde. Il a fallu en conclure que le point de départ de ces secousses, qu'une foule d'observations rattachaient d'ailleurs aux éruptions volcaniques, était situé à de très-grandes profondeurs au-dessous de la croûte terrestre.

Voilà donc des effets dont la cause a pu être, avec un certain degré de certitude, rapportée à un mécanisme intérieur, à un foyer de chaleur situé dans les entrailles de la terre.

Un dernier témoignage, et celui-là plus direct, a été fourni par les observations thermométriques. Non-seulement, on a vu jaillir du sol des eaux et des vapeurs douées d'une haute température, mais on s'est assuré qu'en portant le thermomètre dans les plus grandes profondeurs que l'homme ait atteintes, soit par les mines, soit par les sondages, on trouvait un accroissement de chaleur qui atteint moyennement 1 degré pour 30 mètres. Et rien ne portait à penser que cette proportion dût changer beaucoup à mesure que l'on descendait plus profondément vers le centre du globe.

Cette notion de la chaleur interne une fois acquise par la voie de l'induction basée sur l'observation et l'expérience, justifiait les conséquences qu'en avait tirées, lorsqu'elle n'était encore qu'une hypothèse, le génie de Newton, pour expliquer, par l'action de la force centrifuge sur une matière possédant au moins l'état visqueux, l'aplatissement du globe à ses deux pôles.

Cette notion a inspiré à Fourier les admirables travaux d'analyse dans lesquels, tenant encore à la fois, de cette chaleur propre au globe et du rayonnement réciproque de la terre et du soleil, de la terre et des espaces célestes]; ce grand géomètre est arrivé aux conclusions suivantes :

1° *L'accroissement de* 1 *degré par* 30 *mètres* a dû être beaucoup plus considérable.

Il varie maintenant avec une lenteur extrême, et il s'écoulera plus de trente mille années avant qu'il soit réduit à la moitié de sa chaleur actuelle.

2° *L'excès à la surface* varie suivant la même loi, et on peut conclure, d'après les observations astronomiques, qui pensent que le rayon de la terre n'a pas varié, que, depuis l'école grecque d'Alexandrie, la température de la surface terrestre n'a pas diminué, pour cette cause, de la *trois centième* partie d'un degré.

3° L'effet de la chaleur primitive que le globe a conservée est donc devenue pour ainsi dire insensible à la superficie terrestre (bien que la quantité de chaleur qui s'écoule ainsi soit assez considérable pour être mesurée *en un siècle*, elle fondrait une *couche de glace de* 3 *mètres, par mètre carré*), de sorte que le globe pouvait perdre entièrement sa chaleur initiale, sans que la température de sa surface diminuàt *de plus d'une fraction d'un degré.*

Il en résulte donc, à ce point de vue, un état parfaitement stable, un équilibre sensible.

Tels sont les beaux résultats obtenus par Fourier, par l'application du calcul à l'hypothèse d'un accroissement de température de la surface vers le centre du globe.

On a fait, d'un autre côté, à l'hypothèse d'une incandescence centrale plusieurs objections, dont quelques-unes, et les dernières, viennent de savants éminents. La première objection, due à Ampère, est celle-ci :

Si notre globe n'est autre chose qu'une masse énorme de matières en fusion, enfermées dans une enveloppe assez mince, cette masse fluide, soumise comme les eaux de l'océan, à l'attraction de la lune et du soleil, doit éprouver, par suite du déplacement diurne de ces astres, des mouvements analogues à ceux qui produisent les marées, et, soulevant l'écorce minérale, donner lieu deux fois par jour à des tremblements de terre périodiques.

Il est clair que ce serait pousser trop loin les conséquences que d'admettre ces *marées* intérieures, qui supposeraient une liquidité complète et ne tiendraient pas un compte suffisant des frottements et des résistances qu'éprouverait une matière même douée d'une certaine mollesse.

Mais, on peut dire que les travaux de M. Alexis Perrey ont retourné cet argument en faveur de l'incandescence intérieure du globe. Ce savant, dans des recherches qui témoignent d'une conviction profonde et d'une rare persévérance, est arrivé aux conclusions suivantes :

1° Les tremblements de terre sont plus fréquents aux syzygies qu'aux quadratures ;

2° Leur fréquence augmente dans le voisinage du périgée de la lune, et diminue vers l'apogée ;

3° Elle est plus grande lorsque la lune est dans le voisinage du méridien que lorsqu'elle en est éloignée de 90 degrés.

Les différences sur lesquelles il appuie ses conclusions sont du onzième des nombres considérés, lesquels s'élèvent jusqu'à présent à dix mille deux cents jours.

Ces conclusions, admises par un géologue comme M. Elie de Beaumont, et par des géomètres comme MM. Liouville et Lainé, viennent donc, comme je le disais, retourner, en faveur d'une incandescence centrale ou intérieure, l'argument que lui opposait Ampère.

Une autre objection, en apparence beaucoup plus grave, à l'hypothèse d'une liquidité plus ou moins parfaite d'une partie des matériaux intérieurs du globe, a été faite, dès 1839, par M. W. Hopkins (13). Voici en quoi consiste cette objection qui est tirée de la considération de deux phénomènes astronomiques : la précession et la nutation.

On sait que la précession et la nutation, prises ensemble, consistent en un changement de direction que l'axe de rotation de la terre éprouve peu à peu. Sans la précession et la nutation, l'axe de la terre resterait toujours parallèle à lui-même ; il irait toujours percer la voûte céleste, en un même point, si toutefois on néglige les dimensions de l'orbite de la terre à côté de la distance qui nous sépare des étoiles. En vertu de la précession et de la nutation, cet axe de la terre s'incline peu à peu sur la direction qu'il avait d'abord ; le point où il va percer la voûte céleste, et auquel nous donnons le nom de *pôle*, se déplace lentement et progressivement parmi les étoiles : la précession lui fait décrire un cercle parallèle à l'écliptique, et la nutation le fait mouvoir sur une très-petite ellipse ayant pour centre la position qu'il occuperait sur le cercle en vertu de la précession seule.

Ce changement continuel de direction de l'axe de rotation de la terre a été rattaché de la manière la plus heureuse à la grande loi de la gravitation universelle. Newton a montré que le mouvement de précession est une conséquence de l'aplatissement de la terre. L'attraction exercée par le soleil sur l'ensemble des matières qui constituent le globe terrestre n'aurait aucune influence sur le mouvement de rotation du globe autour de son centre, si ce globe était sphérique et homogène, ou bien s'il était formé d'une série de couches sphériques, homogènes et concentriques. Mais, en vertu du renflement du globe le long de l'équateur, les choses se passent autrement : l'action du soleil sur l'espèce de bourrelet qui constitue ce renflement équatorial détermine peu à peu un changement de direction de l'axe de rotation du globe tout entier. La lune, par son action sur le même bourrelet, donne lieu à un effet analogue, et c'est l'ensemble des actions du soleil et de la lune qui produit, en définitive, le mouvement lent et complexe de l'axe de la terre, dont la précession et la nutation sont les deux parties constituantes.

En déterminant l'effet dû à ces actions du soleil et de la lune sur le renflement équatorial du globe terrestre, on regarde la terre comme un corps solide dont toutes les parties sont invariablement liées les unes aux autres, et qui doit participer tout entier à l'effet de ces actions perturbatrices. Si la terre consiste, au contraire, en une masse liquide recouverte d'une croûte solide, il ne doit plus en être ainsi : les actions du soleil et de la lune sur le bourrelet équatorial de la terre doivent bien se transmettre à la totalité de la croûte solide du globe ; mais le liquide intérieur, en vertu de sa fluidité, ne saurait participer à l'effet de ces actions. Les forces perturbatrices dont il est question, n'entraînant dès lors que cette croûte solide extérieure, agissent sur une masse totale beaucoup moindre que si elles entraînaient le globe terrestre tout entier : donc les changements qui en résultent dans le mouvement de rotation de la croûte solide doivent être beaucoup plus grands que ceux que l'on a obtenus en regardant le globe comme une seule masse solide, et ces changements doivent être d'autant plus intenses que la croûte solide du globe sera supposée plus mince.

Telle est, au fond, l'argumentation de M. Hopkins; et il arrive à cette conséquence, que, pour mettre d'accord l'effet des actions du soleil et de la lune sur le renflement équatorial de la terre, avec la grandeur assignée par les observations astronomiques aux phénomènes de la précession et de la nutation, il est nécessaire d'attribuer à la croûte solide du globe terrestre une épaisseur d'au moins 800 ou 1,000 milles anglais, c'est-à-dire au moins un cinquième ou un quart du rayon de la terre. Il y a extrêmement loin de là à la faible épaisseur que les géologues sont portés à attribuer à la couche solide de notre globe.

Dans la remarquable étude que M. Delaunay a faite de la question qui nous occupe en ce moment, ce savant réfute comme il suit les arguments d'Hopkins (14).

« Quand on veut appliquer les théories de la mécanique rationnelle à l'étude des phénomènes naturels, on se trouve toujours en présence de questions d'une complication extrême. Si l'on voulait traiter ces questions en toute rigueur, on ne pourrait jamais y parvenir, et cela pour des raisons diverses que je n'ai pas besoin d'énumérer. Nous sommes donc obligés de nous contenter de résoudre, non pas les questions elles-mêmes que nous avons en vue, mais d'autres questions qui s'en rapprochent plus ou moins, et qui présentent un degré de simplicité assez grand pour que nous puissions en aborder la solution plus ou moins rigoureuse. C'est ainsi que nous sommes con-

duits à substituer aux solides de la nature des corps solides de forme absolument invariable ; c'est ainsi encore
que nous attribuons habituellement aux liquides une propriété de fluidité absolue qui n'existe nullement dans la
nature, etc. Mais nous ne devons pas perdre de vue que,
en agissant ainsi, nous nous mettons à côté de la réalité,
et nous devons toujours nous préoccuper de l'influence
que les circonstances dont nous avons fait abstraction
peuvent avoir sur le résultat auquel nous sommes parvenus.

« Prenons, pour fixer les idées, un vase de forme sphérique, un ballon de verre, par exemple, rempli d'un
liquide tel que de l'eau. Si nous admettons que ce liquide
soit doué d'une fluidité absolue, et que nous venions à
imprimer brusquement au ballon un mouvement de rotation autour de la verticale passant par son centre, le ballon
devra tourner seul, sans entraîner aucunement le liquide
contenu, qui devra conserver son immobilité primitive.
C'est ce qu'on vérifie facilement en donnant au ballon de
verre un mouvement de rotation plus ou moins rapide ;
des corps légers, mis en suspension dans l'eau et à sa surface, paraîtront ne pas bouger de place malgré le mouvement donné au ballon. Mais en sera-t-il toujours de même,
quelle que soit la rapidité du mouvement donné au ballon ?
Si l'on fait tourner le ballon avec une extrème lenteur,
peut-on admettre encore que le liquide restera indifférent
à ce mouvement de l'enveloppe qui le renferme ? En admettant la fluidité absolue du liquide, on fait abstraction
de sa viscosité. Or, cette viscosité qui est extrèmement
faible dans la plupart des liquides que nous connaissons,
n'est cependant pas absolument nulle ; et on comprend
qu'il doit en résulter que, si le mouvement de rotation
donné au ballon est suffisamment lent, le liquide sera en-

traîné par le ballon, de sorte que le tout tournera tout
d'une pièce, comme si le liquide était congelé et ne faisait
avec son enveloppe qu'un seul corps entièrement solide.

« Revenons au globe terrestre, et admettons avec les
géologues qu'il est formé d'une masse liquide recouverte
d'une mince croûte solide. Si les actions perturbatrices
qui produisent la précession et la nutation n'existaient pas,
le globe tout entier, enveloppe solide et liquide contenu,
tournerait tout d'une pièce autour de la ligne des pôles
dont la direction resterait constante dans l'espace. Si l'on
admettait qu'une différence quelconque eût pu exister à
une certaine époque entre le mouvement de la croûte et
celui du liquide intérieur, les frottements auraient peu à
peu détruit cette différence, de manière à amener la con-
formité des mouvements de ces deux parties. Les actions
perturbatrices qui produisent la précession et la nutation
s'exercent sur la croûte solide, et tendent à la faire tourner
autour d'un axe s'éloignant de plus en plus de la direction
de l'axe autour duquel elle tournait tout d'abord ; c'est un
mouvement de rotation extraordinairement lent que ces
actions tendent à imprimer à la croûte solide, et qui doit
se combiner avec le mouvement de rotation qu'elle possède déjà. La question est de savoir si le liquide intérieur
participera à ce mouvement additionnel, ou si la croûte
solide en sera seule affectée sans entraîner immédiatement
le liquide avec elle. Pour moi, il n'y a pas lieu au moindre
doute. Le mouvement additionnel, dû aux causes indiquées, est d'une telle lenteur, que la masse fluide qui
constitue l'intérieur du globe doit suivre la croûte qui
l'enveloppe absolument comme si le tout formait une seule
masse solide.

« Les pressions auxquelles sont soumises les diverses
parties de la masse liquide que nous supposons exister à

l'intérieur de la terre sont si énormes, que nous ne pouvons pas nous faire une idée de l'influence que ces pressions peuvent avoir sur le degré de viscosité du fluide
dont il s'agit. Mais ce liquide, fût-il dans des conditions
identiques à celles des liquides que nous voyons autour
de nous, cela suffirait pour que les choses eussent lieu
comme nous venons de le dire.

« D'après ce qui précède, il ne me paraît pas possible
d'admettre que l'effet des actions perturbatricees auxquelles
sont dues la précession et la nutation ne s'étende qu'à une
portion de la masse du globe terrestre ; la masse entière
doit être entraînée par ces actions perturbatrices, quelle
que soit la grandeur que l'on suppose à la partie fluide
intérieure, et, par conséquent, la considération des phénomènes de la précession et de la nutation ne peut fournir
aucune donnée sur le plus ou moins d'épaisseur de la
croûte solide du globe. »

Telle est la réponse parfaitement nette qu'oppose
M. Delaunay à l'objection de M. Hopkins.

Au reste, cette objection n'était pas restée isolée.
En 1862, un autre savant anglais, géomètre éminent,
M. W. Thomson, avait repris l'argument de M. Hopkins,
et le poussant plus loin, il disait, après avoir rappelé les
conclusions de ce dernier, à savoir : que la croûte solide
de la terre ne peut avoir une épaisseur de moins de 800
ou 1,000 milles (1,287 à 1,609 kilomètres).

(15) « Quelque objection que l'on fasse à la partie ma-
« thématique de son travail, je n'ai pu arriver à trouver
« aucune force dans les arguments par lesquels sa con-
« clusion a été attaquée...... Il m'a toujours semblé, en
« vérité, que M. Hopkins aurait pu pousser plus loin son
« argumentation, et conclure qu'aucune masse liquide
« continue, approchant des dimensions d'un sphéroïde de

« 6,000 milles de diamètre, ne peut exister dans l'inté-
« rieur de la terre sans rendre les phénomènes de la pré-
« cession et de la nutation très-sensiblement différents de
« ce qu'ils sont. »

M. Thomson applique alors à la pensée de M. Hopkins les ressources de la géométrie la plus élevée, en faisant intervenir la considération de l'élasticité.

Mais, quelle que soit la perfection des méthodes analytiques, le point de départ mécanique est toujours le même, et l'objection de M. Delaunay s'applique de la même manière. Je ne sache pas, d'ailleurs, que ni M. Hopkins, ni M. Thomson aient répliqué à ses arguments.

Nous pouvons donc, pour le moment, considérer comme hors d'atteinte sérieuse et comme hautement probable la notion d'une incandescence primitive du globe, qui, par le refroidissement graduel, serait réduite aujourd'hui à maintenir, dans un état fluide ou voisin de la fluidité, les matériaux du globe placés à une certaine profondeur au-dessous de la croûte solidifiée.

Mais je vais plus loin, et je suppose que les résultats dus à l'analyse de M. Thomson soient acquis ; ces résultats ne sont applicables qu'à la terre considérée dans son ensemble. M. Thomson conclut que la *rigidité moyenne* du globe doit être de beaucoup supérieure à celle de l'acier. Mais il n'en résulte nullement que, même en admettant cette rigidité moyenne, il ne puisse y avoir, dans la section intérieure du globe, une masse non-seulement dépourvue de cette rigidité, mais constituant entre l'enveloppe exté-rieure et le noyau central un anneau sphéroïdal possédant une liquidité parfaite.

C'était l'hypothèse de Poisson, pour qui toute chaleur a pénétré de l'extérieur à l'intérieur, celle qui ne provient pas du soleil dépendant de la température, ou très-haute ou très-basse, des espaces célestes, que le système solaire a traversés dans son mouvement de translation.

Quelle que soit l'idée que l'on ait sur ce système, toujours est-il incontestable que, pour expliquer les phénomènes éruptifs actuels, le géologue n'a nul besoin d'admettre que la liquéfaction, au moins imparfaite, de matériaux terrestres s'étende jusqu'à son centre ; l'incandescence annulaire dont je viens de parler, et à laquelle rien ne s'oppose, lui suffirait parfaitement.

En définitive, on est conduit, par les observations directes et par la série des raisonnements qui s'en déduisent immédiatement, à se représenter l'intérieur de la terre, au moins à une certaine distance de la surface, comme une masse très-chaude capable d'exercer des actions mécaniques puissantes, soit pour agiter cette surface, soit même pour la crevasser, la rider plus ou moins profondément et pour y faire parvenir des volumes énormes de matières gazeuses ou liquéfiées. Et si l'on se rapporte, d'un autre côté, à ce que nous avons dit précédemment de la chaleur solaire, on voit que la croûte du globe peut être considérée comme placée entre deux foyers perpétuellement actifs de chaleur, dont les effets, en en modifiant graduellement la surface, l'ont rendue en définitive ce qu'elle est aujourd'hui.

Ces deux sources de chaleur, qui ont peut-être une origine commune, exercent des actions en quelque sorte antagonistes.

Ainsi d'un côté, les éruptions volcaniques amènent au jour des masses de matières fondues, composées, en général, de silicates alcalins, terreux et métalliques.

De l'autre, les agents météoriques, l'air, l'eau chargée d'oxygène, d'acide carbonique ou d'autres substances, livrent à ces roches, dès le moment qu'elles ont apparu,

un combat incessant ; ils les minent, les altèrent, les désa-
grégent. L'eau se charge de leurs débris par voie chimique
ou par voie mécanique et va les déposer au fond des lacs
ou des mers.

Des émanations gazeuses d'acide carbonique, par
exemple, sont dégagées par les volcans proprement dits
ou par des évents particuliers qui se rattachent à l'action
volcanique. Eh bien ! c'est ce même acide carbonique,
versé ainsi dans l'atmosphère, que les eaux dissolvent
ensuite et qui va servir à opérer les décompositions dont
nous venons de parler.

Une foule d'actions du même genre montrent par quels
procédés divers et souvent opposés ces deux grandes
causes générales de chaleur et de mouvement concourent
à un même but, qui est l'entretien et le développement
des êtres qui ont successivement habité la surface du
globe.

Après avoir exposé dans cette leçon les notions qui
nous paraissent les plus probables sur les causes des
mouvements divers que nous observons dans la nature
minérale, je voudrais dans la prochaine leçon rechercher
quelles ont pu être les variations dans l'intensité des effets
qu'elles ont produits dans les époques successives de
l'histoire de la terre.

NEUVIÈME LEÇON

Y a-t-il eu variation dans l'intensité des phénomènes géologiques?

MESSIEURS,

Dans la dernière leçon, j'ai montré que tous les mouve-ments que nous observons à la surface du globe peuvent se rapporter à deux causes générales, qui sont : la gravitation et la chaleur ; celle-ci provenant de deux sources distinctes, l'une propre à la terre, l'autre dérivant du foyer solaire.

On pourrait, à la rigueur, ajouter une troisième force, l'électricité, qui se traduit surtout par la formation des orages et par les pluies torrentielles, et les entraînements de matériaux meubles qui en peuvent résulter, et qui a sans doute aussi joué un rôle important dans la production des gîtes métallifères. La lumière, enfin, est indispensable à la vie végétale et animale, et par le développement qu'elle donne aux plantes, influe sur le mouvement des eaux à la surface de la terre. Mais ces deux modifications de la matière sont, comme le magnétisme, étroitement liées aux phénomènes de chaleur, et tout indique qu'elles proviennent d'un même principe, qui, dans ses variations intimes, se manifeste sous ces quatre formes distinctes.

Au point de vue général où nous nous plaçons ici, il n'y a donc pas lieu de les séparer ; il suffit seulement de remarquer que la forme sous laquelle ce principe unique de mouvement se manifeste dans les phénomènes terrestres avec le plus de fréquence et d'intensité, est incomparablement la forme calorifique.

J'ai indiqué aussi quels étaient les rôles relatifs de la gravitation et de la chaleur dans les phénomènes géologiques.

Tous les corps de la nature étant pesants, sont, par cela même, toujours soumis à l'action de la gravitation. Mais on peut convenir que, si cette force s'exerçait seule dans les phénomènes terrestres, tout étant arrivée à l'état d'équilibre, il n'en résulterait aucun mouvement sensible. L'action combinée de la lune et du soleil produirait seulement le phénomène des marées peu important au point de vue géologique, et ces marées intérieures qui, d'après les recherches de M. Alexis Perrey, se traduisent par les tremblements de terre et les éruptions volcaniques. On pourrait aussi concevoir que le mouvement de rotation des portions fluides intérieures, s'il n'est pas moindre que celui de la croûte solide extérieure, détermine du moins sur elle un frottement considérable : et l'on a proposé d'expliquer ainsi le magnétisme terrestre.

Les forces calorifiques, au contraire, sujettes à une foule de variations périodiques, sont une cause continuelle de mouvements : déplacements chimiques ou moléculaires, déplacements mécaniques. Dans ces derniers, une fois qu'ils ont été déterminés par une cause calorifique, la pesanteur vient combiner son action à la première, et s'impose ordinairement avec une prépondérance marquée, de manière à effacer même le plus souvent l'action consécutive de la chaleur, origine première du mouvement.

Parmi les effets mécaniques que la chaleur propre au globe peut produire sur la croûte extérieure du globe, j'ai mentionné les déformations de la surface.

Il ne vous paraîtra pas indifférent de savoir comment
M. Elie de Beaumont comprenait cette action (1).

« Toutes les irrégularités que présente l'écorce terrestre,
« soit dans sa forme extérieure, soit dans sa structure,
« soit dans sa densité, et même la régularité singulière
« qui se manifeste dans la disposition de ces irrégularités,
« résulteraient donc en principe de la disparition d'une
« partie de la chaleur que la terre renfermait, lorsque son
« écorce, aujourd'hui consolidée, était à l'état de fusion.
« Cette chaleur pouvait n'être autre chose qu'une chaleur
« primitive, à laquelle, suivant l'opinion plus ou moins
« explicite des plus heureux interprètes de la nature :
« Descartes, Newton, Leibnitz, Buffon, Laplace, Fou-
« rier, etc., la terre devrait sa forme sphéroïdale et la
« disposition généralement régulière de ses couches du
« centre à la circonférence, par ordre de pesanteur spéci-
« fique ; elle pourrait, au contraire, avoir une origine
« moins ancienne, mais antérieure cependant à tous les
« phénomènes observables par les géologues, ainsi que
« l'ont pensé M. Poisson et d'autres savants éminents,
« sans que la nature des phénomènes mécaniques que sa
« disparition lente a dû et doit encore produire dans
« l'écorce, en fût essentiellement altérée.

« Dans l'un et dans l'autre cas, le caractère propre de
« la théorie qui s'appuie sur cette déperdition de chaleur,
« consiste en ce qu'elle fait dériver le soulèvement des
« montagnes d'une diminution lente et progressive du
« volume de la terre.

« Le phénomène lent et continu du refroidissement de
« la terre occasionne une diminution progressive dans la
« longueur de son rayon moyen, et cette diminution dé-
« termine dans les différents points de la surface un mou-
« vement centripète qui, en rapprochant chacun d'eux du

« centre, l'abaisse par degrés insensibles au-dessous de
« sa position initiale. Ce mouvement centripète est, à la
« vérité, contrarié partiellement et temporairement, pour
« certaines parties de la surface, par les bossellements
« lents occasionnés par l'ampleur surabondante de l'écorce,
« mais, à la longue, il doit finir par prévaloir universel-
« lement.

« On évalue à 1,430 mètres la diminution de longueur
« que le rayon terrestre a éprouvée par le seul fait de la
« cristallisation des roches qui forment l'écorce solide du
« globe, et la diminution due simplement à la déperdition
« de la chaleur intérieure, qui s'opère constamment à la
« surface, a été probablement plus considérable encore.
« La surface du globe s'est donc rapprochée progressive-
« ment de son centre avec les montagnes qu'elles suppor-
« tent et la mer qui la couvrent en partie d'une quantité
« qui peut-être n'est pas inférieure à la hauteur du Chim-
« boraço, et même à celles des plus hautes cimes de
« l'Himalaya.

« Mais cet abaissement total s'est opéré d'une manière
« progressive pendant toute la durée des périodes géolo-
« giques, et dans un laps de temps restreint l'abaissement
« a été extrêmement petit.

« Au contraire, la formation d'un système de montagnes
« résultant de l'écrasement transversal d'un fuseau de
« l'écorce terrestre a été de sa nature un phénomène
« d'une très-courte durée et, pour ainsi dire, instantané.
« Pendant un temps aussi court, le volume de la terre n'a
« pu diminuer sensiblement, ni par l'effet de la cristalli-
« sation des roches, ni par celui de la déperdition de la
« chaleur, de sorte qu'à la fin de l'écrasement transversal
« du fuseau, ce volume était très-sensiblement le même
« qu'au commencement de l'écrasement. Pendant la durée

« de chacune des périodes de tranquillité qui se sont suc-
« cédé sur la surface du globe, entre les apparitions des
« différents systèmes de montagnes, le volume de la terre
« a diminué d'une quantité quelconque dont la détermi-
« nation ne touche pas directement à la question qui nous
« occupe, mais pendant la durée de l'écrasement trans-
« versal d'un fuseau, la diminution du volume a été com-
« plétement insensible.

« Les matières que la compression transversale a for-
« cées à chercher une issue au dehors ont passé à travers
« la surface auparavant unie du terrain (comme le doigt
« pour ainsi dire à travers une boutonnière), mais en
« crevant de bas en haut les assises superficielles, pour
« former des intumescences allongées. »

M. Elie de Beaumont a bien soin, d'ailleurs, avec toute
la sagesse et la réserve qui caractérisent la science moderne, de faire ressortir l'indépendance entre ces considérations théoriques ou étiologiques et les conséquences
qu'il avait déduites, par voie troponomique, des données
de l'observation.

Quoi qu'il en soit de ces considérations théoriques, je
crois avoir suffisamment démontré que la chaleur était le
principe essentiel de presque tous les mouvements qui se
manifestent à la surface du globe ; comme aussi de tous les
phénomènes physiques et chimiques, qui, sans constituer
en eux-mêmes la vie, en sont une condition nécessaire.

Cette chaleur provient de deux foyers, l'un intérieur à
la terre et qui lui est propre, l'autre extérieur au globe
qui est le foyer solaire.

Celui-ci anime ou met en mouvement l'atmosphère et
les eaux, qui sont comme les organes extérieurs du globe,
et dépose à sa surface, chimiquement ou mécaniquement,
es formations exogènes.

L'autre fait parvenir des profondeurs du globe vers sa surface des matières en liquéfaction ou des vapeurs douées d'une haute température, et ces organes intérieurs recouvrent ainsi la superficie de formations endogènes.

Telles sont, dans leur nature et leurs principaux effets, les grandes forces naturelles ou causes de mouvement qui ont présidé, dès l'origine, à la formation du globe terrestre, et qui n'ont pas cessé d'agir pour en modifier l'intérieur et la surface.

Mais, si cette action doit être considérée comme n'ayant jamais subi d'interruption, doit-on en conclure qu'elle a toujours et constamment déployé la même intensité? Nous nous trouvons en présence de la théorie à laquelle on a donné, fort improprement, du moins en français, le nom de *théorie des causes actuelles*.

Je dis, fort improprement, et vous allez en juger vous-mêmes.

Ces mots, causes actuelles, sont, en français, la traduction des mots anglais, *actual causes*. Mais consultez le dictionnaire pour bien comprendre le sens exact de ces expressions anglaises.

Dictionnaire de Johnson :

Actual — certain; real; not speculative.
Actually — in act; in effect; really.
Actualness — the quality of being actual.

Dictionnaire de Spiers (1852) :

Actual — effectif; véritable; 2° actif : 3° actuel, dans le sens d'effectif.
Actually — 1° réellement; véritablement; vraiment; absolument; positivement; énergiquement.
Actualness — réalité.

Et l'étymologie, en effet :

Agere — faire ; effectuer.
Actus — acte.
Activalis — réel, effectif.

C'est le français qui s'est éloigné du sens originaire de la racine.

Et même sens primitif du mot *actuel* en opposition avec *virtuel*.

Ainsi, dans l'opinion des géologues anglais qui ont employé les mots *actual causes*, ces mots signifiaient : non ce qui se fait *actuellement*, mais la cause réelle, effective, en opposition avec *imaginary* ou *speculative* (causes dont nous ne voyons aucun effet).

On n'en voit pas l'utilité en anglais, mais, en français, on leur a donné une signification absurde, et il faut absolument les bannir de la langue géologique.

Il faut aussi, pendant que nous faisons cette sorte de *grammaire géologique, langue géologique,* condamner deux expressions :

cause *ignée*,
cause *aqueuse,*

traduites aussi de l'anglais :

igneous cause,
aqueous cause.

En effet, qu'entend-on par ces mots : cause ignée ?

Par là, on entend désigner la cause d'où dépendent tous les phénomènes éruptifs, c'est-à-dire : 1° ceux qu'il est le plus naturel de rattacher à cette cause, comme les éruptions volcaniques et, par extension, les éruptions anciennes qui ont donné lieu aux roches dites *ignées*, ou plutôt d'origine ignée : granite, porphyres, trapps, volcans anciens, etc.

2° Les émissions de gaz et de vapeurs à de hautes températures, et, par extension, aux eaux minérales et thermales.

3° Enfin, les mouvements du sol, les tremblements de terre que tous les géologues rattachent à l'hypothèse d'une chaleur intérieure.

Par le fait, l'expression de cause ignée n'a donc pas d'autre signification que celle-ci : agents par lesquels se manifestent à la surface du globe les forces calorifiques, qui paraissent résider à une certaine profondeur au-dessous de cette surface.

Mais le mot igné a une fâcheuse étymologie, car il vient de *ignis*, qui veut dire feu. Or le feu, que les anciens confondaient avec la chaleur, n'est pas la chaleur : le feu, c'est la chaleur produite par une combustion. Le feu suppose donc la présence de l'air, ou au moins de l'oxygène.

L'expression de cause ignée est plus mauvaise encore ; car, en l'employant : 1° on confond un agent, ou organe susceptible de transmettre la force, avec la force elle-même. Comment concevoir que l'eau, sous quelque forme qu'elle soit, puisse être considérée comme une *cause*, *comme une force*, elle ne peut que servir à la transmettre.

2° On confond dans les *causes* dites *aqueuses* plusieurs choses très-distinctes et qui réellement appartiennent à des causes différentes, c'est-à-dire :

A la chaleur solaire ;

A la chaleur propre au globe.

En effet, on comprend sous ces mots : les eaux thermales, leur composition, leurs effets chimiques, les dépôts qu'elles forment, etc., toutes propriétés où l'eau, agent chimique, est animé par la chaleur intérieure du globe.

Mais on attribue aussi aux *causes aqueuses* les effets chimiques ou moléculaires des eaux froides, douces ou salées ; les dépôts ou sécrétions des matières solides dans les rivières, les lacs, les mers ; la formation des masses minérales sous l'influence de certaines actions organiques ou chimiques, par exemple, la construction des récifs de polypiers.

Enfin, on peut étudier ces *causes aqueuses* dans leurs effets mécaniques ; transport, entraînement de matières meubles par les eaux en mouvement et leur dépôt dans des bassins où ce mouvement diminue et finit par cesser entièrement.

Ces deux dernières manifestations de l'eau, comme agent chimique ou comme agent mécanique, sont, en général, sous la dépendance des causes de chaleur empruntées au soleil.

Enfin, rien n'est moins scientifique que d'opposer dans ces expressions, *cause ignée*, *cause aqueuse*, l'eau et le feu, ou plutôt l'eau et la chaleur.

En effet, non-seulement je viens de vous montrer que les mouvements ou les transformations dans lesquelles l'eau joue un rôle sont dus à la chaleur ; mais, réciproquement, la plupart des phénomènes où la chaleur joue un rôle prépondérant, elle emprunte le concours de l'eau, depuis la formation du granite jusqu'à l'épanchement de nos laves, depuis le remplissage des filons les plus anciens jusqu'à nos émanations volcaniques actuelles, dont quelques-unes, et des plus actives, contiennent jusqu'à 99 centièmes de vapeur d'eau.

Il faut donc aussi renoncer à ces expressions :

Cause ignée ; phénomènes ignés.

Cause aqueuse ; phénomènes aqueux.

Si l'on veut exprimer par là la nature des phénomènes, il faut dire :

> Phénomènes éruptifs, soit par injection de matières lithoïdes en fusion, soit par l'intermédiaire de l'eau comme agent chimique ou mécanique.
>
> Et phénomènes sédimentaires ; tous dus à l'intermédiaire de l'eau, tantôt comme agent chimique et moléculaire, tantôt comme agent mécanique.

Si l'on veut exprimer l'idée de causes, il n'y en a que deux, réellement effectives, *actual causes*.

C'est la chaleur intérieure ou terrestre, et la chaleur extérieure ou solaire.

Malheureusement, en faisant disparaître l'équivoque dans les termes, on ne fait pas disparaître en même temps l'opposition dans les idées.

D'après ce que je vous ai dit dans la dernière séance, il y a une école en géologie qui professe que, non-seulement les causes des phénomènes anciens sont les mêmes que celles que nous voyons fonctionner sous nos yeux, mais que l'intensité de ces forces a toujours, à toutes les périodes et à tous les moments, été identique à celle qu'elle déploie à l'époque actuelle. Le chef de cette école a été un illustre géologue anglais, enlevé récemment à la science, sir Charles Lyell. Il a consacré au développement de sa pensée un livre qui a obtenu un succès immense, et qui le méritait par le grand nombre de recherches personnelles et de voyages que l'auteur a entrepris en confirmation de ses idées, et surtout par le talent d'exposition qu'il a mis à leur service. Néanmoins et quelle que soit mon estime pour l'écrivain, il me paraît impossible de ne pas chercher à vous démontrer ici, en quelques mots, l'inanité du système. Bien que je me fusse posé la règle de n'ap-

précier dans ces leçons que les géologues qui ont précédé
M. Elie de Beaumont, les nécessités de mon sujet me forcent à m'occuper d'un de ses contemporains ; et cette exception sera même une sorte d'hommage rendu à l'influence qu'a exercée sur le public scientifique celui qui en
est l'objet.

Réfutons d'abord un reproche que M. Lyell adresse
bien injustement aux géologues, « qui, dit-il, étaient con-
« vaincus que les causes qui, dans les périodes reculées,
« avaient modifié l'écorce du globe et sa surface habitable,
« étaient entièrement différentes de celles sous l'influence
« desquelles cette surface et cette écorce solide de notre
« planète subissent aujourd'hui des changements gra-
« duels. »

Vous avez pu voir, au contraire, dans l'étude historique
que je poursuis avec vous, que tous les philosophes de
l'antiquité grecque, comme aussi les Latins et les Arabes
qui les ont imités et commentés, n'ont jamais fait appel,
dans leurs explications, qu'aux forces dont ils observaient
journellement les effets, et, comme leurs observations
étaient peu nombreuses et très-bornées, ils ont même utilisé ces forces dans des limites bien inférieures à celles
que pouvait leur offrir la nature actuelle. C'est seulement
parmi les modernes, et dans le xviie siècle qu'on voit
apparaître quelques hypothèses en dehors des lois ordinaires, et encore faut-il distinguer ici la cosmogonie de la
géologie. Prenons, par exemple, la théorie de la terre de
Buffon après qu'il a détaché par le choc d'une comète, de
la substance du soleil, la terre et les autres planètes, et
qu'il en a conclu le refroidissement de notre globe, Buffon
laisse absolument de côté cette hypothèse, et, dans son
explication des plus grands accidents de la surface terrestre, il s'appuie uniquement sur les courants actuels, les

marées actuelles, le cours de rivières comme les nôtres. Enfin, autant le cosmogoniste était hardi, autant le géologue est timide.

Il est vrai qu'on pourrait objecter les théories chimiques ou mécaniques analogues à celles que je citais récemment d'Ampère ou de Humphry Davy. Mais on pourrait répondre que ces théories avaient pour objet d'expliquer des mystères bien plus cachés et bien plus difficiles que ceux que se pose M. Lyell. Car enfin, il admet comme une chose certaine et positive l'existence des phénomènes volcaniques. Mais il ne cherche pas à les expliquer, et, jusqu'à présent, *adhuc sub judice lis est.*

On m'objectera aussi que Werner fait précipiter des eaux de son océan universel le granite, les gneiss, les micaschistes, etc. Cela est vrai, mais quel est donc le lithologiste qui se flatterait aujourd'hui d'avoir résolu l'effrayant problème de la formation de ces roches éruptives pour l'un, simplement sédimentaires pour l'autre, et qu'un troisième rangera parmi les témoignages du métamorphisme ?

Il ne faut donc pas confondre les problèmes ; et l'on ne trouverait guère pour justifier les reproches adressés aux géologues par M. Lyell, parmi les productions célèbres de son temps, que les lignes extraites du *Discours sur les révolutions du globe*, contre lesquelles M. Constant Prévost protestait en 1825, et qui doivent, je pense, s'entendre dans le sens que je leur ai donné, dans ma dernière leçon.

Laissons donc ces récriminations, et cherchons à apprécier par quelques exemples, car il nous serait impossible d'en entreprendre ici la discussion complète, les principes et les conséquences de la méthode *actualiste.*

Il y a des phénomènes chimiques ou moléculaires ; il y a des phénomènes mécaniques. Ces phénomènes peuvent se passer dans l'atmosphère, dans les eaux, dans la croûte solide du globe.

Les deux écoles admettent des variations dans ces phénomènes ; seulement la doctrine que je combats ici veut que toutes ces variations aient été lentes et graduelles, tandis qu'une autre doctrine admet que quelques-unes de ces actions ont pu avoir été produites par une cause brusque et rapide, bien que restant dans l'ordre des causes physiques reconnues.

Prenons l'atmosphère. Je vois, dans son histoire, deux faits remarquables, attestés par la géologie.

Il y a eu une période évidemment assez restreinte, puisqu'elle commence avec le terrain carbonifère, et qu'elle ne se retrouve plus qu'indiquée dans le terrain permien ou le trias, où l'atmosphère a dû fournir à la végétation une quantité considérable de carbone, pour constituer les couches de houille. Il faut nécessairement admettre ou que l'atmosphère possédait dès l'origine cette prodigieuse quantité de carbone (sans doute à l'état d'hydrogène carboné ou d'acide carbonique), et qu'elle a, par un phénomène assez rapide et nullement annoncé, commencé à la céder aux végétaux de l'époque houillère, ou, ce qui est infiniment plus probable, que des dégagements de gaz riches en carbone venaient successivement, pendant cette période, remplacer dans l'atmosphère l'effrayante consommation qui s'en faisait alors.

Mais, dans les deux cas, où voit-on l'analogue de pareils faits à l'époque actuelle ? Croit-on que l'infime production d'acide carbonique qui a lieu aujourd'hui par les bouches volcaniques ou les eaux minérales vienne jamais enrichir à ce point l'atmosphère et reconstituer une période houillère ? Mais, même alors, il faudrait admettre dans les forces intérieures du globe, qui président à ces faibles dégagements, de prodigieux changements.

M. Lyell admet, comme la plupart des géologues, une ou plusieurs périodes glaciaires. Il faut donc que les propriétés physiques de l'atmosphère aient subi, à ces époques, de profondes variations. Trouve-t-on dans les restes fossiles, par exemple, des preuves d'une détérioration graduelle du climat, à partir d'une certaine période, de la période phocène, par exemple? Et, en supposant même qu'on trouvât ces vestiges anciens de refroidissement graduel (ce que rien jusqu'ici n'indique dans ce que nous savons de la période actuelle), l'échauffement qui a dû succéder à cette époque glaciaire n'a pas été graduel ; il a dû, au contraire, être affreusement rapide. La preuve en est dans ces chairs d'éléphants, si bien conservés dans ces glaces de la Léna, que les chiens viennent encore les dévorer. Car, de deux choses l'une, ou ces animaux habitaient les régions voisines, et il a fallu une variation prodigieusement rapide dans le climat, pour qu'ils aient été ainsi saisis instantanément par le froid, ou ils habitaient des contrées éloignées, et il faut alors que les courants glacés aient eu une force et une vitesse prodigieuses pour les amener de si loin, sans que leur chair ait été détruite.

Dans les deux hypothèses, où trouver dans ce que nous connaissons des variations de l'atmosphère, des eaux atmosphériques, des glaciers actuels, quelque chose qui puisse rappeler de loin de pareils changements, de tels événements ?

Et aussi bien, puisque nous parlons de ces entraînements de matières meubles, que pouvons-nous comparer, dans ce que nous apprennent les temps historiques, au creusement d'un lac comme le lac de Genève ; à des espaces recouverts, comme la Bresse, la Crau et la Camargue, et comme l'immensité du Sahara, par des débris fragmentaires roulés, et provenant manifestement de contrées fort éloignées ?

Si l'on me parle du déluge universel de la Bible, je répondrai que l'on y trouve la meilleure preuve, conservée par les traditions de tout le genre humain, d'un événement de ce genre, supérieur en étendue et en violence à tout ce que les phénomènes dont nous sommes les témoins nous permettent d'attribuer aux forces journellement employées par la nature.

Si, de l'étendue des espaces envahis, je passe à l'épaisseur des assises fragmentaires et au volume des matériaux plus ou moins roulés qu'elles renferment, je demanderai à ceux qui, sans sortir de nos contrées, ont examiné les couches du grès des Vosges, ou les poudingues des terrains houillers du centre de la France, ce qu'ils penseraient d'un courant qui viendrait à envahir une de nos vallées, entraînant de pareils matériaux, sur une telle échelle, et on peut ajouter, avec une telle vitesse, puisque les blocs sont entassés tout à fait indistinctement et sans aucune considération de leur volume relatif.

Les causes, je le veux bien, sont demeurées ; mais l'intensité qu'elles possédaient à ces époques, qu'est-elle devenue ?

Les phénomènes chimiques et moléculaires sembleraient, au premier abord, plus favorables à l'*actualisme*. Et nous citerons, tout à l'heure, certains phénomènes moléculaires chimiques ou organiques, dont les manifestations actuelles semblent dues à la transformation lente et graduelle de causes identiques qui les ont produites de tout temps.

Mais il s'en faut bien que tous les phénomènes chimiques du globe présentent cette simplicité d'allure.

Par exemple, les émanations volcaniques enrichissent les laves actuelles d'un certain nombre de minéraux accidentels. Mais quelle est la lave qui présentera aujourd'hui l'oxyde d'étain et la pléiade de minéraux, presque tous fluorifères, qui l'accompagnent dans les *stockwerke* du granite ?

Les conditions chimiques des émanations ont donc totalement changé. Et si l'on m'objectait que le granite ne peut pas être entièrement assimilé aux laves de nos volcans, je l'admettrais parfaitement, et je demanderais alors quel était l'équivalent de nos laves à l'époque du granite, ou quel est aujourd'hui l'équivalent du granite.

Partout variations extrêmes, bien que parfaitement réglées et ordonnées, dans les conditions chimiques de l'intérieur de notre planète.

Mêmes variations dans la constitution chimique de nos eaux minérales actuelles et dans celles des eaux minérales qui, anciennement, ont déposé les filons métallifères.

Et si l'on me répondait en me montrant les sulfures d'arsenic, d'antimoine et de cuivre que M. de Gouvenain vient de trouver dans les conduits des eaux de Bourbonne-lès-Bains, et en me demandant seulement le temps nécessaire pour constituer des filons de ces minéraux, je ferais remarquer, de mon côté, qu'il y aurait cercle vicieux dans un pareil raisonnement, puisque les *sous romains* qui ont fourni le métal, représentent là une ancienne époque géologique, où les filons déposaient le cuivre, l'arsenic et l'antimoine. Un des plus beaux titres scientifiques de M. Elie de Beaumont réside dans les comparaisons si curieuses qu'il a établies entre les émanations anciennes et actuelles, au point de vue des variations avec le temps dans le nombre de leurs éléments primitifs.

Pouvons-nous comparer en étendue les laves de nos

volcans, même les plus volumineuses, à ces masses de matières trappéennes qui, sur la carte de M. Greenough, couvrent sans interruption des contrées plus vastes que la France ?

Il faut cependant terminer cette comparaison entre l'inégalité des forces que la nature a employées pour accomplir certains phénomènes géologiques anciens, et celles qu'elle se borne à utiliser pour accomplir, sous nos yeux, les phénomènes correspondants.

Voici un dernier exemple, plus frappant peut-être que tous les autres.

Ceux d'entre vous qui ont parcouru les Alpes ou même les Pyrénées, ont été assurément frappés de l'aspect grandiose de certaines coupures qui présentent des escarpements verticaux sur 1,000 mètres de hauteur. Et votre première pensée a été de reconnaître là, avec une sorte de stupeur, une rupture violente, qui témoignait d'une intensité prodigieuse des forces naturelles qui l'ont produite.

Détrompez-vous ; tout cela est résulté de plusieurs milliers de petites secousses de tremblement de terre, tout à fait semblables à celles que nous éprouvons encore actuellement.

Mais j'aime mieux vous laisser expliquer la chose par l'auteur des *Principes de géologie*.

(3) « On sait, dit-il, qu'une seule secousse de tremble-
« ment de terre a suffi pour élever la côte du Chili, sur
« une étendue de 160 kilomètres, d'une hauteur de près
« d'un mètre, et l'on a calculé, ajoute-t-il, que deux chocs
« répétés d'une égale violence, produiraient une chaîne
« de montagnes de 160 kilomètres de long, et de plus
« de 1,800 mètres de haut. »

L'auteur oublie de nous dire si cette chaîne de montagnes présenterait des escarpements verticaux comme ceux des Alpes, et de compter combien il faudra de tremblements de terre de cette importance pour produire une chaîne qui, comme l'Himalaya, s'étend sur une longueur de plus de 4,000 kilomètres, et possède des pics de 9,000 mètres d'altitude.

Mais interrogeons la mécanique, M. J. Bertrand a présenté dans le *Journal de l'Ecole polytechnique* une note très-intéressante sur la *similitude en mécanique* (4). On y voit que Galilée a examiné, dans un de ses dialogues, une question qui doit, en effet, se présenter à l'esprit de tous ceux qui commencent l'étude de la mécanique. Comment se fait-il que tant de machines, qui réussissent en petit, deviennent impraticables sur une grande échelle ? S'il est vrai que la géométrie soit la base de la mécanique, de même que les dimensions plus ou moins grandes ne changent pas les propriétés des triangles, des cercles ou des cônes, de même une grande machine, entièrement conforme à une autre plus petite, semblerait devoir réussir dans les mêmes circonstances et résister aux mêmes causes de destruction. Galilée traite cette question au point de vue de l'équilibre et de la résistance des matériaux, et il ne lui est pas difficile de montrer, par de nombreux exemples, que la résistance d'un système solide n'est pas proportionnelle à ses dimensions.

Newton, dans le livre des *Principes*, a repris la question plus complétement et a donné la condition nécessaire et suffisante pour que deux systèmes semblables, au point de vue géométrique, le soient aussi au point de vue mécanique.

Le théorème de Newton, qui constitue une véritable théorie de la similitude en mécanique, établit qu'au lieu d'un seul rapport de similitude comme en géométrie, il y a lieu d'en considérer quatre, savoir : celui des longueurs, celui des temps, celui des forces et celui des masses. L'un de ces rapports est, d'après Newton, une conséquence des trois autres.

Si les deux systèmes à mouvoir sont égaux (ce qui est un cas particulier de la similitude), c'est-à-dire que les longueurs et les masses sont respectivement les mêmes, il en résulte que l'on ne peut négliger ni le rapport des temps, ni celui des forces : le rapport des temps à celui de la force sera constant pour un même système se mouvant de la même quantité, et il ne sera, par conséquent, pas permis, pour obtenir le même effet, de modifier le rapport entre ces deux éléments de la similitude ; de suppléer, par exemple, à un déficit dans la force, par une longueur, en quelque sorte, indéfinie, du temps employé. Il en résulte, enfin, que pour faire subir à un système matériel donné un certain déplacement, il n'est pas indifférent de lui appliquer, en l'unité de temps, une force suffisante, ou de faire agir sur lui un nombre immense de fois une force incomparablement plus faible.

Voilà ce que répond la mécanique.

Ainsi, tandis que l'élément des temps, lorsqu'il s'agissait de forces purement moléculaires, pouvait être indéfiniment multiplié au gré de l'hypothèse, cet élément est, pour les phénomènes mécaniques, dans un rapport nécessaire avec la masse à mouvoir et la force employée à ce mouvement. Ainsi tombent lourdement toutes les explications de phénomènes gigantesques au moyen des forces relativement microscopiques qui fonctionnent encore sous nos yeux.

Ai-je besoin de faire une application du principe précédent à ces appareils que M. Elie de Beaumont appelait si spirituellement des *joujoux géologiques*, ces caisses de quelques mètres carrés, ces bouteilles même, où pour expliquer les grandes inclinaisons des couches de nos montagnes, on faisait arriver de l'eau entraînant avec elle des matériaux meubles de différentes grosseurs ?

D'ailleurs les preuves historiques du système ne sont pas meilleures que les preuves chimiques ou mécaniques. En effet, nier que l'espèce humaine ait pu assister au moins à un grand événement géologique qui aurait laissé des traces dans toutes les traditions anciennes, et vouloir expliquer les traditions par le souvenir d'événements semblables à une éruption de l'Etna ou à la débâcle d'une de nos rivières, c'est négliger ce fait que les habitants de la Campanie avaient complétement oublié que le Vésuve avait été un volcan, lorsqu'il se réveilla l'an 79 de notre ère, par l'éruption qui détruisit Herculanum, Pompeïa, Stabie, et plusieurs autres villes.

Tout me fait croire, au contraire, et je développerai cette pensée ailleurs, que ces traditions presque universelles, qui attestent au moins une immense conflagration suivie d'un cataclysme, se rattache à la dernière grande manifestation des forces éruptives du globe, dont je tâcherai même de fixer le caractère.

En définitive, toutes ces spéculations, désavouées par la physique comme par la mécanique, en contradiction avec les traditions communes à tous les peuples, pêchent par la base, et au lieu de torturer les faits pour tâcher de les faire cadrer avec ces idées préconçues, le mieux, assurément, est de suivre la véritable voie scientifique, recherchant quels sont les phénomènes d'ordres divers que produisent à la surface du globe les deux foyers de chaleur que nous avons signalés dans la dernière leçon, et de se demander quelles sont les variations que semblent avoir éprouvées leurs effets, des temps anciens de la terre au temps actuel.

Et d'abord, si ces deux foyers de chaleur cessaient d'exister, la succession des phénomènes qui en dépendent et qui constituent cette sorte de vie du monde inorganique, cesseraient en même temps, et c'est alors que la croûte extérieure du globe deviendrait une masse véritablement inerte.

Mais que deviendrait la vie organique elle-même par l'extinction de ces deux sources de chaleur?

Pour le foyer solaire, la réponse ne peut être douteuse, puisque la coexistence d'une certaine quantité de chaleur et de lumière est nécessaire au développement et à l'entretien de tous les êtres organisés.

Un simple affaiblissement dans cette source de chaleur aurait évidemment, et par les mêmes motifs, un contre-coup sur la nature organique.

Hâtons-nous d'ajouter que rien d'ailleurs, dans les faits géologiques, n'autorise à penser qu'il y ait eu dans l'intensité de ce foyer extérieur aucun changement sensible. Quelques géologues, à la vérité, même dans ces derniers temps, ont cru pouvoir expliquer les grands phénomènes mécaniques de la géologie en supposant que l'axe de rotation de la terre, tout en conservant son inclinaison sur l'écliptique, avait successivement percé la surface du globe en divers points; ce qui impliquait, par cette variation des pôles et de l'équateur, des variations correspondantes dans la répartition à la surface terrestre des émanations calorifiques du soleil. Mais, sans aborder ici la description de ces hypothèses qui se sont produites sous plusieurs formes, sans même rechercher si les faits qui les ont provoqués ne peuvent pas s'expliquer plus simplement, il nous suffira de constater qu'elles n'impliquent aucun changement dans l'action calorifique absolue des rayons solaires sur la surface de notre globe.

La question ne se présente pas avec le même caractère d'évidence et de simplicité pour le foyer interne.

La vie organique se serait-elle développée au moins dans les proportions qu'elle a atteintes, sans l'existence de cette source intérieure de chaleur ? Il est permis d'en douter. Si l'on fait disparaître de l'intérieur du globe une température assez considérable pour tenir en fusion les éléments minéraux qui le composent, on se prive, en même temps, du refroidissement de ces matières et, par suite, des changements de volume et des déformations qui en sont résultées pour la croûte supérieure. Cette croûte n'aurait donc point probablement été accidentée comme elle l'est aujourd'hui par de profondes dépressions et de hautes chaînes de montagnes. Elle eût très-vraisemblablement présenté une superficie presque lisse et sur laquelle se serait étendue, sur une épaisseur à peu près uniforme, la masse des eaux. Les terres émergées n'existant pas, les végétaux et les animaux terrestres ne pouvaient non plus exister ; et, en outre, comme on sait que les êtres organisés qui habitent les mers se développent surtout près des côtes, où ils trouvent à la fois les conditions de chaleur et de lumière dont ils ont besoin, et les détritus des êtres vivant sur les terres voisines, qui peuvent leur servir d'aliment, il y a bien des raisons de penser que les animaux aquatiques eux-mêmes ne seraient que très-imparfaitement développés.

Ainsi, la succession des phénomènes violents dont tout nous prouve que la surface de notre globe a été le théâtre probablement un nombre incalculable de fois, et qui, par le soulèvement des montagnes, a bouleversé cette surface, au lieu d'être, comme elle le semblerait d'abord, seulement une cause de perturbation et de mort pour les habitants du globe, peut être, au contraire, considérée comme

un moyen providentiel de renouveler et de varier, de plus
en plus, les créations successives d'êtres organisés. Il ne
serait pas impossible, par exemple, que les masses d'acide
carbonique versées dans l'atmosphère ou dans les eaux
par les actions volcaniques, jouassent un certain rôle dans
les phénomènes de la vie végétale et animale, et que leur
disparition entraînât quelque changement dans le nombre
ou la distribution de certaines espèces organiques. De
sorte qu'on peut dire, d'une manière générale, qu'en étudiant la croûte du globe et toutes les modifications qu'elle
a subies, on saisit, pour chaque époque, une relation entre
les êtres qui l'ont habitée et l'action du feu intérieur. Le
développement des premiers a toujours été en harmonie
avec les changements qui se sont opérés dans le règne
inorganique, et il est très-probable que les évolutions qui
se sont manifestées dans le règne organique se seraient
accomplies d'une manière différente, si les phénomènes
dus au foyer intérieur eussent été eux-mêmes différents.
Quant à cette cause interne de chaleur, nous ne lui reconnaissons plus l'invariabilité que nous pouvions, sans incon-
vénient pour les phénomènes géologiques, attribuer à la
chaleur solaire. En effet, la terre est placée dans un milieu
qui a une température inférieure à la sienne, et, par conséquent, l'équilibre a toujours tendu à s'établir entre sa
température et celle de cet espace. Soit donc que l'on ad-
mette que le corps entier de notre planète ait été originairement incandescent, ou que cette température élevée ait
affecté seulement une certaine profondeur, ces portions
les plus voisines de la surface, qui seules nous occupent
en ce moment, ont dû perdre d'abord, par la radiation et
la conductibilité, une partie considérable de leur chaleur
primitive. Et cette action se continuant encore, aujourd'hui
qu'il s'est formé une croûte superficielle d'une certaine

épaisseur, il se fait au travers de cette croûte solide un écoulement continuel de chaleur que cèdent aux espaces planétaires les portions encore très-chaudes de l'intérieur. Or, en tenant compte des données que fournissent sur cette question la géologie et la physique, Fourier a trouvé par le calcul que ce flux de chaleur est moindre qu'un trentième de degré thermométrique, de sorte que la surface de la terre aurait une température supérieure d'un trentième de degré au plus à celle de l'espace, si elle ne subissait constamment l'effet de la radiation solaire.

Mais on peut en conclure que, réciproquement, la terre pourrait perdre entièrement ce flux de chaleur, ou, en d'autres termes, qu'elle pourrait perdre entièrement sa température primitive sans que la température moyenne de sa surface diminuât d'un trentième de degré.

Donc, en définitive, la température initiale intérieure s'abaisse constamment. Ce phénomène physique peut encore agir sur les conditions de forme et de structure de la surface, mais cette chaleur initiale pourrait disparaître entièrement sans que pour cela la vie végétale et animale fût anéantie, sans qu'il en résultât même une perturbation sensible dans les conditions de la vie organique.

Reste enfin à se demander ce qu'ont pu être, comparativement, dans les époques anciennes, et dans la nôtre, les effets de ces deux grandes causes des phénomènes géologiques.

Or, du premier aperçu que nous avons cherché à donner de ces effets, on peut déjà conclure qu'ils se divisent assez naturellement en deux ordres : les *effets lents et continus*, et les *effets brusques et violents*.

Dans les résultats dus à la cause extérieure, ou, si l'on veut, opérés par les organes extérieurs ou exogènes du globe, les effets lents et continus consistent dans le dépôt de la sécrétion de matériaux calcaires, siliceux ou autres, soit par simple voie chimique, soit surtout par l'intervention des forces organiques : d'où formation tranquille de couches sédimentaires en général homogènes. Les effets brusques et violents sont les érosions, les entraînements de matières meubles, les cataclysmes.

Parmi les effets lents et continus de la cause intérieure, ou opérés par les organes endogènes du globe, il faut compter les élévations ou affaissements graduels des continents ; parmi les effets brusques et violents, les chocs dont nos tremblements de terre ne donnent qu'une idée, pour ainsi dire, microscopique et à la limite desquels est le soulèvement des montagnes ; enfin, l'éruption au dehors de matières gazeuses ou liquéfiées.

Les effets lents et continus se produisaient vraisemblablement sur une plus vaste échelle dans les époques anciennes que dans l'époque actuelle.

Pour ne citer que quelques exemples, on connaît dans les terrains secondaires ou de transition des séries extraordinairement épaisses de couches qui sont uniquement composées de débris de coquilles cloisonnées ou autres : le calcaire terreux qui constitue la craie des environs de Paris n'est souvent qu'un agrégat de fragments extrèmement petits de carapaces d'infusoires qui ont peuplé ces anciennes eaux en nombre qui dépasse tout ce qu'on peut imaginer.

Bien que, dans les climats tropicaux, les polypiers élèvent encore aujourd'hui des constructions comparables en importance à ce qui se passait autrefois, il est douteux que leur action soit aussi considérable et aussi rapide, et, en tous cas, elle est bien moins générale, puisque ces phénomènes sont à peu près relégués, du moins avec une certaine intensité, sur une zone qui s'éloigne peu de l'équateur; tandis que l'examen des couches sédimentaires des époques anciennes prouve que la même fécondité se retrouvait à toutes les latitudes ou même près des pôles.

Il y a donc eu là, incontestablement, diminution d'activité.

On arrive à une conclusion semblable pour ceux des phénomènes dépendant de la cause intérieure, qui se traduisent par une action chimique d'une certaine lenteur.

C'est ainsi que les sécrétions formées dans des eaux échauffées et enrichies par le foyer intérieur ont produit, dans des proportions et avec des variétés qu'on ne retrouve plus aujourd'hui, le remplissage des filons anciens.

Quant aux phénomènes mécaniques qui se réalisent sous nos yeux par des efforts lents et graduels depuis la célèbre expérience faite il y a plus d'un siècle par Celsius sur le changement relatif du niveau des terres et des mers sur les côtes septentrionales de l'Europe, une foule d'observateurs ont signalé, dans toutes les parties du monde, des effets innombrables de ce genre; de sorte que, même encore aujourd'hui, la surface des continents peut être considérée comme sujette à des oscillations douces et continues. Mais il y a bien des raisons de penser que ces mouvements graduels d'exhaussement ou d'affaissement avaient lieu sur une grande échelle aux époques anciennes et lorsque la croûte solidifiée moins épaisse était plus voisine des portions fluides ou visqueuses de l'intérieur; et M. Elie de Beaumont a, depuis longtemps, expliqué par l'abaissement lent et presque insensible des fonds de mer ou de lac sous le poids des matériaux sédimentaires qui s'y accumulaient, ces dépôts très-épais, riches en coquilles ou en débris végétaux, et qui pourtant, d'après la nature même des corps organisés qu'ils contiennent, n'ont pu se former que sous une faible profondeur d'eau.

Ces considérations permettent de conclure que les phénomènes géologiques qui se traduisent à la surface du globe par des actions lentes et continues, soit qu'elles dépendent des forces intérieures ou des forces extérieures, ont tendu constamment à perdre de leur intensité. En est-il ainsi des effets brusques et violents ?

Certainement, si l'on juge de ceux-ci par ce que nous en présentent aujourd'hui les tremblements de terre, les éruptions volcaniques et les déplacements plus ou moins considérables de matières liquides ou gazeuses qui en résultent, on est amené aux mêmes conclusions. On peut lire, par exemple, dans les *Principes de géologie*, le récit de quelques-uns de ces événements géologiques dont l'homme a été récemment le témoin, et, plus particulièrement, ce qui a trait au tremblement de terre qui agita la Calabre, en 1783, et à la grande éruption du Skaptar Jokull dans la même année. Or, malgré le talent incontestable avec lequel ces faits sont présentés, malgré la complaisance évidente avec laquelle l'auteur fait ressortir leur importance, comment comparer le premier avec les agitations qu'a dû produire le redressement de chaînes comme les Andes ou l'Himalaya, et les quelques milliards de mètres cubes qu'a rejetés en une fois le volcan islandais avec le volume du mont Blanc, ou celui des masses trappéennes que je citais il y a un instant, et qui, à des époques anciennes, ont recouvert, dans l'Inde, des espaces plus étendus que la France ?

Mais si, attribuant à l'actualité en géologie une plus large signification, on se reporte, pour faire cette comparaison, aux grands phénomènes mécaniques dont la période de calme actuelle ne nous donne, pour ainsi dire, que la monnaie, on reconnaît que les dernières dislocations de la croûte terrestre paraissent l'avoir entamée sur la plus grande épaisseur, ou, en d'autres termes, que les chaînes les plus récemment soulevées sont précisément celles qui ont produit les aspérités les plus saillantes, et le volume des matières éructées alors ne semble pas en disproportion avec la puissance des effets mécaniques.

Et quant aux mouvements tumultueux des eaux, et aux entraînements de matériaux meubles qui ont pu en résulter, bien que les formations anciennes nous montrent aussi d'énormes accumulations de débris roulés, manifestement liées à des causes analogues, rien n'autorise à penser que les phénomènes qui les ont produites aient été plus violents, et surtout plus étendus que les dernières convulsions de ce genre, dont les continents de l'Asie, de l'Afrique, de l'Europe et de l'Amérique offrent des traces, et auxquelles les traditions de tous les peuples semblent attribuer une date relativement récente.

Ainsi, la réponse serait à peu près contradictoire suivant le point de vue auquel on se placerait pour la faire.

Mais, ce qui est ici le point capital, et sur quoi il me semble qu'il faut surtout insister, c'est cette double circonstance : à mesure que l'on s'éloigne de l'état initial, les deux grandes causes deviennent de plus en plus distinctes dans leurs effets, et, en même temps, les périodes caractérisées par la prédominance des actions lentes et continues se séparent de plus en plus nettement de celles où se développent avec énergie les phénomènes brusques et violents.

En effet, qu'a-t-il dû arriver dès les premiers temps où la croûte superficielle solidifiée s'est refroidie suffisamment pour recevoir des eaux condensées ? Cette enveloppe, peu épaisse, peu solide, devait se briser et se crevasser presque perpétuellement sous l'effort qu'exerçait sur elle de tous côtés l'action du refroidissement. Des éjections de la matière fondue intérieure devaient avoir lieu très-fréquemment aussi bien que des dégagements de gaz et de substances volatiles à une haute température : de sorte que les premiers dépôts ont dû se former sous l'empire de ces deux causes agissant presque simultanément. A mesure que l'épaisseur de la croûte a augmenté, la force nécessaire pour la briser s'est aussi accrue : par suite, les phénomènes de dislocation et de redressement ont dû devenir de plus en plus rares et les périodes qui ont séparé ces accidents de plus en plus longues ; mais ces phénomènes brusques eux-mêmes ont peut-être acquis une plus grande violence.

D'un autre côté, les forces intérieures dégageaient aux époques anciennes des émanations beaucoup plus nombreuses et beaucoup plus variées dont se chargeaient les eaux superficielles, en d'autres termes, les eaux minérales, qui ne sont aujourd'hui que des exceptions, étant, pour ainsi dire, alors la règle, secrétaient une foule de substances qu'on ne trouve plus du tout, ou qu'en petite quantité, dans les dépôts chimiques des époques plus modernes. L'atmosphère, de son côté, se dépouillait de substances délétères, ou tout au moins susceptibles, par leur abondance, de nuire au développement des êtres vivants.

On voit d'ailleurs les conséquences à tirer de tout ceci pour la succession des êtres organisés.

Les premiers qui se développeront seront tels que leurs organes seront susceptibles de résister à des conditions de trouble et de mouvement, à des variations de milieu inconnues dans les époques suivantes. En même temps, leur nature sera sensiblement la même sur toute la surface du globe ; et cet état de choses devra exister jusqu'au moment où la température des mers commence à devenir moindre aux pôles qu'à l'équateur. Alors, les phénomènes de la vie organique se parqueront de plus en plus, et, par exemple, le développement d'animaux susceptibles de produire des accumulations considérables de matériaux calcaires se concentrera de plus en plus de chaque côté de la ligne équinoxiale.

La fréquence des éruptions sera d'ailleurs très-grande aux époques anciennes ; aussi, verra-t-on souvent, au milieu de leurs dépôts sédimentaires, des intercalations de roches d'origine ignée, alternant avec les couches fossilifères, et il arrivera que des émanations délétères détruiront, sur une étendue immense, les animaux qui vivaient dans un même bassin, lequel pourra être postérieurement repeuplé par des émigrations, ou par ce qu'on a spirituellement appelé des colonies.

Mais, à mesure que l'air et les eaux s'épurent de ces matières peu favorables ou contraires au développement des êtres vivants, des animaux se montrent doués d'organes plus délicats et qui exigent de plus longues périodes de calme et de stabilité. Enfin, l'homme apparaît, et l'on peut remarquer que son existence sur le globe coïncide avec des conditions telles que l'influence du foyer intérieur sur les êtres organisés étant presque annulée, il ne reste plus que l'action constante et vivifiante du foyer extérieur. La science vient donc apporter sa probabilité, bien qu'elle soit sans doute d'un ordre secondaire dans de telles considérations, pour faire reconnaître en l'homme le dernier type qui devra figurer parmi les créations successives, comme il est aussi l'être le plus parfait, le seul doué d'une âme pensante et réfléchissante.

DIXIÈME LEÇON

Du point de vue technologique ou de la lithotechnie.

Messieurs,

Dans la dernière leçon, j'ai cherché à vous faire apprécier, à quels écarts se laissent aller les hommes les plus intelligents et les mieux doués, lorsque, partant d'une idée préconçue, ils cherchent à faire plier les faits, à les torturer, pour les forcer à cadrer avec leur système.

Je vous ai, j'espère, fait toucher du doigt les conséquences, désavouées à la fois par la chimie et la mécanique, qu'un éminent géologue anglais, sir Charles Lyell, a déduites du système absolu, qu'il a soutenu, d'ailleurs, avec un rare talent, et qui suppose, en quelque sorte, à la nature l'obligation de n'avoir jamais disposé, pour accomplir tous les faits géologiques, que de la somme de forces qu'elle emploie aujourd'hui, sous nos yeux, dans ses opérations habituelles.

J'aurais pu, si le temps ne m'eût pressé, développer bien davantage les objections qu'on peut faire à ce système absolu.

Par exemple, voulez-vous savoir l'étendue que comporte, dans la dernière édition (1866) des *Principes*, la discussion de tout ce qui a été écrit sur les actions chimiques, considérées dans les eaux minérales et dans les phénomènes volcaniques ? Tout ce vaste sujet est traité en trois ou quatre pages.

Pour M. Lyell, ceux qui, à l'instar de Humphry Davy, de Boussingault, de Daubeny, ont transporté jusque dans les cratères des volcans des appareils destinés à étudier la composition exacte des diverses émanations, ne méritent pas le nom de géologues ; ce sont seulement des chimistes.

Peut-on d'après cela s'étonner que les grands géologues anglais, contemporains de l'auteur, les Buckland, les de La Bèche, les Sedgwick, les Murchison, aient tous été, implicitement ou explicitement, opposés à un système aussi absolu.

Voici ce que l'un deux, sir H. de La Bèche, écrivait dans la préface d'un livre excellent au point de vue cryptoristique, les *coupes et vues des phénomènes géologiques* (1) :

« Les géologues qui émettent une théorie ne prennent
« pas toujours soin d'envisager la question sous toutes
« ses faces. Aurait-on jamais avancé, par exemple, que
« toutes les vallées ont été creusées par les rivières, si on
« avait fait quelque attention aux mouvements du sol que
« ces rivières parcourent? . . . . . Sans doute que, dans cer-
« taines circonstances, les rivières ont creusé des vallées
« fort profondes ; mais cela ne suffit pas aux facteurs de
« théories ; il faut, suivant eux, que *toutes* les rivières
« aient creusé le lit dans lequel elles coulent. »

Il ne ressort de tout ceci qu'une seule conséquence, c'est que le moyen de tirer des déductions générales, relativement aux causes, c'est de se mettre sincèrement, et résolûment en face des phénomènes naturels, et de les laisser, en quelque sorte, parler eux-mêmes, au lieu de leur dicter la réponse.

Je veux aujourd'hui aborder le point de vue technique en géologie.

La géotechnie ou géologie technologique se compose

réellement, comme je l'ai fait voir, de deux parties très-distinctes :

L'art des mines, ou l'exploitation des richesses renfermées dans les couches terrestres, auquel on pourrait peut-être joindre, comme le fait Ampère, la *docimasie*, ou l'essai des minerais (δοχιμασις), si cette dernière science n'était manifestement une partie de la chimie analytique, et, d'ailleurs, autant qu'elle s'applique à l'analyse ou à l'essai de minéraux ou de roches naturelles, ne rentrait dans la partie chimique de la lithologie.

Néanmoins, lorsqu'on fait ces études dans le but d'utiliser pour nos besoins les richesses minérales, on cultive une branche de la géotechnie, qui emprunte ses moyens à la chimie et à la mécanique, et qui est la *minéralurgie.* Cette branche de la géotechnie est en dehors des études du géologue proprement dit, et nous ne nous y arrêterons pas.

Il en est autrement de ce que j'appelle la *lithotechnie,* qui a pour but la reproduction des minéraux semblables aux minéraux naturels, par des moyens qui se rapprochent le plus possible de ceux que semble avoir employés la nature pour les produire elle-même.

Mais la lithotechnie ne se propose pas seulement de reproduire les phénomènes de la géologie, qui se rattache aux causes physiques et chimiques ; elle aborde aussi les phénomènes mécaniques, et peut se proposer de réaliser artificiellement, et par des procédés mécaniques, les formes, les dispositions, les allures générales que présentent les masses minérales dans la nature. Il y a donc la *lithotechnie chimique,* et la *lithotechnie mécanique.*

En définitive, la cause d'un phénomène géologique étant découverte, chercher à contrôler la légitimité de cette conclusion en reconstituant de toutes pièces, autant que possible, la cause elle-même, pour reproduire l'effet observé ou un phénomène analogue : tel est le problème que se propose le lithotechniste, et cette partie de la géotechnie étant intimement liée à la géogénie, puisqu'elle peut en être considérée comme la conséquence directe, ou la réciproque, il est naturel d'en présenter l'histoire immédiatement après avoir traité de la géogénie.

En géologie, ce genre de recherches n'a été abordé que très-tardivement. Les anciens, par leur tendance à tout systémaliser et à tout rapporter à une cause unique, se tenaient toujours assez loin de la nature : pourvu que ces idées théoriques satisfissent à certains besoins de leur intelligence et répondissent à certaines harmonies, en quelque sorte, préconçues, ils n'en demandaient guère la confirmation à l'observation, moins encore à l'expérience.

Au moyen âge, les alchimistes avaient des tendances tout autres. Ils prétendaient, en se basant sur des connaissances nulles et absolument fausses, transformer la matière par d'innombrables opérations. Néanmoins, il faut leur savoir gré des services qu'ils ont rendus à la science. S'ils n'ont pas trouvé la pierre philosophale, ni transformé le plomb en or, on leur doit de précieuses découvertes, et surtout la création d'une science nouvelle, la *chimie*, qui est sortie de leur officine. Ce dont on peut s'étonner à meilleur titre, c'est que les hommes de la Renaissance, qui avaient l'esprit essentiellement pratique, comme Léonard de Vinci et Bernard Palissy, n'aient pas songé à imiter la nature dans quelques-uns de ses produits.

Sténon lui-même n'a pas, que je sache, exécuté des modèles, destinés à représenter les phénomènes mécaniques qui, d'après lui, avaient soulevé les couches, et accidenté le sol de la Toscane : il s'est contenté de représenter ces effets au moyen de figures, qui accompagnent son Traité.

Leibnitz n'avait pas méconnu l'importance de ce côté pratique et confirmatif des recherches géologiques (2).

« Il fera, selon nous, une œuvre importante, celui qui
« comparera soigneusement les produits de la nature tirés
« du sein de la terre avec les produits des *laboratoires*
« (c'est ainsi que nous appelons les officines des chimistes);
« car alors brilleront à nos yeux les rapports frappants
« qui existent entre les produits de la nature et ceux de
« l'art. Bien que l'auteur inépuisable des choses ait en
« son pouvoir des moyens divers d'effectuer ce qu'il veut,
« il se plaît néanmoins dans la constance au milieu de la
« variété de ses œuvres ; et c'est déjà un grand pas vers
« la connaissance des choses que d'avoir trouvé seulement
« un moyen de les produire. »

Ainsi l'idée de la reproduction artificielle des phénomènes n'était pas étrangère à Leibnitz. Elle ne l'était pas non plus à Newton ; car c'est un passage de ses écrits qui a suggéré à Buffon la pensée de faire des expériences sur le refroidissement d'une sphère en fer, portée au rouge, afin d'en déduire le temps qu'avait dû mettre le globe à se refroidir lui-même.

Le passage des écrits de Newton, dont il vient d'être question, est le suivant (3) :

« Un globe de fer incandescent, d'environ un doigt de
« diamètre, placé dans l'air, perdrait à peine toute sa cha-
« leur dans l'espace d'une heure. Un globe plus volumi-
« neux conserverait sa chaleur dans une proportion plus
« grande que celle des diamètres. Un globe de fer rouge
« égal à la terre, c'est-à-dire ayant un diamètre d'environ
« 40,000,000 de pieds, mettrait au moins 50,000 ans à se
« refroidir. Je soupçonne néanmoins que la conservation
« de la chaleur s'accroîtrait en proportion moindre que

« celle du diamètre ; et je désirerais voir cette proportion
« déterminée par l'expérience. »

Dans un autre passage, Newton semble pencher au contraire pour l'opinion que la chaleur se conserve d'autant
mieux que le diamètre de la sphère soumise à l'expérience
est plus grand (4).

« Les corps d'un plus grand volume, dit-il, ne conser-
« vent-ils pas plus longtemps leur chaleur, parce que
« leurs parties s'échauffent réciproquement? Et un corps
« vaste, dense et fixe, étant une fois échauffé au-delà d'un
« certain degré, ne peut-il pas jeter de la lumière en telle
« abondance que, par l'émission et la réaction de sa lu-
« mière, par les réflexions et les réfractions de ses rayons
« au-dedans de ses pores, il devienne toujours plus chaud
« jusqu'à ce qu'il parvienne à un certain degré de chaleur
« qui égale la chaleur du soleil? Et le soleil et les étoiles
« fixes, ne sont-ce pas de vastes terres violemment échauf-
« fées, dont la chaleur se conserve par la grosseur de ces
« corps, et par l'action et la réaction réciproque entre
« eux et la lumière qu'ils jettent, leurs parties étant d'ail-
« leurs empêchées de s'évaporer en fumée, non-seulement
« par leur fixité, mais encore par le vaste poids et la
« grande densité des atmosphères, qui, pesant de tous
« côtés, les compriment très-fortement et condensent les
« vapeurs et les exhalaisons qui s'élèvent de ces corps-là? »

Quoi qu'il en soit, Buffon établit des expériences auxquelles on peut faire beaucoup d'objections et qui l'amènent à conclure que (5) : « Si l'on voulait chercher avec
« Newton combien il faudrait de temps à un globe, gros
« comme la terre, pour se refroidir, on trouverait qu'au
« lieu de cinquante mille ans qu'il assigne pour le temps
« du refroidissement de la terre jusqu'à la température
« actuelle, il faudrait déjà quarante-deux mille neuf cent

« soixante-quatre ans et deux cent vingt-un jours pour la
« refroidir, seulement jusqu'au point où elle cesserait de
« brûler, et quatre-vingt-seize mille six cent soixante-dix
« ans et cent trente-deux jours pour la refroidir à la tem-
« pérature actuelle. »

Mais, négligeons ces temps presque fabuleux de l'expérimentation géologique et jetons un coup d'œil général sur
la question en elle-même.

En géologie, les effets produits peuvent être de simples
effets mécaniques, ou des effets physiques, ou des effets
chimiques.

On a tenté des expériences de reproduction dans ces
trois ordres de phénomènes, principalement dans ceux
qui dépendent des actions physiques et chimiques.

Mais on ne peut se dissimuler que cet ordre de recherches n'offre des difficultés fort grandes et d'un genre tout
particulier, puisqu'elles exigent à la fois la discussion des
causes proposées pour l'explication des phénomènes et la
connaissance parfaite des moyens techniques, susceptibles
de reproduire ces causes avec le plus d'exactitude possible.

La reproduction des phénomènes mécaniques de la géologie n'a pas, à beaucoup près, suivi une phase aussi brillante et aussi féconde que la reproduction des phénomènes
physiques et chimiques.

Les difficultés que je faisais ressortir dans la dernière
leçon sont ici plus frappantes encore.

Plusieurs des savants qui ont cherché à reproduire artificiellement les effets qu'on observe dans la structure des
couches ne se sont pas assez prémunis contre un genre
d'erreur, qui consiste à comparer les effets mécaniques
obtenus en petit à ceux que des appareils géométriquement semblables procureraient sur une grande échelle.

Les réflexions que j'ai faites récemment sur le principe de similitude en mécanique, considéré dans le rapprochement entre les grands et les moindres effets naturels, s'appliquent aussi à certaines expériences dans lesquelles on a cherché à reproduire artificiellement quelques phénomènes mécaniques de la géologie. Car, les appareils que l'on a construits dans ce but ne sont autre chose que des machines très-simples, mais dans lesquelles il faut tenir compte à la fois des dimensions, du temps, des vitesses et des masses.

Il y a donc presque tout à faire dans ce genre de considérations.

Mais, chose curieuse, c'est encore à l'école de Hutton et à James Hall qu'il faut faire remonter les premiers, presque les seuls essais qui aient bien réussi en ce genre.

Il s'agissait de reproduire le contournement des couches observées dans les montagnes.

On connaît aujourd'hui un nombre infini d'exemples de tels contournements, surtout dans les formations les plus anciennes, il y a longtemps déjà que de La Bèche, Saussure et Elie de Beaumont en ont cité des exemples qui sont devenus classiques, telles sont, par exemple, les coupes du mont Blanc et du Salène, et celles du mont d'Arpenas figurées par Elie de Beaumont et par Saussure.

Nous citerons encore volontiers les couches en Z qui ont été observées dans les terrains houillers de Liége, de Mons, de Valenciennes, sur les flancs du Mendep-Hill et dans le bassin houiller de Quimper.

Ces contournements s'expliquent très-bien par l'intrusion, comme par une sorte de boutonnière d'une masse éruptive considérable, comme le mont Blanc, par exemple.

Des exemples curieux de plissement de couches sont aussi fournis par la coupe des terrains de transition en

Ecosse, entre le Galloway et le Berwickshire. Les couches pliées sont d'épaisseur diverse, depuis plusieurs mètres jusqu'aux plus minces feuillets de schiste. En général, elles sont colorées en bleuâtre, et lorsqu'elles sont examinées de près, on les trouve composées de l'agglomération de fragments qui portent les preuves les plus incontestables qu'elles ont été déposées horizontalement, quoique leurs positions actuelles, loin d'être horizontales, sont le plus souvent verticales ou à peu près verticales.

Ainsi, quelques-unes de ces couches présentent à leur surface cette ondulation particulière que nous rencontrons sur un rivage sablonneux, lorsque la marée vient de le quitter, et qui apporte l'indication la moins équivoque d'un dépôt aqueux.

Dans d'autres contrées, des couches qui ont subi des contournements tout à fait comparables à ceux dont il s'agit, contiennent des galets ellipsoïdaux, par exemple, et dont les grands axes sont sensiblement parallèles, et indiquent ainsi le plan horizontal suivant lequel elles se sont déposées.

Ou bien ces couches seront riches en fossiles dont les débris se seront accumulés de manière à ce que leurs centres de gravité fussent disposés de manière à indiquer aussi avec certitude que ces débris, en se disposant horizontalement, ont suivi la loi de la pesanteur.

Ou bien les bancs de ces coquilles sont parallèles les uns aux autres, quoique non horizontaux.

Donc ces couches, qui actuellement sont inclinées, ont été évidemment horizontales dans l'origine.

James Hall, dans son Mémoire, donne des dessins des côtes du Galloway et du Berwickshire qui représentent toutes les particularités dont il vient d'être question. Puis il ajoute une coupe idéale d'une côte semblable, mais il y introduit une continuation en lignes ponctuées des diverses strates; de sorte que chacune d'elles est rendue complétement continue d'un bout à l'autre. Ce complément théorique des couches rend très-bien compte des circonstances anormales de formes déjà décrites.

Quelquefois les anomalies sont plus compliquées en apparence, mais elles rentrent toutes sous l'influence d'actions similaires.

Enfin, en réduisant ces formes irrégulières à un même système et les mettant en connexion les unes avec les autres, un premier progrès est obtenu. Mais il serait désirable, ajoute-t-il, de faire un pas de plus et de découvrir par quels moyens cet arrangement particulier a été obtenu.

Je vais donc essayer de montrer par l'expérience :

1° Que cette conformation particulière peut être donnée à une série de couches horizontales par une force mécanique suffisante ;

2° Qu'il y a des raisons de penser que des forces de ce genre ont été déployées dans ce cas.

La première question a été résolue par Hall au moyen d'un procédé grossier, mais néanmoins démonstratif.

Plusieurs morceaux d'étoffe, de drap, de toile, etc., furent étendus sur une table, les uns sur les autres, chacun représentait une couche : une porte, qui se trouvait hors de ses gonds, fut posée sur la masse, chargée de lourds poids ; deux planches appliquées verticalement aux deux extrémités de la masse stratifiée étaient rapprochées l'une de l'autre par des coups répétés d'un marteau portés horizontalement. La conséquence fut que les extrémités se rapprochèrent l'une de l'autre, que la lourde porte fut soulevée graduellement, et que les couches furent contraintes de prendre des plis en dessus et en dessous, qui ressemblaient beaucoup aux couches à circonvolution du Kellas de Fastcastle, et éclairaient la théorie de leur formation.

Ensuite, Hall construisit une machine dans laquelle une série de couches pliables d'argile étaient soumises ensemble à une forte pression, de manière à produire le même effet.

Maintenant comment dans la nature l'effort horizontal nécessaire pour engendrer ces phénomènes a-t-il été produit ?

Hall l'attribue à une pression horizontale résultant de l'intrusion d'une masse de granite, et il développe son idée en l'appuyant sur ce qu'il a observé dans les filons de la Somma.

Ainsi, il est bien intéressant de remarquer que si cette célèbre école écossaise de la fin du xviii° siècle a produit, comme grand étiologiste, Hutton ; c'est aussi un de ses disciples les plus éminents, James Hall, qui a inauguré aussi bien dans les phénomènes chimiques que dans les phénomènes mécaniques, la vraie méthode expérimentale en géologie.

Lorsqu'on lit l'admirable Mémoire dans lequel James Hall a présenté l'historique de ses essais, qui ont duré six ans, on est frappé à la fois de sa persévérance, de tout ce que son esprit offrait de ressources et d'invention, mais surtout de la confiance qu'il avait dans la vérité de l'idée qu'il s'agissait de confirmer expérimentalement.

Hutton avait considéré le calcaire cristallin comme un produit de fusion ignée ; mais la découverte de l'acide carbonique, et, par suite, de la véritable composition du calcaire venait à l'encontre de cette pensée.

Hutton imagina alors le concours de la chaleur et de la pression, et n'hésite pas à leur attribuer cē que l'une d'elles, seule, la chaleur, ne pouvait faire, la fusion du carbonate de chaux.

Hall lui propose, dès 1790, d'entreprendre une série de recherches sur l'action continue de ces deux agents.

On pourrait croire que le maître s'empressera d'adopter cette pensée et se prêtera lui-même à la réaliser.

Il n'en est rien ; Hutton n'approuve pas le projet, se défiant, sans doute, de l'expérience ; et ce n'est qu'après sa mort, en 1798, que James Hall se met à l'œuvre.

Je n'analyserai pas en détail le beau Mémoire dans lequel le grand expérimentateur de l'école écossaise rend compte de plus de 500 expériences entreprises et exécutées par lui.

Mais, il m'est impossible de ne pas insister sur ces premiers pas si décisifs de la géologie expérimentale.

On le voit successivement essayer de fondre le calcaire pulvérisé dans un canon de fusil fermé d'abord avec un tampon de fer, à la forge, puis se servir comme obturateur d'un alliage fusible de bismuth, de plomb et d'étain, en ayant soin de refroidir constamment l'extrémité du canon fermé de cette manière. Mais, dès les premières fois, le métal fusible transsude au travers des pores du fer et le canon est détruit. Hall imagine alors d'introduire une faible quantité d'air, qui protége le fer contre l'action du métal liquide.

Le 31 mars 1801, trois ans après avoir commencé ses essais, Hall obtient un fragment dont la cassure était devenue cristalline, ressemblait au marbre grenu, et dont les bords présentaient une transparence évidente. Quelques jours après, en brisant une autre masse, il trouve que sur plus d'un dixième de pouce carré, elle était complétement cristallisée, avait acquis la cassure rhomboïdale du spath calcaire.

Enfin, perfectionnant de plus en plus ses procédés, en en imaginant d'autres, qu'il serait trop long de décrire ici, il obtient une réussite complète : formation d'un marbre parfait, transparent, rempli de facettes, dont on distinguait à la loupe les formes anguleuses dans quelques cavités.

James Hall était, comme Hutton, persuadé qu'une haute pression était indispensable pour obtenir la transformation du calcaire terreux en marbre. Il en était tellement convaincu qu'il introduisit plusieurs fois dans son canon de fusil de petites quantités d'eau. Il en résultait une pression énorme, et des détonations dangereuses ; il soupçonna que l'eau se décomposait au contact du fer en donnant de l'hydrogène ; mais, même alors, il réussit à produire artificiellement le marbre.

Néanmoins, une haute pression, bien qu'elle favorise évidemment la production du phénomène, ne paraît pas absolument nécessaire. Faraday a trouvé le premier, et son observation s'est depuis souvent confirmée, dans des fours à chaux des masses de calcaires qui s'étaient ramollies et avaient cristallisé sans avoir perdu d'acide carbonique.

En 1833, Faraday montra que, lorsque le carbonate de chaux est chauffé hors de la présence d'un gaz autre que l'acide carbonique, quelle que soit l'intensité de la chaleur, et sous la simple pression atmosphérique, il n'est pas décomposé. Ce qui explique comment on a quelquefois rencontré, dans les fours à chaux, des masses de calcaire qui se sont ramollies et ont cristallisé sans perte d'acide carbonique.

Il a même existé, dit-on, aux environs de Paris, une fabrique artificielle de marbre, qui a fonctionné pendant quelque temps, et dans laquelle on fondait, comme dans l'expérience de J. Hall, du calcaire ou de la craie, dont on faisait ainsi du marbre blanc ou coloré, en y ajoutant des matières diverses. Je n'oserais pas affirmer que la spéculation ait été bonne ; mais le problème de la fabrication artificielle du marbre était résolu, et résolu par James Hall.

Plus tard, Gay-Lussac a montré que la condition du succès était un calme absolu, pendant l'échauffement de la masse calcaire, en vase découvert. Ce calme maintient sans doute l'atmosphère d'acide carbonique nécessaire à la réussite de l'expérience.

Quoi qu'il en soit, cette mémorable série d'expériences de James Hall, couronnée par le succès, a été le brillant début de la géologie, dans cette nouvelle voie qui devait être et qui deviendra de plus en plus féconde en beaux résultats.

Dans l'impossibilité de donner ici de grands détails sur les ingénieux procédés qui ont été imaginés pour reproduire les phénomènes naturels (ce qui, d'ailleurs, me forcerait à m'éloigner trop des limites historiques que je me suis imposées dans ces études), je vais surtout indiquer les bases des diverses méthodes employées, et rappeler seulement en quelques mots les beaux résultats qu'en ont obtenus les savants contemporains.

Dans ces célèbres expériences, James Hall faisait agir à la fois la chaleur et la pression. Nous venons de voir que Faraday et Gay-Lussac réalisaient l'expérience de la cristallisation du calcaire par la chaleur seule, dans des conditions particulières.

D'autres expérimentateurs ont obtenu des modifications ou des transformations de substances, des cristallisations par l'emploi de la chaleur seule. Là encore, nous retrouvons en tête le grand expérimentateur de l'école écossaise, James Hall.

Ces expériences ont été faites pour prouver, à l'appui des théories huttoniennes, que le refroidissement lent d'une matière fondue peut amener un état pierreux et voisin de la cristallisation. Il en fait même des verres qu'il refond et qu'il transforme ainsi en matières pierreuses; ses expériences ont porté sur des basaltes, trapps, dolérite, diorite, etc., et sur des laves (Etna, Vésuve, Italie), etc. En fondant ce whinstone et le faisant refroidir lentement, il a obtenu quelquefois une masse vitreuse, dans laquelle se trouvait une multitude de petites sphères ayant une fracture *dull* ou terreuse (c'est l'expérience mieux faite ensuite par Gregory Watt). Mais enfin, il a observé en 1798, que le creuset dans lequel il avait fait fondre le whinstone et refroidir lentement, contenait une substance entièrement différente du verre et dont la texture rappelait entièrement celle du whinstone. Sa cassure était rude, pierreuse et cristalline, et une foule de facettes brillantes étaient dispersées dans toute la masse. La cristallisation était encore plus apparente dans les cavités produites par des bulles d'air, et dont les surfaces intérieures étaient garnies de cristaux distincts.

Il refait la même chose, et obtient les mêmes résultats en refondant un verre obtenu préalablement par la fusion et le refroidissement rapide d'un *whinstone*. Enfin, il répète ces expériences sur les laves, et obtient des substances à structure cristalline. Il en conclut donc que Hutton a parfaitement raison d'admettre l'origine, par fusion ignée, des laves et de toutes les roches éruptives.

Watt a chauffé fortement pendant plusieurs heures dans un des fourneaux à réverbères dont on se sert habituellement pour fondre la fonte (*pig iron*), environ 700 livres (weight) de basalte compact appelé *Rowley rag* en Angleterre. La matière employée avait été brisée en petits fragments et déposée graduellement dans la partie élevée de l'intérieur du fourneau, entre le feu et la cheminée, d'où, à mesure qu'ils fondaient, ils coulaient dans la portion la plus profonde, où se recueille le fer fondu, dans les opérations ordinaires. Le tout formait ainsi un liquide vitreux, tenace. Le feu fut maintenu avec une diminution graduelle plus de six heures; après quoi, on intercepta le tirage de la cheminée; la surface du verre fut couverte de sable chauffé, et le fourneau fut rempli de charbons qui se consumèrent très-lentement. Ce ne fut qu'après huit jours que la masse fut suffisamment froide pour être retirée, et elle retenait même encore intérieurement une chaleur considérable.

La forme de la masse était très-irrégulière : elle avait 3 pieds et demi de long, 2 pieds et demi de large et environ 4 pouces d'épaisseur à l'une des extrémités et 18 pouces à l'autre. D'où, grande irrégularité dans le refroidissement.

Le *Rowley rag* est une espèce de basalte, à grain fin, et d'une texture confusément cristalline, à cassure conchoïdale en grand. Sa dureté est supérieure à celle du verre commun, mais inférieure à celle du feldspath. Sa tenacité est considérable et son action très-forte sur l'aiguille aimantée. D. = 2, 868. Sa couleur est d'un gris noirâtre, avec quelques cristaux réfléchissants. Les uns feldspath (labrador), les autres hornblende (ou pyroxène). L'analyse faite par le Dr Withering donne pour sa composition:

Silice	47,5
Alumine	32,5
Oxyde (proto) de fer . . .	20,0

Dans ces 20 p. 100 doivent être compris la chaux, la magnésie et les alcalis.

Les résultats de l'expérience furent les suivants :

1° Il se produisit d'abord un verre noir, presque opaque, un peu bulleux, à peine magnétique, dont la densité $= 2{,}743$ est supérieure à celle du feldspath et inférieure à celle du quartz. Il est à remarquer qu'on peut déjà conclure de cette expérience que la densité des roches change quand elle passe de l'état cristallin à l'état vitreux. La différence entre la densité primitive et la densité nouvelle est de 0,125 ou de 4,3 p. 100 de la densité primitive.

2° La tendance à l'arrangement dans les particules du verre fluide se trahit d'abord par la formation de petits globules qui sont presque sphéroïdaux, ou un peu allongés. Leur couleur est moins foncée que celle du verre, et d'un gris brun ou chocolat. Leur diamètre excède rarement une ligne. Ils remplissent des interstices et finissent par se fondre avec la masse du verre. Leur action magnétique est extrêmement faible. D. $= 2{,}938$.

3° Si la masse s'était refroidie rapidement, on n'aurait que les résultats précédents, mais par un refroidissement plus lent, la structure devient plus pierreuse, la ténacité plus grande, la coloration plus forte. Il se forme d'autres sphéroïdes différents des premiers, plus éloignés les uns des autres, et de dimensions relativement plus grandes, atteignant 2 pouces de diamètre, d'une structure radiée et fibreuse. Ici, lorsque les matériaux de deux sphéroïdes se rencontrent, leurs fibres ne s'entremêlent pas, mais sont limitées par un plan de séparation.

4° La tendance à la radiation s'accroissant, la matière comprise entre les noyaux est envahie par elle. La masse prend une structure compacte pierreuse (stony) et une grande ténacité. Son action sur l'aiguille aimantée devient considérable. Sa densité $= 2{,}938$. Sa couleur : noir grisâtre, absolument opaque, un peu réfléchissant. Les divisions entre les sphéroïdes, invisibles à l'œil, ne sont cependant pas oblitérées et sont manifestées par la cassure.

5° Enfin, une continuation de la température favorable à l'arrangement amène bientôt un nouveau changement. La texture de la masse devient plus grenue, sa couleur plus grise et les points brillants plus étendus et plus nombreux : les molécules brillantes s'arrangent elles-mêmes en formes régulières, et finalement, toute la masse est envahie par de petites lames cristallines qui se coupent dans toutes les directions. L'action magnétique est considérablement accrue ; il y a même des traces de polarité et de petits fragments ou de petits cristaux se suspendent à l'aiguille aimantée. Densité un peu accrue $= 2,949$. Les petites lames ainsi formées atteignaient 3 à 4 lignes en longueur et une ligne à une ligne et demie de largeur, mais étaient excessivement minces.

Gregory Watt termine ce remarquable travail en analysant la manière dont sont agencées respectivement les parties cristallines et en concluant que la fluidité n'est pas nécessaire au moment de ces arrangements définitifs, que les particules des corps apparemment solides sont susceptibles de quelques mouvements intérieurs, qui les rendent capables de s'arranger suivant les lois de la polarité.

Conclusion remarquable ! et qu'une foule de faits découverts postérieurement sont venus confirmer : par exemple, la transformation de l'aragonite en chaux carbonatée ; les modifications lentes qu'éprouve dans ses propriétés et sa disposition moléculaire le soufre prismatique qui se transforme graduellement en soufre octaédrique, etc.

Néanmoins, l'expérience de Gregory Watt, comme celle de J. Hall, n'est pas aussi concluante qu'ils le pensaient tous deux en faveur de la formation par simple fusion ignée des roches basaltiques. Mais dans l'exemple de

Watt se présente une autre circonstance qui mérite d'être étudiée.

Il se forme des cristaux dans la masse, mais ces cristaux ont-ils la composition de la masse elle-même? Ou est-ce une portion de la matière du verre qui tend à cristalliser la première, en laissant une matière non cristallisée à l'état vitreux. Cette question nous mène, comme Gregory Watt, à celle de la *dévitrification du verre*.

On sait, en effet, que l'on obtient la *porcelaine de Réaumur*, ou le verre dévitrifié, en fondant le verre, l'abandonnant à un refroidissement très-lent, puis le soumettant successivement à une chaleur prolongée et à un refroidissement gradué. L'opération réussit mieux sur les verres à base terreuse.

Or, Réaumur, à qui l'on doit les premières expériences à ce sujet, se méprenait sur la théorie du phénomène. Par le fait, dans la dévitrification du verre, lorsqu'elle est complète, une partie des matériaux du verre a disparu, sans doute volatilisée, ou le verre, refroidi très-lentement, s'est divisé en deux ou plusieurs composés différents, dont les uns ont conservé l'état vitreux, tandis que les autres ont conservé une forme cristalline régulière.

Pour que les expériences de J. Hall et de Gregory Watt eussent été décisives, il eût fallu qu'ils eussent fait séparément l'analyse de la matière primitive, et l'analyse comparative des deux éléments qui résultaient de la fusion, l'élément cristallin et celui qui avait conservé l'état vitreux.

Parmi les actions moléculaires purement physiques, provoquées artificiellement par l'emploi de la chaleur; il faut citer la reproduction de quelques silicates par fusion. C'est à Mitscherlich qu'on doit le premier succès dans ce genre de recherches. Il a trouvé du mica dans les scories du Garpenberg, du péridot, dans un grand nombre de laitiers de hauts-fourneaux, et en se plaçant dans des conditions analogues, il a reproduit le péridot. Plus tard, Berthier a exécuté des expériences semblables, il a formé artificiellement du péridot et diverses variétés de pyroxène.

Ces deux chimistes opéraient de la même manière, en pesant les éléments constitutifs de chaque minéral, les soumettant à la fusion et à un refroidissement lent.

Les exemples de reproduction que je viens de citer ne portent jusqu'à présent que sur des phénomènes physiques : ce n'est pas une modification dans la composition de la substance qu'on obtient, mais un arrangement particulier de ses molécules ; par exemple, celui qui constitue l'état cristallin.

D'autres procédés d'expérimentation s'appuyant, soit sur la chaleur seule, soit sur la chaleur aidée de la pression, ont eu pour but de déterminer entre plusieurs substances des réactions chimiques, et pour résultat la production de certains corps naturels dont les éléments existaient, mais engagés dans des combinaisons tout autres que celles qu'il s'agissait de reproduire.

Un des cas les plus simples de ce dernier genre d'actions a été la reproduction de substances analogues à la houille par l'altération de matières ligneuses sous la double influence de la chaleur et de la pression.

M. Cagnard-Latour a le premier réussi à reproduire ces phénomènes.

Dans ces expériences, ce physicien soumettait des bois divers (sycomore, chêne, bouleau, buis, gayac), réduits en poudre et humectés d'eau à une très-forte chaleur et à une très-forte pression dans des tubes très-épais, fermés aux deux extrémités, et il obtenait un charbon, analogue à la houille grasse, collant et brûlant avec une flamme fuligineuse.

Les tubes employés avaient des parois de 2 à 3 millimètres d'épaisseur, ils étaient chauffés à 350°, et M. Cagnard-Latour estime qu'il n'y avait pas d'exagération à évaluer à près de cent atmosphères la pression qu'y supportaient les substances qui y étaient renfermées.

Hatchett a étudié aussi la transformation des végétaux en matière bitumineuse. Enfin, M. Baroubier a annoncé qu'il avait exposé des matières végétales enveloppées d'argile humide et fortement comprimées à des températures soutenues de 200 à 300 degrés.

L'appareil, sans être absolument clos, mettait obstacle à l'échappement des gaz ou des vapeurs, de sorte que la décomposition des matières organiques s'opérait dans un milieu saturé d'humidité.

La sciure de bois de diverses natures, placée dans ces conditions, a donné, d'après l'auteur, des produits dont l'aspect et toutes les propriétés rappelaient tantôt des houilles brillantes, tantôt des houilles ternes, enfin, des alternances de ces deux variétés de houille.

Les procédés de reproduction des minéraux naturels dans lesquels on a fait appel aux réactions chimiques sont de beaucoup les plus importantes et les plus instructives. Mais, comme elles constituent une histoire tout à fait contemporaine, je ne puis insister longuement sur elles, et je ne ferai que toucher légèrement cette partie des recherches géologiques, qui feront assurément un grand honneur aux chimistes et aux minéralogistes du XIXᵉ siècle.

Les méthodes chimiques employées peuvent être, d'une manière générale, rapportées à quatre catégories différentes :

1° Les éléments du minéral sont dissous dans une substance susceptible de se volatiliser, sans réagir sur eux, et par suite, de déterminer leur réunion en un corps et leur cristallisation dans sa masse ainsi diminuée.

C'est la méthode d'Ebelmen, de Gaudin et de Forshammer.

2° Les corps sont tenus en dissolution dans des liquides que l'on fait réagir les uns sur les autres, au moyen d'une haute température et d'une haute pression.

C'est la méthode indiquée par M. Elie de Beaumont et suivie par MM. Bischof, de Sénarmont et Daubrée.

3° Réaction d'un liquide sur des corps solides, *avec* ou *sans* chaleur, mais *sans* pression.

Des expériences d'après cette méthode ont été inaugurées par Gay-Lussac.

4° Les minéraux reproduits se forment par la rencontre et la réunion de vapeurs à des températures plus ou moins élevées.

Cette méthode fut encore inaugurée par Gay-Lussac, et suivie depuis par MM. Daubrée, Durocher, H. Sainte-Claire Deville et Caron.

Mais ces savants ont introduit une grande variété dans ces méthodes ; les substances qui doivent agir les unes sur les autres peuvent être toutes à l'état de vapeur ou en partie à l'état solide. Ce dernier cas est le plus général.

Un des exemples les plus habituels des reproductions est la cristallisation artificielle, non pas par fusion ignée, comme dans les expériences précédentes, mais par dissolution dans un liquide. Ce sont des expériences que chacun peut faire avec la plus grande facilité.

On sait les faits curieux qu'a obtenus, dans ce genre de recherches Leblanc, l'un des inventeurs de la production artificielle de la soude, et comme il *nourrissait* ses cristaux avec un soin et un succès remarquables.

Au reste, là encore, nous retrouvons l'action de la chaleur.

Mais dans ces dernières années, un homme, enlevé bien jeune encore aux sciences géologiques, Ebelmen, dont nous aurons souvent cette année occasion de prononcer le nom, a fait de ce principe de l'évaporation du dissolvant une application très-originale.

Pour lui, le dissolvant était l'acide borique, et il était entraîné par l'action d'une mouffle d'un fourneau à porcelaine ; le résultat fut la reproduction des spinelles et d'un grand nombre d'autres minéraux cristallisés, avec leur composition et leurs formes naturelles.

Avant Ebelmen, M. Gaudin avait fait aussi au chalumeau des expériences analogues, et avait obtenu le premier le coryndon cristallisé.

On peut encore rattacher à ce genre de considérations les expériences dans lesquelles M. Forshammer a employé certaines substances, par exemple, le chlorure de sodium, maintenu à l'état de fusion ignée, comme une eau mère, dans laquelle se déposaient, avec leurs caractères naturels, des substances dont les éléments avaient été préalablement dissous dans la menstrue.

Le second cas à considérer est celui où les corps en dissolution dans le liquide peuvent réagir les uns sur les autres, au moyen d'une haute température et d'une forte pression.

Dès 1845, M. Elie de Beaumont avait signalé, dans les leçons professées dans cette chaire et imprimées postérieurement, cette application de la méthode si féconde de Hutton.

Plusieurs chimistes habiles l'ont suivi dans cette voie. En particulier, M. de Sénarmont, dans des recherches qui ont marqué justement dans la science, appliqua cette pen-

sée avec un rare talent d'expérimentateur et une persévérance qui, comme celle de James Hall, a été couronnée par
le plus beau succès.

Depuis lors, M. Daubrée a utilisé les appareils ingénieux de M. de Sénarmont, et en a encore obtenu des résultats intéressants pour le métamorphisme.

Dans le troisième mode d'opérer, c'est-à-dire dans le
cas où l'on fait agir un liquide ou une vapeur à haute température, mais sans pression, sur un solide, les expériences les plus fécondes sont celles que l'on doit à Gay-Lussac, et qui reposent sur la décomposition de l'eau, par
certains corps, sous l'influence d'une haute température.

C'est ainsi qu'en faisant passer la vapeur d'eau sur le
protochlorure de fer chauffé au rouge dans un tube de porcelaine, ce grand chimiste est parvenu à reproduire le fer
oxydulé et le fer oligiste des volcans, par les moyens mêmes
que la nature emploie pour les y former.

Et cette expérience capitale lui avait été suggérée par
la voie des phénomènes naturels ; car, c'est en 1805, au
retour d'un voyage au Vésuve, dans lequel il avait été témoin d'une éruption du volcan et de la formation des fers
oligistes, qu'elle fut imaginée.

Plus tard, M. Daubrée répéta cette expérience sur les
chlorures de titane et d'étain et reproduisit ainsi les oxydes
de titane et d'étain analogues à ceux de la nature.

Plus tard encore, M. Durocher a reproduit la dolomie
par l'action de vapeurs anhydres de chlorure de magnésium sur du carbonate de chaux poreux.

Il faut encore rattacher à ce cas celui où les dissolutions
sont soumises à des alternatives de réchauffement et de
refroidissement, c'est ainsi, par exemple, que l'on transforme le soufre mou en soufre octaédrique à l'aide d'une
quantité très-limitée de sulfure de carbone, celui-ci se

charge de soufre soluble à la température de la journée, et en dépose la nuit sous forme de petits octaèdres ; le lendemain, la température du laboratoire s'élevant de nouveau, le liquide se sature aux dépens du soufre mou, pour en abandonner encore une partie la nuit sous la forme octaédrique.

De même, M. Debray a pu, de la sorte, transformer des phosphates amorphes peu solubles en phosphates cristallisés en les tenant au contact d'un liquide, en quantité insuffisante pour les dissoudre complétement et soumis à des variations alternatives dans la température.

Les applications que l'on peut faire de ces expériences à la théorie des filons métallifères est évidente.

Il faut encore rapporter à ce genre d'expériences la transformation des oxydes de fer amorphe en fer oligiste cristallisé, opération qui a été effectuée par mon frère, à l'aide de l'acide chlorhydrique gazeux et agissant à haute température.

C'est encore une expérience de Gay-Lussac qui a inauguré une autre série de recherches. La vapeur d'eau, passant au rouge, sur un mélange de chlorure de sodium et de silice ou d'un silicate, se décompose, cède son hydrogène avec le chlore de sel marin, porte son oxygène sur le sodium, et il se produit ainsi un silicate de soude, tandis qu'il se dégage de l'acide chlorhydrique.

J'ai eu plusieurs fois l'occasion de signaler la haute portée géologique de cette expérience, et j'ai même été assez heureux pour montrer ici quelques applications du même principe, faites par moi-même, dans des conditions aussi semblables que possible aux conditions naturelles, et qui me semblaient expliquer le plus simplement possible quelques-uns des faits les plus curieux et les plus singuliers du métamorphisme, en particulier la transformation de la silice, d'un fragment de grès, en pyroxène et en feldspath.

D'autres expériences, beaucoup plus simples et faites aussi dans le laboratoire du Collége de France, montrent comment, à une température un peu inférieure à 100 degrés, les vapeurs aqueuses des volcans, chargées d'acides carbonique et sulfhydrique, décomposent, à la longue, entièrement les roches volcaniques et les transforment en argile.

A la limite de ce mode d'opérer se placent les expériences dans lesquelles on fait agir chimiquement un gaz sur un solide ou deux gaz entre eux, ou même un gaz sur un solide, en présence d'un liquide avec ou sans l'action de la chaleur, mais avec l'intermédiaire d'un corps poreux.

C'est le cas de la nitrification artificielle, — tel est aussi le cas de l'élégante expérience par laquelle M. Melsens reproduit le chlorhydrate d'ammoniaque des volcans en mettant en présence l'eau, l'acide sulfhydrique, l'acide chlorhydrique et l'azote de l'air.

Une quatrième méthode générale consiste à faire réagir, sous l'influence d'une haute température et d'une forte pression, une dissolution d'une substance sur un corps solide. Dans ce cadre rentrent les expériences dans lesquelles, d'un côté, MM. Hardinger et de Morlot, de l'autre, M. Marignac, ont reproduit la dolomie en soumettant à la chaleur et à la pression des carbonates de chaux imprégnés d'une dissolution de sulfate de magnésie et de chlorure de magnésium.

Ainsi s'est trouvée pleinement confirmée l'explication si hardie de la dolomitisation des calcaires, entrevue par le coup d'œil si sûr de Léopold de Buch.

Telles sont aussi les expériences qui datent déjà de 1822, dans lesquelles M. Bischof a reproduit les eaux minérales carbonatées sodiques et calciques, en faisant réagir l'acide carbonique et l'eau sur les roches doléritiques sous l'influence d'une haute pression.

Enfin, vous me permettrez, en terminant cette trop courte revue des grands et récents succès de la géologie expérimentale, de citer, avec un juste orgueil, les reproductions que mon frère et ses collaborateurs ont obtenues, dans son laboratoire de l'Ecole normale, des minéraux les plus beaux et les plus réfractaires que présente la nature ; en particulier, des coryndons, des rubis, des saphirs, présentant avec leurs formes cristallines naturelles toutes leurs propriétés, les couleurs les plus riches et les plus variées.

Ces remarquables reproductions constituent, en réalité, une cinquième méthode qui repose sur des réactions mutuelles entre les fluorures métalliques volatiles et des composés oxygénés fixes ou volatiles. Comme il n'existe que bien peu de fluorures métalliques absolument fixes, cette réaction est presque toujours possible.

Mais ce qu'il y a de particulièrement original dans cette dernière méthode, c'est que le fluorure d'aluminium volatil, qui, en décomposant un composé oxygéné, l'acide borique, par exemple, aura produit de l'alumine cristallisé ou coryndon, ou le fluorure de silicium, qui, dans les mêmes conditions, aura produit le quartz ; donnera une quantité équivalente de fluorure de bore qui, volatil aussi, se dégagera à son tour, pour aller opérer de nouvelles transformations. Le fluor ne se fixant jamais, une quantité trèsfaible de ce corps pourra servir à transformer ainsi en produits cristallins une quantité en quelque sorte indéfinie de substances oxygénées amorphes. Ainsi s'explique comment le fluor, malgré sa rareté dans la nature, a pu être, à l'époque des granits anciens, un intermédiaire si habituel et si actif de transformation et de cristallisation.

Tel est le court aperçu que je voulais vous présenter des récents progrès de la géotechnie lithologique. Je ne doute pas que vous ne soyez frappés du développement merveilleux qu'a pris si rapidement une partie des sciences géologiques, née en quelque sorte d'hier. Mais c'est que les géologues et les chimistes qui se sont livrés avec tant d'ardeur et de succès à ces belles recherches, étaient préparés par les conséquences qu'avaient permis de déduire, en faveur des causes spéciales à chaque genre de phénomènes, l'Ecole cryptoristique, qui avait débuté vers le milieu du siècle dernier, et l'Ecole troponomique qu'a vu naître le xixᵉ siècle.

C'est à l'exposé du développement de ces deux grands points de vue en géologie, que je consacrerai les deux prochaines leçons.

ONZIÈME LEÇON

Ecole cryptoristique moderne.

Messieurs,

J'ai employé la plus grande partie de la dernière leçon à vous présenter un aperçu rapide du point de vue technologique en géologie. J'ai insisté sur les difficultés toutes particulières de ce genre de recherches.

Si l'on veut reproduire les effets mécaniques, on peut, à la vérité, remplacer la force de la pesanteur par une pression équivalente ; mais il y a bien des écueils et des plus dangereux à éviter, lorsqu'on veut pouvoir conclure d'une expression mécanique, exécutée en petit, à ce qu'ont pu produire des forces analogues dans le vaste champ de la nature.

Pour la reproduction des phénomènes physiques et chimiques, c'est-à-dire de ceux qui dépendent des actions moléculaires, la considération des masses n'a qu'une importance secondaire ; mais la difficulté la plus grave gît dans la similitude des conditions chimiques et physiques, réalisées dans le laboratoire et dans la nature.

Il ne suffit pas, en effet, pour que l'explication soit acceptée par le géologue, que l'expérience soit possible chimiquement ou physiquement ; il faut encore qu'il trouve dans l'observation des faits naturels des présomptions en faveur de sa réalité.

C'est une des plus grandes difficultés du sujet, et celle qui exige, à la fois, les connaissances les plus variées et la plus grande sûreté de jugement. Aussi avons-nous vu que ce n'est que fort tard et même assez récemment qu'est vraiment née cette dernière branche des sciences géologiques, et, circonstance remarquable, qui prouve bien la connexité et les liens de filiation qui existent entre le point de vue étiologique et le point de vue technologique, c'est à Edimbourg et dans l'école même du grand étiologiste Hutton qu'elle a pris naissance.

Mais en même temps, ce qui prouve aussi combien les deux genres de mérite sont rarement réunis dans un même esprit, ce ne sera pas Hutton, mais, presque malgré Hutton, James Hall qui inaugurera à la fois cette voie nouvelle, par les expériences de fusion ignée, où il précédera Gregory Watt et Mitscherlich ; par les expériences de chaleur jointe à la pression, où l'école moderne l'a suivi d'une manière si brillante ; enfin, par les expériences de refoulement latéral, destinées à reproduire quelques-uns des phénomènes mécaniques qui ont affecté les couches sédimentaires.

Il y a une seconde manière de contrôler l'exactitude d'une idée générale, en sciences naturelles, lorsque cette idée ne porte que sur l'intervention d'agents physiques ou mécaniques, dont les effets sont, par conséquent, susceptibles d'être assujettis à des mesures rigoureuses et mécaniques : c'est de soumettre son hypothèse au calcul.

C'est ce qu'ont fait Fourier et Poisson pour les déductions relatives à la chaleur centrale ; et ce qu'ont tenté aussi, pour certains phénomènes mécaniques de la géologie, quelques géomètres géologues, particulièrement en Angleterre. Il n'y a pas de doute qu'un jour les sciences mathématiques ne puissent, en effet, rendre de grands services à la géologie, dans cet ordre de considération, et l'on doit savoir gré à ceux qui, malgré la difficulté du sujet, tant à cause des méthodes mathématiques que par l'imperfection même des connaissances dues à l'observation, abordent cette voie nouvelle.

Je vous rappelais tout à l'heure, Messieurs, le lien qui rapproche le point de vue étiologique et le point de vue technique, en géologie, ou plutôt et pour parler plus exactement, la lithogénie et la lithotechnie. Cette seconde partie de la science étant une sorte de réciproque de la première, en ce sens qu'elle se propose de vérifier l'exactitude des causes attribuées au phénomène, en essayant de reproduire le phénomène lui-même par la reproduction de la cause.

Il existe aussi un lien analogue et plus étroit de succession entre le point de vue cryptoristique et le point de vue troponomique. Le premier est une préparation nécessaire à qui veut aborder le second.

En effet, voici l'ensemble des opérations que poursuit et doit atteindre celui qui parcourt successivement ces deux branches d'une science générale.

Après avoir défini et délimité le cadre de ses travaux, soit par la simple autoptique, soit par l'autoptique déjà perfectionnée et devenue la *synoptique*, il observe, en premier lieu, attentivement, et décrit, un à un, les objets ou les phénomènes qu'il s'agit d'étudier ; en second lieu, il expérimente sur eux, il en fait l'analyse ou l'anatomie, et pénètre ainsi plus profondément qu'il n'avait pu le faire par l'observation dans leur intérieur, et, en quelque sorte, dans leur intimité ; d'où il conclut les variations qu'ils peuvent présenter ; variations qui, dans le monde inorganique, ne peuvent porter que sur les temps et sur les lieux. Voilà où finit la cryptoristique, où commence la troponomie, qui, une fois ces variations découvertes, cherche à en déterminer les lois.

Mais, vous voyez, Messieurs, combien ces deux modes d'opérer se tiennent, et comment il est presque impossible de pousser loin la cryptoristique, sans toucher à la troponomie. Il en résulte qu'il est aussi à peu près impossible de séparer, dans leur histoire, ces deux branches de la science, et que, le plus souvent, le savant qui aura constaté les faits et leurs variations, les comparera entre eux, cherchera, en un mot, d'une façon plus ou moins heureuse, les rapports qu'ils présentent.

C'est ce qui va ressortir pour vous du coup d'œil historique rapide, que nous allons jeter sur ces deux points de vue de la géologie.

Nous avons vu que, chez les anciens, non-seulement l'expérience n'était pas encore née, mais que l'observation elle-même était dans l'enfance. On peut, néanmoins, remarquer qu'une branche descriptive de la lithologie avait commencé à paraître, c'était la reconnaissance et la description, bien imparfaite encore, de quelques minéraux ou de quelques roches employées dans les arts.

C'est ce qu'on trouve dans le traité de Théophraste, *De gemmis et de lapidibus;* dans Aristote, dans Pline, et surtout chez les Arabes, qui ont commenté et complété les notions des anciens à ce sujet, particulièrement le traité de *Teifaschi,* traduit et annoté, avec un soin minutieux et compétent, par M. Clément Mallet.

Teifaschi, qui vivait en l'an 640 de l'hégire (1242 de l'ère chrétienne), après avoir, dans son traité, qui, je le répète, résume toutes les connaissances des anciens sur la lithologie, expose la théorie de la formation des gemmes, énumère les qualités qui constituent le mérite de la pierre et les défauts qui peuvent la déparer; puis il traite de leurs propriétés, y compris leur valeur médicinale, et termine son livre par un paragraphe fort curieux, économiquement, sur le prix et la valeur commerciale des diverses pierres sur les marchés les plus importants de l'Asie.

Mais si l'on commence à distinguer quelques caractères extérieurs, quelques propriétés faciles à reconnaître, on ne sait rien encore sur la nature du minéral; le côté vraiment scientifique n'est pas encore abordé!

Les faits qui témoignent de variations dans les phénomènes géologiques proprement dits sont aussi notés, mais d'une manière vague et générale : on ne sent pas le besoin d'une analyse plus délicate et plus profonde.

Les Arabes n'ajoutent rien à ce que savaient là-dessus les anciens. C'est à la Renaissance, à Léonard de Vinci, à Bernard Palissy, qu'il faut faire remonter les premiers essais d'observations sérieuses, bien peu nombreuses encore.

Mais, ainsi que je l'ai déjà dit, on peut considérer Sténon comme le fondateur de l'école cryptoristique. Personne plus que lui, et surtout personne avant lui, n'avait compris au même degré l'importance de la précision dans l'observation. Et l'esprit troponomique ne lui manque pas non plus; car, après avoir constaté les *six facies* successifs qu'a présentés la Toscane, *sex Etruriæ facies,* il se préoccupe beaucoup moins d'assigner la cause de ces mouvements que le mode et l'ordre suivant lesquels ils se sont opérés.

Malheureusement, Sténon quitta la Toscane avant d'avoir guère pu faire autre chose que le plan de son travail, et lorsque, soixante ans plus tard, ce plan fut repris par Targioni-Tozzetti, ce fut avec plus de zèle et d'ardeur que d'élévation dans l'esprit.

Parmi les savants qui ont compris, les premiers, la valeur de l'observation précise en géologie, il faut citer un contemporain de Sténon, le peintre sicilien Scilla, qui, en 1670, publia, en latin, un traité sur les fossiles de la Calabre ; et Lisler, qui, en 1678, établit, le premier, le fait de la continuité sur de grandes étendues des principaux groupes sédimentaires de la Grande-Bretagne.

Lisler, dont les conceptions géogéniques prêtaient encore bien à la critique, puisqu'il n'est pas certain que « les « pierres turbinées ou bivalves soient terreuses (terrigi- « nous), ou si les animaux qu'elles représentent si exac- « tement aient vécu, » avait, au contraire, à la fois le sens de la cryptoristique ; car, dans une description soignée des coquilles fossiles de l'Angleterre, il avance que chaque roche est caractérisée par des coquilles fossiles différentes. Pour prouver que les coquilles de nos mers et de nos lacs sont spécifiquement différentes des coquilles fossiles (*lapides sui generis*), il affirme (1) « que les dernières, par « exemple, celles des carrières de Northamptonshire por- « tent tous les caractères de nos *Murex*, de nos *Tellines* et « de nos *Trochus ;* mais que des naturalistes qui ne sont « pas accoutumés à s'arrêter à un aperçu vague et géné- « ral des choses, trouveront les coquilles fossiles *spécifi- « quement* différentes de toutes les coquilles du monde « actuel. » Premier indice de la théorie des fossiles caractéristiques des terrains.

Robert Hooke (en 1688) (ses œuvres posthumes ne parurent guère qu'en 1705), bien qu'il ne paraisse pas avoir saisi toute l'importance des vues si larges de Sténon, de Lisler et de son contemporain Woodward, sur la grande étendue géographique de certains groupes de couches, a exprimé des opinions très-remarquables, particulièrement sur les rapports qui pouvaient exister entre la disparition de certaines espèces d'animaux et de plantes, et les changements opérés par les tremblements de terre des anciens temps.

« Certaines espèces, dit-il, sont particulières à certains « lieux, et ne se rencontrent pas ailleurs. Si donc, tel ou « tel lieu a été englouti, il est assez probable que ces êtres « animés ont tous été détruits en même temps..... Les « tortues, ajoute-t-il, et ces grandes ammonites que l'on « trouve dans le Portland, paraissent provenir de régions « plus chaudes ; et il en conclut que l'Angleterre a dû « jadis séjourner sous une mer comprise dans la zone « torride. »

Il explique, d'ailleurs, comme Sténon, par des tremblements de terre, comment les coquilles avaient été transportées sur les points les plus élevés des Alpes, des Apennins, des Pyrénées et dans l'intérieur des continents.

Dans ses explications, il mentionne le soulèvement de la côte voisine de Naples, qui eut lieu *durant l'éruption du Monte-Nuovo*, et celui du sol de l'île Saint-Michel, aux Açores, qui eut lieu en 1591.

En témoignage de l'étendue simultanément parcourue par les mouvements souterrains, il cite un tremblement de terre, qui se fit sentir, en 1690, dans les Indes occidentales (Antilles), et dont les chocs soulevèrent ou « repoussèrent de bas en haut » une étendue de terrain plus considérable en longueur, affirme-t-il, que les Alpes et les Pyrénées.

En 1708, Scheuchzer publiait, en Allemagne, ses « *Piscium querelæ et vindiciæ*, » ouvrage d'une véritable valeur en zoologie, dans lequel il donne quelques bonnes descriptions, accompagnées de planches, de poissons fossiles.

Leibnitz, dans sa *Protogæa*, semble aussi attacher de l'importance à quelques observations qu'il rapporte. Il cite, en particulier, la description des fossiles que J. Ray avait faite à la fin du xviie siècle, et la succession des couches du sol, rencontrées successivement dans des excavations naturelles ou artificielles.

(1701-1744.) L'astronome suédois, André Celsius, établit, comme on sait, des traits fixes sur les rochers à pic des côtes de la Baltique. Bien qu'elle eût pour but de mettre en évidence une idée fausse, partagée, d'ailleurs, par Linné, à savoir la diminution absolue et constante des eaux de l'Océan, cette expérience remarquable ne permit pas moins de constater l'élévation lente et variable avec les époques, d'une partie du littoral suédois au-dessus du niveau de la Baltique.

Les ouvrages de *Vallisneri* (1721) sont riches en observations originales. Le premier, il entreprend une description générale de dépôts marins de l'Italie, de leur extension géographique, et de leurs restes organiques les plus caractéristiques. Dans son *Traité sur l'origine des sources*, il montre comment elles se lient, à la fois, à la superposition des couches et à leurs dislocations.

Vitaliano Donati, en 1750, se livre à une exploration complète de l'Adriatique ; il constate, par de nombreux sondages, qu'il s'y forme encore des dépôts comparables à ceux des collines subapennines, dont il surprend le passage aux amas de mollusques encore vivants, et en tout semblables à ceux qui, quelques pieds plus bas, constituent la pierre déjà solidifiée.

Marsilli avait déjà remarqué, dans le territoire de Parme (ce que Spada avait observé près de Vérone, et Schiavo en Sicile), que les coquilles fossiles n'étaient pas répandues dans les roches au hasard, mais y étaient rangées régulièrement, suivant les genres et les espèces.

Leur contemporain, Baldassavi, montre que, dans les marnes tertiaires de la province de Sienne, les coquilles fossiles sont groupées par familles, exactement comme les mollusques de l'Adriatique, observés par Donati.

Dans la même année 1750, le Suédois Tylas fut un des premiers qui comprît l'utilité de ces descriptions locales; il en entreprit et publia plusieurs.

En 1756, Lehmann, minéralogiste allemand et directeur des mines de Prusse, donna la description des terrains sédimentaires (Flœtzgebirge) de l'Allemagne centrale. Lehmann partageait les formations en trois classes :

Celles qui, ayant la même origine que le globe lui-même, étaient antérieures à la création des êtres vivants, et ne contenaient aucun fragment de roches étrangères ;

Les secondes, qui résultaient de la destruction partielle des roches primitives par une révolution générale ;

La troisième classe, qui devait son origine à des révolutions locales, et, en particulier, au déluge biblique.

En 1758, Gessner, botaniste de Zurich, publia, à Leyde, un excellent traité sur les pétrifications, et les changements de la terre qu'elles attestent avec une énumération détaillée des classes variées de fossiles des règnes animal et végétal, et des remarques sur les différents états, dans lesquels on les trouve pétrifiés; il considère les phéno-mènes géologiques qui sont liés avec eux, observant que quelques-uns de ces fossiles, tels que ceux de Œningen, ressemblent aux testacés, aux poissons et aux plantes indigènes de la région voisine, tandis que d'autres, tels que les ammonites, les griphytes, les bélemnites et autres coquilles, sont, ou des espèces inconnues, ou se trouvent seulement dans la mer des Indes, et d'autres mers éloignées. Afin d'établir la structure de la terre, il donne des coupes, d'après Virénius, Buffon, et plusieurs autres, obtenues en creusant des puits; distingue les couches incli-nées de celles qui sont horizontales, et, spéculant sur les

causes de ces apparences, mentionne les recherches de
Donati sur les couches de l'Adriatique, le remplissage de
lacs et de mers par des sédiments, l'enfouissement des coquilles, qui va en progressant, et plusieurs effets connus
des tremblements de terre, tels que l'affaissement de certaines régions, ou l'élévation du lit de la mer, de manière
à former de nouvelles îles et des dépôts de couches solides,
contenant des pétrifications.

On trouve dans les notes de la *Théorie de la terre* de
Buffon (1778), quelques comptes-rendus donnés, avec
détail, d'observations faites par Gensane, Guettard,
Hoffmann, Pallas, etc., et, dans l'*Introduction à l'histoire
des minéraux*, un assez grand nombre d'expériences, peu
probantes encore, sur les minéraux, sur les roches et sur
les verres.

Arduino, en 1759, dans ses Mémoires sur les montagnes
de Padoue, Vicence et Vérone, déduisit d'observations
originales la distinction des roches *primaires, secondaires*
et *tertiaires*, et montra que, dans ces contrées, il y avait
eu une succession d'éruptions volcaniques sous-marines.

Les opinions d'Arduino furent confirmées, en 1761, par
Fortis et Desmarets, qui voyagèrent dans la même contrée,
et cette même année vit paraître l'ouvrage d'Odoardi :
« *Sui Corpi Marini del Feltrino*, » où l'auteur apporte de
clairs arguments en faveur de l'âge différent des couches
de l'Apennin et des formations subapennines, et s'appuie,
pour démontrer que ces deux formations ont dû être déposées dans deux mers distinctes et à deux époques différentes, sur la discordance de leur stratification.

En 1760, Michell, frappé du grand tremblement de terre
qui avait détruit Lisbonne, en 1755, présenta des vues
originales sur la propagation des mouvements souterrains.
Pour appuyer sa théorie à la structure du globe, il fut

conduit à décrire l'arrangement et le bouleversement des couches, leur horizontalité habituelle dans les contrées basses, et leur état contourné et fracturé dans le voisinage des chaînes de montagnes. Il expliqua aussi, avec une exactitude remarquable, les rapports qui existent entre les crêtes centrales de certaines roches anciennes et les *bandes étroites de terre, de pierre ou de minéraux semblables*, qui suivent une direction parallèle à ces crêtes.

Un savant historien, Raspe, publia, en 1763, en latin, une *Histoire des îles nouvelles*. Il y développa surtout la théorie de l'origine des couches de Hooke, qu'il préfère à celle de Lazzaro Moro... Il admet, avec Robert Hooke, les indications de l'ancienne chaleur tropicale des mers de l'Europe; mais, au lieu d'en chercher, comme son prédécesseur, l'explication dans un changement dans la position de l'axe de la terre, il se borne à remarquer que ce phénomène, lié aux variations survenues dans les espèces d'animaux et de plantes, est un des problèmes les plus obscurs de la géologie et les plus difficiles à résoudre.

Il termine son ouvrage en exhortant vivement les naturalistes à examiner avec soin les îles qui s'étaient élevées, en 1707, dans l'archipel grec, et, en 1720, dans les Açores, et à ne pas négliger de si belles occasions d'étudier la nature (2). Raspe trouvait « fort étonnant, « dit M. Ch. Lyell, que les écrits de Hooke eussent « pu être délaissés pendant plus d'un demi-siècle ; « mais ce qu'il y a de plus incompréhensible, c'est que « l'exposition si claire de cette théorie, faite par Raspe « lui-même, ait, à son tour, pendant plus d'un autre « demi-siècle, excité aussi peu d'intérêt. »

Fuchsel, physicien allemand, publia, en 1762, une description géologique de la contrée comprise entre le Thuringerwald et le Hartz, et un Mémoire sur les environs de Rudolstadt.

Plus tard, en 1773, il présenta un ouvrage théorique sur l'ancienne histoire de la terre et de l'homme. Allant sur les traces de son prédécesseur Lehmann, mais plus loin que lui, il établit la distinction à faire, au double point de vue de la superposition et des restes organisés, entre plusieurs des groupes de terrains sédimentaires reconnus aujourd'hui en Allemagne.

Sous ce rapport, Fuchsel fut un de ceux qui préparèrent le plus ouvertement les voies de Werner.

Comme étiologiste, Fuchsel est bien supérieur à Werner, et ses idées se rapprochent, du moins quant aux formations sédimentaires, de celles de Hutton, tendant, comme ces dernières, à rattacher les phénomènes actuels à la série des phénomènes antérieurs.

Enfin, on trouve dans Fuchsel, comme dans Sténon, la notion de l'horizontalité primitive des couches de sédiments, et de leur dérangement ultérieur, par suite de violentes commotions du sol.

Enfin, parmi les géologues qui, vers cette époque, essayèrent des descriptions particulières de nos provinces, citons Gensane, pour le Languedoc ; Faujas, pour le Dauphiné et le Vivarais ; Palassou, qui, dans son *Essai sur les Pyrénées*, fit connaître la structure de ces montagnes et reconnut ce fait important, déjà signalé par Michell pour les crêtes montagneuses de l'Angleterre, que la direction des couches y est parallèle à celle de la chaîne elle-même.

Pour terminer cette énumération des principaux savants qui, par leurs écrits, ont annoncé et préparé la grande école observatrice qui remplit les vingt dernières années du xviiie siècle, il me reste à citer les traités de minéralogie qui, comme ceux de Wallerius et de Gerhard (1778) renferment déjà beaucoup de faits sur le gisement des minéraux, et surtout la *Géographie physique* de Bergmann.

Pendant que se faisaient, en Europe, ces nombreux essais d'observations exactes et ces tentatives partielles de coordination, la géologie cryptoristique, ou la géognosie jetait, en France, de plus fortes racines encore, par les soins de deux savants, aussi éminents qu'ils étaient modestes, Guettard et Desmarets.

Et, chose remarquable, l'un d'eux lui ouvrait, en même temps, une voie nouvelle, en traçant une *Carte géologique*, c'est-à-dire en reportant sur une carte topographique, au moyen de couleurs ou de signes convenus, les natures diverses des terrains qui composent une contrée. La rédaction d'une carte géologique est la constatation traduite sous forme graphique des variations du sol avec les lieux ; c'est donc une opération qui résume des études cryptologiques, qui met sous les yeux du troponomiste les rapports dont il est chargé de rechercher les lois.

On doit faire remonter l'idée de représenter ainsi graphiquement au moins les traits les plus simples et les plus saillants, des matières minérales qui constituent le sol de la France, à l'abbé L. Coulon, qui, en 1664, dans un ouvrage spécialement destiné à l'hydrographie, présenta une carte où sont indiquées, avec une sagacité remarquable et un véritable esprit d'observation, les limites générales du *granite* et des *terrains secondaires*.

Mais la même idée, reprise quatre-vingts ans plus tard (en 1746), fournit à Guettard l'occasion de présenter un travail qui, pour la partie septentrionale de la France seulement, peut être considéré comme le premier essai sérieux d'une carte géologique.

Guettard ne se contentait pas de reproduire fidèlement,

sur sa carte, les limites des terrains de nature diverse ; il entrevoyait déjà des rapports déterminés dans leur arrangement et leur succession, et, assurément, il est intéressant de trouver tant de tact, une si grande finesse d'observation dans un travail publié trois ans avant la *Théorie de la terre* de Buffon. Voici quelques passages de Guettard (3) :

« Je me suis proposé, dit-il, de faire voir, par cette
« carte, qu'il y a une certaine régularité dans la distri-
« bution qui a été faite des pierres, des métaux et de la
« plupart des autres fossiles. On ne trouve pas indiffé-
« remment dans toutes sortes de pays telle ou telle pierre,
« tel ou tel métal ; mais il y a de ces pays où il est im-
« possible de trouver des carrières ou des mines de ces
« pierres ou de ces métaux, tandis qu'elles sont très-
« fréquentes dans d'autres, et que, s'il ne s'en trouvait
« pas, on aurait plus sujet d'espérer d'y en rencontrer
« qu'autre part. Je fus frappé de cette espèce d'unifor-
« mité dans quelques voyages que j'ai faits, il y a quel-
« ques années, en Bas-Poitou. Je ne vis qu'avec surprise
« que l'on passait successivement par des pays où les
« pierres et le terrain devenaient sensiblement d'une na-
« ture différente presque tout à coup, après avoir gardé
« la même pendant plusieurs lieues. Il est réellement im-
« possible de se refuser à cette surprise lorsqu'après
« avoir traversé les pays sablonneux qui s'étendent depuis
« Longjumeau surtout jusqu'à Etampes, et que l'on a
« passé le haut d'une chaîne de montagnes qui forme la
« Beauce, l'on entre, vers Cercottes, dans un terrain gra-
« veleux qui continue jusques par-delà Amboise, où l'on
« quitte ce terrain pour entrer dans un autre qui est
« beaucoup plus gros, et qui diffère surtout des précédents
« par la nature de ses pierres, qui y sont d'un très-beau

« blanc, très-aisé à tailler et d'un grain très-fin. Après ce
« pays on en trouve un où ces corps sont plutôt d'une
« couleur noire et grise que blancs ; le fond du terrain y
« est plus aride et plus sec, ce que l'on continue à trou-
« ver depuis environ Montreuil jusque sur les bords de la
« mer du Bas-Poitou et de l'Aunis, et même jusque dans
« les îles voisines... »

« Ainsi Guettard entrevoyait, dès 1746, disent MM. Elie
« de Beaumont et Dufrénoy, que les différents terrains dont
« se compose le sol de la France septentrionale forment de
« grandes bandes continues disposées, par rapport à
« Paris, d'une manière concentrique. La carte qui accom-
« pagne son mémoire figure cette disposition d'une ma-
« nière que les recherches ultérieures ont pleinement
« confirmée, et dont nous retrouverons le fond dans no-
« tre travail. Guettard sentait en outre que les limites na-
« turelles, mais toutes superficielles, telles que l'interposi-
« tion d'une mer étroite et peu profonde, ne devaient pas
« interrompre des traits si profondément imprimés dans
« la charpente de la terre. Aussi ajoute-t-il :

« Une des premières idées qui me vint après tout ce
« travail, fut de m'assurer si l'Angleterre était semblable à
« ce dernier royaume (la France) en tout ou en partie : j'y
« étais conduit par les connaissances générales et confu-
« ses que j'avais déjà ; je savais que la Cornouailles était
« fameuse par ses mines d'étain, que plusieurs endroits
« de cette province et de quelques autres fournissaient
« beaucoup de charbon de terre : ceci me fit donc penser
« que la Cornouailles étant dans l'alignement de la Basse-
« Normandie, il pouvait bien se faire qu'il y eût une uni-
« formité entre ces deux provinces et qu'elle pourrait
« même se trouver dans le reste entre la France et l'An-
« gleterre... »

Sauf des erreurs de détail, telles que l'existence supposée des mines de houille en Cornwall, tout ce que dit ici Guettard a fini par se trouver confirmé, et l'on a même reconnu que ces grandes bandes que dessinent les masses minérales à la surface du sol ne sont souvent que les extrémités, en retraite l'une par rapport à l'autre, de grandes assises régulières que ces diverses masses constituent dans l'édifice minéralogique du sol de chaque contrée.

Guettard était, en effet, par ces idées tellement supérieur à ses contemporains, que Buffon, en 1778, disait du travail de Guettard (4) : « Quand on ne voit que superfi-
« ciellement la surface de nos continents, on tombe dans
« l'erreur en la divisant en bandes sablonneuses, marneu-
« ses, schisteuses, etc., etc. ; car toutes ces bandes ne sont
« que des déblais superficiels, qui ne prouvent rien et qui
« ne font, comme je l'ai dit, que masquer la nature et
« nous tromper sur la vraie théorie de la terre..... »

De son côté, Monvel, qui, en 1780, publiait un commencement de description minéralogique de la France, où l'on trouve des notions très-justes sur les caractères qu'impriment aux diverses régions les roches dominantes, non-seulement méconnaissait la valeur des vues beaucoup plus larges de Guettard, mais cherchait à les ridiculiser en affectant de les confondre avec les généralisations aventureuses de quelques ouvriers ignorants.

« C'est, disait-il, un préjugé reçu aujourd'hui par beau-
« coup de mineurs de croire que les mines de charbon
« ont une direction générale autour du globe ; voilà pour-
« quoi ils s'attachent à faire des recherches sur la même
« ligne où se montrent déjà de ces mines. Mais le peu de
« succès qu'ont eu beaucoup de ces entreprises devrait
« bien avoir dégoûté de cette opinion..... » Puis il ajoutait : « Il n'y a pas longtemps qu'on a vu à Paris un mi-

« neur de mines de charbon montrer une carte minéralo-
« gique, où il faisait courir des veines de charbon d'un
« point à l'autre du globe. Ce système ressemble beaucoup
« à celui de M. Guettard, qui a divisé, dans une carte, la
« France en plusieurs bandes minérales ; ils sont aussi
« fondés l'un que l'autre. » Aussi le travail de Monnet
est-il, en somme, bien inférieur à celui de Guettard.

Depuis lors, M. d'Omalius d'Halloy, un des vétérans de
la géologie contemporaine, qui vient de s'éteindre à plus
de 91 ans, et qui, dès 1808, avait écrit un mémoire très-
étendu sur la géologie du nord de la France, publia, en
1822, de concert avec M. Coquebert de Montbret, un essai
de carte géologique de la France, des Pays-Bas et des
quelques contrées voisines. Cette carte, dessinée à très-
petite échelle, et où les divisions diverses du terrain sont
forcément réunies en une seule, était un acheminement et
une préparation à l'œuvre grandiose, au véritable monument géologique qui devait être dix ans plus tard élevé
par MM. Dufrénoy et Elie de Beaumont.

L'Angleterre, de son côté, ne restait pas indifférente
devant ce nouveau progrès de la géologie d'observation.

En 1790, William Smith, *English Surveyor*, publiait sa
« *Tabular View of the British strata* », dans laquelle il
propose une classification des formations secondaires dans
l'ouest de l'Angleterre. Quoiqu'il n'eût aucune communi-
cation avec Werner, on voit, par cet ouvrage, qu'il était
arrivé aux mêmes vues, relativement aux lois de superposition des roches stratifiées ; qu'il savait que l'ordre de succession de différents groupes n'était jamais interverti, et
qu'ils pouvaient être identifiés à des distances très-grandes
par leurs restes organisés fossiles.

Du moment où il fit paraître le « Tabular View » l'auteur
travailla à construire une carte géologique de toute l'An-

gleterre, et, avec le plus grand désintéressement, communiqua le résultat de ses recherches à tous ceux qui le désiraient, donnant une si grande publicité à ses vues originales, qu'il mit ses contemporains en état de concourir avec lui au même but. Sa carte fut terminée en 1815, et demeure un monument de ses vues originales et d'une persévérance peu commune. Car, après avoir exploré tout le pays à pied, sans être guidé par de précédents observateurs, ni aidé par aucun collaborateur, il réussit à diviser, d'une manière naturelle, la série compliquée des roches de l'Angleterre.

D'Aubuisson, élève distingué de Werner, accorda un juste tribut d'éloges à cette œuvre remarquable, observant que « ce qui avait été accompli pour une petite partie de l'Allemagne en un demi-siècle par plusieurs minéralogistes célèbres, avait été effectué par un seul individu pour toute l'Angleterre. »

Mais le chef-d'œuvre de la géologie cryptoristique ou, si vous voulez, de la géognosie, l'ouvrage qui fit époque dans la science et fixa, pour ainsi dire, le genre, fut la description des terrains des environs de Paris, par Cuvier et Alexandre Brongniart, qui parut en 1809.

Les deux auteurs, combinant les résultats de l'observation directe des superpositions avec les données d'une science nouvelle, la paléontologie, que, tous deux, à des degrés divers, avaient contribué à fonder, parvinrent à analyser dans leur détail les couches si nombreuses et si variées du bassin parisien, et en fixèrent l'âge relatif avec une précision telle, qu'à une seule exception près, tous les progrès qu'ont amenés depuis lors les innombrables travaux publiés sur cette contrée, sont venus se placer, sans embarras et sans difficulté, dans le cadre qu'ils avaient tracé.

L'histoire que je viens d'esquisser des progrès de la géologie cryptoristique dans les deux derniers siècles porte presque exclusivement sur les formations sédimentaires. Ce sont, en effet, les seuls dont on s'occupa avec suite et persévérance jusque vers le milieu du XVIIIe siècle.

Lazzaro Moro lui-même et son disciple, le carme Generelli, bien qu'ils eussent fait jouer, dans leur système, un rôle prépondérant aux actions volcaniques, ne les avaient cependant que très-imparfaitement analysés, et surtout, ils ne les rattachaient aucunement à d'autres formations plus anciennes, mais d'origine analogue.

C'est encore Guettard et un autre savant français, son contemporain, le plus modeste de tous, et l'un des plus clairvoyants, Desmarest, qui devaient jeter, les premiers, un grand jour sur cet ordre de formations.

Desmarest a été l'un des vétérans de cette race intrépide et infatigable de voyageurs, qui depuis un siècle parcourt le globe et ne se lasse pas d'en admirer et d'en faire connaître les innombrables richesses. Il a ouvert la voie aux Pallas, aux de Saussure, aux Dolomieu, aux Humboldt et aux Léopold de Buch.

Cheminant toujours à pied, muni des provisions les plus frugales, aucun sentier ne lui semblait impraticable, aucun rocher inaccessible (5). « Il ne cherchait point les châ- « teaux, ni ne s'arrêtait dans les auberges ; passer la nuit « sur la dure, dans quelque cabane de pâtre, n'était pour « lui qu'un jeu. Il accostait ceux qui fouillent la terre, « ceux qui travaillent aux mines : il entrait en conversa- « tion avec les forgerons et les maçons du pays plus vo- « lontiers qu'avec les savants ; et c'est ainsi qu'il s'était « procuré cette connaissance détaillée du sol de nos pro- « vinces, dont il a nourri ses ouvrages. »

Cuvier, à qui j'emprunte ces dernières lignes, aurait

pu ajouter que cette vie si rude, mais si active, n'empêcha pas Desmarest d'atteindre aux dernières limites de la vieillesse, puisqu'il s'est éteint, sans infirmités, en 1815, à plus de quatre-vingt-dix ans.

Cuvier, dans son charmant éloge de Desmarest, a raconté avec tant de verve et d'exactitude en même temps la découverte qu'il fit de la véritable nature des terrains basaltiques, que je ne puis résister au désir de vous lire le passage suivant, qui est tout entier dans notre sujet (6) :

« Depuis bien des siècles, les montagnes qui vomissent du feu avaient excité l'attention des physiciens, autant que l'étonnement et la frayeur du peuple : on n'ignorait pas qu'il s'en était allumé quelquefois en des lieux où l'on ne se souvenait plus qu'il en eût existé, et que plusieurs de celles dont les anciennes éruptions étaient bien constatées, avaient cessé de brûler ; mais les exemples de ces variations se trouvaient tous dans des pays fort éloignés, et l'on ne se doutait point que le centre de l'Europe, que le milieu de la France, eussent été en plusieurs endroits ravagés par les déjections d'innombrables volcans.

M. Guettard, le premier, en 1751, en voyageant avec M. de Malesherbes, remarqua auprès de Moulins, des pierres dont on faisait un bassin de fontaine, et qui, par leur dureté, leur couleur noire et leur tissu poreux, lui rappelèrent les laves du Vésuve. D'où tirez-vous ces pierres ? demanda-t-il au maçon qui les travaillait. — De Volvic, près Riom. — *Volvic ! Vulcani vicus !* s'écrièrent aussitôt nos deux voyageurs ; « il doit y avoir eu un volcan » ; et ils. prennent le chemin de l'Auvergne. Ils trouvent tout ce qu'ils avaient présumé : des laves, des scories, des cendres, des pierres ponces, une montagne conique, un cratère, en un mot, aux flammes près, tous les caractères qu'offrent aujourd'hui les montagnes brûlantes. Mais le volcan de

Volvic n'a pas été le seul ; toute la petite chaîne du Puy-de-Dôme, tout l'immense massif des Monts-d'Or montrent en divers points les produits du feu : on voit partout des pics qui ont brûlé ; une grande partie de la province est encore couverte des laves stériles dont ils l'ont inondée ; le sol même le plus tranquille, celui que recouvrent de gras pâturages, et que foule le pied des bergers et des troupeaux avec tant d'assurance, des torrents enflammés l'ont souvent et longtemps tourmenté. »

« Telle fut la découverte de Guettard, et, sur la relation qu'il en donna, on reconnut bientôt, dans une multitude d'autres lieux, des traces incontestables de feux souterrains. Mais, quelques années après, M. Desmarest, parcourant le même pays, fit des découvertes qui donnèrent à l'action des anciens volcans une étendue tout autrement vaste et effrayante. »

Je ne suivrai pas le panégyriste dans le récit très-vivant et très-animé qu'il trace de la lutte entre les vulcaniens et les neptuniens, lutte dans laquelle le modeste Desmarest triompha du grand Werner.

Pour lui, lorsque par hasard quelque neptunien le consultait, il se contentait de répondre : « *Allez et voyez.* »

C'est ce que fit, en effet, un des plus illustres élèves de Werner. Leopold de Buch visita l'Auvergne en 1802, en descendant, pour ainsi dire du Vésuve, et son esprit, aussi juste que perspicace, ne put se refuser à l'évidence.

Quant à Desmarets, il poursuivit jusqu'au bout sa carte topographique et géologique du Puy-de-Dôme et des Monts-Dore, et ce chef-d'œuvre de géologie cryptoristique est encore le guide le meilleur, et le plus précieux que puisse emporter l'observateur des produits éruptifs anciens et modernes de cette région classique.

La voie qu'avaient ouverte Guettard et Desmarest devint féconde.

Je vous ai déjà dit comment Hutton se convainquit, dans ses voyages en Ecosse, que le granite lui-même était une roche éruptive.

Mais en restant même dans les formations volcaniques actuelles et anciennes, ces explorateurs sagaces et bien inspirés eurent bientôt une foule de successeurs, dont quelques-uns ont jeté un grand éclat. Nommer Dolomieu, Faujas, Spallanzani, Breislak, Leopold de Buch, Humboldt, pour ne citer que ceux qui appartiennent déjà à l'histoire, c'est dire avec quelle ardeur on se mit à cultiver ces études, qui venaient à peine de prendre rang dans la science.

La carrière de Dolomieu fut triste et traversée par mille infortunes. Cependant, dans cette vie si agitée et si courte (il est mort à 51 ans), il montra clairement quelle était sa vocation et la nature de son esprit. Doué d'une rare vigueur corporelle, il était infatigable à la marche, le marteau à la main. Mettant à profit, comme Desmarest, toutes les circonstances qui se présentèrent à lui, il visita en naturaliste, l'Auvergne, la Suisse et la Savoie, le Portugal, la Sicile et les îles voisines. Naples et les champs Phlégriens, la Calabre, après le terrible tremblement de terre en 1783 ; plus tard, il explora le nord de l'Italie et pénétra dans le Tyrol et le pays des Grisons ; enfin il fut associé, en qualité de géologue, à l'expédition d'Egypte.

La nature de ses écrits montre aussi clairement la tendance de son esprit.

A part quelques mémoires publiés dans le *Journal de Physique*, de 1791 à 1794, et qui ont trait aux questions générales de la géologie, tous les travaux de Dolomieu portent sur des descriptions de contrées, principalement de contrées volcaniques, de tremblements de terre, de produits lithologiques, de gisements de minerai.

Doué d'un grand coup d'œil et du don inné de l'observation, s'il passe en Tyrol, il remarquera et signalera, dans une lettre à M. Picot Lapeyrouse, les propriétés et les gisements d'un *genre de pierre calcaire très-peu effervescente.* C'était la roche que Théodore de Saussure a nommée depuis *Dolomie*, et qui devait donner lieu aux plus instructives discussions et aux recherches les plus ingénieuses.

Dans le travail du cabinet, sa pénétration ne l'abandonne pas, et il étudie aussi bien qu'on pouvait le faire, avant les découvertes de Haüy et les progrès de l'analyse chimique, les roches d'origine éruptive et les minéraux qui les composent.

En résumé, le caractère de Dolomieu, comme savant, est essentiellement et presque exclusivement cryptoristique, et il a contribué, après Guettard et Desmarest, et en même temps que de Saussure et Pallas, à fonder la géologie d'observation.

J'en dirais autant de Spallanzani, bien que le professeur de Pavie ait fait preuve d'un génie plus varié et plus original que Dolomieu. Né en 1729, et, contemporain de Desmarest, de Hutton et de Deluc, Spallanzani, successivement professeur aux Universités de Reggio, de Modène, avait consacré toute sa jeunesse et son âge mûr aux recherches de physiologie animale et végétale, qui suffiraient seules pour illustrer son nom.

Ce ne fut qu'après avoir été chargé, à Pavie, de la chaire d'histoire naturelle et de la direction du musée, qu'il entreprit, à 50 ans, ses nombreux voyages. De 1779 à 1788, il explora la Méditerranée (de Livourne à Marseille), les monts Enganéens, le littoral de l'Adriatique et de l'archipel, Corfou, Cérigo, Constantinople, la Roumélie, le

Vésuve, l'Etna et les îles Eoliennes, récoltant partout des richesses scientifiques, dont il dota le musée de Pavie, mais surtout recueillant, avec une sagacité et une pénétration qui n'ont été surpassées nulle part, tous les faits, toutes les observations de nature à éclairer les diverses branches de l'histoire naturelle.

Rien n'échappe à son regard curieux et investigateur, ni la nature et les propriétés des êtres organisés qui peuplent cette féconde Méditerranée et ses admirables rivages ; ni la composition des gaz qui s'échappent d'une foule de points de l'Italie.

Qui n'a lu avec un intérêt mêlé de crainte, ce récit animé et simple à la fois, de son excursion à Stromboli, ce phare de la Méditerranée, qui, toutes les dix minutes, projette avec bruit dans les airs un éclatant bouquet de pierres enflammées ?

Avec quelle ardeur, découvrant une grotte creusée favorablement dans le roc volcanique, il profite d'un des courts instants qui séparent les éruptions, et, bravant le danger, court à cet observatoire d'un genre nouveau ! « Là, ses espérances sont couronnées, dit-il, du plus heu- « reux succès ; la nature laisse tomber son voile, il fixe le « gouffre de feu, et porte ses regards jusque dans ses en- « trailles. »

Mais, au milieu de cette tourmente et de ces feux qui semblent incessamment le menacer, il conserve le calme et le sang-froid de l'observateur et nous fait connaître, avec une grande clarté, le mécanisme du phénomène qu'il est allé étudier.

Le *Voyage dans les Deux-Siciles* restera toujours, pour le naturaliste et surtout pour le géologue, une mine féconde de faits bien observés, d'impressions sincèrement rendues, en un mot, un monument du génie cryptoristique qui do-

minait en Spallanzani, mais qui, chez lui, s'alliait heureusement au besoin de rapprocher les faits eux-mêmes et
d'en découvrir les rapports cachés.

Mais le fondement de ces sciences, la lithologie, restait
dans l'enfance. Ses roches, formées par l'agrégation des
minéraux, ne peuvent être connues qu'autant que les minéraux le sont eux-mêmes.

Or, deux éléments sont à considérer dans un minéral;
sa forme et sa composition.

Au temps de Dolomieu et de Spallanzani, aucun de ces
deux éléments n'était encore bien étudié.

Deux hommes de génie, Haüy et Berzélius, en posant
les fondements de la cristallographie et de l'analyse chimique, devaient seuls mettre les géologues en mesure de
savoir exactement à quelles substances ils avaient affaire,
lorsqu'ils décrivaient et dénommaient ces roches que
Haüy appelait les incommensurables du règne minéral,
dont ils découvraient les gisements.

Les découvertes de Haüy sur la cristallographie ont
produit une véritable révolution dans la minéralogie. La
forme cristalline, liée désormais, d'une manière intime,
avec la composition chimique des minéraux, est devenue,
pour Haüy, le caractère spécifique essentiel : la juste autorité que cet homme célèbre exerçait sur la science a fait
pencher, pendant de longues années, la balance vers la
cristallographie. Il est résulté de cet état de choses que
les minéralogistes de son école ne portaient presque aucune attention sur les minéraux amorphes, compactes ou
terreux, qui, cependant, forment la masse la plus considérable des produits du règne inorganique ; souvent même
ils ignoraient des rapprochements que l'analyse pouvait
seule dévoiler.

Cette tendance trop absolue a donné naissance à des

discussions nombreuses. Timides en présence du fondateur de la cristallographie, elles devinrent très-vives aussitôt que Haüy eut terminé sa longue et belle carrière. La
chimie ne tarda pas alors à envahir la minéralogie, et à la
réclamer comme un de ses apanages. M. Berzélius, dont le
nom est marqué par de si importantes découvertes, et qui,
le premier, a fait connaître la véritable composition des
minéraux, a exprimé cette opinion d'une manière très-nette
dans l'ouvrage qu'il a publié en 1819 sous le titre de :
« *Nouveau système de minéralogie.* » Il dit, à ce sujet :
« La minéralogie, considérée en elle-même, n'est qu'une
« partie de la chimie. Elle ne peut avoir d'autre base scien-
« tifique que la base chimique ; toute autre lui est étran-
« gère, lorsqu'on l'envisage comme science ; et si, jusqu'à
« ce moment, il n'en a pas été entièrement ainsi, il faut
« l'attribuer, d'un côté, au long retard du perfectionne-
« ment de la chimie ; et de l'autre, à ce que ceux qui ont
« inventé des systèmes minéralogiques n'avaient pas pé-
« nétré avec la même ardeur et la même perspicacité dans
« le système chimique. » La vérité est entre les deux extrêmes ; et si la composition du minéral doit servir de base
à sa description et à son classement, la forme cristalline,
les propriétés physiques qu'elle détermine sont un élément,
sans lequel la minéralogie perdrait son caractère de science
naturelle.

Au reste, deux des plus belles découvertes de ce siècle,
dues toutes deux à **M.** Mitscherlich, l'isomorphisme et le
dimorphisme, sont venues faire la part légitime aux deux
prétentions rivales en minéralogie, en assignant à la forme
cristalline sa véritable valeur en classification, et en
faisant comprendre, d'une manière plus large, ce qu'on
doit entendre par la *composition chimique* d'un minéral.

Grâce à l'initiative de Haüy, de Berzélius et de Mitscherlich, la lithologie se fera, sans doute, avant peu, sa place sérieuse dans la science, et les roches, ces *incommensurables du règne minéral*, comme les appelait Haüy, deviendront aussi, à leur tour, l'objet de recherches troponomiques, destinées à faire connaître les variations qu'elles ont subies dans les âges divers du globe.

Ce qu'est la connaissance des minéraux pour la lithologie, la connaissance des fossiles l'est, en partie, pour la stratigraphie chronologique ou la détermination de l'âge des terrains sédimentaires.

Je dirai succinctement, dans la prochaine séance, comment on doit à Cuvier les fondements solides de cette science nouvelle, la paléontologie. Mais auparavant, je devrai appeler votre attention sur deux grands naturalistes de la fin du dernier siècle, dont l'un, Pallas, a inauguré l'ère des voyages scientifiques, et, par des découvertes les plus curieuses, a reporté, de nouveau et d'une manière plus sérieuse, l'attention des géologues sur les restes organiques, et sur les débris des grands mammifères fossiles ; et dont l'autre, de Saussure, grand voyageur aussi et grand admirateur des beautés de la nature, a, le premier, analysé scientifiquement les conditions qui ont présidé au dépôt des couches stratifiées, et, en fondant la stratigraphie, préparé la venue de Léopold de Buch et d'Elie de Beaumont.

DOUZIÈME LEÇON

Fin de l'Ecole cryptoristique. — Ecole troponomique.

Messieurs,

J'ai terminé ma dernière leçon, en vous signalant l'influence que deux grands esprits, apparus vers la fin du siècle dernier, et au commencement du nôtre, Haüy et Berzélius, avaient exercé sur l'histoire de la minéralogie, et, par suite, sur le développement de la lithologie ou l'étude des roches, essentiellement liée à celle des minéraux simples.

Le temps ne m'ayant pas permis d'insister autant qu'il l'aurait fallu peut-être sur les travaux de ces deux savants de premier ordre, je voudrais, au début de cette leçon, revenir en quelques mots sur les principes qu'ils ont introduits dans la science, avant de vous entretenir de l'école des voyageurs observant et militant qui compte Pallas, de Saussure, Humboldt et Léopold de Buch.

Un minéral n'est déterminé que lorsqu'il est connu au double point de vue de sa composition chimique et de sa forme cristalline. Ce sont ces deux éléments essentiels de la minéralogie dont on doit le développement à Berzélius et à l'abbé Haüy.

René-Just Haüy était né à Saint-Just, petit bourg du département de l'Oise, le 28 février 1743. Il ne peut entrer dans le plan de ces leçons de vous raconter comment son professorat au collége du Cardinal-Lemoine, son intimité avec Lhomond, ses relations avec Daubenton et Defrance en firent successivement, un physicien, un naturaliste, enfin le fondateur de la cristallographie. L'*Eloge de Haüy*, écrit par Cuvier, raconte tous ces détails avec un charme de style, qui perdrait trop si j'essayais ici d'en faire un abrégé.

Il ne faudrait pas croire, néanmoins, que Haüy n'ait pas eu de prédécesseur dans cette carrière où il s'est fait une voie à part.

Déjà Leuwenhœuck, au commencement du xviiie siècle, avait remarqué qu'un cube de sel marin résulte de l'assemblage d'une infinité de cubes plus petits, et Buffon avait développé et commenté la même idée, cependant il ne considérait pas les formes cristallines comme constantes.

Hansen et peu après Gahn insistèrent sur l'importance des clivages ; puis Bergmann, le premier considéra les cristaux d'une manière scientifique. Partant de la remarque de Gahn, il énonça le premier l'existence d'une forme primitive pour chaque substance (1).

« Les formes des cristaux, dit-il, sont sujettes à beaucoup « de changements. Après les avoir bien étudiés et com- « parés, j'ai reconnu que les cristaux, en assez grand « nombre, qui différaient sensiblement par leurs angles et « leurs côtés extérieurs, venaient originairement d'un « petit nombre de cristaux simples.

« Si on ne s'attache à ces formes, que l'on peut appeler « primitives, toute la doctrine des cristaux restera dans le « chaos où elle a été jusqu'à présent, et ceux qui entre- « prendront de les décrire ou de les ranger systémati- « quement, perdront leur temps et leur travail. »

Bergmann s'occupe aussi de la figure que prennent les

cristaux élémentaires dans chaque espèce et des conditions qui président à la cristallisation. On voit, dans ses écrits, poindre l'idée de la théorie des accroissements de Haüy et celle de la constance des angles établie par Romé de l'Isle. On peut donc considérer ce savant comme ayant le premier indiqué les bases sur lesquelles s'élevait, quelques années plus tard, la cristallographie ; néanmoins il était bien loin d'en prévoir le prompt développement et l'exactitude.

Mais le véritable précurseur d'Haüy fut Romé de l'Isle, qui fit paraître successivement deux ouvrages : *Essai de cristallographie*, 1772 ; *Cristallographie*, 4 vol., 1783. Ce dernier ouvrage, bien supérieur au premier, donne à Romé de l'Isle droit à figurer honorablement dans l'histoire de la science.

Le point capital des recherches de Romé de l'Isle, c'est que, sous la variabilité des diverses parties des cristaux d'une même substance, il reconnut la constance des angles d'une même espèce.

On lui doit aussi la notion très-importante des macles et celle des pseudomorphoses. Durant sa vie, il fut plus connu à l'étranger qu'en France et n'a point figuré parmi les membres de l'Académie des sciences. Il mourut en 1790, presque aveugle par suite des recherches minutieuses qu'il avait faites sur les formes cristallines.

Néanmoins, si Romé de l'Isle n'a pas *entrevu*, ni même *compris*, les propriétés du clivage dont Haüy allait tirer un si beau parti, ses travaux sont loin d'avoir été inutiles à la *cristallographie*, dont il a créé le nom, en même temps que plusieurs parties essentielles.

Les bornes de cet historique ne me permettraient pas de présenter ici, avec quelque développement, les belles recherches de Haüy. Il me suffira de vous dire que, partant du phénomène du clivage, il a posé deux lois qui président encore à la science cristallographique.

Ces deux lois sont : la loi du décroissement ou de la dérivation, qui définit géométriquement les inclinaisons respectives des faces extérieures d'un polyèdre minéralogique, par la considération d'une forme primitive, ou noyau primitif, ayant une forme géométrique déterminée, et sur laquelle naissent des *faces secondaires,* conservant des orientations définies ; et la *loi de symétrie*, qui établit que, lorsqu'une forme cristalline se modifie, la modification doit se répéter de la même manière et doit produire le même effet sur toutes les parties extérieures de la forme (faces, angles ou arêtes) qui sont de même espèce et identiques entre elles.

Rien ne serait plus simple que l'application de cette loi si les cristaux étaient des corps purement géométriques, dans lesquels la forme extérieure seule serait à considérer, comme ceux qu'examinent les mathématiques. L'identité n'admettrait alors qu'une condition toute géométrique ; il suffirait que les parties comparées fussent égales ou semblables et semblablement placées. Il est clair que, dans les corps cristallisés, cette première condition doit être satisfaite, sans quoi la diversité des parties serait évidente. Donc, il y a là une première condition à satisfaire, mais est-elle suffisante ? Haüy le pensait ou, du moins, il supposait qu'elle devait entraîner la ressemblance sous tous les rapports et que toute autre condition qu'on pourrait être tenté d'y ajouter serait superflue, comme étant implicitement contenue dans la première, mais il faut en outre une ressemblance physique parfaite ; il faut que les parties dans lesquelles l'égalité géométrique a été reconnue soient, de plus, identiques sous le rapport physique, c'est-à-dire qu'elles aient la même texture et la même constitution moléculaire. Haüy n'a jamais voulu admettre ce correctif; à part cela, sa théorie est complète.

La seule objection grave qu'on puisse lui adresser est qu'il introduit une hypothèse gratuite, puisque rien ne prouve que les molécules des cristaux aient précisément la forme polyédrique qu'il leur assigne.

La loi de rationalité, établie par Weiss, et la loi des zones, qui n'en est qu'une conséquence, peuvent se déduire toutes deux des lois de Haüy.

Tous les progrès que la cristallographie a faits après lui étaient donc implicitement compris dans les deux lois qu'il a formulées, tant qu'on ne les considère que dans leur application géométrique.

On voit, par conséquent, que Haüy a été un esprit essentiellement porté à rechercher la loi des variations ; s'il a déterminé avec exactitude les angles des cristaux, s'il a même inventé, dans ce but, le goniomètre d'application (surpassé et remplacé depuis par le goniomètre de réflexion, dû à Wollaston), son objectif constant a été de rechercher les lois qui président à ces symétries naturelles. Il a fondé la *cristallographie comparée*, ou, si vous voulez, la *cristallonomie*.

Ce que je viens de dire de l'influence de Haüy sur la détermination de la forme cristalline des minéraux, s'appliquerait avec la même justesse à l'influence qu'a exercée Berzélius sur la détermination de leur constitution chimique.

Glauber avait montré qu'on peut former artificiellement et de toute pièces, des sels. Rouelle l'aîné avait donné les premières idées justes sur la nature de ces sels.

Wenzel, né à Dresde, en 1740, avait le premier introduit une loi dans les phénomènes qui déterminent ou accompagnent la formation des sels, en observant que deux sels

neutres conservent leur neutralité après s'être mutuellement décomposés.

Mais c'est à un chimiste de Berlin, Richter, qu'on doit la
première indication positive des *proportions chimiques*.

Dans un ouvrage périodique, qu'il publia de 1792 à 1798,
et où il avait pris pour épigraphe ce passage du *livre de la
Sagesse* :

« Dieu a tout fait avec mesure, nombre et poids. — *In
mensurâ, numero et pondere.* »

Il examine le phénomène observé par Wenzel, l'explique
de la même manière, mais cherche, en outre, par des expériences qui durèrent dix ou douze ans, à déterminer *pondé-
ralement* les capacités relatives de saturation des bases ou
des acides.

Proust établit ensuite, contre Berthollet, la doctrine des
proportions définies dans les combinaisons.

Enfin, si la *théorie* des *équivalents* est due à Wenzel et
à Richter, celle des *proportions définies* à Proust, on peut
dire que la loi des *proportions multiples* a été découverte,
en même temps, *expérimentalement* par Wollaston et,
pour le gaz, par Gay-Lussac, *théoriquement*, par Dalton.

Tels sont les immenses progrès que la chimie troponomique avait faits en moins de trente ans de 1780 à 1807,
lorsque Berzélius publia ses premiers travaux, et surtout
lorsqu'il fit paraître, en 1819, son *Essai sur les proportions
chimiques*.

Dans ce travail, Berzélius part de cette pensée qu'une
théorie est nécessaire, pour ranger les idées dans un certain ordre sans lequel les détails des faits seraient trop
difficiles à retenir. On peut ne pas avoir une confiance
absolue dans une théorie que l'on adopte, on peut admettre
volontiers qu'elle sera plus tard remplacée par une
meilleure, mais il en faut une qui serve de phare pour

éclairer les résultats acquis et pour diriger dans l'expérimentation future. Guidé par ces considérations, il cherche
la cause des proportions chimiques, et imagine alors la
théorie atomique, dont il pose les fondements en ces
termes :

« Les corps sont composés de particules, qui, pour être
« toujours d'une même grandeur et d'un même poids,
« doivent être mécaniquement indivisibles, et s'unissent
« de manière qu'une particule d'élément se combine avec
« une, deux, trois particules d'un autre élément. » Les
atomes composés sont aussi mécaniquement indivisibles
que les atomes simples. Berzélius interprète la loi de Gay-
Lussac sur les rapports simples dans lesquels les divers
gaz considérés en volume se combinent entre eux et rend
compte du fait en admettant que dans les substances
gazeuses de même ordre l'unité de volume contient le
même nombre d'atomes.

Il explique les combinaisons des atomes des différents
corps entre eux en disant que chacun d'eux est animé de
forces électriques spéciales.

Ainsi, comme Haüy avait cru nécessaire de fonder ses
lois sur la considération des atomes ou des molécules intégrantes, tandis qu'il suffisait d'exprimer seulement un rapport numérique entre les dimensions des divers éléments
linéaires du cristal; de même Berzélius, en dehors de sa
théorie atomique, qui n'est nullement nécessaire, établit,
sur les plus belles et les plus exactes expériences (expériences dont nous admirons encore aujourd'hui la précision), des nombres, qui représentent des rapports, les
capacités de saturation des corps, ou leurs équivalents. Et
si la théorie électro-chimique peut être contestée, il part
d'une expérience incontestable, qui, en soumettant à l'action de la pile un composé, en sépare un élément électro-

négatif et un élément électro-positif, qui jouent, dans la constitution du corps, un rôle différent et même antagoniste ; ce qui permet de définir rigoureusement le rôle chimique des composants, comme le nombre d'équivalents détermine la place qui doit être assignée au composé dans la série de corps similaires à laquelle il appartient.

A ces deux points de vue, Berzélius a rendu des services signalés à la chimie générale, et, particulièrement, à la chimie des substances minérales naturelles.

Nous arrivons maintenant à l'école des géologues voyageurs chez lesquels l'observation l'emporte sur l'expérimentation. Ce sont eux qui fournissent véritablement les matériaux servant ensuite aux recherches de laboratoires.

En premier lieu, nous citerons Pallas.

Né à Berlin, en 1741, Pierre-Simon Pallas fut appelé en Russie, en 1768, par l'impératrice Catherine II, pour faire partie de l'expédition destinée à observer le passage de Vénus sur le disque du soleil, qui devait avoir lieu l'année suivante.

Pallas s'était déjà fait connaître par de curieuses observations sur plusieurs classes d'animaux ; il fut attaché à la mission en qualité de naturaliste.

Pendant six années, il étendit ses explorations dans toute l'étendue de l'empire russe. Parti en juin 1768, il visita successivement les plaines du Volga, les bords de la mer Caspienne, près de laquelle il séjourna longtemps, l'Oural, la Sibérie, les pentes septentrionales de l'Altaï, le lac Baïkal et la Daourie, la portion de la Chine qui touche les frontières de l'empire russe, puis, revenant encore vers la mer Caspienne, il visita Astrakan, se rapprocha du Caucase, passa un dernier hiver au pied de ces montagnes, et était de retour à Saint-Pétersbourg, le 30 juillet 1774.

Son courage et sa persévérance, sa passion pour les observations semblent plus méritoires encore lorsqu'on songe aux difficultés d'un pareil voyage exécuté dans des pays alors presque sauvages et sous un affreux climat (2).

« Des hivers de six mois, dit Cuvier, passés dans les
« cabanes, loin de toute idée d'instruction, avec du pain
« noir et de l'eau-de-vie, pour uniques restaurants, un
« froid qui faisait geler le mercure ; des étés insupporta-
« bles par leur chaleur pendant le peu de semaines qu'ils
« duraient, la plus grande partie du temps de la course
« employée à gravir des rochers, à passer des marais à
« gué, à se frayer un chemin dans les bois en abattant les
« arbres ; ces myriades d'insectes qui remplissent l'air du
« Nord l'ensanglantant à chaque minute ; des peuplades
« empreintes de toutes les misères du pays, d'une mal-
« propreté dégoûtante, souvent d'une laideur monstrueuse,
« toujours tristement stupides, les Européens même abru-
« tis par le climat et l'oisiveté : tout cela aurait pu re-
« froidir l'imagination la plus vive.

« M. Pallas, tout jeune et vigoureux qu'il était, revint
« accablé de souffrances, suite d'un voyage si pénible. A
« trente-trois ans, ses cheveux étaient blanchis, des
« dysenteries répétées l'avaient affaibli, des ophthalmies
« opiniâtres menaçaient sa vue. Ses compagnons avaient
« été encore plus maltraités, presque aucun d'eux ne vécut
« assez pour publier lui-même sa relation, et ce fut encore
« M. Pallas dont l'activité s'employa pour rendre ce soin
« à leur mémoire. »

Les travaux de Pallas ont trait principalement à l'histoire naturelle. Dès 1766 il avait publié, en Hollande, son *Eleuchus zoophytorum* et ses *Miscellanea zoologica*, et la plus grande partie des matériaux et des observations qu'il rapporta de son grand voyage enrichirent la zoologie, l'ethnographie et la botanique.

Néanmoins, la géologie lui doit aussi des découvertes précieuses.

En 1777, dans son Mémoire lu à l'Académie de Saint-Pétersbourg, il exposa les faits que lui avait fournis l'étude attentive de deux grandes chaînes de montagnes de la Sibérie et qui l'amenaient à reconnaître la succession constante des roches granitiques au centre de la chaîne, des roches schisteuses sur leurs flancs, des calcaires au dehors. Si primitives que nous paraissent aujourd'hui ces notions, il faut les comparer pour en apprécier la portée, à ce qu'écrivaient alors les hommes qui, comme Buffon, étaient à la tête de la science, et remarquer que Werner ni Saussure n'avaient encore rien publié. Assurément, ces premiers essais de coordination des terrains, dus à Pallas, ne furent inutiles ni à l'un, ni à l'autre de ces grands géologues.

Mais la remarque la plus curieuse et la plus instructive que l'histoire de la terre doive à Pallas, c'est la découverte ou, au moins, la description de ces ossements fossiles d'éléphants, de rhinocéros, de buffles, et d'autres genres des contrées méridionales, recueillis en Sibérie, et ce fait, presque incroyable, d'un rhinocéros trouvé tout entier avec sa peau et sa chair ; fait confirmé depuis par la découverte d'un éléphant enfoui dans le sol glacé des bords de la Lena et si bien conservé que les chiens ont dévoré sa chair.

N'oublions pas non plus cette masse de fer pesant plus de 1,600 livres que Pallas trouva près de Jenisseï, que les Tartares disaient tombée du ciel, et qui contribua plus que toute autre circonstance à faire admettre par les savants de notre siècle ce que les anciens et les Arabes savaient parfaitement, la chute des aérolithes.

Malgré ses souffrances, et cette vieillesse anticipée, il voulut encore, en 1793 et 1794, visiter les provinces méridionales de l'empire russe. Il revit Astrakan, parcourut les frontières de la Circassie, et la Crimée, dont le premier aspect l'avait séduit et où il avait d'abord désiré de finir ses jours, au milieu des villages que lui avait donnés Catherine. Il mourut cependant dans sa ville natale en 1811, à près de soixante-dix ans.

Horace-Bénédict de Saussure est le véritable fondateur de la stratigraphie.

Né à Genève, admirateur enthousiaste des belles montagnes qui la dominent, il avait consacré une grande partie de sa vie à les parcourir et à les étudier. Son ambition était surtout d'atteindre au sommet du mont Blanc, et, de ce gigantesque observatoire, d'embrasser l'immense panorama qu'il commande, d'en saisir, s'il le pouvait, toutes les circonstances et tous les rapports.

Dès l'âge de vingt ans, sur les pas de quelques Anglais, il avait essayé de gravir le mont Blanc. Les idées que cette tentative avait fait naître se développèrent dans son voyage de France en Angleterre, exécuté en 1768, et dans un autre où il parcourut toute l'Italie, en 1772 ; il se dirigea dès lors invariablement vers ce but, auquel se rattachèrent, plus ou moins directement, tous ses autres travaux, et même ses découvertes physiques les plus ingénieuses.

On sait comment, le 21 juillet 1788, guidé par deux habitants de Chamouny (Balmat et Pacard) qui y étaient montés les premiers, deux ans auparavant, il atteignit enfin la cime du colosse des Alpes.

Mais ce qu'on a oublié de nos jours, c'est le courage et la force morale qui étaient nécessaires pour entreprendre de telles excursions. Pour en donner une idée, il suffit de rappeler que lorsque deux Anglais visitèrent pour la première fois les glaciers de Chamounix, la chose parut tellement remarquable qu'ils en fixèrent le souvenir par une inscription gravée, au bord de la mer de glace, sur un bloc de granite nommé *Pierre aux Anglais*, et sur laquelle on peut lire encore ces mots :

POCOCK et WINDHAM

1741.

« Nos deux Anglais, dit M. Elie de Beaumont (3), racon-
« tent quelque part comment ils ont été à Chamounix ;
« comment ils plantèrent leur tente en dehors du village ;
« combien leur voyage parut extraordinaire aux habitants
« de la vallée, stupéfaits de la curiosité qui amenait ces
« étrangers chez eux ; comment, de leur côté, les voya-
« geurs ne s'approchaient des habitants qu'avec une sorte
« de crainte. A la fin, cependant, ils firent connaissance
« avec le prieur de Chamounix, et c'est alors qu'ils visi-
« tèrent les glaciers du mont Blanc ; espèce de découverte
« dont ils parlent à peu près comme Cook raconte les
« siennes dans les îles de la mer du Sud. »

Mais ce qui nous intéresse surtout, c'est le parti qu'il sut tirer de ses études sur les Alpes, pour éclaircir l'histoire primitive de leur formation et, particulièrement, pour démêler leurs accidents si variés, et le mode de redressement ou de plissement qui a produit leur complication.

Sa dernière excursion fut celle du mont Rose, qu'il exécuta en 1789 : dix ans auparavant, avait paru le premier volume de ses admirables voyages dans les Alpes. Ce beau livre est un chef-d'œuvre de géologie descriptive et cryptoristique. Au lieu que Pallas énumère avec calme, et

22

même avec une certaine froideur, les faits qu'il découvre, on sent partout, chez Saussure, l'enthousiasme qui l'anime et le soutient jusqu'au bout.

Les montagnes sont, à ses yeux, le livre le plus instructif pour le géologue : c'est là, dit-il, qu'on peut observer et les grands objets et leurs rapports (4).

« En vain les montagnes donnent-elles la facilité de « faire de telles observations, si ceux qui les étudient ne « savent pas envisager ces grands objets dans leur ensem- « ble, et sous leurs relations les plus étendues. L'unique « but de la plupart des voyageurs qui se disent naturalistes, « c'est de recueillir des curiosités ; ils marchent, ou plu- « tôt ils rampent, les yeux fixés sur la terre, ramassant « çà et là de petits morceaux, sans viser à des observations « générales. Ils ressemblent à un antiquaire qui gratterait « la terre à Rome, au milieu du Panthéon ou du Colisée, « pour y chercher des fragments de verre coloré, sans « jeter les yeux sur l'architecture de ces superbes édifices. « Ce n'est point que je conseille de négliger les observa- « tions de détail ; je les regarde, au contraire, comme « l'unique base d'une connaissance solide ; mais je vou- « drais qu'en observant ces détails, on ne perdît jamais de « vue les grandes masses et les ensembles, et que la con- « naissance des grands objets et de leurs rapports, fût « toujours le but que l'on se proposât en étudiant leurs « petites parties.

« Mais pour observer ces ensembles, il ne faut pas se « contenter de suivre les grands chemins qui serpentent « presque toujours dans le fond des vallées, et qui ne tra- « versent les chaînes de montagnes que par les gorges « les plus basses ; il faut quitter les routes battues, et gra- « vir sur des sommités élevées, d'où l'œil puisse embrasser « à la fois une multitude d'objets. Ces excursions sont

« pénibles, je l'avoue ; il faut renoncer aux voitures, aux
« chevaux même, supporter de grandes fatigues, et s'ex-
« poser quelquefois à d'assez grands dangers. Souvent le
« naturaliste, tout près de parvenir à une sommité qu'il
« désire vivement d'atteindre, doute encore si ses forces
« épuisées lui suffiront pour y arriver, ou s'il pourra fran-
« chir les précipices qui lui en défendent l'accès ; mais
« l'air vif et frais qu'il respire fait couler dans ses veines
« un baume qui le restaure ; et l'espérance du grand spec-
« tacle dont il va jouir, et des vérités nouvelles qui en
« seront les fruits, ranime ses forces et son courage. Il
« arrive, ses yeux éblouis et attirés également de tous
« côtés, ne savent d'abord où se fixer ; peu à peu il s'ac-
« coutume à cette grande lumière ; il fait un choix des
« objets qui doivent principalement l'occuper ; et il déter-
« mine l'ordre qu'il doit suivre en les observant. Mais
« quelles expressions pourraient exprimer les sensations,
« et peindre les idées dont ces grands spectacles remplis-
« sent l'âme du philosophe ! Il semble que, dominant au-
« dessus de ce globe, il découvre les ressorts qui le font
« mouvoir et qu'il reconnaît au moins les principaux
« agents qui opèrent ces révolutions. »

Et plus loin (5) :

« Tels sont les plaisirs que goûtent dans les montagnes
« ceux qui se livrent à leur étude. Pour moi, j'ai eu pour
« elles, dès l'enfance, la passion la plus décidée ; je me
« rappelle encore le saisissement que j'éprouvai la pre-
« mière fois que mes mains touchèrent le rocher de
« Salève, et que mes yeux jouirent de ses points de
« vue. A l'âge de dix-huit ans, en 1758, j'avais déjà
« parcouru plusieurs fois les montagnes les plus voisines
« de Genève. »

Mais, si de Saussure est observateur par excellence, il

ne faudrait pas croire qu'il se borne à décrire, à énoncer des faits, et qu'il n'en cherche pas les conséquences immédiates : en s'attachant surtout à celles qui peuvent mener aux lois des phénomènes, il reconnaît la liaison nécessaire de ces deux ordres de considérations, sans, néanmoins, les confondre, et sent qu'on ne peut les isoler entièrement l'un de l'autre (6).

« Je m'étais proposé de composer ainsi un tableau com-
« plet et fidèle de tous les faits relatifs à la géologie que
« présentent les environs de Genève et les montagnes des
« Alpes que j'ai parcourues ; et je voulais donner ces faits
« sans aucun mélange de théorie ; afin de réserver toutes
« les considérations de ce genre, pour les résultats qui
« termineront le troisième et dernier volume de cet ou-
« vrage. Mais en mettant la main à l'œuvre, j'ai vu que
« ce plan aurait deux inconvénients : l'un, de former un
« ouvrage plus aride encore, et plus ennuyeux pour ceux
« qui n'auraient pas la passion de la géographie physique ;
« l'autre, d'entraîner des répétitions, parce qu'en venant
« à ces résultats, il aurait fallu nécessairement rappeler
« et retracer les faits dont ils auraient été les conséquences.
« J'ai donc préféré de donner de temps à autre, à la suite
« des faits importants pour la théorie, les conséquences
« qui me paraissaient en découler. Quand on viendra
« ensuite aux résultats généraux, on verra qu'ils ne sont
« autre chose que ces mêmes conséquences, rapprochées,
« mises en ordre, rendues plus complètes, et étayées par
« des observations que je n'aurais pas eu occasion de
« décrire dans le cours de l'ouvrage. »

En effet, fidèle à son principe, il mêle à ses descriptions exactes et souvent chaleureuses, des passages nombreux, où il les discute et en tire les conclusions les plus nettes et les plus générales. C'est ainsi qu'il arrive à la no-

tion de l'horizontalité primitive des couches sédimentaires (7).

 « En montant obliquement du côté du sud, on rencontre
« de grands blocs d'un schiste gris ou de couleur de
« lie de vin, quelquefois même d'un violet décidé, qui ren-
« ferment une grande quantité de cailloux étrangers ; les
« uns angulaires, les autres arrondis, et de différentes
« grosseurs, depuis celle d'un grain de sable jusqu'à celle
« de la tête. Je fus curieux de voir ces poudingues dans
« leur lieu natal ; je montai droit en haut pour y arriver,
« mais là, quel ne fut pas mon étonnement de trouver
« leurs couches dans une situation verticale !

 « On comprendra sans peine la raison de cet étonnement,
« si l'on considère qu'il est impossible que ces poudingues
« aient été formés dans cette situation.

 « Que des particules de la plus extrême ténuité, suspen-
« dues dans un liquide, puissent s'agglutiner entre elles
« et former des couches verticales, c'est ce que nous con-
« cevons très-bien, et dont nous avons la preuve en fait
« dans les albâtres, les agathes, et même dans les cris-
« tallisations artificielles. Mais qu'une pierre toute formée,
« de la grosseur de la tête, se soit arrêtée au milieu d'une
« paroi verticale, et ait attendu là que les petites particu-
« les de la pierre vinssent l'envelopper, la souder et la fixer
« dans cette place, c'est une supposition absurde et im-
« possible. Il faut donc regarder comme une chose démon-
« trée, que ces poudingues ont été formés dans une position
« horizontale, ou à peu près telle, et redressés ensuite
« après leur endurcissement. Quelle est la cause qui les a
« redressés ? C'est ce que nous ignorons encore ; mais
« c'est déjà un pas, et un pas important, au milieu de la
« quantité prodigieuse de couches verticales que nous
« rencontrons dans nos Alpes, que d'en avoir trouvé

« quelques-unes, dont on soit parfaitement sûr qu'elles
« ont été formées dans une situation horizontale. »

Plus tard, il cherche à expliquer la position verticale de
quelques-unes de ces couches par un refoulement et une
pression latérale. Arrivé à la cime du mont Blanc, il remarque toutes les crêtes qui l'entourent et qui tournent
vers lui leurs couches redressées (8).

« Ces couches étaient originairement horizontales, dit-
« il, et n'ont été redressées que par une révolution du
« globe. Les rochers du centre d'une masse toute compo-
« sée de couches verticales, comme le mont Blanc, ont dû
« être originairement enfouis dans la terre à une très-
« grande profondeur. En effet, si l'on suppose que c'est,
« ou par un refoulement, comme je le pense, ou par la
« rupture de la croûte de l'ancienne terre, comme le croit
« M. Deluc, que ces couches, horizontales dans l'origine,
« sont devenues verticales ; si l'on suppose, de plus, que le
« fond d'une vallée, de celle de Chamounix, par exemple,
« soit l'ancienne surface de la croûte, il s'ensuivrait de là
« que la distance horizontale de la vallée de Chamounix à
« un point qui correspond à la cime du mont Blanc, serait
« à peu près la mesure de l'épaisseur de la croûte qui a
« été refoulée ou rompue, et que, par conséquent, la cime
« du mont Blanc, qui est actuellement élevée d'environ
« une lieue au-dessus de la surface actuelle de notre globe,
« était dans l'origine enfouie de près de deux lieues au-
« dessous de cette surface.

« Ce ne serait donc pas dans les profonds souterrains
« des mines de la Pologne ou du Northumberland, mais
« sur la cime des montagnes en couches verticales, qu'il
« faudrait aller étudier la nature de l'intérieur du monde
« primitif ; du moins jusqu'où nous pouvons atteindre.

« Cette idée a donné, à mes yeux, un grand intérêt aux

« morceaux que j'ai détachés des rochers les plus élevés
« du mont Blanc, et m'a engagé à les décrire avec soin.
« Je les revois toujours avec un nouveau plaisir ; je les
« étudie, je les interroge ; et il me semble que, s'ils pou-
« vaient répondre à mes questions, ils me dévoileraient
« tous les mystères de la formation et des révolutions de
« notre globe. »

Ces citations, que je regrette de ne pouvoir faire plus
longues, suffiront, je pense, pour montrer à la fois l'amour
enthousiaste de la nature qui était comme une sorte de
culte au fond du cœur de Saussure ; et pour prouver que,
s'il a été un grand observateur, il était loin de méconnaître
l'importance et la valeur de la science qui coordonne les
faits, pour en déduire les rapports et en déterminer les
lois.

En réalité, Messieurs, et bien que Buffon eût appelé la
stratification une *espèce d'organisation de la terre*, c'est à
Saussure qu'il faut faire remonter la première indication
précise de faits bien observés et pouvant conduire à la
pensée du soulèvement des montagnes.

Saussure est mort à 59 ans. Neveu de Charles Bonnet,
l'un des fondateurs de l'entomologie, il eut, avant sa mort
prématurée, le bonheur de voir son fils et son compagnon
de voyage, Théodore de Saussure, entreprendre les belles
expériences qui devaient éclairer la chimie de l'atmosphère
et les phénomènes de la végétation, et, par un privilége
héréditaire qui semble dévolu à cette ville de Genève, son
petit-fils devait aussi un jour rendre de véritables services
à l'histoire naturelle.

Guettard, nous l'avons dit, avait reconnu des volcans
anciens dans le centre de la France.

Desmarets avait démontré l'analogie d'origine qui existe
entre ces formations volcaniques et les rochers basaltiques.

Hutton avait étendu ces conséquences aux roches éruptives les plus anciennes, aux porphyres et aux granites.

Enfin Dolomieu, et Spallanzani, et, après eux ou en même temps qu'eux, Faujas, Hamilton, Breislak avaient porté leur esprit d'investigation sur un très-grand nombre de points où se manifestent encore de nos jours les forces éruptives du globe.

Mais, c'est à deux grands géologues, dont les travaux commencent à peu près avec le siècle, et, circonstance singulière, aux deux plus illustres élèves de Werner, qu'était réservée la tâche de porter la plus vive lumière sur ces actions du foyer de chaleur intérieure, et sur ces roches dont Werner avait nié l'origine éruptive.

A la vérité, c'est sur les phénomènes volcaniques que Humboldt et Léopold de Buch ont plus particulièrement porté leur attention ; néanmoins ni l'un ni l'autre n'a négligé l'étude des formations éruptives plus anciennes.

A vrai dire, Alexandre de Humboldt dans son grand voyage aux contrées intertropicales des deux Amérique, entrepris de 1799 à 1804, n'a rien laissé d'inexploré.

On peut dire de ce voyage ce que de Saussure, quelques années auparavant, disait des voyages de Pallas : « Que « leur relation renferme tout ce qui peut intéresser un « naturaliste, et même un homme d'Etat, et qu'elle est le « plus grand et le plus beau modèle qui existe sur ce « genre. »

Détermination des positions géographiques et des altitudes ; étude de la structure générale et du facies propre des contrées ; données exactes sur leurs climats et sur leurs productions naturelles ; renseignements statistiques sur leurs populations et leurs revenus ; le géographe, le naturaliste, l'économiste trouvent sur tous ces sujets si divers, une ample moisson de faits et d'observations. C'est donc une grande œuvre au double point de vue autoptique et cryptoristique.

En ce qui touche aux observations géologiques proprement dites, pour apprécier tout ce qu'a porté d'informations et de documents, cet admirable voyage, il faut se rappeler, comme le dit l'auteur (9), qu'auparavant presque aucune roche de ces contrées n'avait été nommée, et qu'il n'a pu être guidé, dans l'étude des superpositions, par aucune observation antérieure.

Mais c'est surtout en ce qui concerne les phénomènes volcaniques que la géologie a tiré de ce voyage les plus utiles et les plus curieux enseignements.

On sait que la ligne de faîte de la Cordillère des Andes est comme jalonnée par une série de pics volcaniques les plus élevés du monde.

La région centrale où se concentrent, des deux côtés de la profonde vallée de Quito, les plus imposants et les plus actifs de ces volcans, était déjà célèbre en Europe par les descriptions et les précieuses observations qu'avaient rapportées les académiciens français Bouguer et La Condamine, chargés vers le milieu du siècle dernier, de mesurer, près de l'équateur, la longueur du degré terrestre.

Ce sont ces pics que Humboldt a gravis jusqu'à leur cime, à 6,000 mètres ; qu'il a mesurés, dessinés, étudiés au point de vue de la géographie physique, de l'histoire et de la nature des phénomènes ; non-seulement M. de Humboldt observe et décrit avec un rare bonheur d'expression, mais il expérimente avec sagacité. Sur les lieux mêmes, il fera l'analyse du gaz que dégagent les volcans de boue de Turbaco, et établira un point de repère des plus précieux pour les variations du phénomène (10). De retour en Europe, il recherchera les moyens de connaître exactement la composition de l'air atmosphérique, et fera, à ce sujet, avec la collaboration de Gay-Lussac, un travail qui a marqué justement dans la science.

La propriété électrique des torpilles et des gymnotes, qu'il avait rencontrées au Venezuela, lui donnera l'occasion d'études expérimentales liées à la physiologie.

Il y a donc, pour le naturaliste, et, en particulier, pour le géologue, ample moisson de faits, d'observations, d'expériences à recueillir soit dans la relation du voyage lui-même, soit dans les nombreux travaux de cabinet, que l'étude de ses immenses matériaux a inspirés à l'auteur.

Mais, si M. de Humboldt est un cryptoricien consommé, il n'est pas moins remarquable comme troponomiste.

Déjà sa relation est pleine de rapprochements qui dénotent la plus grande perspicacité. Mais, à son retour, il sent le besoin d'établir une comparaison sérieuse entre les formations de l'ancien continent et celles qu'il venait de découvrir dans le nouveau monde.

Dès l'introduction de l'ouvrage, il définit nettement son but et la nécessité de déterminer ces rapports.

« Dans cet *essai géognostique*, dit-il (11), comme dans mes
« recherches sur les lignes isothermes, sur la géographie
« des plantes, et sur les lois que l'on observe dans la dis-
« tribution des formes organiques, j'ai tâché, tout en expo-
« sant le détail des phénomènes, de généraliser les idées et
« d'aborder quelques-unes des grandes questions de phi-
« losophie naturelle. J'ai insisté principalement sur les
« phénomènes d'alternance, d'oscillation et de suppres-
« sion locale, sur ceux que présentent les passages des
« formations les unes aux autres par l'effet d'un dévelop-
« pement intérieur. Ces questions ne sont pas de vagues
« spéculations théoriques ; loin d'être infructueuses, elles
« conduisent à la connaissance des lois de la nature. C'est
« rabaisser les sciences que de faire dépendre uniquement

« leurs progrès de l'accumulation et de l'étude des phé-
« nomènes particuliers. »

Plus loin (page 39), il indique aussi nettement le besoin
du point de vue troponomique en paléontologie, et trace
déjà les limites dans lesquelles la stratigraphie peut s'appuyer, avec sécurité, sur les déductions de cette science
qui ne faisait alors que de naître. Une preuve incontestable
que ce don et ce besoin de la comparaison étaient innés
chez M. de Humboldt, c'est que c'est une *idée théorique,* ou
pour mieux dire, la recherche d'une loi de constance qu'il
croyait entrevoir dans la direction des couches qui lui fait
entreprendre son grand voyage.

« Dès l'année 1792, j'ai été, dit-il (12), très-attentif au
« parallélisme ou plutôt au *loxodiomisme* des couches.
« Habitant des montagnes de roches stratifiées où ce phé-
« nomène est très-constant ; examinant la direction et l'in-
« clinaison des couches primitives et de transition, depuis
« la côte de Gênes, à travers la chaîne de la Bocchetta, les
« plaines de la Lombardie, les Alpes du Saint-Gothard, le
« plateau de la Souabe, les montagnes de Bayreuth et les
« plaines de l'Allemagne septentrionale, j'avais été frappé,
« sinon de la constance, du moins de l'extrême fréquence
« des directions horaires 3-4 de la boussole de Freiberg (du
« sud-ouest au nord-est). Cette recherche que je croyais
« devoir conduire les physiciens à la découverte d'une
« grande loi de la nature, avait alors tant d'attraits pour
« moi, qu'elle est devenue un des motifs les plus puissants
« de mon voyage à l'équateur. »

Cette loi de constance ne s'est pas vérifiée, ou pour mieux
dire, elle s'est transformée ; mais il est curieux de voir le
désir d'en contrôler l'exactitude devenir pour Humboldt le
principal mobile qui l'entraîne dans des contrées lointaines
et inexplorées. « Je désirais, dit-il, saisir le monde des

« phénomènes et des forces physiques dans leur connexité
« et dans leur influence mutuelle (13). »

M. de Humboldt n'a montré nulle part peut-être plus
qu'en météorologie ce double don de l'observation et de
la comparaison. Il a posé les fondements de deux branches
de cette science.

En cryptoristique, il a établi les bases de la *météorognosie* : étude des phénomènes en eux-mêmes et constatations
de leurs variations.

En troponomie, il a inauguré la météoronomie, en cherchant les rapports de ces variations avec les temps et les .
lieux ; avec les saisons, avec la distance des pôles ou de
l'équateur, et en traçant sur le globe les lignes isothermes.

Le magnétisme terrestre lui doit la constatation d'un des
plus grands exemples de variations dans l'intensité des
phénomènes avec la position des lieux sur la surface du
globe.

Enfin, le *Cosmos*, cette œuvre de sa verte vieillesse, est
la plus haute expression de la tendance généralisatrice de
cet esprit supérieur : et si, en lisant ces pages, encore si
pleines et si chaleureuses, on ne peut se défendre du regret de voir l'écrivain entièrement absorbé par la contemplation de la nature physique en elle-même et dans ses
évolutions propres, sans chercher à remonter plus haut,
excelsiùs ! comment ne pas pardonner cette préoccupation un peu exclusive au sentiment si vif et si vrai qui a
dicté les *tableaux de la nature* et qui, quarante ans plus
tard, inspirait encore à un octogénaire des pensées comme
celles-ci :

(14) « En réfléchissant d'abord sur les différents degrés
« de puissance que fait naître la contemplation de la na-
« ture, nous trouvons qu'au premier degré doit être placée

« une impression entièrement indépendante de la connais-
« sance intime des phénomènes physiques, indépendante
« aussi du caractère individuel du paysage, de la physio-
« nomie de la contrée qui nous environne. Partout où,
« dans une plaine monotone et formant horizon, des plan-
« tes d'une même espèce (des bruyères, des cistes, ou
« des graminées), couvrent le sol, partout où les vagues
« de la mer baignent le rivage et font reconnaître leurs
« traces par des stries verdoyantes d'ulva et de varech
« flottant, le sentiment de la nature, grande et libre, saisit
« notre âme et nous révèle, comme par une mystérieuse
« inspiration, qu'il existe des lois qui règlent les forces de
« l'univers. Le simple contact de l'homme avec la nature,
« cette influence du *grand air* (ou comme disent d'autres
« langues par une expression plus belle), *de l'air libre*,
« exercent un pouvoir calmant ; ils adoucissent la douleur
« et apaisent les passions quand l'âme est agitée dans ses
« profondeurs. Ces bienfaits, l'homme les reçoit partout,
« quelle que soit la zone qu'il habite, quel que soit le de-
« gré de culture intellectuelle auquel il s'est élévé. Ce que
« les impressions que nous signalons ici ont de grave et de
« solennel, elles le tiennent du pressentiment de l'ordre
« et des lois qui naît à notre insu, au simple contact avec
« la nature ; elles le tiennent du contraste qu'offrent les
« limites étroites de notre être avec cet image de l'infini
« qui se révèle partout, dans la voûte étoilée du ciel, dans
« une plaine qui s'étend à perte de vue, dans l'horizon
« brumeux de l'Océan. »

Bien que le génie de Léopold de Buch fût moins varié
et moins encyclopédique que celui de Humboldt, on peut
comparer l'influence que ces deux grands esprits ont
exercée pendant un demi-siècle sur les sciences naturelles.
A la fois botanistes, météorologistes et géologues, tous

deux ont laissé, dans chacune de ces sciences, des traces de leur passage : mais en géologie proprement dite, M. Léopold de Buch a résumé peut-être plus d'idées et préparé pour l'avenir des sujets plus féconds et plus durables de méditations.

Ses premiers voyages en Allemagne et dans le nord de l'Europe ont résolu une foule de questions relatives à la géognosie des formations sédimentaires, et surtout à l'histoire des formations anciennes. On lui doit les premières cartes géologiques exactes de ces vastes contrées, bien qu'il n'y ait point mis son nom.

Il a marqué même en paléontologie : et si les caractères qu'il avait proposé comme un moyen de diviser en plusieurs groupes naturels la grande famille des ammonites n'ont peut-être pas l'importance qu'il leur attribuait, son travail sur ces mollusques fossiles n'en restera pas moins comme une preuve de sa sagacité et de la singulière variété de son esprit. Mais ce qui constituera la gloire la plus solide et la plus durable de Léopold de Buch, ce sont les progrès qu'il a fait faire à la connaissance des terrains volcaniques.

Vous vous rappelez, Messieurs, qu'il fut le premier des élèves de Werner qui, venu en France, et parcourant l'Auvergne, le marteau à la main, proclama la justesse des vues de Desmarets, et reconnut la communauté d'origine éruptive qui lie les basaltes et les formations volcaniques, anciennes ou actuelles.

Plus tard, en 1816, accompagné du botaniste norwégien Christian Smitch (qui devait périr l'année suivante, lors de la malheureuse expédition du capitaine Tuckey, dans la rivière du Congo), il fit le voyage des îles Canaries, étudia, en particulier, avec un soin extrême, les îles de Ténériffe et de Palma, dont il construisit les cartes. On peut dire que ce mémorable voyage ouvrit une voie nouvelle à la géologie des volcans.

La description des îles Canaries est un chef-d'œuvre d'observation : la forme et le relief du sol, la composition des roches et leur âge relatif, y sont parfaitement analysés ou décrits. Mais M. de Buch y trouva surtout l'occasion de déployer les qualités troponomiques de son esprit.

M. de Humboldt avait fait justement ressortir les conditions très-diverses que présentent les laves qui s'échappent sur de fortes pentes en y dessinant des bandes étroites, et les grands courants qui sont venus s'épandre, en nappes régulières, sur des surfaces presque horizontales. M. de Buch a développé cette judicieuse observation, et, étendant de plus en plus ses recherches, il a fait voir qu'il y avait lieu de distinguer dans un même appareil volcanique complet, le cône d'éruption et le cratère de soulèvement : celui-ci composé de grandes assises, primitivement horizontales ou peu inclinées, puis brusquement redressées par l'événement même, dont la dernière conséquence a été la production du cône d'éruption, situé au centre du cirque, comme les organes de la fleur, qui brisent l'enveloppe des corolles à demi épanouies.

Cette forme générale ; ces relations entre les diverses parties de l'ensemble formant chacune un rôle particulier ; il la retrouve à la Grande-Canarie, comme à Palma.

Plus tard, il la signalera au Vésuve dont le cône d'éruption est entouré par la ceinture de la Somma : en 1835, presque sexagénaire, Léopold de Buch accompagne M. Elie de Beaumont à l'Etna : tous deux y reconnaissent un cratère de soulèvement, et le dernier de ces savants établit ce fait dans un mémoire devenu classique.

Mais Léopold de Buch ne s'arrête pas là ; analysant les divers aliments de l'archipel des Canaries, il y reconnaît un volcan central, le pic de Teyde, autour duquel rayonnent plusieurs bouches secondaires, qui n'en sont qu'une dépendance. D'autres groupes volcaniques lui présentent la même disposition concentrique : d'autres, au contraire, s'y refusent et ne présentent qu'un simple *alignement volcanique*.

Il établit alors clairement ces deux manières d'être des massifs éruptifs de l'époque actuelle et les sépare l'une de l'autre trop nettement peut-être, plus frappé de leurs différences que des analogies générales, qui permettront plus tard de reconnaître dans un volcan central, un point singulier sur un alignement volcanique.

D'autres grandes questions ont montré toute la sagacité de Léopold de Buch à démêler les rapports des phénomènes. Mais je veux encore citer ce coup d'œil magistral qu'il jeta sur les dolomies du Tyrol et qui l'amenèrent graduellement à poser les questions les plus hardies, dont l'étude approfondie a constitué ce qui s'est appelé depuis le *métamorphisme des roches*.

Au mois d'août 1789, Dolomieu était passé, en compagnie de M. Fleuriau de Bellevue, dans les sauvages et pittoresques vallées du Tyrol, et sans connaître encore la composition toute particulière de la roche, à laquelle Théodore de Saussure donna plus tard son nom, il avait été instinctivement frappé et en avait signalé avec vivacité le gisement dans une lettre adressée de Malte à M. La Pérouse.

Trente-deux ans plus tard, Léopold de Buch démêla le premier les rapports que présentaient entre elles les trois roches de la vallée de Fassa, en établissant nettement la transformation du calcaire en dolomie au voisinage et sous l'influence plus ou moins directe de la roche éruptive, le mélaphyre.

Il devançait ainsi, hardi pionnier de la science, les notions qui devaient être acquises plus tard, et qui, fécondées par l'expérience synthétique, ont amené la reproduction même du phénomène entrevu et comme deviné par la plus heureuse inspiration.

Je ne veux pas négliger de signaler l'un des plus grands titres de Léopold de Buch à la reconnaissance des géologues. Werner, le premier, était parvenu à lier d'une manière vraiment rationnelle et scientifique les variations que l'observation avait constatées dans les propriétés caractéristiques des filons métallifères. En faisant voir que ces variations se rattachent à deux circonstances principales, la direction des gîtes et leur âge relatif, l'illustre professeur de Freiberg introduisait le premier d'une façon sérieuse et durable en géologie le point de vue troponomique, celui qui se préoccupe surtout du rapport qui peut exister entre les phénomènes observés.

De tels germes, confiés à deux esprits comme ceux de Humboldt et de Buch, ne devaient pas rester inféconds.

Nous avons vu que c'était en grande partie en vue de vérifier ce qu'il appelait le *loxodiomisme* des formations que Humboldt avait entrepris son voyage dans l'Amérique équinoxiale.

Léopold de Buch, de son côté, rapprochant les conclusions de Werner sur la direction et l'âge relatif des filons métallifères, de ce que lui présentaient, d'un côté, les crêtes montagneuses, très-souvent liées, en direction, avec les filons eux-mêmes ; de l'autre, la direction et l'inclinaison des couches sédimentaires qui constituent les montagnes elles-mêmes, arriva à formuler ce qu'on a appelé la *théorie du soulèvement des montagnes*. Il préparait ainsi la voie que devait suivre, quelques années plus tard, avec tant d'éclat, M. Elie de Beaumont.

On trouverait entre Alexandre de Humboldt et Léopold de Buch tant de qualités communes, qu'il serait difficile peut-être de les mettre en contraste l'un avec l'autre.

Tous deux, voyageurs intrépides, et insoucieux de leur bien-être, ont conservé jusqu'à une extrême vieillesse l'activité du corps et l'activité de l'esprit.

En géologie, tous deux ont développé, avec un merveilleux talent et dans des directions un peu différentes, la grande pensée de Werner, celle qui constituera sa plus solide gloire, la loi du parallélisme des directions dans les phénomènes géologiques du même âge. Humboldt, embrassant plus de choses dans sa vaste encyclopédie, était peut-être moins propre à pousser un même sujet jusque dans ses dernières conséquences.

Plus confiant et, en quelque sorte, plus chevaleresque, il formule plus vite, sauf à reconnaître plus tard une erreur ou à accepter du moins une rectification avec la plus grande bonne foi.

Léopold de Buch, plus réfléchi et moins communicatif, s'est rarement trompé ; mais, alors, il faut le dire, il avait quelque peine à revenir sur sa pensée première.

Tous deux, pendant un demi-siècle, ont suivi tous les progrès de la science, quand ils ne les ont pas eux-mèmes provoqués ou devancés.

C'est un intéressant et noble spectacle de voir ces deux hommes, nés presque la même année, dans la même patrie, sortis de la même école du grand Werner, par une heureuse rivalité, qui n'altéra jamais leur mutuel attachement, déduire, chacun à son tour, un nouveau progrès d'une découverte faite par l'autre, et servir ainsi de modèle à la génération plus jeune qui entourait de son respect ces deux octogénaires : véritables traits d'union entre l'école qui signala la fin du xviiie siècle et celle qui devait illustrer le nôtre.

TREIZIÈME LEÇON

Ecole paléontologique et résumé.

Messieurs,

Ce que la minéralogie ou la connaissance des minéraux est à la lithologie ou à l'étude des roches, la connaissance des fossiles l'est pour la portion de la géologie qui embrasse la chronologie des terrains sédimentaires. Cette branche de la géologie s'est développée plus récemment encore que celle qui a pour objet l'étude des phénomènes éruptifs. Nous y trouvons l'influence d'un des plus grands génies qui se soient livrés à l'étude des sciences, Georges Cuvier. Ici, néanmoins, nous devons être sobres de détails, la détermination des espèces animales ou végétales étant réellement du domaine de la zoologie et de la botanique, et la paléontologie ne devenant une science géologique qu'autant qu'elle s'applique à la connaissance des dépôts terrestres, et aux lois qui ont présidé à ces dépôts, variant avec les temps et avec les lieux.

Après les premières observations dues à Léonard de Vinci, à Conrad Gesner, à Bernard Palissy, j'ai nommé dans une de mes dernières leçons un assez grand nombre de savants, qui s'étaient plus ou moins préoccupés de l'importance des restes fossiles enfouis dans les couches sédimentaires.

Parmi eux, quelques-uns seulement, avant la fin du dernier siècle, peuvent être cités comme ayant fait faire à ces questions un progrès marqué. Ce sont :

J.-J. Scheuchzer, né à Zurich, en 1672, dont j'ai déjà cité l'ouvrage, publié en 1708, sous le titre bizarre de : *Piscium querelæ et vindiciæ*. Dans cette sorte de prosopopée allégorique, l'auteur fait parler les poissons fossiles pour se plaindre d'avoir été victimes du déluge universel, bien que fort innocents des crimes qui l'avaient motivé. Ils se plaignent aussi de l'injustice des hommes, qui ne veulent pas les reconnaître aujourd'hui pour les ancêtres des poissons actuels et qui les rabaissent au point de les reléguer parmi les pierres brutes. Ce travail, à part sa forme singulière, avait un intérêt réel par ses planches qui représentent, d'une manière très-reconnaissable, les poissons ou ichtyolites de la plupart des localités les plus célèbres aujourd'hui, tels que ceux des schistes cuivreux du Mansfeld, des couches jurassiques de Papepenheim, en Bavière ou d'Altdorf ; ceux du groupe nummulitique du Monte-Bolca, de Glaris, des couches plus récentes d'Œningen, etc.

Scheuchzer est célèbre aussi par la description de la salamandre fossile, d'Œningen, qu'il avait appelée *Homo diluvii testes*, et dont Cuvier reconnut le véritable caractère. Lister, don tj'ai déjà fait connaître les idées saines en paléontologie, paraît avoir eu, le premier en Angleterre, la pensée d'une carte géologique régulière.

Emmanuel Walch et Wolfgang Knorr étaient, l'un naturaliste, l'autre dessinateur. On leur doit, de 1755 à 1778, un grand ouvrage intitulé : *Lapides diluvii universalis testes*, et que l'on peut encore consulter avec fruit aujourd'hui, notamment en ce qui touche les crustacés, les échinodermes, et les grands mammifères ; c'est encore à Walch que l'on doit la connaissance des *Trilobites* auxquels il imposa ce nom.

Brocchi, né à Bassano en 1772, après avoir visité l'Italie, le Liban et l'Egypte, publia sa *Conchyliologie fossile subapennine*, ouvrage important où il a consigné l'ensemble de ses recherches, en les accompagnant d'observations sur les Apennins et les contrées adjacentes.

« Qu'il y ait, dit l'auteur, une relation entre l'âge des couches et la nature des espèces, et que les premières soient d'autant plus anciennes qu'elles renferment un plus grand nombre de coquilles, différentes de celles que nous connaissons, c'est un fait évident, qui a déjà été attesté par beaucoup de naturalistes. »

Mais, on peut se convaincre que ce fait, si évident pour Brocchi, ne l'était pas encore pour un grand nombre de savants qui professaient de ce côté des Alpes.

Enfin, parmi les contemporains de Cuvier et de Brongniart, on compte Blumenbach, Schlottheim, Sowerby, Lamarck, De France, Goldfuss et une foule d'autres savants dont je ne puis rapporter ici les noms.

Mais j'ai hâte d'arriver à Cuvier, qui les a dominés tous.

Dès son premier mémoire, en 1795, Cuvier avait donné la mesure de la portée de son esprit et surtout de cette prodigieuse disposition à saisir les rapports, et à les formuler dans une classification, avant d'en découvrir les lois.

Dans ce que Linné avait résumé en deux classes : *Insecta et vermes*, Cuvier fit voir qu'il y avait en réalité six classes différentes, qu'il nomma : les mollusques, les crustacés, les insectes, les vers, les échinodermes et les zoophytes.

Les *animaux à sang blanc*, ou, comme Lamarck les appela depuis, les *animaux sans vertèbres*, formaient en quelque sorte un règne animal nouveau, à peu près inconnu aux naturalistes, et dans lequel Cuvier venait tout à coup révéler et les divers plans de structure, et les lois particulières auxquelles chacun de ces plans est assujetti.

Ces vues nouvelles sur la classification du règne animal, furent le point de départ de tous les grands travaux de Cuvier, en zoologie et en paléontologie.

Et ici, permettez-moi d'introduire quelques réflexions : s'il est vrai que chaque époque imprime aux travaux qu'elle produit un caractère spécial, il faut reconnaître aussi que chaque époque a ses préjugés qui lui sont propres, et qui, dans l'histoire des sciences, se succèdent comme les engouements avec une sorte de périodicité.

Je vous ai rappelé comment après Buffon, Hutton et Werner, mais surtout après les interminables querelles auxquelles se livrèrent leurs élèves et leurs admirateurs, la génération qui succéda fut prise d'une aversion instinctive pour tout ce qui rappelait la question des causes.

Les *théories*, les *systèmes* étaient repoussés avec la même ardeur qu'on avait mise vingt ans auparavant à les accueillir, à les discuter. C'est alors qu'on inventa ce mot, qui fait encore fortune parmi ceux qui ignorent entièrement les magnifiques conquêtes que la géologie avait déjà faites dès la fin du siècle dernier, que deux géologues, comme deux augures, ne pouvaient se regarder sans rire. Cuvier fut l'un des promoteurs de cette réaction. Je vous en ai cité des preuves par la manière dont il traite même Descartes et Leibnitz dans son *Discours sur les Révolutions du globe*. Mais chez les grands esprits, toute évolution est féconde. Comprenant qu'avant de chercher les causes, il faut d'abord bien connaître les faits et les phénomènes, et même avoir établi leurs rapports, plus encore, la loi de leurs rapports, il employa toutes les ressources de son génie à poursuivre ces deux buts. L'anatomie, science essentiellement cryptoristique, fut poursuivie par lui avec ardeur, et il mit à son service, avec ce don inné d'observation, un talent merveilleux de dessinateur. L'anatomie comparée, science essentiellement troponomique, et que Vicq d'Azyr avait entrevue, fut, en quelque sorte, créée par lui ; enfin, cet esprit, admirablement doué pour la recherche des rapports et leur coordination, débuta par un coup de maître en classification générale.

Aujourd'hui (car, si nous apprécions les hommes du passé, il faut bien savoir aussi nous rendre justice à nous-mêmes), ce mot de *classification* fait sourire la jeunesse, quand elle ne l'effraie pas par la pensée d'un suprême ennui. Les Linné, les Jussieu, les Cuvier, assurément, seraient encore célèbres de nos jours, mais non comme classificateurs, à peine comme observateurs. S'ils voulaient arriver promptement à la renommée, ils ne devraient pas, comme au temps de nos ancêtres, s'attacher à bien connaître dans leur nature et dans leurs rapports les phénomènes ou les êtres de la création, mais à imiter, à surpasser, s'ils le pouvaient, la création elle-même.

Eh bien ! je vous le dis en toute sincérité, cette sorte de dédain pour tout ce qui s'appelle classification est aussi injuste que peu réfléchi.

Car une bonne classification, une classification naturelle devant représenter, autant que possible, tous les rapports de tous les objets qui constituent une science, rien ne demande, à la fois, plus de connaissances spéciales sur chaque objet et une plus grande force de généralisation, un esprit plus encyclopédique. C'est à mon avis, et sans aucune espèce de comparaison, le travail qui élève le plus l'esprit humain et le rapproche le plus de *Celui* qui a conçu le merveilleux ensemble qu'on appelle l'univers.

Dans son *Discours sur les Révolutions du globe*, qui est

comme une sorte de profession de foi géologique, Cuvier insiste sur l'importance des fossiles pour établir l'idée de chronologie en géologie. Peut-être même l'exagère-t-il un peu en disant (1) : « S'il n'y avait que des terrains sans fos- « siles, personne ne pourrait soutenir que ces terrains « n'ont pas été formés tous ensemble, » et, parmi les autres fossiles, il fait ressortir l'importance particulière des mammifères terrestres.

C'est en effet là qu'est le plus grand service qu'il ait rendu à la géologie, et on peut le résumer en quelques mots, ou pour mieux dire, par un *seul principe*, emprunté à son *Anatomie comparée*, c'est celui de la *corrélation des formes dans les êtres organisés*, au moyen duquel chaque sorte d'être pourrait, à la rigueur, être reconnu par une pièce complète de chacune de ses parties.

D'après Cuvier (2) : « Tout être organisé forme un en- « semble, ou système unique et clos, dont les parties se cor- « respondent mutuellement, et concourent à la même ac- « tion définitive, par une action réciproque.

« Aucune de ces parties ne peut changer sans que les « autres changent aussi, et, par conséquent, chacune « d'elles, prise séparément, indique et donne toutes les « autres.....

. . . .

« Ainsi la forme de la dent entraîne la forme du con- « dyle ; celle de l'omoplate, celle des ongles, tout comme « l'équation d'une courbe entraîne toutes ses propriétés. « Et, de même qu'en prenant chaque propriété séparément « pour base d'une équation particulière, on retrouverait, « et l'équation ordinaire, et toutes les autres propriétés « quelconques ; de même, l'ongle, l'omoplate, le condyle, « le fémur, et tous les autres os pris séparément, donnent « la dent où se donnent réciproquement ; et en commen-

« çant par chacun d'eux, celui qui posséderait rationnel-
« lement les lois de l'économie organique pourrait refaire
« tout l'animal. »

Voilà l'expression *troponomique* la plus élevée des lois
de l'anatomie comparée ; et c'est à Cuvier qu'elle est
due.

Mais l'observateur, l'expérimentateur, en d'autres termes,
le cryptoricien, se montre en même temps lorsqu'il ajoute :

« Ce principe est assez évident par lui-même (p. 102)
« dans cette acception générale, pour n'avoir pas besoin
« d'une plus ample démonstration ; mais quand il s'agit de
« l'appliquer, il est un grand nombre de cas où notre con-
« naissance théorique du rapport des formes ne suffirait
« point, si elle n'était appuyée sur l'observation. »

Et il cite des exemples de sa proposition (3) :

« Nous voyons bien, par exemple, dit-il, que les ani-
« maux à sabots doivent tous être herbivores, puisqu'ils
« n'ont aucun moyen de saisir une proie ; nous voyons
« bien encore que, n'ayant d'autre usage à faire de leurs
« pieds de devant que de soutenir leur corps, ils n'ont pas
« besoin d'une épaule aussi vigoureusement organisée d'où
« résulte l'absence de clavicule et d'acromion, l'étroitesse
« de l'omoplate : n'ayant pas non plus besoin de tourner leur
« avant-bras, leur radius sera soudé au cubitus, ou du
« moins articulé par ginglyme et non par arthrodie avec
« l'humérus ; leur régime herbivore exigera des dents
« à couronne plate pour broyer les semences et les
« herbages ; il faudra que cette couronne soit inégale, et,
« pour cet effet, que les parties d'émail y alternent avec
« les parties osseuses ; cette sorte de couronne nécessitant
« des mouvements horizontaux pour la trituration, le con-
« dyle de la mâchoire ne pourra être un gond aussi serré
« que dans les carnassiers : il devra être aplati et répondre

« aussi à une facette de l'os des tempes plus ou moins
« aplatie ; la fosse temporale qui n'aura qu'un petit mus-
« cle à loger, sera peu large et peu profonde, etc. »

On conçoit bien encore en gros la nécessité d'un système digestif plus compliqué dans les espèces où le système
dentaire est plus imparfait ; ainsi l'on peut se dire que
ceux-là devraient être plutôt des animaux ruminants, où
il manque tel ou tel ordre de dents ; on peut en déduire
une certaine forme d'œsophage et des formes correspondantes des vertèbres du cou, etc. Mais je doute qu'on eût
deviné, si l'observation ne l'avait appris, que les ruminants
auraient tous le pied fourchu, et qu'ils seraient les seuls
qui l'auraient : je doute qu'on eût deviné qu'il n'y aurait
de cornes au front que dans cette seule classe ; que ceux
d'entre eux qui auraient des canines aiguës, manqueraient
pour la plupart de cornes, etc.

Ainsi apparaît le *troponomiste* dans sa plus haute expression, et avec d'autant plus d'éclat qu'il admet et fait
ressortir la nécessité de la cause sans la connaître et qu'il
supplée à cette ignorance de la cause par la détermination
des rapports, aidée par l'observation.

(4) « Puisque ces rapports sont constants, il faut bien
« qu'ils aient une cause suffisante ; mais comme nous ne
« la connaissons pas, nous devons suppléer au défaut de
« la théorie par le moyen de l'observation ; elle nous sert
« à établir des lois empiriques qui deviennent presque
« aussi certaines que les lois rationnelles quand elles repo-
« sent sur des observations assez répétées ; en sorte qu'au-
« jourd'hui, quelqu'un qui voit seulement la piste d'un pied
« fourchu, peut en conclure que l'animal qui a laissé cette
« empreinte ruminait, et cette conclusion est tout aussi cer-
« taine qu'aucune autre en physique ou en morale. Cette
« seule piste donne donc à celui qui l'observe, et la forme des

« dents, et la forme des mâchoires, et la forme des vertèbres,
« et la forme de tous les os de la jambe, des cuisses, des
« épaules et du bassin de l'animal qui vient de passer.
« C'est une marque plus sûre que toutes celles de Zadig.

« Qu'il y ait cependant des raisons secrètes de tous ces
« rapports, c'est ce que l'observation même fait entrevoir
« indépendamment de la philosophie générale.

« En effet, quand on forme un tableau de ces rapports,
« on y remarque non-seulement une constance spécifique,
« si l'on peut s'exprimer ainsi, entre telle forme de tel
« organe et telle autre forme d'un organe différent ; mais
« on aperçoit aussi une constance classique et une grada-
« tion correspondante dans le développement de ces deux
« organes, qui montrent, presque aussi bien qu'un raison-
« nement effectif, leur influence mutuelle.

« Il est impossible de donner des raisons de ces rap-
« ports ; mais ce qui prouve qu'ils ne sont point l'effet du
« hasard, c'est que toutes les fois qu'un animal à pied
« fourchu montre dans l'arrangement de ses dents quelque
« tendance à se rapprocher des animaux dont nous par-
« lons, il montre aussi une tendance semblable dans l'ar-
« rangement de ses pieds.

« Il y a donc une harmonie constante entre deux or-
« ganes en apparence fort étrangers l'un à l'autre ; et les
« gradations de leurs formes se correspondent sans inter-
« ruption, même dans le cas où nous ne pouvons rendre
« raison de leurs rapports.

« Or, en admettant ainsi la méthode d'observation
« comme un moyen supplémentaire quand la théorie nous
« abandonne, on arrive à des détails faits pour étonner.
« La moindre facette d'os, la moindre apophyse ont un
« caractère déterminé, relatif à la classe, à l'ordre, au
« genre, à l'espèce auxquels elles appartiennent, au point

« que toutes les fois que l'on a seulement une extrémité
« d'os bien conservée, on peut, avec de l'application, et
« en s'aidant avec un peu d'adresse de l'analogie et de la
« comparaison effective, déterminer toutes ces choses
« aussi sûrement que si l'on possédait l'animal entier.

« J'ai fait bien des fois l'expérience de cette méthode
« sur des portions d'animaux connus, avant d'y mettre
« entièrement ma confiance pour les fossiles ; mais elle a
« toujours eu des succès si infaillibles, que je n'ai plus
« aucun doute sur la certitude des résultats qu'elle m'a
« donnés. »

On voit que, tout pénétré qu'il est de la réalité de ses
découvertes, Cuvier ne se dissimule pas qu'il viendra, un
jour, une loi plus générale encore que celles qu'il propose.
Ces expressions de lois *empiriques* et de lois *rationnelles*,
qu'il emploie semblent indiquer qu'il ne se considère en
quelque sorte que comme le Kepler de l'anatomie comparée, qui, après lui, attendra encore son Newton.

Enfin, le point de vue troponomique se développe très-
grand et très-large encore lorsque, plus loin, Cuvier fait à
la géologie chronologique l'application de ses magnifiques
découvertes en anatomie comparée, et qu'il établit magistralement les lois qui sont l'apparition successive des
êtres dans les diverses formations avec les caractères généraux qu'il vient d'assigner aux familles animales.

A la vérité, les limites qu'il fixe de cette manière au
développement géologique de ces familles sont trop absolues, et quelques découvertes ultérieures sont venues
prouver qu'il fallait les étendre plus que ne le faisait
Cuvier.

Mais l'expression générale de cette loi de succession
reste entière, et témoigne chez lui d'une sûreté de coup
d'œil et d'appréciation, assurément bien rare.

Je veux encore faire une dernière citation de cet admirable *Discours*, et vous montrer quelles étaient les idées de Cuvier sur les alternatives de repos et de révolutions violentes qu'avait dû subir la surface de notre planète, et, comme il le dit lui-même, quelles étaient les recherches ultérieures qu'il entrevoyait pour la géologie ou plutôt pour la stratigraphie paléontologique (5).

« Je pense donc que, s'il y a quelque chose de constaté
« en géologie, c'est que la surface du globe a été victime
« d'une grande et subite révolution, dont la date ne peut
« remonter beaucoup au-delà de cinq ou six mille ans ;
« que cette révolution a enfoncé et fait disparaître les pays
« qu'habitaient auparavant les hommes et les espèces
« des animaux aujourd'hui les plus connus ; qu'elle a, au
« contraire, mis à sec le fond de la dernière mer, et en a
« formé les pays aujourd'hui habités ; que c'est depuis
« cette révolution que le petit nombre des individus épar-
« gnés par elle se sont répandus et propagés sur les ter-
« rains nouvellement mis à sec, et, par conséquent, que
« c'est depuis cette époque seulement que nos socié-
« tés ont repris une marche progressive, qu'elles ont
« formé des établissements, élevé des monuments, re-
« cueilli des faits naturels et combiné des systèmes scientifiques.

« Mais ces pays aujourd'hui habités, et que la dernière
« révolution a mis à sec, avaient déjà été habités aupara-
« vant, sinon par des hommes, du moins par des animaux
« terrestres ; par conséquent, une révolution précédente,
« au moins, les avait mis sous les eaux ; et, si l'on peut
« en juger par les différents ordres d'animaux dont on y
« trouve les dépouilles, ils avaient peut-être subi jusqu'à
« deux ou trois irruptions de la mer.

« Ce sont ces alternatives qui me paraissent maintenant

« le problème géologique le plus important à résoudre,
« ou plutôt, à bien définir, à bien circonscrire ; car, pour
« le résoudre en entier, il faudrait découvrir la cause de
« ces événements, entreprise d'une toute autre diffi-
« culté. »

Mais la tentation d'aborder lui-même une partie de ces problèmes était trop forte pour qu'il y résistât. De là est née cette association des deux savants amis qui devait donner le premier modèle du genre, la *Description miné-ralogique des environs de Paris.*

Mais je veux laisser encore parler Cuvier, et vous serez, comme moi, touchés de la simplicité avec laquelle il reconnaît, dans cette œuvre capitale, l'action prépondérante de son digne collaborateur (6).

« Il était presque impossible qu'il n'en naquît pas le
« désir d'étudier la généralité de ces phénomènes, au
« moins dans un espace limité autour de nous. Mon excel-
« lent ami, M. Brongniart, à qui d'autres études donnaient
« le même désir, a bien voulu m'associer à lui, et c'est
« ainsi que nous avons jeté les premières bases de notre
« travail sur les environs de Paris, mais cet ouvrage, bien
« qu'il porte encore mon nom, est devenu presque en
« entier celui de mon ami ; par les soins infinis qu'il a
« donnés, depuis la conception de notre premier plan et
« depuis nos voyages, à l'examen approfondi des objets,
« et à la rédaction du tout. »

« Je l'ai placé, avec le consentement de M. Brongniart,
« dans la deuxième partie de mes recherches, dans celle
« où je traite des ossements de nos environs. Quoique
« relatif en apparence à un pays assez borné, il donne de
« nombreux résultats applicables à toute la géologie, et,
« sous ce rapport, il peut être considéré comme une partie
« intégrante du présent discours, en même temps qu'il

« est, à coup sûr, l'un des plus beaux ornements de mon
« livre. »

Ainsi, quand on considère Cuvier soit comme anatomiste, soit comme paléontologiste, il semble difficile de
concevoir un plus magnifique développement de la pensée
humaine, au point de vue de l'observation perspicace et
attentive des faits, comme au point de vue de la détermination de leurs rapports et de la recherche des lois qui
règlent ces rapports.

Après que Lamarck, dans son *Histoire naturelle des animaux sans vertèbres*, eût donné de ces animaux une classification dont on s'est peu écarté depuis, et des descriptions
particulières d'une foule d'espèces fossiles, dont il assi-
gnait la place au milieu de la série générale des êtres analogues ; après que cette féconde collaboration de Cuvier et
d'Alexandre Brongniart eût donné, dans la *Description des
terrains des environs de Paris*, un modèle qui n'a jamais
été surpassé, et qui introduisait d'une manière scientifique
la conchyliologie de l'anatomie comparée dans la détermination des terrains sédimentaires, une foule de savants,
jeunes alors, s'élancèrent à leur suite dans cette voie nouvelle, en France, comme en Angleterre et en Allemagne,
et plus tard aux Etats-Unis d'Amérique, et firent peu à
peu de la paléontologie, une branche d'abord importante,
devenue dans la suite dominante, de la géologie des terrains sédimentaires. Il ne s'agissait point encore pour nous
de défendre le terrain de la stratigraphie générale contre
l'envahissement d'une science facile et trop souvent superficielle, qui oublie de s'appuyer sur la seule base stable qu'elle
possède, sur l'anatomie, et contre les conclusions hasardées
qu'elle s'aventure à déduire de la seule considération des
caractères extérieurs de quelques débris fossiles.

La paléontologie devait aussi trouver des ressources

précieuses dans la seconde branche des sciences naturelles, dans la botanique.

La botanique fossile n'a réellement pris rang dans la science que depuis le commencement de ce siècle.

Agricola, Mathioli (Majoli), Gesner, Imperati, soutenaient encore au milieu du xviiie siècle que les bois fossiles étaient des débris d'arbres détruits par le déluge.

Néanmoins, avant eux, Lahire, en 1692 ; Lister, vers la même époque ; Lind, en 1699 ; Maraldi, en 1706, avaient émis des opinions plus justes sur les végétaux fossiles.

Antoine de Jussieu fut un des premiers à faire remarquer la différence qui existe entre les végétaux qui se trouvent dans les mines de houille et ceux qui croissent dans nos climats, et l'analogie qu'ils présentent, au contraire, avec ceux de la région équatoriale.

Scheuchzer fut le premier qui en fit une étude spéciale, et son *Herbarium diluvianum* renferme des figures, souvent fort exactes, d'un assez grand nombre de plantes fossiles. Mais ce sont toujours des faits isolés, sans liaison, ni comparaison.

En 1804 parut en Allemagne, par Schlottheim, *la Flore de l'ancien monde ;* on y trouve des figures meilleures, des descriptions détaillées et faites avec la précision du style botanique, enfin quelques tentatives de comparaison avec les végétaux vivants.

Vers 1820, grand nombre de publications paraissent en même temps :

Sternberg, Rode, Martius, Supplément de Schlottheim, en Allemagne.

Parkinson, Artis, en Angleterre.

Nilson, Agardh, en Suède.

Steinhauer, en Amérique.

Ad. Brongniart, en France.

Le livre de ce savant a marqué un grand progrès dans la paléontologie phytographique et a servi de point de départ à toutes les recherches qui s'y sont faites depuis lors, et à toutes les conséquences qu'on en a déduites pour l'histoire du globe.

Avant de donner un aperçu très-succinct des principales conclusions de l'auteur, je voudrais jeter un coup d'œil général sur les moyens de reconnaissance qu'offre aux paléontologistes l'étude des débris qui représentent, dans les deux règnes, les êtres auxquels ils ont appartenu.

La détermination des espèces fossiles semble offrir des difficultés de plus en plus grandes et une certitude moins absolue, à mesure qu'on descend dans l'échelle des êtres.

En effet, les mammifères et les reptiles laissent comme dépouilles leurs ossements, le plus souvent même leurs dents, c'est-à-dire les portions de leur squelette les plus propres à éclairer tout d'abord sur leurs analogies réelles.

Déjà, chez les poissons, le squelette est moins fréquent, et, en particulier, pour ceux qui ont vécu lors du dépôt des terrains les plus anciens. Mais, alors même qu'on ne possède pas les pièces de leurs ossements, la forme générale du corps, la bouche, les nageoires, particulièrement les nageoires caudales, donnent des indices certains et d'un ordre très-élevé sur toutes les conditions de l'organisme.

Pour les crustacés, le squelette étant en quelque sorte extérieur et en même temps lié à toutes les fonctions de l'animal, les débris solides qu'ils ont laissés dans les couches sédimentaires sont encore extrêmement précieux et suffisamment caractéristiques. Lorsqu'on passe aux mollusques, les difficultés deviennent beaucoup plus grandes.

Parmi les céphalopodes qui sont les plus élevés dans l'échelle organique, quelques-uns, à la vérité, ont laissé une armature intérieure, qui permet de les rapprocher de

genres actuellement vivants, et pourvus des mêmes pièces ;
mais les autres céphalopodes, comme tous les mollusques
sans coquilles, ont disparu complétement, et il est même
impossible de se rendre compte des éléments essentiels,
carbonés et azotés, qui ont pu être, à une époque donnée,
employés à constituer ces animaux, comme aussi de se
faire une idée quelconque de leur organisation.

A la vérité, un nombre immense de mollusques sécrètent une coquille calcaire, et c'est un élément précieux
pour leur reconnaissance.

Néanmoins, cette portion de l'animal est loin d'offrir la
même importance organique que le squelette d'un mam-
mifère ou d'un reptile, ou même la carapace d'un crus-
tacé.

La forme générale de la conque, univalve ou bivalve,
la disposition de la charnière, et les points d'insertion des
muscles dans ces dernières, quelquefois, mais rarement,
des appendices intérieurs d'une forme et d'une utilité particulière, sont les seuls indices qui permettent d'asseoir
les genres, et, quant aux espèces, elles sont le plus souvent établies sur des caractères extérieurs qui peuvent
varier avec l'âge, ou même avec les conditions de l'habitat.

Les polypiers seuls, et aussi certains rayonnés sortent
de cette loi commune, parce que les substances calcaires
ou siliceuses qu'ils sécrètent, et qui ont des formes presque
géométriques, offrent, même dans les espèces vivantes,
une certaine variété de caractères précieuse pour leur détermination, comparées à leur organisme intérieur si simple
et d'une homogénéité si singulière, qu'une parcelle quelconque de la substance molle d'un polypier contient tous
les éléments nécessaires à sa reproduction.

Les végétaux fossiles offrent à l'étude de plus grandes
difficultés encore.

Ils ne sont jamais entiers ; on n'en trouve guère que des organes isolés. Il faut donc d'abord rechercher jusqu'à quel point la connaissance d'un seul organe peut conduire à la détermination des autres organes. En outre, dans l'étude des plantes vivantes, les caractères les plus essentiels pour la détermination de l'espèce, sont fondés sur les organes de la reproduction.

Or, à l'état fossile, on ne trouve le plus souvent que les organes de la végétation et principalement les tiges ou les feuilles.

Dans le *Prodrome d'une histoire des végétaux fossiles*, M. Ad. Brongniart a donc dû considérer ces débris des flores perdues de l'ancien monde sous trois points de vue :

1° Sous le rapport de leur détermination, de leur classification, et de leur analogie avec les êtres existants ;

2° Sous le rapport de leur succession dans les diverses couches du globe ;

3° Enfin, comme nous indiquant l'état du globe à l'époque où ils existaient : les conditions de température, l'étendue relative des continents et des eaux, la nature du sol et de l'atmosphère.

Pendant la première de ces périodes, la terre était couverte de forêts presque uniquement composées de fougères et de prêles arborescentes, plus grandes qu'aucune de celles qui existent actuellement, et de ces singuliers lepidodendrons, végétaux gigantesques participant aux caractères des lycopodes et des conifères.

C'est à ces forêts, si différentes de celles de notre époque, que sont dues les couches nombreuses de houille qui nous en présentent les débris.

Ces végétaux, si différents par leur forme et par leur taille de ceux qui vivent encore sur la terre, paraissent avoir disparu de la surface du globe, ou du moins, les régions explorées par les savants n'en montrent plus de traces déposées régulièrement dans les formations évidemment plus récentes.

La seconde période est caractérisée par des formes végétales très-différentes, dont un petit nombre seulement est parvenu jusqu'à présent à notre connaissance : ce sont particulièrement des fougères moins élevées que celles du terrain houiller, et des conifères d'une structure très-singulière.

Les végétaux qui croissaient sur la terre pendant la troisième période donnèrent aussi naissance à quelques dépôts de charbon fossile, qui sont souvent accompagnés d'impressions nombreuses de ces plantes. Les fougères, et plus encore, la singulière famille des cycadées, y dominent à un tel point, que les espèces de cette dernière famille qu'on a pu y reconnaître sont déjà plus nombreuses que celles qui existent actuellement, et que ce petit groupe de végétaux, qui ne forme pas la deux millième partie des plantes vivantes, constituent la moitié de la flore à cette époque.

La dernière période présente un ensemble de végétaux beaucoup moins différent de ce qui existe encore à la surface du globe dans les régions mêmes où ces plantes ont été déposées ; ainsi, les mêmes familles, et le plus souvent, les mêmes genres qui habitent encore nos climats, se retrouvent à l'état fossile dans les terrains tertiaires de l'Europe ; mais, malgré l'analogie de cette végétation avec celle qui couvre encore notre pays, l'étude de ces fossiles n'est pas moins digne de fixer notre attention, et elle peut résoudre des questions d'un grand intérêt pour l'histoire des derniers changements que la surface de notre globe a subis.

C'est pour les fossiles de cette époque que la comparai-

son la plus minutieuse avec les espèces vivantes devient
nécessaire pour déterminer s'il y a identité ou différence
spécifique entre les espèces vivantes et fossiles, et décider
si les plantes, comme les animaux, ont éprouvé de grands
changements spécifiques pendant les dernières révolutions
auxquelles notre globe a été soumis, ou si la loi observée
dans le règne animal ne s'applique pas au règne végétal.

Bien que je me sois imposé la règle de ne citer que le
moins possible les ouvrages de date récente, il me semble
que je manquerais à un vrai devoir, si, dans cette rapide
histoire de la paléontologie, que j'ai amenée seulement
vers le premier quart de ce siècle, je négligeais de mentionner un travail, essentiellement fait au point de vue
troponomique, que l'Académie des sciences a couronné, il
y a quelques années. C'est celui dans lequel M. Bronn a
cherché à résumer tout ce que nous possédons encore de
notions sur les êtres fossiles, en coordonnant ces notions
au point de vue des déductions qu'on en peut tirer sur
l'état variable de l'atmosphère et des eaux, aux différentes
périodes de l'existence du globe.

En résumé, la paléontologie a rendu à l'étude des terrains sédimentaires les plus grands services.

Elle a établi, d'une manière qui est devenue de plus en
plus certaine, les rapports qui lient l'époque où les terrains
stratifiés se sont déposés, et la nature des fossiles animaux
et végétaux qu'ils contiennent.

C'est là le point de vue troponomique de la question qui
a fait dans ces dernières années de très-grands progrès.

Mais il ne faudrait pas, néanmoins, attribuer à ses déductions, isolées de celles de la stratigraphie, une importance exagérée.

Il s'est trouvé des esprits qui, sans bien se rendre
compte des difficultés qui entourent la détermination de

l'espèce paléontologique, ont été jusqu'à vouloir qu'une espèce caractérisât une couche, ou même un ensemble de couches, et qu'elle ne pût se trouver ailleurs.

Cette idée une fois établie et préconçue, il a bien fallu charger la nomenclature paléontologique d'une foule d'espèces, créées uniquement pour le besoin de la cause, et séparées d'autres espèces par des caractères susceptibles tout au plus de distinguer des individus d'âges différents.

Il ne faut pas non plus tirer des conclusions trop absolues sur la loi de succession des êtres organisés dans les dépôts de sédiments.

On a trouvé des singes dans le terrain miocène ; des marsupiaux (didelphes) dans le lias et peut-être dans les marnes irisées ; enfin on a cité des traces probables d'oiseaux dans le grès bigarré.

Ces faits bien établis seraient en opposition avec des lois que l'on avait conclues trop tôt, et même avec les conclusions que Cuvier lui-même avait cru pouvoir tirer des faits que l'on connaissait alors, et déjà Humboldt s'était fait l'écho de leur pensée ; mais des esprits plus judicieux ont réagi contre cette tendance exagérée de certains paléontologistes, et ont cherché à faire prédominer l'idée d'une *faune caractéristique*, c'est-à-dire d'un ensemble d'êtres organisés, ayant un facies général commun et se retrouvant avec une certaine constance entre des limites définies et déterminées des formations sédimentaires.

Nous savons qu'il y a encore aujourd'hui, et malgré l'abus qui se fait des considérations paléontologiques superficielles, des géologues paléontologistes qui savent résister à cet entraînement, et qui ne négligent pas de faire entrer en ligne de compte, les conditions générales qui présidaient au développement de la vie organique, à chaque époque du globe, non plus que l'influence de ces grands phénomènes mécaniques qui avaient tant préoccupé la haute intelligence de Cuvier.

Il me resterait encore, pour terminer ce rapide aperçu de l'histoire de la géologie, au point de vue troponomique, à vous entretenir des diverses classifications qui ont été proposées, soit pour l'ensemble des matières qui constituent la science, soit spécialement, pour chacune des diverses branches dont elle est composée.

En effet, comme je vous le faisais remarquer, il y a un instant, ce genre de travail présente un immense intérêt et de singulières difficultés. L'idée de rapport est nécessairement liée à celle de variation.

Le rapport n'est autre chose que la mesure de la variation, et pour saisir la loi de la variation, il est nécessaire d'abord d'en mesurer l'étendue ; or, la classification n'est autre chose qu'un tableau, plus ou moins fidèle, où ces rapports sont, en quelque sorte, fixés, et comme photographiés, par la place respective qu'y occupent les objets qu'il s'agit de comparer; ce qui permet de saisir immédiatement les lois de leurs variations.

Une classification est donc le complément nécessaire de toute grande étude troponomique. Néanmoins, l'impossibilité de réformer en peu de mots des études de cet ordre, jointe à la fatigue que je crains de vous imposer en prolongeant ces leçons, m'engagent à ne point aborder l'histoire des classifications en géologie. Ce sujet suffirait à lui seul pour remplir certain nombre de leçons, que je serai peut-être, un jour, assez heureux pour vous présenter dans cette chaire.

Je préfère, en terminant cette revue historique, en résumer quelques traits généraux, en insistant particulièrement sur la géologie troponomique ou géologie comparée.

Les méthodes d'observation suivirent donc dans l'antiquité une marche réellement progressive.

D'après M. Renouvier (7) : « On peut marquer trois « époques dans ce progrès dont le but final ne fut ni « atteint, ni même connu, mais le long duquel, pour « ainsi dire, certains résultats très-heureux furent « acquis.

« La première époque est celle des anciens naturalistes, « surtout d'Empédocle et des pythagoriciens, d'Anaxagore « et de Démocrite.

« La seconde est celle d'Aristote.

« La troisième, celle de l'école d'Alexandrie.

« L'esprit d'observation s'étendit de plus en plus, et les « découvertes indépendantes de toute hypothèse se mul- « tiplièrent. Aristote, en cela, surpassa les anciens phi- « losophes, et lui-même fut surpassé par l'école d'Alexan- « drie ; qui se signala surtout en astronomie, dont elle « fixa la vraie méthode à la fois expérimentale et mathé- « matique, et dans la connaissance du corps humain dont « les lois malheureusement sont bien plus rebelles à la « science. »

Mais, circonstance bien remarquable, et qui montre combien l'esprit d'expérimentation est distinct de l'esprit de systématisation, comment en d'autres termes, et, pour parler le langage d'Ampère, la cryptoristique peut suivre une marche différente, et même momentanément inverse de celle de l'étiologie, les meilleures hypothèses, celles qui eussent été le plus propres à favoriser le classement des faits observés, appartiennent souvent aux physiciens les plus anciens, et furent abandonnées par leurs successeurs ; Aristote réfuta quelques opinions très-fondées des anciens philosophes, par attachement pour l'observation qui semblait les contredire.

Telles sont, en particulier, ses idées sur la respiration des poissons, sur le transport de la lumière, sur le mouvement libre des astres.

Au reste, cette marche, qui a été celle de l'esprit humain dans presque toutes les branches de ses connaissances, est en connexion évidente avec la nature même de ses facultés et leur mode d'opérer.

Ainsi, d'un côté, le génie a, dans sa marche, un don particulier qui lui permet de franchir d'un seul bond plusieurs des échelons qui seraient nécessaires aux esprits d'une trempe ordinaire. Etant donnés l'énoncé d'un problème et une partie seulement des éléments nécessaires à sa solution, il supplée à ce qui manque, comble l'intervalle, et arrive au but; puis, quand vient la démonstration des vérités intermédiaires, elle ne sert plus qu'à confirmer, à rectifier, en quelques points, la solution qu'il avait proposée.

Aussi, presque toutes les grandes découvertes dues à l'esprit de méditation, ont devancé le moment où elles auraient résulté de la somme des notions acquises.

D'un autre côté, il arrive souvent, même à des esprits d'une certaine portée, lorsqu'ils n'ont encore jeté sur les objets qu'un coup d'œil général, de croire d'abord à une explication complète; mais une étude plus attentive des phénomènes leur fait découvrir et apprécier des faits nouveaux qui ne cadrent plus avec la cause qu'ils avaient assignée.

D'autres savants, par une tendance tout opposée et tombant dans un excès contraire, se laissent éblouir et absorber par les faits; constamment penchés vers eux, ils rejettent systématiquement toute explication, et même tout rapprochement; ils ferment, pour ainsi dire, leurs yeux et leurs oreilles comme des navigateurs qui, perdus sur un océan sans limites, repousseraient la boussole qui seule pourrait les sauver.

Cependant, chez les nations, comme chez les individus, il arrive un moment où, à la faveur d'un rayon de lumière qui pénètre dans ce chaos, les observations se recherchent, se reconnaissent, pour ainsi dire, se donnent la main, et viennent d'elles-mêmes prendre leur place.

Alors les rapprochements sont faciles et les rapports se manifestent; alors pour une science donnée, les recherches troponomiques acquièrent une base assurée, et préparent aux recherches étiologiques.

Mais cette recherche des causes, qui a tant préoccupé les anciens et nos ancêtres, n'est-elle pas pour nous une source d'illusions? En effet, à quoi donnons-nous ce nom présomptueux de causes? Evidemment, à des causes secondaires, qui ne sont en réalité que des effets de causes plus générales, lesquelles aboutissent toutes en définitive à une seule cause universelle, de laquelle toutes les autres dérivent, et dont nous ne pouvons avoir, pour nous-mêmes, qu'une perception confuse et imparfaite. Tout autre est pour nous la conception des rapports. Celle-là nous est donnée en pleine possession. Nous pouvons la regarder comme un bien réellement et définitivement acquis à nos études et à nos réflexions.

La détermination des rapports entre les objets, considérés en eux-mêmes, ou dans leurs variations, qui constitue les recherches troponomiques, est donc la plus haute expression réelle et incontestable de nos efforts bien dirigés. A ce point de vue, c'est le point culminant de toute science:

Si l'on se demandait comment on pourrait définir l'application de ce point de vue général à la géologie, voici, ce me semble, ce qu'il faudrait répondre :

Considérer les phénomènes qui, à l'époque actuelle, à

l'époque humaine, modifient incessamment sous nos yeux toutes les portions du monde inorganique, comme la suite et la conséquence naturelle de ceux qui se sont passés aux époques antérieures, comme produits par des causes essentiellement identiques à elles-mêmes, dans toute la durée des âges, mais susceptibles de produire des effets éminemment variables suivant le temps et les conditions générales qui se sont succédé sur le globe ;

Partant de ce point de vue général, examiner avec soin et dans leurs détails les phénomènes de l'époque actuelle, les étudier dans leur nature et dans leurs proportions réelles ;

D'un autre côté, rechercher dans la croûte extérieure du globe les traces des phénomènes anciens dont chaque parcelle minérale est une preuve et un témoin ;

Démêler par cette étude même la nature de chacun des phénomènes ainsi mis en évidence, et le rattacher, par la filière des actions analogues, à ceux du même ordre que nous observons aujourd'hui ;

Conclure enfin de la nature et des proportions des effets anciennement produits, entre quelles limites ont varié, dans leur nature et dans leur intensité, les agents géologiques d'un même ordre ;

Déterminer, pour ainsi dire, le *coefficient* dont il faut affecter chacune des forces qui se manifestent dans le monde inorganique actuel, pour en apprécier les effets dans le monde inorganique ancien.

Tel est le but général que devrait, à mon sens, se proposer la science à laquelle on peut légitimement donner le nom de *géologie comparée*, ou de géonomie, si l'on veut en approprier le nom au système de classification d'Ampère, dont j'ai présenté l'exposé dès ma première leçon.

QUATORZIÈME LEÇON.

M. Élie de Beaumont.

Messieurs,

Lorsque, dans un grand pays, la mort vient brusquement enlever à la science un de ses plus fermes soutiens, l'ébranlement qui en résulte atteint, non-seulement l'édifice entier, mais aussi chacune des pierres du monument. M. Elie de Beaumont, en disparaissant du monde géologique, y laisse un vide pareil à celui que la mort de Cuvier avait produit quarante-deux ans auparavant, dans l'histoire naturelle.

Comme les zoologistes et les anatomistes, en 1832, chacun de nous aujourd'hui, qu'il partageât ou qu'il combattît les doctrines du maître, a ressenti la commotion de sa perte. Ce moment de trouble est-il le plus favorable pour l'examen approfondi de cette vaste carrière? La postérité a-t-elle déjà commencé pour M. Elie de Beaumont?

Personne n'oserait l'affirmer. Aussi, dans les trois séances que je vais consacrer à l'exposé de ses travaux, me garderai-je, autant qu'il me sera possible, d'établir un jugement.

Ce n'est point un éloge académique que je veux lire devant vous, ce n'est même pas une revue complète de cette œuvre immense que je viens vous soumettre.

Peut-être, un jour, me sera-t-il permis, après avoir

complété, sur quelques points, sa pensée, autant que la chose est possible, et grâce aux bienveillantes communications que je dois à la famille de mon illustre maître, d'essayer cette tâche délicate et difficile.

Aujourd'hui, désireux seulement de remplir le programme que je me suis tracé dès le début de ces leçons, je chercherai surtout à constater, par la discussion sommaire des principaux ouvrages de M. Elie de Baumont, quelles étaient les tendances générales et prédominantes de son esprit, quelles branches de la géologie se sont plus particulièrement développées par ses soins, par ses encouragements, par ses exemples.

M. Elie de Beaumont, dans les différentes phases de cette vie scientifique, si bien remplie, a abordé les cinq points de vue que j'ai définis dans ma première leçon et où je me suis moi-même, en quelque sorte, successivement placé pour suivre avec vous l'histoire de la géologie.

Bien que, de ces points de vue, les trois premiers et surtout le troisième, le point de vue troponomique, lui fussent plus familiers que les deux derniers, il n'a pas dédaigné d'exposer très-sobrement, à la vérité, ses pensées sur l'étiologie, et j'espère vous montrer que les recherches techniques en géologie lui doivent aussi quelque reconnaissance.

Dans cette première leçon je veux examiner son œuvre aux deux points de vue de l'autoptique et de la cryptoristique, de l'exposition ou description sommaire et de l'observation précise et détaillée.

M. Elie de Beaumont était éminemment doué de ce coup d'œil prompt et assuré qu'on pourrait appeler le *don de première vue*, qui permet d'embrasser un ensemble et d'en faire saisir à tous le caractère général. Cette qualité se révèle chez lui dès ses premiers travaux. Les premières contrées qu'il dut explorer comme collaborateur de Brochant de Villiers et de Dufrénoy à la carte géologique de la France, furent les Vosges et les Ardennes. — Le coup d'œil autoptique qu'il jette sur ces deux régions est admirable de lucidité et de perspicacité (1).

« Un coup d'œil jeté sur les Vosges parées de leur vé-
« gétation et même de leurs cultures (les travaux des
« hommes étant en rapport eux-mêmes avec la configura-
« tion et la nature du sol) donnera, dit-il, un premier
« aperçu de leurs formes, de leur structure et de leur
« composition. Nous entrerons ensuite dans l'examen des
« masses minérales dont elles sont formées. »

L'auteur indique successivement la position et les limites de la contrée ; les élévations et la forme particulière de ses cimes ; de ses *ballons*, masses arrondies en forme de dôme et recouvertes de gazons. Tous ces dômes de verdure ont un aspect complétement analogue. Les hêtres nains y forment des buissons courbés uniformément par le vent dominant du sud-ouest. Ces pelouses solitaires et culminantes, ces champs du feu du temps des Druides, jouaient nécessairement un rôle dans les pratiques religieuses. Ce sont les chaumes (2).

« Les hautes chaînes sont, pour les Vosges, ce que les
« *hautes fagnes* sont pour les Ardennes, et les *landes* pour
« la Bretagne. Ces trois formes de prairies élevées sont
« éminemment caractéristiques pour ces trois régions na-
« turelles. Chaque région vraiment naturelle possède ainsi,
« presque toujours, quelques formes spéciales, dont l'ins-
« tinct des habitants n'a jamais manqué d'être frappé, et
« dont le nom revient constamment dans leur bouche lors-
« qu'ils parlent aux étrangers des particularités de leur
« pays. »

Lorsque ces pelouses de chaumes reposent sur des roches

solides et peu fendillées, comme le granit, elles sont quelquefois brusquement terminées tout près des points culminants par des murs escarpés, comme les flancs presque perpendiculaires des vallons qui, du Hohneck et des montagnes adjacentes, convergent vers Münster. Mais dans les Vosges, le fendillement des rochers rend assez rares les grands escarpements, qui sont remplacés par des pentes rectilignes, couvertes parfois de fragments pseudo-réguliers.

L'absence ou la rareté des fentes dans les masses granitiques ou porphyroïdes arrondies, produisent un grand nombre de sources et déterminent la formation de tourbières dans de nombreuses dépressions situées à toutes les hauteurs, sur les flancs des montagnes et même près des cimes.

D'autre fois, la stagnation des eaux se produit sur une plus grande échelle et il se forme des lacs, dont les plus grands, Gérardmer et Longemer, sont célèbres par leur aspect pittoresque.

D'autres lacs, cirques ou entonnoirs profonds, entament souvent les flancs du ballon les plus élevés, tels sont le lac Blanc et le lac Noir; le lac Vert, le lac de Retournemer, et plusieurs autres encore, dont le plus remarquable est le lac du Ballon, dont l'amphithéâtre entame le flanc septentrional du Ballon de Guebwiller, point culminant de la chaîne. C'est la région des lacs et des cascades.

Cette description, à la fois sévère et charmante, que je voudrais citer tout entière, si le temps me le permettait, embrasse ensuite les caractères variés de la végétation : végétation des amphithéâtres qui entourent les lacs ; forêts des Vosges en partie dévastées, hélas ! comme celles de nos Alpes, qui ne peuvent plus retenir les eaux torrentielles de l'Isère et de la Durance ; comme celles de nos

Pyrénées, qui laissent arriver en quelques heures, dans les plaines du Languedoc et de la Gascogne qu'elles ravagent, les eaux que la Providence destinait, au contraire, à les féconder. Enfin, les maigres cultures de ces montagnes sont décrites à leur tour, et l'on voit en quelque sorte à travers ces pages le seigle, dont les plaques quadrangulaires et jaunissantes semblent, au milieu de la verdure, comme des cartes à jouer jetées au hasard sur un tapis vert.

Les vallées sont décrites à leur tour, et l'on saisit le contraste entre celles de la pente alsacienne, profondes et abritées, et les vallées moins favorisées et plus sauvages de la pente occidentale.

Puis vient le tour des montagnes elles-mêmes, dont tous les caractères sont parfaitement indiqués depuis la *Hardt* ou Basses-Vosges du Nord jusqu'aux Ballons d'Alsace et de Servance qui tranchent nettement sur les collines de la Haute-Saône ; depuis la plaine presque horizontale du Rhin jusqu'à la plaine plus élevée et plus ondulée que forme la Lorraine.

Les Vosges constituent au-dessus des plaines qui les environnent une île montagneuse qui, surtout vers le midi, est complétement détachée. Si le niveau des mers s'élevait de 3 à 400 mètres, les Vosges formeraient réellement une île ou un archipel, qui, très-étroit vers Saverne, aurait une largeur de 6 ou 8 myriamètres sous le parallèle de Remiremont et sous celui de Bitche.

J'oserais assurer que cette description, dont je ne vous donne ici qu'une sorte de silhouette ou plutôt de squelette, permet à chacun de vous de se faire une idée générale, parfaitement nette, de cette contrée, si intéressante à tous les points de vue. Et, cependant, je ne me suis point transporté avec vous sur les pas de l'auteur aux nombreux belvédères qui, de ce côté du Rhin comme du côté oriental, lui permettent d'observer de loin ces montagnes dont l'ensemble, considéré en masse, constitue comme un immense gâteau tuberculeux sillonné par de nombreuses et profondes vallées.

Que serait-ce si nous examinions en détail avec notre géologue, les contours et, en quelque sorte, les falaises de la contrée ? Mais je le laisse parler lui-même (3) :

« Les bords de cette île montagneuse sont généralement
« faciles à observer, et méritent d'être examinés en détail,
« à cause des phénomènes géologiques qui s'y dévoilent.
« J'ai eu, de 1821 à 1838, de nombreuses occasions de
« faire, à ce sujet, des remarques que j'ai pour la plupart
« écrites sur place. Je vais les rassembler ici avec une
« abondance qui pourra paraître exagérée, mais dont le
« but est de bien faire comprendre au lecteur qu'il n'y a
« rien d'idéal, ni dans la délimitation, ni dans la configu-
« ration générale que j'attribue aux Vosges. »

Je cite cette phrase, parce qu'elle caractérise parfaitement la méthode d'exposition de M. Elie de Beaumont, aussi bien comme professeur que comme écrivain. En effet, ni dans ses écrits, ni dans ses leçons, aucun détail n'est oublié, s'il lui paraît nécessaire à l'intelligence de l'ensemble. Ce procédé peut sembler méticuleux à qui ne veut avoir qu'un aperçu superficiel des choses ; il paraît éminemment instructif à celui qui désire, au contraire, se rendre un compte exact et approfondi des objets de ses études.

Dans la description de l'Ardenne, M. Elie de Beaumont avait été précédé par un savant dont la modestie seule égalait le mérite, M. d'Omalius d'Halloy.

Voici, d'après M. Elie de Beaumont, les caractères généraux de cette région couverte de forêts, c'est la *Silva*

Arduenna des Romains qui n'avaient fait que latiniser le nom celte ou gaulois (*d'Arden*).

C'est, en effet, une région à part et qui contraste vivement avec celles qui l'avoisinent. L'Ardenne s'étend des sources de l'Aisne à celles de la Roër, entre les plaines fertiles et basses de la Belgique et les plaines sèches et ondulées de la Champagne et du Luxembourg, en formant à l'horizon de ces plaines, comme un mur d'une hauteur presque uniforme, entamé seulement par des fissures ou vallées plus ou moins profondes.

Les compartiments dans lesquels le massif général de l'Ardenne se trouve divisé par les vallées forment autant de plateaux partiels, qui sont quelquefois tellement unis, que les eaux y sont stagnantes et en forment des déserts humides, connus sous le nom de *fagnes* ou *fanges*. Les Hautes-*Fagnes*, traduction en patois Wallon, de *Hooge-Veenen* du bas allemand, forment un plateau marécageux dont le point culminant, situé entre Spa, Malmédy et Montjoie, atteint 695 mètres, couvert de tourbes, de bruyères et de quelques buissons, d'où se précipitent en cascades les sources de différentes rivières qui coulent dans toutes les directions vers la Meuse, la Moselle et le Rhin. L'Ardenne se termine à ces marécages élevés, à partir desquels commence l'Eifel.

Le caractère orographique le plus saillant de l'Ardenne est le contraste frappant qui existe entre l'âpreté des flancs des vallées et les formes douces et arrondies des plateaux et des masses ondulées qui en forment la surface générale.

Sans entrer dans les recherches qui suivent et qui prennent un caractère cryptoristique, il nous suffira de dire que, d'après M. Elie de Beaumont, l'Ardenne doit d'un côté son aspect uniforme à l'homogénéité du terrain ardoisier qui le compose, et de l'autre, l'ouverture abrupte de ses profondes vallées à des événements violents, ou comparablement postérieurs au nivellement des plateaux eux-mêmes.

Le début du mémoire que M. Elie de Beaumont a consacré à la description des collines littorales du département du Var, ou du double massif des Maures et de l'Esterel (aujourd'hui compris dans le département des Alpes-Maritimes), donne aussi une idée très-juste de sa méthode autoptique.

Cette petite région, placée à l'extrémité de la Provence, et qui s'étend à peine sur une longueur de trente lieues, présente, en effet, une physionomie toute particulière et une composition propre, qui font que les grands phénomènes qui ont façonné les Alpes n'ont sur elle qu'une influence très-secondaire. Défendue contre le froid par l'abri des Alpes et par les vents tièdes de la Méditerranée, elle est la contrée la plus douce de toute la France par son climat; c'est la Provence par excellence, la terre de prédilection des plantes odorantes et des oliviers. Ces collines entassées les unes à côté des autres, qui forment le littoral depuis Toulon jusqu'à Antibes, se groupent en deux masses distinctes séparées par la rivière d'Argens, à l'embouchure de laquelle se trouve Fréjus. Ces deux masses se distinguent, même de loin, par les formes de leurs contours. La plus méridionale, *les montagnes des Maures*, qui doivent leur nom aux Sarrasins qui les ont longtemps habitées, et en avaient fait un repaire de brigands, sont généralement arrondies ; l'autre masse, qui forme les *montagnes de l'Esterel*, a, dans ses parties les plus saillantes, des contours abruptes et anfractueux.

Deux vues habilement choisies marquent le contraste des deux petites chaînes. La composition géologique des deux régions est aussi assez différente, et l'auteur du mémoire, entreprenant la partie cryptoristique de sa tâche, entre dans des détails qui doivent faire connaître la stucture intime des roches cristallines ou sédimentaires très-variées qui les composent : les relations de juxtaposition ou de superposition des divers éléments géologiques, la direction et l'inclinaison des couches, observées en un très-grand nombre de localités ; enfin, tout ce que ne suffit pas à apprendre le coup d'œil général, mais qui nécessite un examen spécial et approfondi. Mais auparavant, il avait complété son exposition autoptique en décrivant la riche végétation qui couvre les collines littorales placées au pied de la montagne des Maures (4).

« L'influence d'un climat privilégié, combinée avec celle
« d'un sol différent de celui des contrées calcaires qui
« l'entourent, s'y révèle, pour ainsi dire, à l'aspect de
« chaque arbre et de chaque buisson. Le pin d'Alep, le
« chêne-vert et le chêne-liége, de grandes bruyères pres-
« que arborescentes, l'arbousier toujours vert, image d'un
« printemps perpétuel, toujours orné à la fois de ses jolis
« fruits rouges et de ses fleurs blanches y sont les formes
« les plus répandues et les plus caractéristiques.

« Près des côtes, sur la plage historique de Cannes et
« sur quelques autres, des groupes de pins en parasol
« rappellent les beaux sites de l'Italie. Au bord d'anses
« plus favorisées encore, ouvertes aux seules brises du
« midi, à Cagnes, à Sainte-Maxime, à Bormes, à Hyères,
« l'oranger, le citronnier, le grenadier, le cactus, l'aloès et
« même le dattier déploient leurs formes méridionales et
« rappellent les rivages de la Corse et de l'Algérie. Des
« coteaux sur la pente desquels est assise la ville de Bor-
« mes, à l'ombre de ses palmiers, l'œil s'égare avec dé-
« lices sur les eaux bleues de la Méditerranée, et revenant
« en arrière, il se promène et se repose sur cette vaste et

« belle rade d'Hyères, qui, entourée de ses îles comme
« d'un rang de cyclades, rappelle à l'imagination les golfes
« riants de la mer Egée, d'où quelques colonies grecques
« apportèrent autrefois en Provence les premiers germes
« de la civilisation. »

Saussure qui, en avril 1787, et avant d'entreprendre
l'ascension du mont Blanc, avait visité le midi de la France
et de l'Italie, s'extasiait devant cette végétation nouvelle
pour lui et qu'il voyait dans toute sa beauté printanière.

Au cap Roux, les arbousiers, les chênes-ilex, les cistes,
le laurier-tin, la tulipe sauvage, excitèrent son attention
presque à l'égal des roches de porphyre, qui étaient le
but de son excursion (5).

« De l'Agay à l'ermitage de la Sainte-Beaume, dit le
« géologue genevois, on monte par des bois de pins, d'ar-
« bousiers, de chênes-verts et de bruyères, dans de par-
« faites solitudes.

(6) « Ces solitudes, ajoute M. Elie de Beaumont, où
« Saussure se complaisait à si juste titre, n'ont pas tou-
« jours été aussi paisibles, puisque la forêt de l'Esterel a
« été autrefois un repaire de brigands ; mais le progrès de
« la civilisation est venu à leur secours, en les débarras-
« sant de ces hôtes incommodes, et le percement d'une
« belle route n'a rien fait perdre à l'Esterel de son aspect
« pittoresque, qu'il doit, en grande partie, aux beaux ro-
« chers dont nous avons déjà parlé, et à ses profondes
« vallées ombragées de pins d'Alep, de chênes-liége et de
« châtaigniers. »

Il me semble, pour moi, que, si je n'avais jamais parcouru ces contrées, une telle description suffirait à me les
faire reconnaître entre mille.

Mais, de ces plages embaumées de la Provence, voulez-
vous passer aux gorges sauvages de nos Alpes françaises,

venez en compagnie de savants éminents, Brochant de Villiers, Dufrénoy ; suivons ensemble les pas de celui qui va nous guider sûrement encore au cirque de la Bérarde, et nous en faire saisir l'ensemble.

Les montagnes de l'Oisans contiennent les pics les plus élevés du territoire français : les *grandes Rousses*, les montagnes d'Oursine, le grand Pelvoux, dont le point culminant, la *pointe des Arcines* ou des *Ecrins*, atteint 4,105 mètres. Dans les roches bouleversées de ce cirque, borné par les rudes vallées de la Romanche et de la Guisane, le géologue trouve les enseignements les plus curieux.

Déjà le grand Hutton avait montré l'introduction du granit éruptif au milieu des terrains de transition ; M. Élie de Beaumont va, comme il le dit lui-même, nous faire « mettre les mains contre le granit et les pieds sur le calcaire jurassique qui le supporte. »

Mais, avant d'arriver à constater ce contact qui se prolonge sur une grande étendue, demandons à notre savant guide de nous faire connaître les caractères généraux de la contrée.

Il nous décrira d'abord les roches qui composent ces montagnes escarpées dans les parties centrales, le granit avec son passage à la protogine ; puis le gneiss micacé ou talqueux et les amphibolites schisteuses qui dominent sur les pourtours extérieurs de l'enceinte, et qui sont traversées par des filons d'épidote, de quartz et de galène.

Les cimes et les crêtes les plus élevées des montagnes formées par ces diverses roches, constituent une enceinte qui entoure presque circulairement le hameau de la Bérarde, à l'exception de l'ouverture par laquelle les eaux du Vénéon s'écoulent vers le bourg d'Oisans, et qui seule donne accès à ce hameau isolé, ce cirque ne présente que de rares échancrures très-élevées elles-mêmes.

(7) « Les montagnes de l'Oisans ne présentent, il faut
« en convenir, dit M. Elie de Beaumont en terminant son
« exposition, que des beautés géologiques, le voyageur
« ordinaire n'y trouvera que de belles horreurs. Il y cher-
« chera vainement ces paysages, à la fois gracieux et
« grandioses, qui l'attirent à si juste titre à Grindelwald et
« à Chamounix. Le fond des vallées est trop élevé pour
« que la végétation puisse embellir de son luxe les bases
« de leurs flancs glacés. Quelques maigres pâturages y
« cèdent bientôt la place à la neige ou à la roche nue ;
« quelques trembles, quelques frênes clair-semées ombra-
« gent presque seuls le vallon de la Bérarde. La combe
« de Malaval, et les vallons de Beauvoisin et d'Entraygues
« sont entièrement nus. Des bois de mélèzes mal fournis
« revêtent, par une rare et mesquine exception, les pentes
« qui descendent vers le Casset et le Val-Louise. Les
« neiges et les glaciers de ces montagnes sont leur seule
« décoration, et il faut se donner quelque peine pour y at-
« teindre des points d'où on ait une reculée suffisante pour
« les bien voir. Moins hautes sans doute que le mont Blanc
« et la Jungfrau, les montagnes de l'Oisans paraissent
« encore bien moins hautes qu'elles ne sont à cause de
« l'élévation absolue des vallées et à cause de leur encais-
« sement qui ne laisse voir les cimes que d'un petit nombre
« de points. Il faut essayer d'y monter pour bien se per-
« suader qu'elles sont hautes, et même alors, l'œil a quel-
« que peine à se rendre au témoignage des jambes. Il ne
« trouve pas pour s'étendre et comparer les hauteurs aux
« distances les vastes développements de perspective de
« quelques parties des Alpes, de la Suisse, et de la Savoie.
« Il ne rencontre que des contours polygonaux, des lignes
« brusquement brisées, qui donnent à tout l'ensemble un
« air fragmentaire et petit. Mais aussi quelle instruction

« pour l'observateur dans ces profils, en deux ou trois
« temps ! Transporté au pied de ces montagnes, de ces
« obélisques, dont chaque face est souvent une fente
« unique de quelques centaines de mètres de hauteur,
« quel géologue de cabinet songerait à plaider en leur
« présence la cause de l'influence exclusive des agents qui
« opèrent sous nos yeux ? On voit dans le cours actuel des
« choses beaucoup d'effets d'une nature à peu près sem-
« blable à ceux que nous décrivons ici, mais ils sont beau-
« coup plus petits, et ce n'est que par analogie, en raison-
« nant du petit au grand qu'on peut s'en servir pour
« remonter à l'origine de ceux dont nous parlons. Des
« effets d'une grandeur égale n'ont été constatés nulle
« part depuis le commencement de la période actuelle. En
« quel point du globe un pareil horizon est-il aujourd'hui
« en train de se produire ? »

J'aurais voulu encore vous donner avec quelques détails
un dernier exemple du mode d'exposition de M. Elie de
Beaumont : cette nouvelle étude aurait eu le double mérite
de s'appliquer à un ensemble tout autre que ceux dont nous
venons d'esquisser les caractères généraux, et de nous faire
connaître une montagne célèbre de l'antiquité, le mont
Etna. La nécessité de proportionner cette première partie
de ma tâche au temps qui m'est accordé pour son entier
accomplissement m'oblige à resserrer en peu de mots
cette description sommaire du volcan sicilien.

Et d'abord l'aspect général de la montagne, quel est-il ?
Le plan en relief, exécuté sur la carte du volcan en donne
de suite la mesure. La faiblesse de ce relief, l'aplatissement de la masse répondent bien peu à l'image poétique que Pindare nous a laissée de l'Etna, *la colonne du
ciel*.

(8) « Mais, ajoute l'auteur, la *platitude même de l'Etna*,

« s'il m'est permis d'employer cette expression, est peut-
« être destinée à devenir aux yeux de la science un de ses
« traits les plus remarquables. Elle résulte surtout de
« l'adoucissement progressif que subissent les pentes en
« s'éloignant du centre du massif, et de la grande étendue
« que cet adoucissement fait acquérir à sa base ; et cet
« adoucissement, qui croît de siècle en siècle, résulte lui-
« même des lois mécaniques suivant lesquelles les coulées
« de lave et les déjections incohérentes s'étendent et se
« stratifient les unes sur les autres.

« Complétement analysée, cette faiblesse de la plus
« grande partie des pentes de l'Etna serait déjà presque
« une théorie, ainsi que j'essaierai de le faire voir dans
« la suite de mon travail. »

Mais cette uniformité apparente de la forme générale
correspond-elle sur l'Etna à une identité réelle de toutes
les parties? il n'en est rien. L'analyse de cette structure
générale offre d'abord à l'observateur un *terre-plein bombé*,
qui forme le commencement des pentes de l'Etna; qui n'y
dépassent jamais trois degrés. C'est la région cultivée
(*regione culta ou regione premontese*), puis, le cône surbaissée, auquel ce terre-plein bombé va se rattacher par
une augmentation plus ou moins progressive de sa pente,
est couvert d'une vaste forêt de chênes, de pins et de
quelques autres arbres, qui ne s'interrompt que sur les
parties couvertes récemment par les produits des éruptions.
Ce second élément orographique, dont la pente, quoique
déjà sensible à l'œil, dépasse rarement sept ou huit degrés,
ce bosco ou bocage, cette *regione sylvosa, ou nemorosa*,
constitue, pour M. Elie de Beaumont, les talus latéraux de
l'Etna.

En se rapprochant du centre du massif, l'ensemble
presque régulièrement conique de ces talus latéraux est

brusquement interrompu par un groupe de saillies plus rapides, dont M. Elie de Beaumont désigne la réunion par le nom de *gibbosité centrale*. Cette gibbosité est l'Etna proprement dit, la *Montagna*, le *Mongibello* des habitants du pays. L'excentricité de ses contours fait qu'elle interrompt la régularité des différents talus à des hauteurs diverses. Toute la partie de ses flancs qui se trouve comprise au-dessous de 1,700 mètres est encore couverte par les arbres du bosco ; le reste est nu et constitue ce qu'on appelle la *Regione deserta*, *Regione scoperta*, *Regione netta*.

Mais cette gibbosité centrale n'est pas un cône complet : une partie de sa masse a disparu.

L'espace grossièrement elliptique qu'on appelle le *valle di Rove*, circonscrit supérieurement par deux crêtes étroites, presque tranchantes, quelquefois dentelées qui forment comme deux bras qui se détachent de la montagne, semble avoir été creusé à l'emporte-pièce. Le coup d'œil magistral de Léopold de Buch, qui, en septembre 1834, accompagnait M. Elie de Beaumont, reconnut immédiatement, dans cette vaste cavité, l'analogue du *val di taoro*, du pic de Ténériffe.

« C'est dans les flancs de ce vaste abîme, ajoute M. Elie « de Beaumont (9), que l'histoire des commotions qui ont « façonné l'Etna, se trouve écrite en caractères ineffa- « çables que j'essaierai de déchiffrer dans la suite de ce « mémoire. »

Cette interruption de la forme régulière de la montagne, jointe à la présence du cône terminal et de toutes les petites boursouflures des éruptions successives, a suggéré à M. Elie de Beaumont la comparaison, peu poétique, assurément, mais parfaitement exacte, de l'Etna avec une *galette mal cuite*.

Le véritable Etna, le Mongibello est terminé par un plan, le *piano del lago*, sur lequel les anciens, en élevant un petit édifice, la *torre del filosofo*, dont la base existe encore, ont établi un point de repère presque aussi important pour la géologie que pourront l'être dans 1,500 ans les repères tracés par Celsius sur les rochers du golfe de Bothnie. Il est clair, en effet, comme l'avait déjà remarqué Brydone, que les déjections de l'Etna n'ayant pu, depuis 1,500 ou 2,000 ans, ensevelir ce faible édifice, ce ne sont pas elles qui ont nivelé le piano del lago, qui doit être considéré, tout aussi bien que le grand cirque, comme un des traits primitifs de la gibbosité centrale de l'Etna.

L'existence de cette plaine terminale donnerait au volcan sicilien un caractère de platitude plus prononcé encore, si elle ne portait elle-même le cône supérieur, édifice éphémère, qui tantôt s'élève, tantôt s'écroule par vastes lambeaux, dont la chute laisse à ce qui reste un contour ébréché. Quelquefois ce cône si mal assis s'éboule en entier, et le gueulard du foyer volcanique se réduit alors à un soupirail immense, ouvert sans aucun parapet au milieu du piano del lago.

L'histoire de l'Etna présente plusieurs exemples de ce genre, dont le dernier ne remonte qu'au commencement du xviiie siècle.

(10) « Ce cône terminal, qui n'a aujourd'hui qu'un siècle
« et demi d'existence, et porte l'altitude de la montagne à
« 3,300 mètres environ, est donc l'ouvrage et le domaine
« spécial des feux volcaniques actuels, tandis que le massif
« de la gibbosité centrale, dont le piano del lago forme
« le couronnement, · est le monument gigantesque de
« phénomènes qu'on ne peut aujourd'hui que deviner. »

Dans cette dernière phrase, M. Elie de Beaumont résume toute la pensée de ce magnifique travail sur l'Etna, dont je viens d'analyser seulement la partie autoptique, mais sur lequel j'aurai plusieurs fois à revenir dans le cours de ces trois leçons.

Je ne pousserai pas plus loin cette étude sur le talent d'exposition et de description dont le savant géologue a donné tant de preuves.

Ses œuvres me fourniraient une foule d'exemples analogues à ceux que je viens de citer.

Tel est le coup d'œil qu'il a jeté, dès le début de sa carrière, sur la géologie du Cornwall ; travail qui lui est commun avec son ami et son compagnon de voyage, M. Dufrénoy. Vous aurez remarqué, soit qu'il s'agît de jeter un coup d'œil d'ensemble sur une contrée assez basse, plane, mais sillonnée de profondes crevasses, comme l'Ardenne ; ou sur une chaîne, de hauteur moyenne, présentant comme les Vosges, peu ou point de pics aigus, mais une série de dômes arrondis et de *hautes chaumes*, échancrées par de nombreuses vallées, plus ou moins pittoresques ; ou sur le cirque sauvage et abrupt qui entoure d'une ceinture de 3,000 à 4,000 mètres de hauteur, le hameau isolé, et perdu dans les neiges, de la Bérarde ; soit qu'il fallût faire ressortir le contraste entre les vallées solitaires et arides des Maures ou de l'Esterel et le littoral tiède, fertile et parfumé qui s'étend à leurs pieds ; soit enfin que le géologue, placé en face de la nature et ne consultant qu'elle, étudiant un à un les éléments orographiques qui composent l'Etna, dût, par cette froide analyse, dépoétiser quelque peu à nos yeux la forme surbaissée de cette antique *colonne du ciel*, vous aurez remarqué la souplesse avec laquelle ce singulier talent d'exposition et de description sait se plier à des exigences si diverses.

Mais j'ai hâte d'aborder la seconde partie de cette leçon,

où j'examinerai M. Elie de Beaumont aux prises avec les difficultés de la cryptoristique.

Remarquons, d'abord, que des deux formes qu'affec-tent les recherches cryptoristiques, l'observation et l'expérimentation, la première seule a été familière à M. Elie de Beaumont; non qu'il eût, comme Hutton, une sorte de défiance envers les résultats de l'expérience, qu'il encourageait au contraire, et à laquelle même, comme vous le verrez, il a contribué à ouvrir des voies nouvelles; mais il n'en abordait pas volontiers la pratique, et je ne sais si l'on pourrait citer une analyse de lui. Je trouve seulement dans la longue liste de ses travaux une note qui lui est commune avec M. Dufrénoy, sur des expériences destinées à condenser les vapeurs des usines à cuivre. Mais si l'expérimentation proprement dite doit peu à M. Elie de Beaumont, il a fait beaucoup pour perfectionner l'observation encore imparfaite et grossière en géologie.

De l'une d'elles, l'observation des pentes, il a fait presque une expérience, par la précision qu'il a introduite dans les méthodes. Il est parvenu, en effet, à mesurer avec une exactitude très-grande des pentes, même très-faibles, en y utilisant le sextant de poche et en combinant ses indications avec celles d'un niveau artificiel de mercure. On trouvera l'indication de cette méthode dans le premier volume de sa *Géologie pratique*. Cette petite méthode, qu'il avait enseignée à ses élèves bien avant de la publier, m'a été d'un grand secours dans mes voyages, et chaque fois que j'ai eu l'occasion d'apprécier l'inclinaison des laves ou d'autres pentes de faible valeur.

Cette question de la grandeur réelle des pentes est une de celles, en effet, auxquelles il attachait la plus grande importance. Dans ses leçons comme dans ses écrits, il n'a jamais manqué l'occasion de montrer à combien d'erreurs de fait et de raisonnement on s'expose toutes les fois qu'on s'appuie sur des coupes ou des dessins dans lesquels le vrai rapport de la base à la hauteur n'a pas été respecté.

Il insistait avec la même force sur la nécessité de soumettre une vue de montagnes au contrôle de l'angle de hauteur déterminé expérimentalement, afin de corriger l'erreur involontaire que l'on commet par la perspective, qui, en élevant les points éloignés au-dessus de l'horizon, augmente, par cela même, l'angle apparent.

On imaginerait difficilement la finesse et la perspicacité avec lesquelles il faisait ressortir, soit dans ses leçons, soit dans les discussions, les erreurs étranges auxquelles peut conduire l'emploi de dessins ou de croquis, dans lesquels les proportions naturelles n'avaient pas été respectées.

Telle était, à ses yeux, l'importance de la considération des pentes dans tous les phénomènes géologiques, qu'il a résumé, à la fin de son beau mémoire sur l'Etna, un nombre considérable de données relatives aux inclinaisons.

Un premier tableau réunit les valeurs numériques des inclinaisons de divers talus connus, dont on peut se servir comme de termes de comparaison, depuis la plus faible pente encore sensible à l'œil qui est de 10′, jusqu'aux pentes de 37°, inaccessibles au pied de l'homme, en sol rocheux ou gazonné, à celle de 50°, que les moutons ne peuvent plus gravir, et à celles de 55°, qui font l'effet de précipices, et qui, vues d'en haut, sont jugées de 75°.

Vient ensuite l'énumération des inclinaisons de divers talus d'éboulement, depuis la pente (14°) d'une levée de gros galets plats de gneiss, jusqu'à celles des parties les plus rapides des cônes du Vésuve, du pic de Ténériffe, du Pichincha et du Zourllo, qui varient de 40 à 42°; enfin jusqu'à celle de 44°, qu'il est à peu près impossible, suivant M. de Humboldt, de gravir, quoique le terrain permette d'y former des gradins en enfonçant le pied.

J'oserais affirmer que ceux d'entre vous qui n'ont point longuement réfléchi sur ce genre de phénomènes se font, des pentes abordables, une toute autre idée que l'idée réelle.

Le troisième tableau donne les inclinaisons des talus formés par entraînement.

La plus forte de ces pentes est une pente de 10 à 12° que présente un cône de débris formé par un torrent, sur la rive droite du Rhône, au-dessus de Saint-Maurice-en-Valais.

L'inclinaison de la surface des glaciers est très-variable; quelques-uns n'offrent qu'une pente de 3° environ, le glacier des Bois, dans la vallée de Chamounix, a présenté à M. Elie de Beaumont une pente de 27°. En montant au mont Blanc, on a à traverser, en y taillant des escaliers, des pentes de neige inclinées de 35°.

Les coulées de laves affectent des inclinaisons plus variables encore, quelques-unes ne se sont arrêtées que sur des pentes qui ne dépassaient pas 30′; d'autres, comme les laves du Vésuve en 1832 et 1834 (et je puis ajouter, pour l'avoir observé moi-même en 1855), et qui n'y ont laissé que des couches de scories incohérentes, ont ruisselé sur le cône en suivant des pentes de 32 à 35°.

Ce recueil précieux de données numériques, dont une grande partie est due aux observations de l'auteur lui-même, se termine par l'énumération des pentes des cours d'eau. La Seine, au pont des Arts, n'offre qu'une pente de 4″; dans les rapides du Pont-Neuf, elle avait alors une pente de 3′ 56″ ou de 4′ en nombre rond.

La pente moyenne du Rhône de Lyon à Arles est de 1′ 54″; mais la Durance, du pont de Bompas jusqu'à son embouchure dans le Rhône offre une pente moyenne de 7' 19''; l'Arve, au-dessus de Saint-Gervais, a une pente de 49'; le même torrent, immédiatement au-dessous du village d'Armentières, a une pente de 1ᶜ 29', il roule alors des blocs de 60 centimètres; dans le défilé entre la Tour et Argentières, il atteint une pente de 3° 33', et il saute en écumant sur tous les rochers qu'il rencontre; enfin le torrent du Chapin, en Tarentaise, présente une pente de 6 à 7°, mais, sur cette pente, le torrent se réduit en réalité à une suite de petites cascades.

J'ai voulu vous citer les plus saillants de ces chiffres dont M. Elie de Beaumont a chargé souvent ce tableau noir. On peut dire que quelques-uns de ces nombres sont toute une théorie. J'aurai l'occasion de vous citer, dans la prochaine leçon, le parti qu'il en a tiré, après de Humboldt et Léopold de Buch, pour appuyer la conception de ces enceintes volcaniques circulaires, que le dernier de ces géologues, en les faisant connaître à fond, a eu la malheureuse pensée d'appeler *cratères de soulèvement*, au lieu de les appeler simplement cirques de soulèvement.

Il serait impossible de mentionner ici, de manière à les faire suffisamment comprendre, les innombrables observations pleines de finesse et de sagacité que contiennent les divers mémoires de M. Elie de Beaumont et qui témoignent de son aptitude aux recherches cryptoristiques. Je me bornerai à en citer quelques exemples, que je choisirai parmi des sujets très-variés.

En 1821, encore élève ingénieur, M. Elie de Beaumont avait parcouru toute la chaîne des Vosges, et avait dès lors saisi, avec la lucidité que je vous ai fait apprécier, l'ensemble de ces montagnes. Mais les détails ne lui avaient pas échappé, et on peut dire que son coup d'essai fut un coup de maître. Il fit, en effet, ressortir le rôle particulier

que joue, entre le vieux grès rouge, base du terrain per-
mieu, et le grès bigarré, base du trias, un grand dépôt
rougeâtre de grès quartzeux, quelquefois poudingiforme,
absolument dénué de fossiles, formant surtout vers le flanc
septentrional des montagnes une ceinture régulière autour
des roches sédimentaires plus anciennes.

Cette formation, à laquelle il donne le nom géologique
de *grès des Vosges*, repose en stratification discordante sur
le terrain houiller. Ses parties inférieures ressemblent
d'une manière frappante au grès rouge proprement dit
(*rothe todte liegende*), tandis que ses couches supérieures,
bien que parallèles aux premières et se liant intimement
avec elles, présentent des caractères minéralogiques qui
les rapprochent beaucoup du grès bigarré.

Mais les exemples cités par l'auteur montrent que le grès
des Vosges est en discordance tantôt avec le vieux grès
rouge, tantôt avec le grès bigarré. Il semble donc constituer une formation distincte et intermédiaire qui rempla-
cerait là, sous l'influence d'actions mécaniques violentes,
le calcaire magnésien des Anglais, le zechstein des Allemands. En effet, non-seulement il n'existe pas de zechstein
dans les Vosges, dans la forêt Noire et dans les autres
systèmes du midi de l'Allemagne, où le grès des Vosges
se montre ; mais on remarque encore qu'en Angleterre,
dans les parties du Cheshire, du Lancashire et du Cum-
berland, où certaines couches du *new red sandstone* (grès
bigarré), présentent des caractères minéralogiques absolument pareils à ceux du grès des Vosges, le calcaire magnésien est inconnu ; tandis que, dans les parties du nord et
du sud de l'Angleterre où le calcaire magnésien existe,
aucune des couches du nouveau grès rouge ne se présente
avec les caractères qui distinguent essentiellement le grès
des Vosges.

Plus tard, néanmoins, M. Elie de Beaumont vint à considérer le grès des Vosges non comme le contemporain du *magnesian limestone*, mais comme immédiatement supérieur à cette dernière formation. On pourrait concevoir que les mouvements violents qui ont entraîné de si grandes masses de matériaux meubles, ont été une suite des mêmes événements qui s'étaient traduits chimiquement par l'introduction de la magnésie ; et par les émanations curieuses qui accompagnent le zechstein dans plusieurs contrées de l'Allemagne. Enfin il a cru trouver, dans le système des Pays-Bas et du sud du pays de Galles, les traces de la révolution qui s'est produite entre le zechstein et le grès des Vosges, tandis que cette dernière formation n'a été affectée que par le système du Rhin, qui a relevé ses couches sans déranger celles du trias.

Quoi qu'il en soit, l'établissement du grès des Vosges comme formation indépendante, contemporaine ou consécutive du zechstein, n'a pas été adoptée par tous les géologues. Mais ceux qui le rattachent au grès bigarré, dont il serait simplement la partie inférieure, doivent avoir en premier lieu peine à établir une démarcation nette entre le grès des Vosges et le vieux grès rouge, avec lequel ses couches inférieures se lient intimement sur quelques points ; et, d'un autre côté, les discordances de stratification qu'on observe entre le grès des Vosges et le grès bigarré ne s'expliqueraient pas dans ce système.

Peu de géologues connaissaient aussi bien que M. Elie de Beaumont les couches du bassin parisien.

Après le beau travail d'Alexandre Brongniart, il semble qu'il n'y eût plus à faire, autour de Paris, que des découvertes secondaires. Mais vers 1835, M. Elie de Beaumont signala, le premier, et d'abord, près de Meudon, une couche singulière, composée en grande partie de fragments arrachés à la craie, et qui était manifestement placée entre la craie et l'argile plastique. Cette assise, qui reçut plus tard le nom de *calcaire pisolitique*, fut retrouvée, avec un plus grand développement, en d'autres points du bassin de Paris, et fut même assimilée par M. Elie de Beaumont et d'autres géologues, au célèbre calcaire des environs de Maëstricht.

Je ne ferai aussi que rappeler la découverte curieuse qu'il fit d'une couche dolomitique dans le terrain de craie de Beynes, et surtout le travail étendu qu'il publia, en 1831, *sur le terrain tertiaire inférieur du nord de la France,* où il établit clairement l'âge et les relations des sables du Soissonnais et du dépôt de lignites qui les accompagnent.

Je ne pourrai non plus, faute de temps, que mentionner un travail cryptoristique d'un tout autre genre et qui se rapporte aussi à un point de cette chaîne des Vosges que M. Elie de Beaumont semble avoir étudié avec un soin tout particulier, peut-être parce qu'elle avait été le premier théâtre de ses recherches ; c'est la *Notice sur les mines de fer et les forges de Framont et de Rothau,* et une note sur les salines de Bex.

Ces divers travaux et une foule d'autres montrent quelles étaient l'activité et la perspicacité de M. Elie de Beaumont, comme géologue militant, et voyageant, le marteau à la main. Il n'était pas moins remarquable dans ses recherches de cryptoristique, lisant, discutant et écrivant.

En effet, la plus grande œuvre de M. Elie de Beaumont, considéré comme cryptologiste, et je crois, la plus grande œuvre qui existe de géologie cryptoristique, c'est la série de leçons qu'il a faites dans cette chaire en 1843 et 1844, et dont il a publié quatorze seulement sous le titre modeste de *Géologie pratique.*

Mais, au moment de vous donner une idée suffisamment exacte d'un tel .livre, je vois toutes les difficultés, je devrais dire l'impossibilité de ma tâche. Comment, en effet, analyser en quelques pages un livre dont on peut dire que chaque ligne contient un document, un nombre, un enseignement, et dont toutes les parties, néanmoins, concourent à un même but?

Devant cette impossibilité réelle de vous faire connaître, dans cette leçon, le livre lui-même, je vais me borner à vous indiquer, par des citations, le cadre que s'était tracé l'auteur. J'atteindrai ainsi, j'espère, le double but de vous engager à le lire en entier, et de vous faire comprendre tous nos regrets, en songeant que cette œuvre, M. Elie de Beaumont l'a laissée inachevée.

Et d'abord pourquoi ce titre de *Géologie pratique*, qui pouvait faire attendre une sorte de *vade mecum* pour le géologue (11)?

« En donnant ce titre à mon cours, répond l'auteur, j'ai
« eu surtout pour objet d'indiquer que la théorie y tien-
« drait peu de place..... Les faits réunis d'après leurs rap-
« ports naturels, sont le guide le plus sûr pour l'observa-
« teur. La pratique trouve ainsi dans son propre fonds la
« boussole la plus propre à la diriger. C'est en apprenant
« par l'expérience à grouper les faits, et à s'en faire un
« marchepied pour porter ses regards plus loin que l'obser-
« vateur se perfectionne ; et, s'il peut espérer de rendre
« cette carrière moins longue à ceux qui désirent y en-
« trer, c'est surtout en analysant les observations déjà re-
« cueillies, et en faisant apercevoir dans leur accord l'évi-
« dence de leur certitude et le principe de leur fécondité. »

Ainsi, apprendre à observer afin d'apprendre à comparer, telle est l'utilité immédiate du livre que nous cherchons à analyser.

Comment s'y prendra l'auteur, pour rendre ses enseignements logiques et fructueux ? Après avoir rappelé l'*Agenda de Saussure*, et montré avec quel ordre et quelle suite tous les devoirs et tous les besoins du voyageur géologue y sont exposés, toutes les questions qu'il pourrait se poser à cette époque, réunies et groupées, l'auteur y trouve, pour le vaste enseignement qu'il va aborder, un cadre qu'il élargira ou modifiera suivant les *desiderata* actuels de la science (12).

« Nous nous occuperons en premier lieu, dit-il, de ce
« qui frappe d'abord les regards de l'observateur, des
« observations relatives à la surface même du sol, de la
« terre végétale qui forme le plus souvent cette surface,
« de la végétation qui la cache et qui la fixe, des monu
« ments naturels et des monuments humains qui en
« démontrent la stabilité générale, des dégradations
« et des changements qu'elle éprouve journellement en
« quelques points, des agents qui opèrent ces change
« ments. »

Ces agents sont les vents, les pluies, les rivières, les mers.

« Nous aurons, ajoute l'auteur, à étudier l'action de ces
« agents, non-seulement sur la terre et sur les roches en
« place, mais sur les monuments humains ; parce que ces
« monuments nous présentent une forme déterminée, et
« que nous pouvons nous rendre parfaitement raison
« de ce qu'a été cette forme à son origine, et souvent
« aussi de la durée du temps qui s'est écoulé depuis leur
« construction ; ce qui nous donne deux éléments essentiels
« pour mesurer l'action exercée par les agents exté
« rieurs. »

« Nous examinerons, ajoute-t-il encore, si ce ne serait
« pas dans ces premières parties du cours qu'il convien-

« drait le mieux de parler des glaciers, des volcans, des
« tremblements de terre.

« Les effets produits par ces agents, auxquels certaines
« personnes appliquent presque exclusivement le nom de
« *causes actuelles*, sont un terme de comparaison indispen-
« sable pour se rendre raison des effets que peuvent avoir
« produits antérieurement des agents analogues.

« Au-dessous de la terre végétale, il existe dans une
« foule de localités une couche de matériaux incohérents,
« que très-souvent on confond avec la terre végétale, mais
« qui renferme des éléments étrangers à cette dernière...
« Ce sera en dépouillant par la pensée l'écorce solide du
« globe de ce dernier tégument (*le diluvium*), que nous
« arriverons aux traces que les agents extérieurs peuvent
« y avoir laissées...

« C'est alors que viendra le moment d'examiner les
« roches solides ou molles, qui composent la masse du
« globe au-dessous de cette enveloppe superficielle.

« Nous aurons à nous occuper de la nature de ces
« roches, de leur composition, de leur classification et de
« leur nomenclature basée sur leur composition... Cette
« partie si essentielle des connaissances pratiques du géo-
« logue mérite un nom particulier, et on peut lui con-
« server, à l'exemple de Saussure, celui de *lithologie*,
« employé depuis longtemps pour indiquer la connais-
« sance des pierres le plus généralement répandues.

« Après avoir étudié la nature intrinsèque des roches,
« nous nous occuperons des formes qu'elles présentent et
« de leurs différents modes de division. Quelques-unes de
« ces masses sont tout à fait informes ; d'autres sont com-
« posées de grandes plaques équidistantes, posées succes-
« sivement les unes sur les autres, espèces de grands
« feuillets, qu'on appelle couches (*strata*)... On distingue

« ainsi les roches en deux classes : les roches *stratifiées* et
« les roches *non stratifiées*.

« Nous aurons à nous occuper de la disposition respec-
« tive de ces différentes roches dans l'écorce terrestre ; de
« la manière dont cette disposition se manifeste à la sur-
« face extérieure... Les contours des montagnes, des
« plaines, de tous les accidents de l'écorce terrestre, se
« modèlent, en effet, d'après la forme, la structure inté-
« rieure, le mode de division des différentes masses mi-
« nérales...

« On peut quelquefois, à certaine distance, deviner la
« composition d'une montagne par les formes que présente
« son profil.

« Nous passerons ensuite à la manière dont ces diffé-
« rentes masses se juxtaposent pour former l'écorce ter-
« restre... Cette écorce est une sorte de mosaïque, à
« plusieurs étages. Il y a des pièces posées les unes sur
« les autres en très-grand nombre. Les anfractuosités de
« la surface extérieure permettent de saisir la disposition
« de ces masses diverses... Cette étude de la charpente
« d'une contrée est ce qu'on appelle la stratigraphie...
« Une des circonstances les plus remarquables qui se
« présentent dans l'étude de la stratigraphie, est la super-
« position de deux systèmes de couches en *stratification*
« *discordante*. C'est un des phénomènes les plus féconds
« en conséquences que nous offre l'étude de l'écorce ter-
« restre.

« Les roches stratifiées couvrent la plus grande partie
« de la surface du globe ; les masses *non stratifiées*, sortes
« de colonnes irrégulières, s'élèvent d'une profondeur
« inconnue, de l'intérieur du globe jusqu'à sa surface et
« composent les sommets des plus hautes montagnes.

« La croûte extérieure est formée de la combinaison de

« ces deux espèces de masses. C'est, en quelque sorte,
« un *tissu*, dont les premières représentent la *chaîne* et les
« secondes la *trame*.

« En général, au point de rencontre, les roches strati-
« fiées se trouvent dans une position très-irrégulière...
« Les traces de bouleversement et même d'altération
« qu'elles portent, les brisures qu'elles ont subies sont un
« des objets de la stratigraphie, qui peuvent être déter-
« minés de la manière la plus précise. »

Mais, en considérant les roches stratifiées, et les suivant
d'une contrée à l'autre, on arrive à voir « que ces diffé-
« rentes couches ne sont pas des enveloppes exactement
« concentriques qui entourent le globe entier comme les
« pellicules successives d'un oignon, et qu'elles présentent
« au contraire de grandes irrégularités. Elles sont souvent
« obliques, et, par suite de cette obliquité, elles s'en-
« foncent les unes sous les autres, à peu près comme on
« voit dans un jeu de cartes posé obliquement, les diffé-
« rentes cartes se cacher les unes sous les autres... Ces
« couches, dont l'épaisseur totale est énorme, se sont
« trouvées rangées, pour ainsi dire, d'elles-mêmes dans
« l'ordre de leur succession naturelle... »

Ce sont les *formations* diverses qui sont superposées
dans un ordre invariable, et que l'on peut identifier, dans
des contrées même très-distantes l'une de l'autre, soit par
les caractères minéralogiques, soit par les caractères
paléontologiques (13).

« Tout semble annoncer, dit M. Elie de Beaumont, que
« des formes analogues se sont succédé dans les diffé-
« rentes parties de la terre dans le même ordre ; et que
« des formes, sinon identiques, du moins correspondantes,
« doivent y avoir existé partout en même temps.

« En partant de cette considération fondamentale, on

« parvient à rapprocher les unes des autres les couches
« contemporaines observées dans les contrées les plus éloi-
« gnées. Cependant, on s'est assuré que, par ce moyen,
« on fait le rapprochement dont il s'agit avec moins de
« certitude et de précision que si, la mer étant à sec, on
« pouvait suivre la continuité des couches d'une contrée
« dans une autre. Mais même dans les contrées où l'on
« pourrait, à la rigueur, suivre les couches sans interrup-
« tion, ces caractères paléontologiques peuvent suppléer
« aux caractères stratigraphiques, lorsqu'on veut opérer
« vite et lorsqu'il y a quelque obstacle à l'application des
« derniers ; et, moins l'étendue qu'on a à parcourir est
« considérable, moins grand est l'espace qui sépare le point
« de départ où les caractères paléontologiques ont été éta-
« blis, de celui où l'on veut les appliquer, plus il y a de
« chances de ne pas se tromper. »

Outre ce but, essentiellement pratique, la paléontologie se propose un résultat d'un ordre beaucoup plus
élevé, celui de nous faire connaître les organisations variées qui ont successivement existé sur la surface de la
terre. Cela est l'œuvre des grands naturalistes qui, comme
Cuvier ou Adolphe Brongniart, ont pu rétablir, sur d'informes débris, les grands animaux et les végétaux singuliers dont la surface de la terre a été peuplée.

La géologie pratique n'a pas besoin de s'élever à ces
hautes considérations.

Passant en revue, à ce point de vue particulier, les
divers ordres de débris organiques que recèlent les terrains, M. Elie de Beaumont conclut que le géologue n'a
besoin de connaître qu'un certain nombre d'espèces, qui
servent de *caractères empiriques* pour reconnaître certaines couches, ce sont les *fossiles caractéristiques*. Tel
est le cadre que se propose de parcourir le professeur,

pour passer en revue la plupart des objets dont le géologue voyageur doit s'occuper (14). « Mais, poursuit-il, la « géologie est une science qui procède par des rapprochements entre les faits observés dans différentes « contrées... Dans le tableau général que je présenterai « d'abord, vous trouverez des observations faites surtout « en Europe, mais j'essaierai de vous présenter l'esquisse « géologique de quelques parties de la surface du globe. » Il énumère alors les nombreuses contrées sur lesquelles nous possédons aujourd'hui des données certaines, et il termine cette leçon, intitulée : *Objet et plan du cours*, dont je viens de vous donner l'analyse par ces mots :

« En s'en tenant à ce qui est hors de doute, on peut « dire qu'on connaît déjà maintenant les points les plus « remarquables du globe ; que des contrées très-étendues, « très-éloignées les unes des autres, ont été assez explorées « pour qu'on puisse en donner des descriptions d'une « exactitude au moins approximative, établir des rapprochements entre elles, esquisser enfin ce qu'on pourrait « appeler la *géologie comparée*.

« Ce sera par quelques aperçus en ce genre que je termi-« nerai le cours, et je m'étendrai sur cette dernière partie « autant que le temps pourra me le permettre. »

On voit que, si l'ouvrage eût été terminé, il eût été le plus beau monument qu'on pût élever en l'honneur de la géologie cryptoristique.

Quatorze leçons seulement, qui remplissent 846 pages, ont été publiées, et, en faisant abstraction des deux premières, consacrées à des considérations générales, les douze que nous possédons portent les titres suivants :

1-2. Instruments nécessaires aux géologues voyageurs ;

3. Observations relatives à la surface même du sol ;

4. Des terrains mouvants ;

5. Levées de sable et de galet ;

6. Pays bas néerlandais ;

7. Pays bas adriatiques ;

8. Pays bas méditerranéens ;

9. Bouches du Gange et du Mississipi ;

10. Des torrents et de leurs dépôts ;

11. Du régime des rivières ;

12. Dépôts des matières meubles dans les vallées.

Cette simple énumération suffit, pour vous démontrer l'impossibilité d'analyser ici, d'une manière compréhensible, cette immense réunion de documents et de faits, recueillis avec autant de discernement que de persévérance, et discutés avec une méthode supérieure.

Le seul moyen, peut-être, de vous faire apprécier la portée d'une telle œuvre, serait, ce semble, de choisir au hasard un des nombreux sujets qui y sont traités et de suivre l'auteur dans son exposition et dans sa discussion.

Mais, en supposant que le temps très-limité que je puis donner à cette étude, me permît d'opérer de la sorte, ce choix lui-même serait bien difficile. Faut-il, en effet, s'arrêter à ces observations faites à la surface du sol, à ces transports de la poussière, aux déserts de sable, décrits et analysés avec un soin parfait ; ou plutôt à ces dunes de sable qui bordent les rivages de l'Océan, que le vent transporte ensuite à de grandes distances, et qui ont une telle importance comme moyen chronologique et chronométrique, que M. Elie de Beaumont considérant que les dunes remontent toutes à peu près à une même époque, cette époque ne serait, à ses yeux, autre chose que le commencement de la période actuelle, qu'on pourrait appeler *l'ère des dunes*.

Mais les matières que la mer rejette sur les plages basses ne consistent pas seulement en sable pur. Si elle trouve des galets à charrier, le bourrelet de matières meubles, le *cordon littoral*, ainsi que l'appelle M. Elie de Beaumont, sera une levée de galets.

N'y aurait-il pas plus d'intérêt à étudier avec l'auteur cet *appareil littoral* particulier, sur les côtes de Bretagne, sur celles de la Baltique ou sur tout le pourtour de la Méditerranée, de la mer des Antilles, et d'explorer avec lui les étangs nombreux qui s'abritent derrière ce rempart ?

Mais alors allons de suite au plus célèbre, au plus étendu de ces marais, à cette contrée tout entière placée au-dessous du niveau de la haute mer, à ces *polders des pays bas néerlandais*. Mais les lagunes de Venise nous intéressent vivement aussi, et les bouches du Rhône, et cette île de la Camargue, qui compte 73,000 hectares, et sur cette étendue, l'étang de Valcarès couvrant à lui seul une superficie de 6,480 hectares. Environ 75,000 bêtes à laine partent vers la fin de mai pour les montagnes pastorales des Alpes, où elles vont passer l'été, et reviennent passer les six autres mois de l'année dans les pâturages de la Camargue et de la Crau.

Si l'auteur de cet ouvrage, assurément unique au monde, a su jeter un si vif intérêt sur des phénomènes, en apparence si communs et si prosaïques, que sera-ce lorsqu'il décrira avec la même exactitude et le même bonheur d'expression les deltas historiques du Nil et du Pô ; *fluviorum rex Eridanus* ou les immenses dépôts argileux que forment à leur embouchure le Gange et le Mississipi, *père des eaux* ? Plus loin, s'appuyant sur les beaux travaux de M. Dausse, digne fils de l'ingénieur qui créa la route du mont Genèvre, il va analyser pour nous le régime des rivières ; la forme générale de leur lit ; leurs pentes, la limite supérieure de ces pentes, en rivières navigables, leurs vitesses (celle de 1 mètre par seconde, qui est à peu près la moyenne des vitesses d'un grand nombre de rivières, est aussi, à peu près, celle d'un homme qui se promène tranquillement) ; les crues des grands cours d'eau, la variation de leur débit. Imaginez que toutes ces valeurs, soit moyennes, soit extrêmes, vous soient données pour la Seine, le Rhin, le Rhône, le Danube, le Pô et plusieurs de ses affluents ; le Nil, le Gange, le Mississipi, etc., et vous aurez une faible idée de tous les enseignements que vous fournira un pareil chapitre. Mais, le cours d'eau, avant d'atteindre la rivière, avait été un torrent. Là, nouvelles études, plus originales encore. Joignant ses propres observations aux travaux classiques de M. Surell et d'autres ingénieurs, M. Elie de Beaumont étudiera d'abord ces torrents dans les trois parties de leurs cours, celle où ils *affouillent* (c'est le bassin de réception), celle où ils déposent (*c'est le lit de déjection*), enfin la partie intermédiaire, qui est le canal d'écoulement, puis il les suivra dans toutes leurs évolutions ; dans les entraînements de matériaux qu'ils vont déposer en des points qui varieront avec les époques, tout en restant liés aux conditions générales de leurs cours. Ce qui caractérise les torrents, suivant lui, c'est que *leur lit est disposé de manière à réunir en un seul flot toute l'eau tombée, en même temps, sur un certain espace.* Aussi peut-on citer des crues remarquables par les dégâts qu'elles ont produits et qui n'ont pas duré *une heure en tout !*

Enfin, et c'est une de leurs plus remarquables propriétés au point de vue géologique, les torrents entraînent dans leurs eaux des quantités considérables de matières meubles, d'argiles, de sable, de pierres, de blocs, et s'ils entraînent avec eux des masses de neige et de glace, ils peuvent porter au loin des rochers d'un volume énorme.

Mais il faut m'arrêter dans cette énumération.

Ce livre, qui est une sorte de sténographie.de ses leçons, représente, en effet, parfaitement la manière de M. Elie de Beaumont.

Ne craignant pas plus dans ses cours que dans ses ouvrages d'entrer dans les détails qui lui semblent nécessaires, il sait aussi les relever par un trait saillant, une généralisation heureuse et hardie.

Assurément, quelques-uns ont pu trouver exagérée cette minutieuse préparation de données numériques, dont il faisait précéder sa démonstration. Mais quelle récompense attendait celui qui l'avait suivi pas à pas dans ce labyrinthe, en apparence inextricable, lorsqu'un rayon éclatant de lumière venait subitement en éclairer jusqu'aux moindres replis, et donnait, en même temps, l'explication et la justification de tous les efforts que le professeur avait demandés à son auditoire !

Ce livre de la *Géologie pratique* offre enfin cette suprème singularité que le savant, auquel ses adversaires reprochaient de donner carrière à son imagination pour expliquer les événements géologiques anciens, quand, à leur gré, il suffisait de les assimiler aux phénomènes actuels dans leur intensité actuelle, restera l'auteur de la plus exacte et plus minutieuse appréciation de ces phénomènes dans leur nature propre comme dans leur activité réelle. Pendant que ses adversaires discouraient, lui, observait et mesurait.

Mais cette préoccupation, presque excessive, de l'exactitude et de la précision n'excluait pas, chez M. Elie de Beaumont, le don de la comparaison. Il savait, entre ces innombrables faits, établir les rapprochements les plus ingénieux et souvent les plus inattendus, et, comme déduction naturelle de tous les rapports, présenter les con-

ceptions systématiques les plus logiques et les plus grandioses.

C'est ce que je vais chercher à vous démontrer en étudiant, dans les deux prochaines leçons, l'œuvre de M. Elie
de Beaumont au point de vue troponomique, c'est-à-dire
au point de vue de la loi des variations.

QUINZIÈME LEÇON.

M. **Élie de Beaumont** (*suite*).

Cratères de soulèvement.

MESSIEURS,

Si le nombre et la variété des mémoires dans lesquels M. Elie de Beaumont a présenté ses propres observations ou exposé celles d'autres savants, a créé pour moi un véritable embarras lorsqu'il s'est agi de choisir, au milieu de ce grand nombre de matériaux, ceux de ses travaux qui le recommandaient comme cryptoricien ; la difficulté est plus grande encore aujourd'hui que je voudrais le faire apprécier comme troponomiste. On citerait, en effet, à peine quelques mémoires écrits par lui, où, après avoir exposé clairement le sujet, approfondi plus ou moins les détails et rapproché les faits ainsi constatés, il n'ait cherché si ces rapprochements, ces rapports eux-mêmes n'obéissaient pas à quelques conditions déterminées.

Le point de vue troponomique, qui est, comme je l'ai déjà fait remarquer, le plus général et le plus élevé de tous, est, en effet, celui auquel M. Elie de Beaumont se plaçait le plus volontiers. C'est par la recherche des lois de variation, soit avec le temps, soit avec les lieux, qu'il s'est élevé au premier rang des géologues.

Vous avez vu, par la citation que j'ai faite dans ma dernière leçon, du programme qu'il s'était tracé dans son *Cours de géologie pratique*, qu'il se proposait de terminer

27

ce bel enseignement, presque tout entier voué à la cryptoristique, par un coup d'œil comparatif sur les variations que présentent, dans tous leurs caractères, les formations géologiques reconnues en Europe, lorsqu'on les suit sur les diverses parties du globe déjà explorées.

Et, assurément, rien n'est plus fait qu'une telle perte pour accroître encore nos regrets de n'avoir reçu de lui qu'une œuvre inachevée.

Quelques essais de ce genre, beaucoup moins développés, à la vérité, se retrouvent dans ses œuvres. On peut citer, entre autres, le mémoire, dont je ne fais que rappeler le titre, dans la dernière séance, et qu'il a consacré à l'étude du *Terrain tertiaire dans le nord de la France.* Une *carte de l'Europe à l'époque du Cerithium giganteum,* qu'il y a jointe, est un document très-curieux, très-original, et dont la forme a été bien souvent imitée depuis.

D'autres exemples, en grand nombre, se trouveraient dans l'œuvre de M. Elie de Beaumont; mais, au lieu d'analyser superficiellement ces divers mémoires, je préfère m'étendre dans deux leçons, avec quelque détail, sur deux grandes questions, qui ont toutes deux vivement préoccupé M. Elie de Beaumont, me réservant de traiter, dans une troisième leçon, son œuvre troponomique la plus générale : *Les systèmes de soulèvement,* complétés par la théorie du *Réseau pentagonal.*

J'ai déjà eu l'occasion, en vous parlant de Léopold de Buch, de mentionner le mémorable voyage qu'il fit, en 1815, aux îles Canaries, et dans lequel il visita Ténériffe, Palma, Lancerotte, et la grande Canarie. La première de ces îles, la plus grande du groupe, est aussi la plus intéressante au point de vue géologique ; car elle contient le point culminant de l'Archipel, le volcan le plus important, le célèbre pic de Teyde. Déjà plusieurs naturalistes en

avaient fait l'ascension, particulièrement M. de Humboldt,
qui, en se rendant, en 1799, dans l'Amérique équinoxiale,
s'arrêta quelques jours à Ténériffe, et donna du pic une
description excellente, dans laquelle il fait déjà ressortir
nettement les différences de composition et d'âge entre les
produits du volcan moderne et la ceinture de roches basaltiques ou doléritiques qui l'entourent.

Ce passage, qui témoigne d'un coup d'œil si juste et
d'une si grande perspicacité, mérite d'être cité en entier :

« Quant à la nature des roches qui composent le sol de
« Ténériffe, dit M. de Humboldt (1), il faut d'abord dis-
« tinguer entre les productions du volcan actuel et le sys-
« tème des montagnes basaltiques qui entourent le pic.....
« Ici, comme en Italie, comme au Mexique et dans les
« Cordillères de Quito, les roches de la formation trap-
« péenne restent éloignées des coulées de laves modernes ;
« tout annonce que ces deux classes de substances, quoi-
« qu'elles doivent leur origine à des phénomènes ana-
« logues, datent cependant d'époques très-différentes. »
Et plus loin : « Le pic de Teyde s'est élevé au milieu des
« débris de volcans sous-marins. »

Si l'on remarque que c'est encore à M. de Humboldt
qu'on doit l'observation du contraste entre l'allure générale
et tranquille des nappes de basalte qui ont dû s'étendre
presque horizontalement, et celle des laves modernes qui
souvent ne dessinent, sur la pente des cônes volcaniques,
que des *bandes étroites*, on reconnaîtra que de ces deux
notions à celle des *cratères de soulèvement* opposés aux
cratères d'éruption, il n'y avait en quelque sorte qu'un pas.

Ce pas, Léopold de Buch l'a fait faire à la science, et il
n'est pas hors de propos de remarquer que c'est encore
l'étude du volcan de Ténériffe qui lui a inspiré sa belle
conception.

Qu'il me soit cependant permis de regretter ce nom de *cratère de soulèvement*, imposé par le grand géologue aux cirques plus ou moins complets, qui entourent le Vésuve comme le Teyde, le pic de Fogo comme la soufrière de la Guadeloupe, le volcan éteint de Rocca-Monfina comme le centre de la baie de Santorin.

A la vérité, le mot grec de *cratère*, coupe, signifiant d'abord une cavité arrondie, pouvait s'appliquer aussi bien à ces grandes enceintes circulaires qu'aux bords circulaires aussi, qui entourent le cône terminal d'un volcan actif. Néanmoins, comme ce mot de cratère ne s'était jusqu'alors appliqué que dans ce dernier sens, et qu'il s'agissait de montrer que la grande enceinte et la cavité qu'elle contourne n'avaient jamais, au moins dans leur forme actuelle, joué ce rôle de volcan actif ; qu'ils n'étaient que le résultat, en quelque sorte passif, d'une élévation postérieure, liée probablement à la première apparition, dans leur centre, du volcan proprement dit, M. de Buch aurait assurément évité à sa théorie une partie des objections et des luttes qu'elle eut à soutenir, s'il eût fait contraster aussi dans la nomenclature ces deux parties distinctes d'un appareil volcanique complet ; s'il eût séparé dans les termes eux-mêmes le *cirque de soulèvement du cratère d'éruption*. Cette remarque trouvera un à-propos plus frappant encore, lorsque je vais vous signaler tout à l'heure l'application qu'on a pu faire de cette même théorie à la disposition circulaire de massifs tout à fait étrangers aux phénomènes volcaniques.

Depuis longtemps, en effet, les géologues citaient dans les terrains les plus variés des dispositions circulaires qu'on pouvait attribuer à un soulèvement central.

C'est la supposition qui vient le plus naturellement, par exemple, expliquer la position du massif syénitique des

ballons d'Alsace et de Servance, à l'extrémité de la chaîne
des porphyres bruns des Vosges. « Ce soulèvement aurait
« causé, dit M. Elie de Beaumont (2), la destruction d'une
« partie du terrain porphyrique, et aurait relevé le reste
« autour du massif des ballons, en donnant naissance aux
« déchirements qui paraissent avoir formé la première
« ébauche des vallées de Massevaux, de Giromagny et de
« Plancher-les-Mines..... Une coupe faite perpendiculai-
« rement à l'axe du massif de syénite des ballons, vers
« son extrémité orientale, montrerait que le terrain de
« porphyres bruns qui constitue principalement les mon-
« tagnes de l'angle S.-E. des Vosges, se relève à l'ap-
« proche du massif syénitique, en s'appuyant de part et
« d'autre sur ses flancs. »

Agassiz avait aussi comparé à des cratères de soulèvement ces cavités circulaires du Jura bernois, si bien décrites par M. Thurmann, en partie évidées, et autour desquelles se relèvent régulièrement les *crets coralliens*.

Le terrain crayeux de l'Angleterre ne semble pas, non
plus, avoir été étranger à ce genre de dislocation. M. Buckland a depuis longtemps, en effet, signalé les soulèvements
cratériformes de la vallée de Kingsclare, et de plusieurs
autres vallées, auxquelles le savant géologue anglais a
donné le nom de *vallées d'élévation* : ces vallées ayant été
formées, d'après lui, par l'élévation ou le soulèvement des
couches qui les entourent.

Telles sont aussi, d'après les observations de M. le professeur Hoffmann, les vallées de soulèvement plus ou moins
exactement circulaires, dans lesquelles sourdent les sources
acidules du nord de l'Allemagne, et qui sont placées aux
points de rencontre, de dislocations et de directions diverses. Peu de montagnes offrent, autant que les Alpes, les
exemples de phénomènes de cet ordre. On peut citer tout

particulièrement le cirque de Louèche, dont font partie les escarpements célèbres de la Gemmi : celui de Derbarens, couronné par les cimes neigeuses des Diablerets. Mais le plus remarquable assurément de ces exemples, celui qui présente le phénomène sur la plus grande échelle, est le massif du mont Blanc.

Déjà Saussure avait fait remarquer les plissements qu'ont subis les couches de toutes les montagnes qui entourent le mont Blanc, de sorte que celui-ci semble les avoir refou- lées comme un coin gigantesque, qui serait venu s'insérer au milieu d'elle.

Le colosse des Alpes s'élève, en effet (3), « dans une « grande vallée circulaire, à la rencontre des deux crêtes « les plus saillantes des Alpes, celle qui sépare le Valais « de la vallée d'Aoste, et celle qui s'étend de la montagne « de Taillefer, dans l'Oisans, à la pointe d'Ornex, au-des- « sous de Martigny. Les escarpements du Buet, des « rochers des Fez, du Cramont forment des parties déta- « chées d'un vaste cirque, au milieu duquel s'élève la « masse pyramidale du mont Blanc, qui rappelle ainsi, par « la disposition du cortége qui l'accompagne, la cime tra- « chytique de l'Elbrouz, — le mont Blanc du Caucase, — « et même jusqu'à un certain point le pic de Ténériffe. »

Sans quitter les Alpes, nous trouvons, d'après M. Elie de Beaumont, un exemple de ces cavités circulaires, produites par soulèvement, dans ce cirque de la Bérarde, dont je vous ai cité, dans la dernière leçon, la description si vivante et si animée. En se transportant, en effet, sur tous les points qui peuvent lui servir d'observatoire autour de cette vaste enceinte circulaire, il s'assure que la coupe géné- rale est, à l'intérieur, un mur escarpé, et souvent vertical ; à l'extérieur, des pentes plus ou moins régulières. Tel est le trait caractéristique du profil de cette enceinte circulaire,

qui sépare du reste du monde le triste réduit de la Bérarde.

Cette disposition générale se distingue très-bien de la
cime serpentineuse du mont Genèvre, à l'est de Besançon.
De là, le mont Pelvoux se projette comme une large pyramide isocèle, et la face qu'il présente est couverte d'un
glacier qui descend vers le spectateur. Il occupe à peu près
le milieu du profil de tout le massif primitif, qu'il domine
en entier. De part et d'autre, les autres cimes qui lui forment une sorte de cortége, présentent une symétrie des
plus remarquables. Presque toutes sont coupées à pic du
côté qui le regarde, et présentent un talus du côté opposé.

On donnerait, dit M. Elie de Beaumont dans ce mémoire
remarquable, que je me plais à citer de nouveau (4) « une
« idée assez exacte des roches sur presque tout le pour-
« tour du système, en disant que, pris dans son ensemble,
« il présente quelque chose qui rappelle la fleur à moitié
« éclose, dont les étamines sont représentées par des
« masses granitiques non stratifiées et des lambeaux irré-
« gulièrement disloqués de gneiss, et dont la corolle
« entr'ouverte est figurée par les couches de gneiss qui,
« sur presque toute la circonférence du groupe, s'appuient
« sur les masses granitiques de l'intérieur, pour s'enfoncer
« sous les dépôts secondaires, relevées à l'entour en forme
« de calice. M. de Buch a déjà employé la même compa-
« raison pour donner une idée de la forme d'un groupe de
« montagnes auquel elle s'applique encore mieux, attendu
« qu'on voit paraître au centre, à la place du pistil, une
« masse de porphyre noir qui a été l'agent du soulève-
« ment... »

Le mont Pelvoux forme, pour ainsi dire, le pétale le plus
développé de la fleur, et le petit hameau de la Bérarde,
couvert de neige sept mois de l'année, occupe le centre

de ce cirque immense, dont les bords, élevés de 3 à 4,000 mètres, présentent un pourtour de 6 myriamètres ou de 12 lieues, et un diamètre de quatre lieues.

« Mais, ajoute M. Elie de Beaumont (5), si la forme que « j'ai signalée rappelle jusqu'à un certain point le cratère « d'un volcan, elle rappelle mieux encore la forme de ces « dépressions plus ou moins régulières que, dans les « contrées volcaniques. M. de Buch a nommées *cratères de* « *soulèvement*, et que, dans les pays calcaires, M. Buckland « a nommées *vallées d'élévation*. Les énormes déchique- « tures des montagnes de l'Oisans sont à peu près, à celles « des monts Dore, ce que celles-ci sont aux formes arron- « dies des cônes d'éruption. Le relèvement convergent de « nos grandes écailles de gneiss, vers la Bérarde, a cer- « tainement une grande ressemblance avec celui des assises « basaltiques de la grande Canarie ou de Palma, vers le « centre de la Caldera et avec celui des assises de craie, « vers les centres des vallées d'élévation du Dorsetshire et « du Hampshire. La différence de nature et d'origine de la « craie, du basalte et du gneiss, ne s'oppose en aucune « manière à ce qu'on suppose que trois portions de la sur- « face du globe, recouvertes respectivement de ces trois « espèces de roches, aient cédé d'une manière analogue à « des forces agissant de dedans en dehors. »

Mais revenons aux massifs volcaniques, dans lesquels la convergence de toutes les parties vers un centre unique a fait d'abord naître cette conception des cratères de sou- lèvement, et auxquels elle s'applique aussi le plus com- munément.

Nous avons vu que Léopold de Buch avait eu, le premier, le mérite de formuler nettement le principe, et de montrer le cône volcanique sortant, comme un fruit mûr qui fait éclater autour de lui son enveloppe desséchée.

Jetant alors un coup d'œil général sur l'ensemble des volcans, il n'eut pas de peine à établir cette similitude de disposition générale dans un très-grand nombre des volcans connus, qu'il nomma *bouches volcaniques centrales*, en les opposant, peut-être trop absolument, à ce qu'il désignait sous le titre *d'alignements volcaniques*.

Mais le cône moderne, le pic, le volcan actif s'est-il toujours établi au centre de cette enceinte circulaire ?

« Il était réservé à M. de Buch, dit M. Elie de Beau-
« mont (6) dans un article publié en 1830, de montrer
« que, même dans les contrées dont toutes les roches pré-
« sentent d'une manière plus ou moins complète les ca-
« ractères des produits volcaniques, beaucoup de ces
« cavités, en forme de cratères, n'ont jamais été des cra-
« tères d'éruption.

« Rien, par exemple, dans l'enceinte de la Caldéra de
« l'île de Palma, ne rappelle ni cône d'éruption, ni cou-
« rant de lave, ni scories, ni rapilli ; rien n'autorise à
« penser que jamais elle ait joué dans la nature un rôle
« comparable à celui du cratère du Vésuve. Elle a deux
« lieues marines de diamètre, et peut-être, parmi les vol-
« cans connus, n'y en a-t-il aucun dont le cratère d'érup-
« tion soit aussi grand.

« Si les eaux de l'Océan venaient à s'élever d'un peu
« plus de 6,000 pieds, les bords du cirque de la Caldéra,
« dont le point le plus élevé atteint maintenant 7,160 pieds
« au-dessus de la mer, formeraient une couronne incom-
« plète, dont le centre serait occupé par un golfe presque
« circulaire de près de 4,000 pieds de profondeur.

« Ce golfe serait tout à fait analogue, tant par sa forme
« générale que par sa structure et la disposition de ses
« bords et par sa profondeur, à celui qu'entourent les îles
« de Santorin, de Theresia et d'Aspronisi, dans l'Archipel

« de la Grèce ; golfe, dont le diamètre ne surpasse que
« d'un quart celui de la Caldéra.

. . . .

« Les îles de Santorin et de Theresia présentent sur
« leurs côtes extérieures des lambeaux de schiste argi-
« leux, qui paraît constituer le fond des mers voisines.
« Ces lambeaux ont, sans aucun doute, été entraînés dans
« le soulèvement, et leur présence rend Santorin une des
« îles les plus remarquables et les plus instructives de la
« terre.

. . . .

« Deviner comment se sont formés les cratères de soulè-
« vement paraît être aujourd'hui un des principaux pro-
« blèmes de la géologie. Sa solution donnerait immédia-
« tement la clef des phénomènes volcaniques, et condui-
« rait probablement aussi à trouver celle du phénomène
« bien plus important du soulèvement des montagnes. »
M. Elie de Beaumont ne manqua pas à cette sorte d'en-
gagement qu'il prenait envers la science. Il visita, dès
1831, avec M. Dufrénoy, les groupes volcaniques anciens
du Cantal et des monts Dore, et les deux savants géologues
n'eurent aucune peine à voir que, ni dans l'un, ni dans
l'autre de ces systèmes de montagnes, on ne découvre une
bouche volcanique proprement dite, à laquelle on pût attribuer les immenses nappes de trachytes ou de basalte,
alternant avec des assises de conglomérats, qui s'en seraient
écoulées comme de véritables laves.

C'étaient donc, comme M. Elie de Beaumont appelait ce
genre de montagnes, *deux volcans manqués.* Nous verrons,
néanmoins tout à l'heure que, si au centre de ces deux
groupes circulaires, il ne s'est pas établi un volcan proprement dit, des roches différentes de celles qui constituent
le cirque lui-même y ont aussi fait parfois leur apparition.

Mais la théorie de Léopold de Buch, si elle avait réuni l'adhésion des géologues éminents, comme Humboldt, Buckland, Elie de Beaumont, Dufrénoy, Abich, avait eu aussi à soutenir bien des assauts ; tel même des disciples du maître, qui, comme Frédéric Hoffmann, l'avait admise et appliquée à certaines bouches volcaniques de l'Italie, vint à changer de pensée et à le critiquer.

Il était donc nécessaire de l'appuyer à la fois par des observations nouvelles et par des considérations plus générales et théoriques.

C'est ce que firent de concert MM. Dufrénoy et Elie de Beaumont.

Le premier de ces savants, dans l'automne de 1834, étudia le Vésuve et la Somma, et n'eut presque aucune peine à confirmer l'opinion qu'en avait déjà exprimée, après examen, Léopold de Buch. On peut dire que le bon sens public en avait déjà ainsi jugé. Car on eût eu quelque difficulté à faire concevoir aux Napolitains qui avaient donné, avec toute raison, deux noms différents au Vésuve et à la Somma, que cette dernière crête, rempart demi-circulaire, au pied duquel viennent buter les laves vomies par le cône vésuvien, était l'analogue lui-même de ce cône régulier et recouvert de ces *lanières étroites* et tourmentées, dont M. de Humboldt avait si bien défini le caractère.

Je vais plus loin : supposons que la Somma ne soit que le reste démantelé des bords d'un ancien cratère, semblable à la petite cavité, qui disparaît quelquefois du sommet du cône incomparablement plus grand, et dont la moitié, par un phénomène plus difficile à expliquer, aurait entièrement disparu.

Supposons aussi que cet ancien volcan ait autrefois donné des laves, dont les parties déchirées et scoriacées auraient aussi entièrement disparu, pour ne laisser voir que les assises régulières de leucitophyre, en forme d'immenses amandes aplaties, et traversées par des filons de la même roche, qui viennent s'y anastomoser.

Assurément personne ne songera à attribuer, comme lave, à ce volcan hypothétique, tout composé de roches amphigéniques, les assises de tuf ponceux, à feldspath orthose, que l'on trouve en plusieurs points de sa crête, et qui en recouvre même la cime la plus haute, la *Punta di Nasone.*

Il faut donc admettre que ces lambeaux de tuf ponceux de la Campanie, qui ne se retrouvent en couches régulières que plusieurs centaines de mètres plus bas, ont été soulevées et entraînées à leur hauteur actuelle avec la roche qui la supporte.

On voit, par conséquent, que, quel que soit le rôle ancien qu'on veuille attribuer à ce qui est devenu aujourd'hui la Somma, il faut reconnaître là l'effet d'une action mécanique violente, qui a façonné le massif amphigénique primitif en un demi-cercle, au milieu duquel est venu se placer le cône volcanique moderne.

Voilà toute la théorie des cratères de soulèvement, ou, pour parler plus exactement, des cirques de soulèvement.

M. Elie de Beaumont, en se chargeant d'étudier l'Etna, pendant que son collaborateur examinait le Vésuve, avait accepté le plus rude de la tâche.

L'étendue de la montagne, sa hauteur, qui fait que certains points y conservent de la neige toute l'année, le manque de bonnes cartes (M. Sartorius de Waltershausen n'avait point encore publié son magnifique travail), tout faisait de l'étude approfondie du volcan sicilien un labeur ardu et difficile. En quelques semaines, M. Elie de Beaumont avait visité les points principaux, et, en contrôlant par des observations personnelles les données géographiques incertaines qu'on possédait alors, présenta une carte qui rendait suffisamment les traits principaux de la configuration de l'Etna.

La question des cratères de soulèvement s'y présentait aussi dans des conditions difficiles et délicates. Car si le cône central est entouré, sur une grande partie de son pourtour, par une crête à laquelle M. de Waltershausen a donné le nom de *cratère ellittico* (cratère elliptique), il n'est pas évident que cette crête n'ait pas appartenu à un cratère d'éruption plus ancien que le cône actuel, et, d'ailleurs, ses dimensions ne sont nullement en rapport avec la masse entière de la montagne ; et si, comme je le crois, elle est elle-même due à un effet de soulèvement, ce n'est qu'un effet partiel et qui ne rendrait nullement compte de la saillie générale que présente l'Etna.

Il en est tout autrement de ce que M. Elie de Beaumont a appelé la *gibbosité centrale*, et il le prouve de la façon la plus nette et la plus originale.

Rappelez-vous ce petit monument antique, cette *Torre del filosofo*, construite sur le *Piano del Lago*, au pied du cône moderne. Assurément, cet emplacement presque plan et dans la proximité du cône central, est le plus favorable à l'accumulation des matières qui peuvent s'y entasser, par suite, ou des projections fragmentaires vomies par le cratère, ou des éboulements qui peuvent s'y déterminer. Or, en discutant des documents incontestables et des recherches dues aux plus exacts explorateurs de l'Etna, le chanoine Recupero et M. Mario Gemmellaro, on arrive à évaluer à $1^m,25$ en tout la quantité dont le sol, par l'effet des pluies de cendres et de lapilli émanées du cratère de l'Etna, s'est élevé autour de sa construction, qui doit remonter au moins à 1,500 ans, et peut-être à plus de 2,000 ans. Cette quantité, bien évidemment, n'a pas dépassé 2 mètres ; ce qui suppose que le Piano del Lago ne s'élève moyennement, par l'effet des matières qui y tombent, que d'environ 1 millimètre par an.

L'analyse minutieuse des conditions qui président au mouvement et à la consolidation des courants de lave montre que ces matières demi-fluides ne s'arrêtent pas plus, en grande quantité, sur les portions inclinées du massif de l'Etna, que les déjections fragmentaires. Ces dernières ne s'accumulent en proportion considérable que sur les flancs du cône terminal ou sur ceux des cônes parasites des diverses éruptions, et l'action des eaux tend à les entraîner vers les portions inférieures de la montagne, et comme, là seulement, les laves trouvent des pentes assez faibles pour y former des nappes d'une certaine épaisseur, il en résulte que les deux enveloppes concentriques inférieures seules, c'est-à-dire les *talus latéraux* et le *terre-plein bombé* tendent à s'ensevelir graduellement sous les produits du volcan actuel.

La gibbosité centrale, qui ne s'accroît qu'infiniment peu par les phénomènes actuels, doit donc son existence au noyau préexistant qui en forme la masse principale (7). « Comment pourrait-on concevoir, en effet, que des érup-« tions comparables à celles de l'Etna moderne, et qui « n'auraient pas trouvé un autre noyau antérieur, eussent « produit une masse aussi convexe que celle du noyau de « la gibbosité centrale? Si, comme quelques personnes « l'ont pensé, il existait une similitude complète d'origine « entre les matières dont se compose le noyau intérieur « de la gibbosité centrale et les produits actuels des érup-« tions, on pourrait en inférer que les premières ont dû « s'entasser à la manière des produits actuels ; et on ne

« verrait pas pourquoi ils auraient donné lieu à une con-
« vexité plus rapide que celle des talus latéraux. »

« En dernière analyse, les traits vraiment caractéris-
« tiques de la forme de l'Etna, ceux dans lesquels son
« mode d'accroissement et d'origine première se trouvent
« profondément écrits, sont : d'une part, la faiblesse et
« l'uniformité des pentes que présente la base depuis le
« pied de sa gibbosité centrale jusqu'aux rivages des eaux
« qui le circonscrivent ; et, de l'autre, la saillie rapide,
« l'isolement et le morcellement du noyau de cette même
« gibbosité centrale ont pour cause première un soulève-
« ment : telle devra être, en deux mots, la théorie de
« l'Etna. »

Après avoir ainsi réduit la question de l'origine de
l'Etna à celle de l'origine du noyau préexistant, il fallait
étudier ce grand monument naturel au milieu des produits
récents qui l'enveloppent en partie « à peu près comme
« on recherche l'origine d'une ville moderne dans les
« ruines d'un vieux château fort, autour duquel les cons-
« tructions se sont groupées d'âge en âge. »

Or, il existe dans la structure de l'Etna une circonstance
particulièrement favorable pour étudier dans ses détails
les matériaux dont se compose cet Etna primitif. C'est
l'immense cavité grossièrement elliptique que nous con-
naissions déjà sous le nom de *valle del Bove* (8).

« Ses escarpements se composent de plusieurs centaines
« d'assises parfaitement régulières, formées alternative-
« ment de roches de fusion et de matières fragmentaires
« ou pulvérulentes, dont la manière d'être générale rap-
« pelle constamment celle des assises de tufs et de tra-
« chytes du Cantal et du mont Dore. Ces assises forment
« souvent toutes ensemble des ondulations parallèles, qui
« rappellent celles des couches sédimentaires dans les

« hautes chaînes de montagnes. Elles sont traversées,
« comme les nappes amphigéniques de la Somma, par des
« filons, tantôt perpendiculaires, tantôt obliques sur la
« direction des couches.

« La roche de ces couches anciennes de l'Etna ne diffère
« pas essentiellement de celle des laves modernes, en ce
« sens que, des deux côtés, c'est une dolérite, composée
« de cristaux de labrador et de pyroxène ; mais les roches
« anciennes sont moins ferrugineuses et plus riches en
« silice que les roches modernes, et parmi les bancs infé-
« rieurs, on trouve même une diorite, c'est-à-dire que le
« pyroxène de la dolérite y est remplacé par de l'amphi-
«. bole.

« Les parois, qui circonscrivent le valle del Bove, pré-
« sentent, presque de toutes parts, des escarpements où
« la roche est *coupée au vif*, l'avis commun des géologues
« qui l'ont visité est qu'il ne peut devoir son origine qu'à
« un enlèvement des matières, et, en quelque sorte, à un
« évidement d'une partie de la masse centrale de l'Etna.

« Mais une circonstance capitale et qui jette un grand
« jour sur les phénomènes qui ont produit cette gibbosité
« centrale, dont le valle del Bove nous permet de péné-
« trer l'intérieur, est la suivante. L'inclinaison moyenne
« des assises qui la composent dépasse 27°. Le nombre
« des couches de matières incohérentes est de plus de
« cent ; elles sont sensiblement planes et uniformes dans
« leur épaisseur..... Or, il est certainement impossible
« qu'un long talus incliné de 2° ait été rechargé plus de
« cent fois de cendres et de lapilli, sans que la pente de
« 27° se soit quelquefois trouvée trop rapide pour empê-
« cher ces matières de glisser plus ou moins, et sans qu'il
« se soit produit de temps à autre des couches plus
« épaisses vers le bas que vers le haut. »

Il me serait impossible de suivre dans tous ses développements la série des raisonnements qu'ajoute encore M. Elie de Beaumont, et qui l'amènent à conclure « que « les parties des assises des escarpements du *valle del* « *Bove*, qui sont fortement inclinées, ne sont plus aujour- « d'hui dans la position dans laquelle elles se sont primi- « tivement entassées (9).

« Je crois donc pouvoir considérer comme prouvé, « ajoute-t-il, que les assises dont se compose le noyau de « la gibbosité centrale de l'Etna ont été écartées de leur « position initiale. Or, il est aisé de reconnaître que l'in- « clinaison qu'ont éprouvée quelques parties de ce sys- « tème de couches n'a pas été un simple mouvement de « tassement, ou l'effet de dislocations partielles. Il suffit « de jeter un coup d'œil sur les panoramas que j'ai dressés « pour voir que ces inclinaisons présentent une disposition « d'ensemble, indice évident d'une tuméfaction générale « qui, en élevant tout le massif de la gibbosité centrale, « a imprimé aux parties latérales un mouvement de bas- « cule. »

Il resterait encore à se demander par quel genre de phénomènes volcaniques s'est produite cette tuméfaction générale, cette élévation du massif central de l'Etna.

Pour bien saisir l'explication donnée par M. Elie de Beaumont, il est nécessaire de se reporter à quelques idées théoriques qu'il avait déjà présentées sur la manière dont on pourrait concevoir l'élévation d'un massif de roches soumis à une impulsion centrale.

J'emprunte ces considérations théoriques à un mémoire publié en 1834, par MM. Dufrénoy et Elie de Beaumont :

(10) « Supposons, disent les auteurs, qu'à la cime d'un « monticule d'une forme conique, à peu près régulière, « jaillisse une source dont les eaux, après avoir coulé sur

« sa déclivité suivant la ligne de plus grande pente, se
« rassemblent dans un lac situé à son pied.

« Concevons que la température s'abaisse d'un certain
« nombre de degrés au-dessous du terme de la congéla-
« tion de l'eau. Les eaux de la source n'arriveront plus
« en entier à la base du cône, une partie se congèlera sur
« la surface du sillon que leur écoulement aura préalable-
« ment creusé sur la déclivité du cône. Ce sillon sera
« bientôt rempli, et l'eau, obligée de suivre un autre
« cours, ne tardera pas à revêtir une partie plus ou moins
« considérable de la surface du monticule de traînées de
« glace concrétionnée. Si le phénomène se prolonge, et si
« le monticule est à peu près régulier, il finira par être
« complétement recouvert de filets de glace disposés sui-
« vant les arêtes de la surface conique extérieure.

« Les eaux du lac auront gelé en même temps que
« celles qui coulent sur la pente du monticule, et nous
« pouvons supposer, en second lieu, qu'une explosion sou-
« terraine ou toute autre force agissant de bas en haut,
« fasse céder la glace de ce lac, en produisant d'abord une
« cassure rayonnée analogue à celle d'une bouteille étoilée
« par un choc léger, et en relevant ensuite autour du
« centre de rupture les pointes des fragments triangulaires
« convergents. Ces fragments triangulaires en tournant
« chacun autour de celui de ses côtés, qui est opposé à
« leur sommet commun, pourront s'élever de manière à ce
« que leurs plans prolongés, passant par un même point
« de la verticale du centre de rupture, forment une pyra-
« mide dont le sommet correspondra verticalement à ce
« même centre. Cette pyramide sur toutes les arêtes de
« laquelle les triangles relevés laisseront nécessairement
« quelques vides, pourra cependant, au premier aspect,
« si les dimensions générales sont analogues de part et

« d'autre, présenter quelque ressemblance avec le cône
« revêtu de glace dont nous avons parlé en premier lieu.
« De part et d'autre, ce serait de la glace inclinée de toutes
« parts à partir d'un point central. Un observateur, qui
« ne ferait pas attention aux interstices que présente la
« seconde pyramide, ou qui les attribuerait à quelque
« cause accidentelle indépendante de son origine, pourrait
« croire d'abord que les deux pyramides ont été formées
« de la même manière. Mais, s'il porte successivement le
« marteau sur la glace de l'une et de l'autre, s'il en
« détache des fragments, et s'il examine d'un œil attentif
« et avec des instruments convenables leur structure cris-
« talline, il s'apercevra que celle du premier cône a été
« formée par la superposition graduelle de coulées qui
« peuvent s'être solidifiées dans leur position actuelle,
« tandis que la glace du second a cristallisé à la surface
« d'une eau tranquille et par conséquent dans une position
« horizontale, et ne peut avoir été placée dans sa position
« inclinée actuelle que par l'effet d'un mouvement posté-
« rieur à sa consolidation.

« Les terrains volcaniques présentent deux espèces de
« montagnes, qui, par le mode de leur formation, et par les
« moyens qu'on peut employer pour les distinguer, corres-
« pondent aux deux monticules revêtus de glace dont
« nous venons de parler.

« Les cônes du Vésuve et de l'Etna, couverts en partie
« de traînées étroites de laves scoriacées ou au moins bul-
« beuses qui se sont arrêtées dans les sillons qui altéraient
« la régularité de leurs flancs, appartiennent à la pre-
« mière espèce.

« Les surfaces de l'île de Palma, de l'île de Ténériffe,
« du massif du Cantal, appartiennent à la seconde espèce ;
« elles sont revêtues de nappes de basalte qui n'ont pu

« s'étendre uniformément en tous sens, et se diviser
« tranquillement en prismes perpendiculaires à leurs sur-
« faces supérieure et inférieure, que dans une position
« sensiblement horizontale, et dont l'inclinaison actuelle
« est aussi évidemment l'effet d'un mouvement postérieur
« à leur origine, que le serait celle de la glace du second
« des deux monticules dont nous avons parlé précédem-
« ment. »

Rappelant les notions que je viens de vous signaler moi-même sur le contraste entre les *nappes basaltiques* et les *bandes étroites* des coulées volcaniques, les auteurs concluent que (11) « une pente couverte de basalte est donc
« aussi évidemment, et même plus évidemment, due à un
« mouvement de l'écorce du globe, qu'une pente formée
« par une couche de calcaire à lymnées, déposée dans les
« eaux d'un marais ; il en résulte qu'*un: cône revêtu de
« basaltes est nécessairement un cône de soulèvement.* »

Les auteurs, appliquant ensuite le calcul à leur hypothèse d'un plan de glace ou de basalte qui, soulevé ou étoilé circulairement autour d'un axe vertical, se transformerait de cette manière en une pyramide composée de secteurs triangulaires séparés par des vides. Ces vides représenteraient la différence entre la surface primitive du plan et la surface, nécessairement plus grande, de la roche soulevée. En substituant, par la pensée, à cette pyramide, le cône qui aurait même base et même hauteur, on arrive facilement à évaluer la somme de ces vides ; cette somme est représentée par une série, dont le premier terme seul est positif, et dont tous les autres termes, négatifs, si la pente du cône est, comme elle l'est toujours, moindre que $45°$, peuvent être négligés dans tous les cas présentés par la nature. Ce premier terme, qui donne ainsi une approximation plus que suffisante de la valeur de la somme des vides, indique que cette somme est égale à la moitié du carré de la hauteur du cône, multiplié par le rapport de la circonférence au diamètre.

Cette expression étant indépendante du rayon de la base, ou de l'étendue de la surface soulevée, on voit que, dans tous les cônes de soulèvement de même hauteur, la somme des interstices laissés entre elles par les nappes basaltiques, doit être sensiblement la même ; seulement, ces interstices sont répartis sur une surface d'autant plus grande que la base du cône est plus large.

Dans une autre partie du mémoire, les auteurs montrent qu'en supposant la surface rocheuse primitivement horizontale, et faisant par conséquent abstraction des inégalités que pouvait présenter cette surface avant le mouvement, l'erreur ainsi commise ne peut influer sensiblement sur les résultats du calcul.

Mais, dans ce calcul, on n'a tenu compte que de ce qui se passe à la surface supérieure des nappes basaltiques soulevées. Or, « il est aisé de voir, disent les auteurs du « mémoire (12), que, lorsqu'une portion de la surface du « globe se relève circulairement autour d'un point central, « ses divers points n'acquièrent la liberté complète de « mouvement, dont il vient d'être question, qu'à mesure « qu'ils atteignent le plan de la surface primitive, et que, « jusque-là, ils sont forcés à un déplacement relatif, qui « nécessite dans toute la masse une sorte d'écrasement « latéral. Les différents éléments qui, dans la position « originaire, sont placés sur une circonférence dont l'axe « de soulèvement traverse le centre, doivent rester sur « une circonférence égale tant que le mouvement de char- « nière des différents secteurs tend à les rapprocher de « l'axe ; ils ne peuvent sortir de cette position que, lors- « que ayant dépassé le plan horizontal de la surface primi-

« tive, le même mouvement de charnière tend à les écarter
« de l'axe. On déduit aisément de là que les fentes pro-
« duites par les soulèvements n'ont pas la même largeur
« à toutes les hauteurs ; qu'elles sont nulles dans le plan
« de la surface primitive, et prennent, à mesure que l'on
« s'élève au-dessus de cette surface, des largeurs de plus
« en plus grandes. »

Enfin, on peut se demander quelle serait à une hauteur
donnée de l'axe, ou plutôt à une distance horizontale
donnée entre l'axe vertical et la surface extérieure du
cône, la somme des fissures ou interstices. C'est ce que
font les auteurs du mémoire. Et en discutant la nouvelle
expression qui exprime cette somme, ils arrivent à cette
double conclusion. « En premier lieu, la somme des frac-
« tures augmente de la circonférence vers le centre, et
« comme, en même temps, les circonférences sur les-
« quelles elles sont réparties diminuent, on voit qu'à me-
« sure qu'on approche du sommet du cône, ses flancs sont
« plus fendillés, et, par conséquent, plus destructibles.
« En second lieu, à hauteur égale, plus un cône de soulè-
« vement sera large, moins il sera déchiré vers son centre ;
« plus il sera étroit et rapide, plus il sera déchiré à son
« centre ; et, par suite, que, si un cône de soulèvement
« est inégalement rapide de différents côtés, les parties
« les plus rapides seront les plus déchirées et les plus
« destructibles ; conclusion à laquelle, ajoutent-ils, nous
« étions déjà arrivés par une voie différente. »

On conclut encore de ces formules qu'un cône de ce
genre ne peut présenter de sommet complet. L'éboulement nécessaire des parties supérieures de chaque secteur
produit une troncature, et on peut même calculer la limite
inférieure que présentera, dans chaque cas, le rayon de la
circonférence terminale, limite entièrement idéale ; car les

arêtes extrêmement minces, qui seraient placées le long de cette circonférence, ne pourraient manquer de s'écrouler, en donnant naissance à un vide beaucoup plus large, par suite à un cirque beaucoup plus étendu.

En résumé, de cette petite théorie qui, comme on le voit, n'admet qu'une seule hypothèse, celle d'une impulsion centrale de bas en haut, quelle qu'en soit, d'ailleurs, la cause originelle, il résulte qu'il se fera, en pareil cas, un cratère de soulèvement, ou, pour parler plus exactement, un *cirque* de soulèvement; et que le cône de soulèvement sera fissuré ou *étoilé*, surtout du côté le plus abrupte et le plus destructible de sa surface, qu'enfin, les vides ainsi produits présenteront plus d'étendue près du sommet du cône que vers sa base, contrairement à ce qui a lieu pour les fissures déterminées, sur une pente quelconque, par le mouvement torrentiel des eaux.

Nous pouvons nous demander maintenant si les trois groupes volcaniques étudiés par M. Elie de Beaumont, le Cantal, le mont Dore, et l'Etna présentent ces caractères.

Groupe du Cantal.

(13) « Peu de montagnes présentent une forme aussi « simple que le Cantal. C'est un cône surbaissé, évidé à « son centre et découpé par des vallées à flancs escarpés, « qui rayonnent vers sa circonférence. S'il était entouré « d'eau jusqu'à une certaine hauteur, il formerait un « groupe d'îles fort analogue, par sa forme générale, à « celui de Santorin, de Thérasie et d'Aspronisi. On ver- « rait même, dans l'intérieur du vide central, des îlots « détachés, représentant la petite et la nouvelle Kaïmeni; « on pourrait encore ajouter, pour compléter la ressem- « blance, que les lambeaux de calcaire lacustre qui se

« trouvent enclavés vers sa base méridionale, dans des
« matières d'éruption, forment, quoique sur une échelle
« moindre, un équivalent assez exact des masses de schiste
« argileux et de calcaire du Saint-Elie, et de quelques
« collines plus basses, entourées par les masses volca-
« niques sur la pente extérieure de Santorin.

« ..... Les rochers qui représenteraient ici les Kaïmeni
« ne sont pas formés, comme dans l'Archipel grec, de
« lave trachytique et résinoïde, mais de phonolithe tabu-
« laire, dont l'apparition remonte probablement au mo-
« ment où le Cantal a pris son relief actuel.

« Le puy de Griou, formé de ce phonolithe tégulaire,
« ainsi que le pic de l'Usclade, et deux autres collines
« moins élevées, constitue, avec eux, un point central,
« qui, bien que sensiblement moins élevé que le plomb du
« Cantal et le puy Mary, est plus favorablement placé
« que ceux-ci, pour permettre de saisir la disposition gé-
« nérale du groupe entier.

« On domine de cette cime les points où les vallées de
« Mandailles, de Vic, de Murat, de Dienne et du Falgoux
« prennent naissance, et l'on suit de loin leurs directions,
« qui divergent du centre du massif à la manière des
« rayons d'un cercle. La vue se repose sur les tranches
« presque perpendiculaires des assises successives de tra-
« chytes, de conglomérats et de basaltes, qui séparent ces
« mêmes vallées et forment de larges plateaux inclinés
« vers l'extérieur du groupe.

« Tous ces escarpements font face au puy de Griou.....
« Vues de ce point central, les assises de trachyte, de
« basalte et de conglomérat paraissent horizontales dans
« le grand escarpement circulaire ; mais, en s'éloignant
« du centre, on reconnaît aisément qu'elles plongent de
« toutes parts vers l'extérieur sous des angles variables,

« qui atteignent, en quelques points, plus de 12° ; ces
« angles ne deviennent nuls qu'à la circonférence du
« groupe, et ils ne sont jamais remplacés par une incli-
« naison inverse. »

Ici, la nature a réalisé d'elle-même la section cylindrique concentrique à l'axe que les auteurs du mémoire
supposaient faite comparativement dans les cônes volcaniques de soulèvement et d'éruption. « La continuité des
« lignes qui se dessinent sur la surface des escarpements
« qui font face au puy Griou nous a paru, disent-ils, con-
« traster fortement avec la discontinuité qui ne pourrait
« manquer d'exister dans une section semblable, produite
« par l'écroulement de la partie centrale d'un cône d'é-
« ruption formé par la suraddition graduelle d'un grand
« nombre de coulées étroites. »

L'ensemble de ces escarpements, dont fait partie le
plomb du Cantal, point culminant de tout le massif, le
puy Mary et le puy Chevaroche, forme, abstraction faite
de l'ouverture des vallées, un cercle presque parfait, dont
le puy de Griou occupe à peu près le centre, et qui est,
aux yeux des auteurs, un cratère de soulèvement.

Aux preuves que je viens de tirer de la configuration de
cet ensemble, ils en ajoutent une foule d'autres, qu'il serait
impossible de mentionner ici. Je citerai seulement le passage suivant de leur mémoire, relatif au plomb du Cantal :

(14) « Le plomb du Cantal est formé par un lambeau de
« basalte criblé de péridot, dont la compacité contraste
« fortement avec la structure scoriacée que ne pourraient
« manquer de présenter les *écumes* des coulées qui
« auraient pu seules s'arrêter sur une surface aussi inclinée
« que celle des assises trachytiques qui le supportent. Au-
« dessous du plomb, les assises trachytiques sont aussi
« complètes qu'en aucun autre point du groupe ; ainsi, on

« ne peut supposer qu'elles aient eu primitivement tout à
« l'entour une plus grande hauteur, et qu'elles aient pré-
« senté un bassin dans lequel le basalte se serait arrêté
« et solidifié tranquillement. Ce lambeau, actuellement
« isolé, a évidemment fait partie d'une nappe originaire-
« ment beaucoup plus étendue, dont les basaltes qui avoi-
« sinent les burons du Cantalon et de Sonniette faisaient
« également partie. La basalte du plomb présente donc,
« à lui seul, pour un œil attentif, une preuve démonstrative
« du soulèvement que le groupe du Cantal a éprouvé. »

Si l'on admet cette conclusion des auteurs, on peut chercher à appliquer au groupe du Cantal les formules théoriques dont nous avons parlé il y a quelques instants.

On peut demander, par exemple, quelle valeur aurait
la somme des largeurs originaires des interstices que le
soulèvement aura fait naître sur la surface supérieure de la
masse soulevée, à la distance du centre à laquelle se trouvent moyennement les escarpements. En introduisant les
données numériques fournies par la carte de Cassini, on
arrive à trouver que cette somme de fissures a dû atteindre
236 mètres (15). « Cette somme, disent les auteurs, dans
« laquelle se trouvent comprises les largeurs des dykes
« de phonolithe et d'autres roches, qui auront pu être in-
« jectés au moment du soulèvement, n'est pas assez grande
« pour interrompre, d'une manière bien notable, la conti-
« nuité des assises dont cette masse se compose, car la
« circonférence de 4,000 mètres de rayon, sur laquelle ces
« fractures se trouvent réparties, ayant 251,333 mètres de
« développement, la somme des fractures n'en forme
« environ que 106 ; ainsi, l'apparence de continuité que
« présentent les escarpements circulaires n'a rien de con-
« traire à l'hypothèse du soulèvement. Cette somme de
« fractures..... est cependant assez grande pour avoir pu

« devenir l'origine de dégradations considérables. Si elle
« s'était répartie en entier sur cinq crevasses, chacune
« d'elles aurait eu moyennement près de 500 mètres de
« largeur à sa partie supérieure ; ce qui est bien plus que
« suffisant pour donner naissance à une vallée. Il suffit,
« en effet, d'une fracture de peu de largeur, pourvu
« qu'elle soit profonde et continue, pour donner aux eaux
« des pluies et de la fonte des neiges, accès jusqu'au cœur
« du massif qu'elle traverse, et pour les mettre dans le
« cas de produire de nombreux éboulements, en sapant la
« base des escarpements..... Combien de temps n'aurait-
« il pas fallu aux eaux, agissant sur la surface extérieure
« d'un cône pour suppléer à l'avantage que leur donnent
« des fissures qui les introduisent de prime abord au milieu
« de la masse à attaquer ? Peut-être, ajoutent encore fine-
« ment les auteurs, les partisans de l'hypothèse du cône
« d'éruption démantelé seraient-ils tentés d'appeler à son
« secours des fissures contemporaines de l'écroulement de
« la partie centrale. Mais, ainsi que nous l'avons rappelé,
« des fissures supposent un soulèvement ; et, si les adver-
« saires de notre hypothèse admettent un soulèvement
« quelconque, nous ne voyons plus bien en quel point
« essentiel leurs idées diffèrent des nôtres. »

Le groupe des monts Dore est moins simple ; quoique
moins étendu que le massif du Cantal (16), « il occupe
« un espace à peu près circulaire d'environ deux myria-
« mètres ou quatre lieues de diamètre ; il se compose,
« comme le Cantal, d'une série d'assises de trachytes et de
« conglomérats trachytiques, reposant sur le granite et les
« autres roches cristallines qui forment la base du sol du
« grand plateau de l'Auvergne et du Limousin. Le système
« trachytique y est traversé, comme au Cantal, par des

« filons et des colonnes de basalte, et recouvert en quel-
« ques points par de larges nappes basaltiques ; mais ces
« basaltes en nappes ne s'observent guère, dans l'état
« actuel des choses, que sur le pourtour du groupe qu'elles
« entourent en forme de ceinture continue. »

Je pourrais presque m'arrêter à ces premières phrases du mémoire relatif aux monts Dore. Cette description est, à mes yeux, une démonstration suffisante. Quel est, en effet, le géologue ayant observé l'un quelconque de nos volcans actifs, qui reconnaîtrait l'analogue de ce qui se passe, sous nos yeux, lors d'une éruption du Vésuve, de l'Etna, de Ténériffe, de Santorin ou de Mowna-Roa, dans ces deux systèmes de roches, absolument différentes l'une de l'autre, dont l'un constitue, au centre déchiré du groupe, les arêtes tranchantes du val d'Enfer, du Capucin, et du sommet aigu du pic de Sancy, et dont l'autre s'étend, en nappes épaisses, sur le contour des pentes extérieures du premier système ? Et tout cela, sans l'appareil de cônes d'éruption, dont la présence pourrait, du moins, expliquer la sortie, *more vulcanico* (permettez-moi ce barbarisme, qui rend bien ma pensée), des coulées de basalte, dont nous ne verrions plus que les restes.

Ajoutez, enfin, pour compléter le tableau, une troisième roche, le *phonolithe*, qui est venue se placer, par les roches Thuilière, Malviale et Sanadoire, au milieu des trois centres d'action mécanique qu'on peut distinguer dans le groupe total des monts Dore. Assurément, si nous avions affaire ici à un cône d'éruption, c'est au pied de ces roches, manifestement postérieures, et qui ne semblent qu'une altération du trachyte qu'il faudrait chercher les coulées de lave de ce singulier volcan. Mais qui les trouvera jamais ? Qui songera seulement à les chercher ?

Mais je m'aperçois que je discute la question, au lieu

d'analyser ce beau mémoire. Le temps me manquerait, d'ailleurs, pour le faire complétement. Je me bornerai à ajouter quelques traits caractéristiques à ceux que j'ai déjà indiqués (17).

« Ces assises trachytiques et basaltiques, dont tout
« annonce que la position originaire était sensiblement
« horizontale (on trouve dans le trachyte des cristaux
« d'orthose dont la dimension atteint plusieurs centimètres,
« et qui ne peuvent s'être développés que dans un repos
« presque absolu), se relèvent aujourd'hui d'une manière
« toujours assez prononcée, quelquefois même très-forte,
« non plus vers un seul centre, comme au Cantal, mais
« vers plusieurs centres différents, dont chacun paraît
« avoir été le point d'application d'une force soulevante.
« Ce relèvement, d'abord faible, augmente à mesure qu'on
« approche du centre de soulèvement, comme dans la
« chaînette, en approchant du point d'attache ; les roches
« n'étant pas susceptibles de s'étendre, se sont rompues,
« lorsque le soulèvement a été trop considérable.

« ..... Placé à la cime du puy ou pic de Sancy, élevé de
« 1,887 mètres, et point culminant du groupe,.... l'ob-
« servateur peut saisir d'un coup d'œil ces principaux
« éléments du problème que présentent les monts Dore.
« Il voit se déployer autour de lui une série d'escarpe-
« ments disposés à peu près suivant une circonférence du
« cercle dont il occupe le centre. Ces escarpements réali-
« sent la coupe cylindrique que nous avons indiqué la
« nécessité de faire dans une masse conique de matières
« volcaniques, dont on cherche à deviner l'origine. »

L'application des formules, qui donnent la somme des vides résultant du soulèvement circulaire, indiquent, pour le mont Dore, un déchirement beaucoup plus complet que pour le Cantal ; et l'observation confirme pleinement la théorie. A ce point de vue, le cône du mont Dore serait placé entre celui de Ténériffe et celui de Palma (18).

« En résumé, disent les auteurs, en terminant ce mé-
« moire qu'il faut lire en entier, il nous paraît impossible
« de rendre raison de la forme du groupe des monts Dore,
« et de la disposition des masses qui le constituent, en le
« considérant comme le résultat de la destruction d'un ou
« de plusieurs cônes d'éruption analogues au Vésuve et à
« l'Etna ; tandis que nous croyons qu'on peut y recon-
« naître l'effet de plusieurs soulèvements, qui ont élevé et
« déchiré un plateau trachytique. »

Je ne voudrais pas terminer cet aperçu sur les origines mécaniques attribuées, dans les deux mémoires, aux groupes volcaniques du Cantal et des monts Dore sans insister sur le rôle tout particulier que paraît avoir joué, mécaniquement et chimiquement, l'apparition des phono-lithes. Il est d'autant plus nécessaire de faire ressortir ce fait qu'il n'est pas isolé. En effet, nous le retrouvons au Mézenc, qui est un centre de soulèvement tout à fait comparable aux deux groupes que nous venons d'étudier, et aussi, dans les siebengebirge, massif volcanique ancien, que l'on pourrait appeler, tant les analogies sont frappantes, le mont Dore rhénan.

Le phonolithe, qui n'est manifestement qu'une modification particulière du trachyte, semble constituer dans ces montagnes un intermédiaire, une sorte de passage entre l'ère des grandes injections tranquilles de trachyte et de basalte, et l'ère, plus agitée, et caractérisée par des émissions abondantes de vapeurs aqueuses, des volcans actuels à cratères et à coulées.

L'analyse que je viens de faire des deux groupes du Cantal et des monts Dore montre donc, dans ces deux massifs volcaniques anciens, les trois genres de caractères que la théorie indiquait pour les cratères ou cirques de soulèvement. On les retrouve très-nettement aussi à la Somma et au Vésuve, d'après Léopold de Buch et Dufrénoy. Mais au premier abord, le massif de l'Etna paraît plus simple, et on conçoit qu'un observateur superficiel puisse y voir uniquement le phénomène actuel, c'est-à-dire, d'un côté, le cône éphémère du sommet ; de l'autre, les éruptions de laves ou de matières fragmentaires qui, de temps immémorial, viennent ajouter quelques matériaux nouveaux à sa surface extérieure. L'étude approfondie de ce volcan par M. Elie de Beaumont, étude dont je n'ai pu, à la vérité, que vous donner une idée abrégée, aura, j'espère, détruit dans vos esprits cette première impression à laquelle, je le reconnais pour l'avoir éprouvé moi-même, il est difficile de se soustraire. Mais, l'impossibilité d'expliquer par l'accumulation des produits du volcan actuel la gibbosité centrale, dont la nature intime nous est révélée par l'énorme échancrure du *valle del Bove*, résulte, il me semble, avec une clarté de plus en plus grande, pour celui qui lit attentivement le beau mémoire sur l'Etna, mais bien plus nettement encore pour le géologue qui, ne se contentant pas, comme la plupart de ceux qui en ont parlé, de gravir le pic et d'examiner quelque coulée importante, celle de 1689, par exemple, qu'on suit de Nicolosi à Catane, ont voulu consacrer plusieurs semaines à scruter les profondeurs du *valle del Bove*, ont dû passer plusieurs nuits sur le pourtour de cette montagne gigantesque, afin d'en saisir tous les caractères et de s'en expliquer l'origine.

Néanmoins, une question importante peut se présenter ici, et que nous n'avons pas traitée. C'est celle de l'existence primitive et nécessaire des fissures, des interstices qui, dans l'hypothèse d'un soulèvement, doivent avoir sillonné les flancs de la montagne, et dont il semble d'abord qu'on ne distingue que des traces insuffisantes.

Mais il faut d'abord remarquer que le *valle del Bove* lui-même n'est autre chose que la trace, élargie plus tard par les éboulements, puis, dans de faibles proportions, par les phénomènes atmosphériques, d'une série de fissures diamétrales, convergeant sensiblement vers le centre actuel de la montagne. Mais, en outre, on trouve encore les restes de ces fissures, dont l'ouverture extérieure a été plus ou moins masquée par les produits modernes qui s'y sont entassés.

M. Elie de Beaumont cite plusieurs de ces fissures. Mais la plus remarquable de toutes est la *Grotta dei Palombi*, près de Nicolosi, dont M. Mario Gemmellaro a rendu l'accès praticable (19).

« La *Grotta dei Palombi* est située à trois quarts de
« lieue de Nicolosi, à quelque distance du pied N.-O. des
« monts Rossi. Son entrée se trouve à l'extrémité d'une
« dépression elliptique ouverte dans une grande assise de
« lave, et qui ressemble à une carrière abandonnée. Le
« grand axe de cette ellipse court du N. 25° O. au S. 25° E.
« La caverne elle-même, qui part de l'extrémité méridio-
« nale de ce grand axe, présente un cours légèrement tor-
« tueux qui se dirige tantôt au S. 35° E., tantôt au S. 38° E;
« elle s'écarte ainsi de 28 à 30° de la direction d'un plan
« méridien passant par la cime de l'Etna, qui se trouve
« au N. 8° O., ce qui montre que ce que j'ai dit ci-dessus
« de la direction des pentes suivant les plans méridiens de
« la montagne, ne doit pas être pris dans un sens absolu,
« ces pentes font toujours quelques zigzags.

« A mesure qu'on pénètre dans la *Grotta dei Palombi*,
« on descend assez rapidement, on arrive même à un point
« où il y a une chute verticale d'environ 20 mètres, qu'on

« ne peut franchir qu'au moyen d'un treuil que M. Mario
« Gemmellaro a fait établir. La fente n'est pas restée vide
« jusqu'à la surface du sol ; la partie supérieure paraît
« être remplie par les scories qui forment la surface du
« sol. L'espace vidé se compose d'une série de chambres
« qui rappellent exactement les vides produits dans une
« mine par l'exploitation d'un filon. La largeur du vide
« varie de 1 à 4 mètres. La chambre la plus basse, dans
« laquelle on descend à l'aide du treuil, a pour parois
« une épaisse couche de laves dont la surface a été refon-
« due, et dont les parties refondues ont été légèrement
« arrachées et tiraillées, pour ainsi dire tenaillées, proba-
« blement par la lave qui a bouillonné dans la fente. Au
« fond de la chambre la plus inférieure on voit encore la
« fente se continuer, mais elle devient très-étroite, et
« quelques coups de mine seraient nécessaires pour en
« rendre l'accès praticable.

« L'intersection du plan de la fente avec la surface du
« sol est marquée par une longue file de petits monticules
« de scories rouges, présentant entre elles plusieurs en-
« foncements cratériformes, tout annonce que ces scories
« ont été lancées par les gaz qui s'échappaient de la lave
« lorsqu'elle bouillonnait dans la fente.

« M. Mario Gemmellaro, sentant tout l'intérêt qui s'at-
« tacherait à l'exploration de cette caverne, y a placé des
« inscriptions au fur et à mesure de l'avancement des tra-
« vaux de déblais qu'il y a fait exécuter. »

Ainsi, à chaque grande éruption, l'Etna s'ouvre sur une
fissure nouvelle ou se rouvre le long d'une fissure ancienne : souvent il naît à la fois plusieurs fentes semblables,
qui se croisent près du centre de la gibbosité centrale. Il
en résulte un *étoilement* de tout le massif, et chaque fois
qu'il se détermine une fissure nouvelle, la surface exté-

rieure devenant plus étendue, la montagne doit elle-même croître légèrement en hauteur.

Cette conception ainsi régularisée de l'étoilement primitif ou successif du massif entier de toute bouche volcanique centrale est, à mon avis, l'un des plus grands progrès qui aient été faits dans la connaissance de ces curieux phénomènes de l'ère actuelle. Partant, en effet, de cette conception, l'un des disciples de M. Elie de Beaumont a pu définir cette ouverture ou cette réouverture d'une des fissures, comme le fait fondamental et caractéristique d'une éruption ; et, suivant alors, sur le massif du volcan central, ces fissures d'éruption, ou ces plans éruptifs, il a pu montrer que chacune de ces fissures avait, en quelque sorte, sa vie propre et son histoire particulière ; et, appliquant ce mode nouveau d'analyse à l'étude des matières gazeuses ou volatiles qui s'échappent des flancs ou du sommet d'un volcan, il a substitué au chaos apparent que présentaient ces émanations diverses, une harmonie réelle, la nature de ces émanations, échelonnées sur une même fissure, variant, avec le temps comme avec les lieux, suivant un ordre constant et déterminé.

S'il ose, en cette occasion, citer ses propres travaux après ceux du grand géologue, dont nous cherchons à apprécier la valeur scientifique, il a la confiance que personne de vous, Messieurs, ne verra, dans ses paroles, une preuve de présomption, mais bien plutôt le désir de rattacher à l'œuvre de M. Elie de Beaumont des résultats qu'il avait lui-même approuvés et adoptés, et qui ne sont, en définitive, que la conséquence des principes qu'il a introduits dans la science.

Je consacrerai la prochaine leçon tout entière à l'exposition et à l'analyse d'un des plus originaux mémoires de M. Elie de Beaumont, et qui se rattache, par une foule de liens, aux questions que nous avons traitées dans la séance de ce jour : au mémoire considérable qu'il a modestement intitulé : *Note sur les émanations volcaniques et métallifères.*

SEIZIÈME LEÇON.

M. Élie de Beaumont *(suite)*.

Emanations volcaniques et métallifères.

Messieurs,

Après ce complément nécessaire de ma dernière leçon, je veux vous entretenir aujourd'hui d'une des œuvres troponomiques les plus remarquables de M. Elie de Beaumont. C'est l'ensemble d'idées si neuves et si originales qu'il avait exposées dans cette chaire en 1846 et 1847, et qu'il a résumées dans 85 pages, modestement intitulées : *Note sur les émanations volcaniques et métallifères.*

Dans une série de leçons que j'ai faites moi-même sur le même sujet, je résumais la pensée générale du maître en quelques phrases que je vous demande la permission de rappeler ici.

Supposons qu'un voyageur s'arrête à Naples ou à Catane et soit témoin d'une éruption du Vésuve ou de l'Etna; qu'il observe tout au moins les flots de vapeurs qui s'échappent constamment du sommet de ces cônes volcaniques, et qui, en les minant sourdement, les enrichissent de substances diverses.

Supposons qu'il parcoure ensuite la chaîne des Pyrénées et s'arrête, en particulier, dans ces nombreux établissements d'eaux thermales qui constituent, à la fois, l'une des richesses de la contrée et l'une de ses plus grandes curiosités naturelles ; ou bien qu'après avoir visité la profonde vallée circulaire qui recèle le mont Dore et ses abondantes sources minérales, il descende à Clermont et remarque avec intérêt les fontaines incrustantes de Sainte-Allyre.

Supposons enfin que, passant le Rhin, il se rende dans l'Allemagne centrale, et admire la prodigieuse variété des minerais qui ont rendu célèbre l'Erzgebirge saxon ; ou que, traversant la Manche, il constate avec le même étonnement les innombrables filons qui se croisent sous le sol du Cornwall.

Egalement frappé par la vue de ces trois phénomènes naturels : émanations volcaniques, eaux minérales, filons métallifères, notre voyageur ne cherchera sans doute pas d'abord à les rapprocher l'un de l'autre : il n'en soupçonnera peut-être pas l'étroite connexion.

Etablir ces analogies réelles et profondes, mais qui ont échappé longtemps à la perspicacité des savants, découvrir et déterminer, aussi bien qu'on le peut aujourd'hui, le lien qui unit ces trois ordres de manifestations, au premier abord si diverses ; tel peut être défini, dans toute sa généralité, le but que s'est proposé d'atteindre l'auteur du remarquable travail que je vais analyser.

Il faut néanmoins reconnaître que la grandeur de ce but ne se révèle pas, tout d'abord, par la lecture du Mémoire. On peut dire que la profondeur de cette œuvre a été surtout mise en évidence par les travaux d'un genre très-varié qu'elle a inspirés, et dont les auteurs ont quelquefois reporté le mérite premier à cette simple *note*, enfouie dans le *Bulletin de la Société géologique* (1). Peut-être aussi cette notoriété tardive est-elle due, en partie, à la manière dont les résultats sont présentés ; ces 85 pages, tellement concises qu'on a peine à en supprimer un seul mot, se suivent, en effet, sans divisions qui reposent l'esprit et qui le forcent à s'élever graduellement, de déductions en déductions, jusqu'à la conséquence finale.

Dans l'analyse que je vais présenter de ce beau Mémoire, j'essaierai de suppléer à ce défaut, en répartissant la matière sur différents paragraphes.

Ces divers paragraphes traiteront successivement :

De l'établissement des deux ordres d'émanations ou de matières éruptives ; les émanations à la manière des laves ; les émanations à la manière du soufre.

Des émanations à la manière des laves.

Des émanations à la manière du soufre et des eaux minérales.

Des rapports entre ces deux ordres d'émanations.

Des origines probables du granite.

Enfin, de la succession des phénomènes éruptifs.

I. — Deux ordres d'émanations ou de matières éruptives.

L'auteur du Mémoire pose, dès le début, une notion capitale (2).

« Le globe terrestre, dit-il, renferme dans son intérieur
« un immense foyer, dont l'incessante activité nous est
« révélée par les éruptions volcaniques et par tous les
« phénomènes qui s'y rattachent. Les éruptions volca-
« niques amènent à la surface du globe, d'une part, des
« roches en fusion, des laves et tous leurs accessoires ; de
« l'autre, des matières volatilisées ou entraînées à l'état
« moléculaire, de la vapeur d'eau, des gaz, tels que

« l'acide hydrochlorique, l'acide hydrosulfurique, l'acide
« carbonique ; des sels, tels que les hydrochlorates de
« soude, d'ammoniaque, de fer, de cuivre, etc. Ces ma-
« tières volatilisées se dégagent, tantôt des cratères en
« activité, tantôt des laves qui coulent, tantôt des fissures
« voisines des volcans, comme les étuves de Néron, les
« geysers, et on se trouve naturellement conduit à y rat-
« tacher d'autres jets de vapeurs chaudes, qui se dégagent
« à des distances plus ou moins grandes des volcans actifs,
« comme les soffioni et les lagoni de la Toscane, ainsi que
« les sources thermales et la plupart des sources miné-
« rales. Les émanations des foyers intérieurs du globe
« donnent généralement naissance à des masses plus ou
« moins consistantes, telles que le soufre et les sels de sol-
« fatares, les dépôts des eaux minérales, etc.

« On peut distinguer deux classes de produits volca-
« niques : ceux qui sont *volcaniques à la manière des laves*,
« et ceux qui sont *volcaniques à la manière du soufre, du*
« *sel ammoniac*, etc.

« A toutes les époques de l'histoire du globe, les phé-
« nomènes éruptifs ont donné des produits appartenant à
« ces deux classes, mais la nature des uns et des autres a
« varié avec le temps.

« Si on remonte le cours des périodes géologiques,
« on voit les matières *volcaniques à la manière des laves*
« devenir de plus en plus riches en silice. Les plus
« riches en silice, les granites, sont, en masse, les plus
anciennes.

« On voit en même temps les matières *volcaniques à la*
« *manière du soufre* devenir de plus en plus variées. Je
« désigne l'ensemble de ces produits par la dénomination
« *d'émanations volcaniques et métallifères*, parce que la
« plupart des filons métalliques me paraissent s'y rappor-

« ter. Il faut même y comprendre un grand nombre de
« gîtes de minéraux pierreux. Dans l'état actuel de la na-
« ture, ces deux classes de produits sont presque complé-
« tement distinctes. Mais, à l'origine des choses, elles
« l'étaient beaucoup moins.

« On est conduit à concevoir qu'au moment où la sur-
« face du globe terrestre en fusion a commencé à se re-
« froidir, les différents corps simples s'y trouvaient ré-
« pandus sans aucun ordre déterminé. Tout semble avoir
« été confondu dans ce *chaos primitif* où les premières
« masses granitiques ont pris naissance ; mais peu à peu
« les matières *éruptives à la manière des laves* sont deve-
« nues moins siliceuses, et les émanations *volcaniques à*
« *la manière du soufre*, qui, à l'origine, renfermaient
« presque tous les corps simples, sont devenus de plus en
« plus pauvres. »

II. — Emanations à la manière des laves.

Des soixante et quelques corps simples que les chimistes ont extraits des substances naturelles, les roches
volcaniques actuelles et anciennes n'en présentent guère
que seize, dont dix seulement s'y trouvent répandus avec
une certaine abondance.

D'autres roches (trapps divers, serpentines, etc.), dont
le mode d'éruption paraît avoir différé, sous plusieurs
rapports, de celui des roches volcaniques, notamment par
la rareté des scories, contiennent une trentaine de corps
simples, parmi lesquels figurent, avec tous ceux qui composent les roches volcaniques, quelques métaux dont le
rôle est évidemment accessoire.

Mais un caractère commun à tout cet ensemble de roches

est que (si l'on excepte quelques laves trachytiques modernes en très-petit nombre), elles ont, en général, pour
bases des feldspaths de la forme chimique 1 : 3 : 6 et
1 : 3 : 9, labrador et oligoclase, ou l'amphigène, dont
la formule numérique est 1 : 3 : 8, c'est-à-dire des minéraux feldspathiques plus ou moins éloignés de l'extrême
saturation en silice. De plus, le quartz isolé y est extrêmement rare.

Le caractère chimique de cet ensemble de roches est
donc d'être essentiellement *basique*.

Par opposition, d'autres roches, d'une origine généralement plus ancienne (granites, syénites, porphyres
quartzifères, etc.), peuvent être considérées comme *acidifères*. Car, non-seulement le feldspath qui y domine est
l'orthose, 1 : 3 : 12, le plus saturé en silice de tous les
feldspaths, mais elles contiennent le plus souvent des grains
de quartz disséminés.

Le nombre des corps simples qui entrent dans ce nouveau groupe de roches s'élève à 45 environ.

Un tableau placé à la fin du mémoire et que nous re-
produisons ici, avec quelques modifications qui le complè-
tent, résume la répartition des divers corps simples entre
les composés minéraux dont nous venons de parler,
comme aussi entre ceux dont il va être question plus
loin (3).

« Le nombre des corps simples qui existent dans les
« roches éruptives acidifères est beaucoup plus grand que
« celui des corps simples qui sont connus pour se trouver
« dans les roches volcaniques, et même dans les roches
« éruptives basiques. Ce fait est, si je ne me trompe, un
« des plus saillants que présente la distribution des corps
« simples dans l'écorce du globe terrestre. Il est d'autant
« plus remarquable que les corps simples dont il s'agit,

	1 Corps les plus répandus sur la surface du globe.	2 Roches volcaniques actuelles.	3 Roches volcaniques anciennes.	4 Roches basiques.	5 Granites.	6 Filons stannifères.	7 Filons ordinaires et géodes.	8 Sources minérales.	9 Emanations volcaniques.	10 Radicaux natifs.	11 Aérolithes.	12 Corps organisés.	13 Atmosphère.	14 Eau de mer.	15 Eau de rivières et de sources.
1 Potassium	★	★	★	★	★	★	★	★	★	»	★	★	»	★	★
2 Sodium	★	★	★	★	★	★	★	★	»	»	»	»	»	»	»
3 Lithium	»	»	»	»	★	★	★	★	»	»	»	»	»	»	»
4 Barium	»	»	»	»	»	★	»	★	»	»	»	»	»	»	★
5 Strontium	»	»	»	»	»	★	★	★	★	»	★	★	»	★	★
6 Calcium	★	★	★	★	★	★	★	★	★	»	★	★	»	★	★
7 Magnesium	★	★	★	★	★	★	»	»	»	»	»	»	»	»	»
8 Yttrium	»	»	»	»	★	★	»	»	»	»	»	»	»	»	»
9 Sibrium	»	»	»	»	★	★	»	»	»	»	»	»	»	»	»
10 Terbium	»	»	»	»	★	★	»	»	»	»	»	»	»	»	»
11 Glucinium	»	»	»	»	★	★	★	★	»	»	★	★	»	»	★
12 Aluminium	★	★	★	★	★	★	»	»	»	»	»	»	»	»	»
13 Zirconium	»	»	»	»	»	»	»	»	»	»	»	»	»	»	»
14 Thorium	»	»	»	»	★	★	»	»	»	»	»	»	»	»	»
15 Cerium	»	»	»	»	★	★	»	»	»	»	»	»	»	»	»
16 Lanthane	»	»	»	»	★	★	»	»	»	»	»	»	»	»	»
17 Didymium	»	»	»	»	★	★	»	»	»	»	»	»	»	»	»
18 Urane	»	»	»	»	★	★	★	★	★	»	★	»	»	»	»
19 Manganèse	★	★	★	★	★	★	★	★	★	»	★	★	»	»	»
20 Fer	★	★	★	★	★	★	★	★	★	★	★	★	»	»	»
21 Nickel	»	»	»	»	»	★	★	★	»	»	★	★	»	»	»
22 Cobalt	»	»	»	»	★	★	»	»	»	★	»	»	»	»	»
23 Zinc	»	»	»	»	★	★	★	»	»	»	★	»	»	»	»
24 Cadmium	»	»	»	»	★	★	★	★	»	»	»	»	»	»	»
25 Etain	»	»	»	»	★	★	★	»	★	★	★	»	»	»	»
26 Plomb	»	»	»	★	★	★	★	»	★	★	»	»	»	»	»
27 Bismuth	»	»	»	★	★	★	★	»	★	★	»	»	»	»	»
28 Cuivre	»	★	★	★	★	★	★	★	★	★	★	»	»	»	»
29 Mercure	»	»	»	»	»	»	»	»	»	★	»	»	»	»	»
30 Argent	»	»	»	★	★	★	★	»	»	★	»	»	»	»	»
31 Palladium	»	»	»	★	★	»	»	»	»	★	»	»	»	»	»
32 Rhodium	»	»	»	★	»	»	★	»	»	★	»	»	»	»	»
33 Rhuthenium	»	»	»	★	»	»	★	»	»	»	»	»	»	»	»
34 Iridium	»	»	»	★	»	»	»	»	»	★	»	»	»	»	»
35 Platine	»	»	»	★	»	»	★	»	»	★	»	»	»	»	»
36 Osmium	»	»	»	»	»	»	★	»	»	★	»	»	»	»	»
37 Or	»	»	»	»	★	★	★	»	»	★	»	»	»	★	★
38 Hydrogène	★	★	★	★	★	★	★	★	★	»	★	★	★	»	»
39 Silicium	★	★	★	★	★	★	★	★	★	»	★	★	★	»	»
40 Carbone	★	»	»	»	★	★	★	★	★	»	★	★	★	»	»
41 Bore	»	»	»	»	★	★	★	★	»	»	»	»	»	»	»
42 Titane	»	★	★	★	★	★	»	»	»	»	»	»	»	»	»
43 Tantale	»	»	»	»	»	★	»	»	»	»	»	»	»	»	»
44 Niobium	»	»	»	»	★	★	»	»	»	»	»	»	»	»	»
45 Pelopium	»	»	»	»	»	»	»	»	»	»	»	»	»	»	»
46 Tungstène	»	»	»	»	★	★	»	»	»	»	»	»	»	»	»
47 Molybdène	»	»	»	»	★	»	★	»	»	»	»	»	»	»	»
48 Vanadium	»	»	»	»	»	»	★	»	»	»	»	»	»	»	»
49 Chrome	»	»	»	★	★	★	★	»	»	★	»	»	»	»	»
50 Tellure	»	»	»	»	»	»	★	»	★	»	»	»	»	»	»
51 Antimoine	»	»	»	»	»	★	★	»	★	»	»	»	»	»	»
52 Arsenic	»	»	»	★	★	★	★	★	★	★	»	»	»	»	»
53 Phosphore	★	★	★	★	★	»	★	★	★	★	★	★	»	★	★
54 Azote	★	»	»	»	»	»	»	»	»	★	★	★	»	»	»
55 Sélénium	★	»	»	»	»	★	★	»	»	★	★	»	»	★	★
56 Soufre	★	★	★	★	★	★	★	★	★	★	★	»	»	★	★
57 Oxygène	★	★	★	★	★	★	★	★	★	★	★	★	★	★	★
58 Iode	»	»	»	»	»	»	★	★	★	»	»	»	»	★	★
59 Brome	»	»	»	»	»	»	★	★	★	»	»	»	»	★	★
60 Chlore	★	★	★	★	★	★	★	★	★	»	★	»	»	»	»
61 Fluor	★	★	★	★	★	★	★	★	★	»	»	»	★	»	»
	16	16	16	30	44	50	47	25	24	20	21	17	4	12	14

« loin de se trouver à l'état natif dans les roches qui les
« renferment, et de pouvoir, jusqu'à un certain point, y
« être considérés comme accidentels, ainsi que cela a lieu
« dans les roches basiques pour les métaux de la famille
« du platine, s'y trouvent généralement oxydés et enga-
« gés dans des combinaisons plus ou moins complexes,
« dont la nature peut fournir des données sur les phéno-
« mènes physiques et chimiques qui ont présidé à la
« formation des masses qui les renferment.

« Les minéraux variés dans lesquels entrent ces corps
« simples s'observent surtout dans les roches acidifères
« les plus cristallines, telles que les granites à grandes
« parties, les pegmatites, les hyalomictes, etc. ; ce qui
« peut faire conjecturer que leur présence est en rapport
« avec le fait encore si problématique de la cristallinité
« remarquable de ces mêmes roches.

« Cette circonstance exigera, pour être bien appréciée,
« que nous prenions en considération la connexion qui
« existe aussi entre les roches acidiférées les plus cristal-
« lines et les roches métamorphiques qui les accompa-
« gnent le plus habituellement (gneiss, micaschistes, etc.),
« ainsi qu'entre les roches acidifères les plus cristallines
« et une classe particulière et très-nombreuse de gîtes des
« minéraux que j'ai désignés collectivement (en prenant
« la partie pour le tout) sous le nom de *filons stannifères*.

III. — Emanations à la manière du soufre et des eaux minérales.

Si l'on examine le tableau au point de vue du nombre
des corps simples que réunit chaque colonne, on trouve
quatre colonnes (6, 7, 8, 9) qui présentent les rapports suivants :

Les deux dernières qui se rapportent aux *Emanations volcaniques actuelles* et aux *Eaux minérales,* sont à peu près identiques, quant au nombre et à la nature des corps simples qu'elles renferment; les colonnes 7 et 6 affectées aux filons ordinaires et aux filons *stannifères* contiennent à peu près tous les 24 ou 25 corps simples des colonnes 8 et 9, et en outre, plusieurs métaux qui élèvent le nombre de leurs corps simples respectivement à 47 et à 50.

Voilà donc, dans la répartition des corps simples entre ces quatre colonnes, une gradation tout à fait analogue à celle que nous a fournie la comparaison, à ce même point de vue, des colonnes 2, 3, 4 et 5, consacrées aux diverses roches éruptives.

Or, cette analogie n'est pas fortuite, car, d'un côté, il existe dans le mode général de formation des matériaux représentés dans les colonnes 6, 7, 8 et 9 des liens étroits, et, de l'autre côté, l'ensemble de ces manifestations est lié intimement lui-même aux manifestations éruptives qui produisent les masses lithoïdes ou les roches.

Il est inutile d'insister sur les rapports de gisement et d'origine qui existent entre les laves de nos volcans et les émanations gazeuses ou volatiles qui s'en dégagent en déposant certains minéraux.

La liaison entre les sources minérales et les éruptions lithoïdes est tout aussi évidente, soit qu'on en cherche la preuve dans la position si habituelle des régions d'eaux minérales au pied et tout à l'entour des grands massifs d'éruption anciens, soit qu'on observe, comme dans les *geysers* d'Islande ou dans les *lagoni* de la Toscane, des sources thermales, qui sont en même temps des jets de vapeur, comparables à ceux qui se dégagent des volcans en éruption.

Si, à ce que nous venons de dire, on ajoute : 1° que les

vapeurs qui s'échappent des laves en voie de refroidissement ou des fissures des cratères produisent quelquefois,
en se condensant, des filets d'eau chaude chargés de différents sels, qui sont de véritables sources thermo-minérales;
2° que les émanations volcaniques et les eaux minérales
donnent naissance à différents dépôts, dont l'analogie est
établie par l'identité presque absolue des corps simples
représentés de part et d'autre et par la grande similitude
des circonstances sous l'influence desquelles se forment
ces concrétions, le double lien de parenté entre ces deux
phénomènes sera suffisamment démontré.

Abordons maintenant la troisième classe des émanations
dont il s'agit dans ce paragraphe, celles qui ont rempli les
filons et établissent, en premier lieu, le lien qui les rattache
aux émanations à la manière des laves (4).

« Tout le monde sait que les filons sont des fentes rem-
« plies après coup ; mais on doit distinguer deux classes
« essentiellement différentes de filons ; les uns sont formés
« par des matières concrétionnées appliquées dans les
« fentes sur leurs deux parois. Ces substances sont prin-
« cipalement des matières pierreuses ou gangues, telles
« que le quartz, la baryte sulfatée, la chaux carbonatée,
« souvent le spath *fluor* et différents minerais métalliques,
« tels que la galène, les pyrites, etc. Une autre classe de
« filons est formée de roches, telles que les basaltes, les
« mélaphyres, les porphyres, qui se sont introduites aussi
« dans les fentes. Mais il y a cette différence entre les deux
« classes de filons, que les premiers sont composés de ban-
« des symétriquement disposées, en général formées de
« cristaux tournant leurs pointes vers l'intérieur de la fente
« originaire, dont le milieu présente souvent un vide ta-
« pissé de cristaux libres, tandis que les filons formés de
« roches, telles que le basalte et le porphyre, remplissent

« entièrement les cavités dans lesquelles ils se trouvent
« et ne présentent la disposition en bandes symétriques
« que d'une manière extrêmement peu distincte, résultant
« simplement de ce que les parties moins cristallines des
« parois se distinguent légèrement des parties plus cris-
« tallines du centre, avec lesquelles elles font continuité.

« Les filons de cette dernière espèce peuvent être dé-
« signés, d'après leur mode de formation bien connu, sous
« le nom de *filons injectés*. Ils se distinguent généralement
« des filons de la première classe composés de bandes
« symétriques, qu'on peut désigner sous le nom de *filons*
« *concrétionnés.* »

IV. — Rapports entre les deux ordres d'émanations.

« La plupart des filons métallifères sont des filons con-
« crétionnés ; cependant les filons injectés et les masses
« de formes moins régulières qui constituent très-souvent
« les roches éruptives, sont quelquefois métallifères. »

A l'appui de cette conclusion, l'auteur du Mémoire énumère quelques-uns des faits les plus saillants décrits par
les géologues qui ont fait ressortir cette notion importante.
On y trouve particulièrement la mention des fers oxydulés
qui accompagnent constamment les masses balsatiques,
qui sont disséminés en veinules dans les trapps de Taberg,
en Suède, ou sont répandus si fréquemment, avec le fer
chromé, dans les serpentines. Dans quelques localités,
comme à l'île d'Elbe, les fers oligistes et oxydulés peuvent
être presque considérés eux-mêmes comme des roches
éruptives (5).

Les mines de fer de Framont et une foule d'autres se
rattachent plus ou moins immédiatement à des roches

éruptives et lenr formation a dû être la conséquence plus ou moins directe de la sortie de ces roches.

Tel est aussi le cas des minerais de cuivre, et, en particulier, des célèbres gisements de cuivre natif du lac Supérieur et de l'Oural.

Une des contrées les plus intéressantes sous le rapport des gîtes métallifères renfermés dans les roches éruptives ou en contact immédiat avec elles, c'est la Toscane. Il y existe, comme on sait, un grand nombre de gîtes métallifères, particulièrement des gîtes cuprifères (pyrite cuivreuse, cuivre panaché, cuivre natif et oxydulé, cuivre gris), accompagnés souvent de blende et de galène, dont les relations avec l'éruption des serpentines sont manifestes.

« Les roches éruptives volcaniques et basiques sont
« tellement un des gisements essentiels des métaux,
« qu'il en est plusieurs auxquels on ne peut presque pas
« assigner d'autre gisement propre que certaines roches
« de cette nature, dans lesquelles on les a trouvées dissé-
« minées ; tels sont le platine et les métaux qui lui sont
« habituellement associés, le palladium, le rhodium, le
« ruthénium, l'iridium et l'osmium. »

Ces conditions de gisement se trouvent réalisées aussi bien dans l'Oural que dans la Cordillère des Andes. « La
« diversité des propriétés chimiques des différents métaux
« permet de concevoir assez aisément pourquoi le platine
« et les métaux qui l'accompagnent sont presque unique-
« ment concentrés dans les roches éruptives qui les recè-
« lent, tandis que le fer, le cuivre, l'argent, le plomb se
« sont répandus dans les masses au milieu desquelles les
« roches métallifères ont fait éruption et s'y sont répan-
« dues souvent jusqu'à des distances considérables. »

Quoi qu'il en soit, toutes les circonstances que nous venons de rappeler ne permettent guère de douter que les substances métalliques n'aient été, dans tous les cas, amenées par l'effet même de l'éruption de la roche avec laquelle elles sont si manifestement en relation.

Il nous reste maintenant à rechercher les rapports qui peuvent exister entre le phénomène des filons concrétionnés et celui des eaux minérales (7).

« On peut distinguer deux espèces de sources minérales;
« il y en a qui, comme les geysers, émanent de roches
« éruptives qui ne sont pas encore refroidies, tandis que
« les autres ne doivent leur chaleur qu'au phénomène
« général de la haute température de l'intérieur de la
« terre.

« Les sources minérales sont généralement disposées
« par groupes, dans chacun desquels existent une ou plu-
« sieurs sources thermales principales, qui pourraient être
« considérées comme des volcans privés de la faculté d'é-
« mettre aucun autre produit que des émanations gazeuses
« qui, dans le plus grand nombre des cas, n'arrivent à la
« surface que condensées en eau minérale ou thermale.
« Ces sources thermales principales sont généralement
« accompagnées d'autres sources moins chaudes, et ces
« dernières ne sont souvent que des eaux superficielles
« qui, après être descendues dans les fissures d'un terrain
« plus ou moins disloqué, remontent pénétrées d'une
« chaleur qu'elles ont emprunté au sol réchauffé par le
« foyer même de la source thermale principale ou simple-
« ment imprégné de la chaleur croissante avec la profon-
« deur que le sol possède partout; ces dernières ne sont,
« en quelque sorte, que des puits artésiens naturels.

« On aurait bien de la peine à expliquer les sources
« thermales principales si on admettait que les eaux qui
« les composent descendent à une profondeur où se trou-

« verait aujourd'hui, d'après l'accroissement ordinaire de
« la chaleur intérieure, la température nécessaire pour
« les réduire en vapeur et qu'elles remontent ensuite.
« Mais, il est possible que les sources thermales accompa-
« gnantes résultent de l'eau qui descend de la surface
« dans les fissures, et remonte à la surface du sol.

« Il y a eu quelque chose d'analogue dans la formation
« des filons. Les sources thermales du second genre doi-
« vent se former, non-seulement dans les fissures ordi-
« naires, mais aussi dans celles qui, précédemment,
« avaient été remplies par les masses des filons. Les
« eaux qui descendent ainsi de la surface du sol dans l'in-
« térieur, pour remonter, descendent chargées d'air at-
« mosphérique, par conséquent avec de l'oxygène. Au
« contraire, les sources qui se dégagent de l'intérieur de
« la terre n'ont pas la propriété d'oxyder, du moins au
« même degré. Voilà comment on expliquerait une cir-
« constance extrêmement générale dans les filons : c'est
« que, dans la masse générale des filons, la plupart des
« minéraux ont échappé plus ou moins complétement à
« l'action de l'oxygène. Au contraire, dans le voisinage de
« la surface, jusqu'à une certaine distance, ils sont oxy-
« dés, et ils présentent par suite de l'oxydation du fer,
« une teinte ocreuse qui a fait donner à cette partie, par
« les mineurs allemands, le nom de *eiserner Hut* (chapeau
« de fer). Ce fait si général tend à prouver que les filons
« ont été formés primitivement par des sources thermales
« profondes.

« Un fait analogue à la formation non oxydée des filons
« et à leur oxydation subséquente s'observe dans les vol-
« cans : les substances volatiles en sortent le plus souvent
« non oxydées et elles s'oxydent au contact de l'atmo-
« sphère. Ainsi, le fer sort à l'état de chlorure ; mais il finit

« par se transformer en fer oligiste. L'hydrogène sulfuré
« sort des volcans non brûlé ; mais au contact de l'air, il
« brûle lentement et dépose du soufre, ou bien, il brûle
« avec flamme et produit de l'acide sulfureux et de l'eau.
« Les flammes qui se montrent quelquefois à la surface
« des volcans, sont, pour ainsi parler, l'*eiserner Hut* d'un
« filon d'hydrogène sulfuré. Ce qui arrive pour les éma-
« nations actuelles des volcans, est arrivé aussi pour les
« anciennes émanations.

« On voit, de cette manière, comment les deux phéno-
« mènes s'expliquent, et comment l'état des filons conduit
« à présumer que les substances non oxydées qui les rem-
« plissent en partie viennent de l'intérieur de la terre, et
« ont été apportées par les sources thermales principales
« ou par des vapeurs émanant directement des roches
« éruptives non refroidies.

« Si le dépôt des substances métalliques dans les filons
« ordinaires est dû à des phénomènes qui ont présenté les
« plus grands rapports, sinon une identité complète, avec
« ceux des émanations volcaniques et des sources miné-
« rales, on doit pouvoir comparer aussi les filons aux phé-
« nomènes volcaniques et aux sources minérales, relati-
« vement aux matières pierreuses qui, sous le nom de
« *gangues*, en forment une partie essentielle. Cette com-
« paraison ne se présente pas aussi simplement pour ces
« dernières que pour les matières métalliques, parce qu'on
« ne voit que rarement des substances qui jouent à l'égard
« des matières pierreuses le même rôle que les minérali-
« sateurs par rapport aux métaux. »

L'auteur du mémoire, s'appuyant alors principalement,
d'un côté, sur les belles observations de MM. de Humboldt
et Léopold de Buch ; de l'autre, sur les expériences remarquables de MM. Bischof, Fournet et Ebelmen, arrive à

cette conclusion qu'une partie des substances pierreuses des filons peut-être considérée comme formée par entraî-nement ou sublimation, tandis qu'une autre partie se rapporterait plus naturellement à la décomposition des roches traversées par les émanations souterraines.

« Les rapprochements signalés ci-dessus (8), ajoute-
« t-il, sont d'autant plus importants qu'ils s'appliquent
« non-seulement aux filons ordinaires, dont les filons de
« galène argentifère peuvent être considérés comme le
« type, mais encore à une foule de gîtes qui se rattachent
« plus ou moins directement à ces filons, et qui, d'un autre
« côté, se rattachent très-directement aussi et quelque-
« fois simultanément à des phénomènes éruptifs, et à des
« dépôts sédimentaires. »

Tels sont les gîtes de contact, les askoses du plateau central de la France, les argiles bolaires barriolées, produites par les geysers d'Islande, les variolites du Drac, les amygdaloïdes, les cargneules, les gypses et dolomies épigènes, etc. (9).

« On est donc conduit par l'ensemble des faits et des
« rapprochements précédents à considérer la plupart des
« filons, des véritables filons, des plus réguliers, en un
« mot, des *filons d'incrustation*, comme ayant été pro-
« duits par des dépôts opérés dans des eaux| qui circu-
« laient dans les fentes de l'écorce terrestre, à l'état li-
« quide ou à l'état de vapeur. C'est là une opinion qui est
« bien loin d'être nouvelle, et qui a de grands rapports
« avec celle sur laquelle Werner basait sa théorie des
« filons.

« Tous ces faits qui s'enchaînent et qui s'expliquent
« naturellement lorsqu'on admet que les substances con-
« tenues dans les filons sont *volcaniques à la manière du*
« *soufre*, deviendraient autant d'énigmes inexplicables,

« si on soutenait qu'elles sont *volcaniques à la manière des*
« *laves.*

« Dans cette dernière supposition, on ne pourrait con-
« cevoir les faits les plus simples et les plus habituelle-
« ment observés dans les filons. » Telles sont la présence
des agathes, des calcédoines, des hydrophanes, et cristaux
de quartz hyalin ; l'existence dans ces derniers cristaux de
deux liquides huileux. La rencontre si fréquente de bandes alternatives, par exemple, de fer spathique et de
quartz, etc.

L'intime analogie entre les phénomènes qui ont produit
les filons concrétionnés et ceux qu'on observe dans les eaux
minérales étant ainsi établie, la division de ces filons en
deux grandes classes, dont l'une contient habituellement
un grand nombre de corps simples inconnus ou très-rares
dans l'autre, a l'avantage de faire ressortir une relation
impossible à méconnaître entre la nature des filons et la
nature des roches éruptives dans le voisinage desquelles
ils se trouvent, et avec lesquelles ils sont en connexion.
Les filons ordinaires qu'on peut aussi nommer *plombifères*,
en considérant comme le type les filons de galène argentifère, se rattachent souvent aux roches éruptives basiques.
Ils sont surtout caractérisés par le rôle qu'y jouent les
minéralisateurs et par l'absence de silicates anhydres. Ils
sont moins riches en minéraux et en corps simples que les
filons stannifères, qui se rattachent directement aux granites et aux autres roches éruptives chargées d'un excès
d'acide silicique.

L'auteur du Mémoire appuie cette proposition en jetant
un coup d'œil général sur l'ensemble des gîtes métallifères
du Cornwall.

(10) « Il y a aussi deux classes de contrées métallifères :
« celles dans lesquelles ont eu lieu les éruptions de roches

« volcaniques et celles dont les richesses ne dérivent que
« des roches éruptives volcaniques et basiques. Les filons
« de celles-ci ne possèdent que la fin de la série des éma-
« nations métallifères : elles ne contiennent que 43 corps
« simples, et il en est plusieurs qui ne figurent en quelque
« sorte que pour mémoire dans ce nombre 43, parce qu'ils
« y sont fort rares (tel est *l'étain*, qui n'est pas moins rare
« ici que n'est le plomb parmi les minéraux disséminés
« dans les granites).... Ils ne renferment que des silicates
« hydratés, tels que la laumonite, l'harmatome et diver-
« ses autres zéolithes, le silicate de zinc hydrate (calamine)
« et certains chlorites.

« **Dans** les filons stannifères, le rôle des minéralisateurs
« est moins prépondérant. Les gangues autres que la silice
« jouent un rôle moins habituel : des silicates anhydres y
« existent fréquemment. Enfin, ces filons, ou pour mieux
« dire, la classe très-étendue de gîtes métallifères, dont
« les filons réellement stannifères forment seulement une
« partie, se distinguent par la grande rareté des miné-
« raux qu'ils renferment. Comme le montre la neuvième
« colonne du deuxième tableau, c'est la classe des gîtes
« minéraux la plus riche en corps simples.

« Ces gîtes tiennent d'extrêmement près au granite, et
« leur mode de formation a eu nécessairement les plus
« grands rapports avec le mode de formation des masses
« granitiques elles-mêmes. »

Cette liaison est établie, non-seulement parce que les
gîtes stannifères se rattachent aux granites par de nombreux passages, mais aussi et surtout, parce qu'il y a un
bien grand nombre de corps simples qui ne sont communs
qu'à ces deux classes de produits, et ce sont précisément
ceux qui y sont le plus caractéristiques.

(11) « Il semble ainsi qu'il y ait eu une sorte de concen-

« tration d'une classe nombreuse de corps simples dans
« la première écorce du globe terrestre, et que, lors de sa
« formation, il ait existé une cause tendant à ce qu'un
« grand nombre de corps simples fussent retirés de la
« circulation.

« Le granite, surtout lorsqu'il dégénère en certaines ro-
« ches qui en sont des dégradations ou des monstruosités,
« est sujet à renfermer une foule de minéraux cristallisés
« qui ne se trouvent presque jamais ailleurs, si ce n'est dans
« les roches métamorphiques qui lui sont intimement as-
« sociées et dans les gîtes stannifères. Tels sont la tourma-
« line, le zircon, l'étain oxydé, le wolfram, la tantalite, etc.
« Ces minéraux contiennent eux-mêmes un certain nom-
« bre de corps simples inconnus ailleurs et qui n'ont pas
« continué à faire partie du répertoire des corps simples
« employés dans le laboratoire de la nature. »

Cette concentration des corps simples dans le granite
ne se borne pas à des corps rares ou peu connus; on la
retrouve pour des corps extrêmement répandus dans le
règne minéral et même dans le règne organique, pour le
sodium, par exemple, et surtout pour le potassium et le silicium. On peut même dire, quant à ce dernier corps, que
les granites et les roches analogues se distinguent essentiellement des autres roches éruptives, parce que la silice
s'y trouve dans une proportion beaucoup plus grande.

Tout tend donc à faire penser que la concentration d'un
certain nombre de corps simples dans les granites et dans
les gîtes concomitants, doit tenir à des circonstances spéciales et caractéristiques de leur formation.

Enfin, une dernière remarque, d'une haute importance,
est celle-ci :

Les minéraux si bien cristallisés, si variés et si riches en
corps simples qui sont compris dans cette *aura granitica*

que **M.** de Humboldt a appelé, avec un grand bonheur d'expression, *la pénombre du granite*, s'y trouvent concentrés plus particulièrement dans certaines parties, et surtout vers la surface des masses granitiques. C'est la position dans laquelle se trouvent ordinairement les minerais d'étain (12). « Ils sont ainsi concentrés, non-seulement « dans la première écorce du globe terrestre, mais encore « dans l'écorce de cette écorce et dans les ramifications « que cette écorce a formées dans les masses à travers les- « quelles elle était poussée par les agents éruptifs. »

On voit qu'après avoir établi successivement : 1° les rapports généraux des trois ordres de manifestations à la manière du soufre ; — émanations volcaniques, eaux minérales, filons concrétionnés ; 2° la liaison entre les filons ordinaires ou plombifères et les filons stannifères ; 3° enfin, les liens qui rattachent respectivement les filons plombifères et les filons stannifères aux roches basiques et aux roches granitiques ou acidifères, nous sommes conduits à cette conclusion importante que l'étude de l'origine du granite est un complément indispensable de celle de l'origine des filons.

La dernière partie du Mémoire est donc consacrée à résumer les recherches qui avaient été faites jusqu'à ce moment sur les origines du granite. Nous allons en présenter l'analyse, en donnant à cette portion du travail un peu moins de développement qu'à celles qui précèdent.

V. — De la formation du granite.

L'origine éruptive des granites ne peut être révoquée en doute.

La question de l'origine des granites consiste surtout à

déterminer les différences qui doivent avoir existé entre le mode d'éruption des granites et le mode d'éruption des roches qui s'en rapprochent le plus par leur composition.

La forme des masses granitiques, l'étendue habituelle des filons de granite, la circonstance que ces roches ne sont jamais accompagnées de scories ni de matières vitreuses, et très-rarement de conglomérats, empêchent de les mettre en parallèle absolu avec les basaltes, les trachytes et les porphyres.

Cette forme et cette cristallinité particulière des granites, comme leur richesse en minéraux et en corps simples, ne peuvent être uniquement dues à la grande profondeur où ils se seraient produits ; car, dans une multitude de localités, on peut s'assurer que, depuis leur formation, les massifs de ces roches n'ont guère été entamés que par le creusement des vallées.

D'ailleurs, les roches granitiques et les roches métamorphiques qui leur sont associées sont bien loin d'être également riches en substances métalliques. Les plus riches sont les plus anciennes, ainsi qu'on peut s'en assurer en comparant les roches cristallines anciennes de la Suède, de la Finlande, de la Bohême, de la Bavière, de la Nouvelle-Angleterre, etc., aux roches qui leur sont le plus analogues parmi celles qui sont dues à des phénomènes plus modernes.

Les éruptions porphyriques qui, vers l'époque du grès rouge, sont devenues très-nombreuses, lorsque devenaient plus rares les éruptions granitiques, ont différé de celles-ci en plusieurs points essentiels.

Les conglomérats, les roches vitreuses, les scories, sont autant de points de ressemblance entre les porphyres quartzifères et les trachytes qui leur ont succédé, et auxquels les porphyres se lient souvent : « Les porphyres

« quartzifères et les trachytes sont, pour ainsi dire, des
« granites éventés. »

Mais, en même temps qu'on voit le cortége métallique
des roches éruptives acidifères s'appauvrir progressivement, l'affaiblissement graduel de leurs actions physiques
et chimiques se traduit plus nettement encore lorsqu'on
considère les effets métamorphiques éprouvés par les
roches sédimentaires à travers lesquelles les trachytes, les
porphyres quartzifères et les granites ont fait éruption.

Tels sont, en particulier, les passages entre le granite
et le gneiss, entre le gneiss et le micaschiste, quelquefois
même entre le granite et le micaschiste. On voit, d'après
cela, que la question de l'origine de ces roches est nécessairement connexe.

En effet, beaucoup de micaschistes et de gneiss paraissent des roches métamorphiques. Cependant certains
gneiss sont des roches éruptives qui, en s'étirant, ont
pris une forme plutôt fibreuse que schisteuse. D'un autre
côté, M. Virlet a fait voir depuis longtemps combien il est
probable que certains granites ont eux-mêmes une origine
métamorphique ; de sorte que le mode de formation de
toutes ces roches est un vaste problème dont la question
de l'origine du granite est le nœud.

Dans l'explication, par voie métamorphique des gneiss
et des micaschistes, comme dans la formation du granite
lui-même, il faut non-seulement attribuer à la chaleur un
rôle essentiel, mais aussi tenir compte d'actions diverses,
particulièrement d'actions chimiques nombreuses et variées. Cette question est donc fort obscure assurément ;
mais ne serait-ce pas déjà un pas important que de parvenir à la poser dans toute sa généralité, et de signaler les
faits principaux qui devront être expliqués simultanément ?

Du point de vue où nous nous sommes placés dans les

pages qui précèdent, les granites types, ceux dont il suffirait d'expliquer l'origine pour être sur la voie de résoudre tous les problèmes qui s'y rattachent, sont les
granites stannifères. Or, en étudiant ces granites anciens
dans les contrées classiques, on arrive à cette conclusion
que les caractères qui distinguent essentiellement ces granites (et qui les éloignent d'une manière très-tranchée des
roches granitiques dont l'éruption a été la plus récente,
comme les protogines des Alpes), c'est-à-dire leur cristallinité, leur richesse métallique et leur richesse en silice
atteignent de concert leur maximum de développement dans
les mêmes points et probablement par les mêmes causes.

On ferait donc un pas nouveau vers la découverte de
ces causes, si l'on pouvait se rendre un compte exact du
rôle, encore très-problématique, que le quartz a joué dans
la cristallisation du granite.

On sait que le quartz des granites porte souvent l'empreinte des formes cristallines des minéraux qui l'accompagnent et qui sont plus fusibles que lui. Ce fait, qui
n'embarrassait nullement les géologues qui admettaient
l'origine purement neptunienne du granite, devient une
difficulté, depuis que l'origine éruptive du granite a été
démontrée.

M. Fournet a pensé que la silice pourrait présenter à
un très-haut degré la *surfusion*, c'est-à-dire une propriété
semblable à celle du soufre qui, bien que fondant vers
110 degrés, peut rester mou et même liquide, jusqu'à la
température ordinaire.

On peut affirmer que la silice jouit de cette propriété
dans une très-large mesure; car, si elle ne fond qu'à une
température qui a été évaluée à 2 800 degrés, elle peut encore s'étirer en fils à une température inférieure au rouge.

Mais, est-ce là la seule raison qui ait permis au quartz

de prendre l'empreinte des tourmalines et d'autres minéraux facilement fusibles ?

(13) « L'observation montre non-seulement que le gra-
« nite ne s'est consolidé qu'à une température assez peu
« élevée, mais qu'il n'a pas même fait éruption à une
« température aussi élevée, à beaucoup près, que celle
« qui est nécessaire pour fondre le quartz.

« Pour pouvoir prendre l'empreinte d'une tourmaline,
« ou d'un grenat, le quartz a dû nécessairement être
« amolli, mais il n'a pas eu besoin d'être fondu. Il est
« même certain qu'il a produit ce phénomène sans avoir
« été fondu ; car on l'observe dans les plus petites masses
« de quartz renfermées dans le micaschiste. Or, si le mi-
« caschiste est une roche métamorphique, comme on
« l'admet généralement aujourd'hui, il est certain que les
« agents quelconques qui l'ont fait passer à l'état méta-
« morphique ne l'ont pas fondu, puisqu'il a conservé sa
« stratification originaire, et que, par conséquent, ils n'ont
« pas fondu le quartz qu'il renferme. »

Mais la silice, séparée par voie humide, reste, à la température ordinaire, à l'état gélatineux et se durcit à la
longue. Elle présente donc, en quelque sorte, une seconde
espèce de surfusion, et on pourrait admettre que c'est
cette *surfusion chimique ou gélatineuse* qui a été mise en
jeu dans la formation des roches granitiques.

L'auteur du Mémoire examine ensuite une hypothèse
proposée par M. Durocher. D'après ce savant et si regrettable géologue, le granite a dû rester fluide ou mou à une
température inférieure à celle à laquelle se solidifierait
isolément chacun des minéraux qui le forment, absolument comme les laitiers des hauts-fourneaux coulent à
une température bien inférieure à celle à laquelle se soli-
difieraient les substances qui les composent.

Deux objections peuvent être opposées à ce mode d'explication : l'une, tirée de l'absence d'eurite ou de pétrosilex à la surface des masses granitiques, qui sont même quelquefois plus cristallines que les parties intérieures ; l'autre, de ce que cette idée, d'ailleurs très-ingénieuse, ne rendrait pas compte de ces dégradations du granite, qui consistent dans l'isolement, sur une assez grande échelle, d'un des éléments de la roche, feldspath, mica ou quartz.

Les gros filons de quartz, si répandus dans certaines formations, ne paraissent que des extensions de ce dernier phénomène, et leur existence s'accommoderait beaucoup mieux à l'hypothèse d'une *surfusion gélatineuse* qu'à celle d'une *surfusion purement ignée*.

Il est probable, en effet, que non-seulement l'eau a joué un rôle dans la formation de ces quartz éruptifs, mais qu'elle n'a pas même été étrangère à celle des granites.

M. Schéerer a publié à cet égard des idées toutes nouvelles. Il s'est d'abord appuyé sur l'existence, dans les granites, de minéraux *pyrognomiques* (allanites, orthites, gadolinites), pour faire considérer comme très-probable qu'au moment où a cristallisé le quartz qui s'est moulé sur ces minéraux, le granite était à une température inférieure au rouge brun. Ce savant a donné ensuite plusieurs motifs, et en particulier l'existence dans le granite de minéraux hydratés, qui peuvent faire penser que, au moment de sa solidification, cette roche tenait de l'eau en dissolution.

(14) « Supposer que le granite renfermait de l'eau quand
« il a fait éruption, se réduit simplement à admettre que
« le granite ressemblait, sous ce rapport, aux roches vol-
« caniques, aux laves des volcans actuels, qui, au moment
« où elles arrivent au jour, contiennent une grande quan-
« tité d'eau, qui s'en dégage sous forme de vapeurs, et

« dont elles mettent souvent plusieurs années à se débar-
« rasser complétement.

L'eau et la chaleur ne sont nullement antagonistes et
antipathiques. Il n'est pas, d'ailleurs, nécessaire que l'eau
ait été retenue en très-grande quantité dans le granite
pour avoir produit sur sa solidification et sa cristallisation
des effets très-marqués. Si l'on compare l'état d'intégrité
des feldspaths granitiques à l'état fendillé des feldspaths
du trachyte, qui peut être attribué, avec quelque vraisemblance, au dégagement rapide de la vapeur d'eau, on est
conduit à penser que cette eau s'est dégagée de la masse
du granite avec une assez grande lenteur.

Mais, comme l'eau est accompagnée dans les laves en
éruption, d'un grand nombre de substances diverses, les
émanations des granites, cette *aura granitica* dont nous
avons déjà parlé, étaient singulièrement plus actives et
plus variées encore (15).

« Dans son savant et ingénieux Mémoire sur les amas
« de minerais d'étain, M. Daubrée fait observer qu'après
« le quartz, qui prédomine toujours dans les filons stanni-
« fères, les satellites les plus constants de l'étain sont les
« *composés fluorés*... et il pense que le fluor a joué un
« rôle important dans la formation de ces filons. »

La présence dans les composés volatils du granite, et dans
les *fumerolles granitiques* en concomitance avec l'eau, du
chlore, du soufre, du fluor, du phosphore, du bore, etc.,
paraît avoir eu pour effet de suspendre la cristallisation du
granite, et de la suspendre jusqu'à un refroidissement d'autant plus avancé que ces émanations étaient plus concen-
trées.

Peut-être, enfin, des causes physiques difficiles à apprécier, parce qu'elles n'ont laissé aucune trace, se sont-elles
jointes aux actions pour lesquelles on trouve un terme de

comparaison dans les volcans actuels. N'est-il pas remarquable, par exemple, que les granites les plus cristallins,
les granites singuliers, où se sont développés, avec la plus
grande intensité, les phénomènes essentiels à la formation
des granites, sont caractérisés par des minéraux qui,
comme la tourmaline et la topaze, sont électriques par la
chaleur? Formés avant la solidification du quartz, *ils ont
dû se former électrisés.*

(16) « Au reste, il n'y a pas lieu de s'étonner qu'il reste
« encore, dans tous ces phénomènes, quelque chose
« de très-problématique et, pour ainsi dire, de mystérieux;
« car, les phénomènes actuels auxquels on peut les com-
« parer, sont, eux-mêmes, singulièrement mystérieux.

« Ainsi, pourquoi l'eau et les sels existent-ils, pour ainsi
« dire, en dissolution dans les laves à l'état incandescent?
« C'est un phénomène aussi singulier que certain, et qui
« a sans doute des analogies avec d'autres que nous pro-
« duisons dans les laboratoires, comme le *rochage de l'ar-*
« *gent.*

. « Ce phénomène est connu depuis longtemps, mais on
« ne l'explique pas d'une manière satisfaisante. Il y a
« d'autres phénomènes encore plus simples, qu'on n'ex-
« plique pas davantage, mais dont il est naturel de le
« rapprocher. Tels sont ceux que présente *l'état sphéroïdal*
« *des corps.*

« Il ne me paraît pas absurde de supposer que ces pro-
« priétés, quelles qu'elles puissent être, sont les mêmes
« que celles en vertu desquelles l'eau est retenue dans les
« laves, sans se vaporiser, tant qu'elles sont incandes-
« centes, et se dégage à l'état de vapeur lorsqu'elles se
« refroidissent au-dessous d'un certain degré.

« Lorsqu'on passe aux granites, on a à joindre aux sin-
« gularités qui peuvent dépendre de l'état sphéroïdal d'un

« mélange d'eau et de diverses substances, celles qui peu-
« vent résulter de phénomènes électriques et celles qui
« peuvent tenir aux propriétés particulières de la silice, à
« sa surfusion purement thermométrique ou à sa surfusion
« chimique et à son état gélatineux, rendu compatible
« avec une température élevée par le phénomène para-
« doxal sans doute, mais indiqué par l'analogie, qui em-
« pêchait l'eau de se dégager. »

VI. — De la succession des phénomènes éruptifs.

D'après ce qui a été dit plus haut (17) « les matières qui
« se trouvent aujourd'hui dans les productions volca-
« niques forment deux classes distinctes : les unes *volca-*
« *niques à la manière des laves*, sont composées de silicates
« qui apparaissent à l'état de fusion, tandis que d'autres,
« *volcaniques à la manière du soufre*, sont généralement
« entraînées à l'état moléculaire. Tels sont le soufre, les
« chlorures et les autres substances que les laves laissent
« dégager, à mesure qu'on suit ces phénomènes ; en se
« rapprochant des éruptions granitiques, on voit les deux
« séries devenir de moins en moins distinctes.

« Les cinquième et sixième colonnes du tableau, re-
« latives aux granites et aux filons stannifères, nous pré-
« sentent les résultats de phénomènes qui, considérés en
« masse, ont été plus anciens, plus complexes et plus
« énergiques que ceux auxquels se rapportent les autres
« colonnes. En s'écartant de ces colonnes d'une part vers
« la deuxième, et de l'autre vers la neuvième, on voit di-
« minuer par degrés le nombre des corps simples conte-
« nus dans chacune, d'où il résulte que les foyers des vol-
« cans actuels sont les plus pauvres en corps simples qui

« aient agi sur la surface du globe. Quelle que soit la na-
« ture des roches qu'ils ont produites, les foyers éruptifs
« ont peut-être donné tous, vers la fin, à peu près les
« mêmes produits, mais il n'en a pas été de même dans le
« commencement de leur activité.

« Les foyers granitiques ont donné d'abord des produits
« plus composés et plus énergiques que les autres. Leurs
« émanations ont fourni une série de produits plus longue
« et plus variée, de même que les torrents des hautes
« montagnes qui entraînent d'abord des blocs et des cail-
« loux, finissent par ne plus charrier que du sable et de la
« vase, comme les rivières des plaines.

« On pourrait essayer de représenter la graduation
« suivie par la nature dans cet appauvrissement progres-
« sif par une figure symbolique, en dessinant une double
« pyramide, dont les deux sommets représenteraient, l'un
« les produits pierreux et l'autre les émanations gazeuses
« des volcans actuels, et dont la base unique représenterait
« le bain des matières fondues sur la surface duquel les
« premiers granites ont cristallisé, espèce de *chaos primi-*
« *tif*, dans lequel tous les corps simples existaient simul-
« tanément. »

(18) « La richesse en corps simples est à son maximum
« dans les roches cristallines les plus anciennes dont la
« coagulation s'est opérée à la surface des grandes masses
« de matières fondues, qui ont formé la première enve-
« loppe du globe et dans leurs émanations les plus immé-
« diates.

« Le second ordre de richesse se trouve dans les filons
« qui ont été formés par les émanations de masses moins
« siliceuses, dont le point de départ est situé plus profon-
« dément dans l'intérieur du globe terrestre.

« Le troisième degré se rencontre dans les eaux miné-

« rales, qui sont une continuation de ces divers phéno-
« mènes d'émanation.

 « Le quatrième degré s'observe dans les émanations
« des volcans, qui sont un peu plus pauvres que les eaux
« minérales, et qui ont du reste une grande ressemblance
« avec elles. »

Ces phénomènes, qui forment une série graduée, ont
donc eu pour effet de concentrer dans quelques roches
très-anciennes une partie considérable de corps simples
connus.

Quelles sont les hypothèses les plus plausibles au moyen
desquelles on puisse expliquer la succession des phénomènes chimiques à la surface du globe ? Faut-il concevoir,
comme on l'a proposé depuis longtemps, une oxydation
successive des corps, qui aurait produit cette sorte de *cou-
pellation naturelle ?*

Mais, quelles que soient les causes de ces actions, on
voit que le fait incontestable de la séquestration d'un certain nombre de corps simples dans les premières assises
de la terre, indique un changement graduel dans la marche
des phénomènes géologiques. On voit aussi combien ce
fait est contraire à certains systèmes, dans lesquels on
suppose que tout s'est constamment passé de la même manière sur la surface de la terre, et que l'origine du globe
se perdrait dans la nuit d'une période indéfinie, pendant
laquelle les phénomènes géologiques auraient tourné perpétuellement dans le même cercle.

(19) « La série des phénomènes dont le globe terrestre
« porte les traces a donc eu *un commencement* que la
« science nous permet d'entrevoir. Le globe, semblable
« en cela aux êtres organisés, a eu sa jeunesse et il a sen-
« siblement vieilli, et cette marche graduée, suivant une
« progression décroissante, des phénomènes chimiques

31

« est une des merveilles de la nature, une des parties les
« plus remarquables de l'univers.

« Mais le globe terrestre était destiné aux êtres organi-
« sés qui ont peuplé sa surface ; et l'ordonnance générale
« des phénomènes inorganiques dont il a été le théâtre,
« était étroitement liée au plan général de la nature orga-
« nique. Les substances des éruptions et des émanations
« ont été, avec le temps, restreintes presque uniquement
« aux corps simples qui devaient être constamment resti-
« tués à la surface du globe, pour qu'aucuue de ses par-
« ties ne manquât des matières dont les êtres organisés
« devaient se composer, et les corps simples qui, par leur
« nature, auraient pu exercer une action délétère sur les
« êtres organisés, ou qui devaient rester étrangers à leur
« composition, ont été retirés, en grande partie, de la cir-
« culation dès les premiers âges du monde.

« L'affaiblissement graduel des agents chimiques qui
« ont agi à la surface du globe, comparé à l'ordre suivant
« lequel y ont apparu les différentes classes d'êtres orga-
« nisés, laisse apercevoir dans l'histoire de la nature un
« plan aussi harmonieux que celui qu'on admire dans la
« constitution de chaque être en particulier. Les organisa-
« tions les plus complexes et les plus frêles ont paru seu-
« lement après que les principes qui auraient pu leur nuire
« ont été presque complétement fixés ou réduits à des pro-
« portions inoffensives. L'homme, dont le développement
« physique et intellectuel exige des ménagements plus dé-
« licats encore que celui de tous les êtres qu'il domine et
« dont il couronne la série, a paru le dernier, lorsque
« l'action habituelle des foyers intérieurs du globe sur la
« surface était réduite à son minimum d'énergie, lorsque
« la terre était devenue propre à le recevoir par la fixation
« presque complète de tous les principes délétères, ou du

« moins, par la réduction de leur émission aux quantités
« extrêmement petites, qui, dans les eaux minérales, ser-
« vent au soulagement de ses infirmités et à la prolonga-
« tion de son existence. »

DIX - SEPTIÈME LEÇON.

M. Élie de Beaumont (*suite*).

Systèmes de montagnes.

Messieurs,

Les deux sujets, d'ailleurs connexes, dont j'ai à vous entretenir encore, les *recherches sur les révolutions de la surface du globe*, ou plutôt, sur les *systèmes de soulèvement des montagnes* et la conception du *réseau pentagonal*, constituent l'œuvre la plus générale du maître dont j'esquisse les travaux scientifiques : on peut dire que les études qui s'y rapportent l'ont occupé depuis l'instant où il a commencé à penser en quelque sorte par lui-même en géologie, jusqu'à son dernier instant. En effet, dès 1821, à 23 ans, l'élève ingénieur, en voyage d'instruction dans les Vosges, indiquait déjà les aperçus généraux qui devaient un jour servir de fondement à ses profondes méditations, et, le jour même où il fut enlevé si brusquement à la science, à sa famille, à ses amis, à ceux qui s'honoraient de s'appeler ses disciples, il avait encore consacré quelques heures aux calculs qu'exigeait, à ses yeux, le perfectionnement de la théorie du réseau pentagonal.

Malgré la difficulté de résumer en quelques pages une telle somme de travaux et d'efforts, je vais essayer d'indiquer au moins les traits principaux et caractéristiques de la méthode.

Le premier mémoire de M. Elie de Beaumont sur ce vaste sujet, intitulé : *Recherches sur quelques-unes des révolutions de la surface du globe*, etc., fut présenté à l'Académie des sciences dans la séance du 22 juin 1829. Dès le 26 octobre suivant, Alexandre Brongniart avait présenté sur ce travail un rapport vraiment magistral, et, dans l'*Annuaire du Bureau des Longitudes* pour 1830, Arago, avec sa merveilleuse facilité à s'assimiler une idée et à la rendre assimilable au public, fit, auprès des gens du monde, la fortune du jeune savant, qui, s'il n'eût dû compter que sur sa modestie et son aversion, bien digne d'Horace, pour le vulgaire des penseurs, eût attendu longtemps encore le succès et la popularité.

Le rapport d'Alexandre Brongniart fut, à la fois, une bonne action, et une œuvre de haute intelligence ; non qu'il eût rien à retrancher de ses propres travaux et de ses opinions anciennes, devant la nouvelle doctrine qui venait, au contraire, les confirmer, les étendre, et leur donner un développement inattendu. Mais, ce développement qu'il n'avait pas entrevu lui-même, il en saisissait immédiatement la portée, et, par la haute estime qu'il témoignait au rare mérite de son jeune émule, le vétéran de la science le traitait déjà en égal, presque en confrère. Six ans plus tard, M. Elie de Beaumont s'asseyait près de lui à l'Académie.

En laissant de côté quelques expressions échappées aux anciens, qui ne répondaient probablement pas à une pensée bien arrêtée, c'est à Sténon qu'il faut réellement faire remonter la première conception du relèvement des couches de sédiment.

Le premier, en effet, il établit la notion de l'horizontalité primitive des anciens sédiments et attribue leur inclinaison actuelle au dégagement de vapeurs souterraines qui auraient soulevé la croûte terrestre, ou à la chute de masses placées au-dessus des cavités intérieures.

Enfin, il admet, à la manière des géologues modernes, six grandes époques de la nature (*sex distinctæ Etruriæ facies, ex præsenti Etruriæ facie collectæ*) selon que la mer inonde périodiquement le continent, ou qu'elle se retire dans ses anciennes limites.

Et il représenta graphiquement le résultat de ces mouvements comme il les comprenait.

Conception, à la vérité, très-remarquable pour son temps, mais encore isolée.

On peut dire que Saussure est le premier qui ait établi scientifiquement cette notion de l'horizontalité ou de la presque horizontalité primitive des couches sédimentaires : par suite, de la nécessité du redressement de celles qui sont plus ou moins inclinées.

C'est à lui qu'on doit, en particulier, cette remarque que les galets, ou cailloux roulés, d'une forme à peu près elliptique, doivent toujours avoir leurs longs axes horizontaux, par suite même du phénomène de dépôt ; or, dans les couches redressées, l'inclinaison de ces axes suit ordinairement celle du terrain ; ces axes ont donc été redressés en même temps que les couches qui les contiennent.

« Vers 1800, dit Brongniart dans son rapport (1), les « débris organiques fossiles ont offert un moyen (autre « que celui de la superposition directe), et un moyen très- « efficace d'établir un nouveau chronomètre géologique, « et de reconnaître les roches d'époques géologiques très- « éloignées, lors même qu'elles se ressemblaient par leur « nature et qu'elles se présentaient dénuées de la cir- « constance de superposition. »

Une autre preuve du soulèvement des couches sédimentaires, est que, après avoir reconnu par les fossiles l'identité d'âge de deux couches situées, par exemple, l'une, dans les Pyrénées, à 2,000 ou 3,000 mètres d'altitude ; l'autre, dans les plaines qui sont à leurs pieds, si l'on n'admettait pas que les premières ont été soulevées à leur hauteur actuelle, il faudrait admettre que toute la plaine et la plus grande partie de la France a été recouverte d'une formation de 2,000 à 3,000 mètres de hauteur, qui aurait entièrement disparu, ce qui est absurde.

« La formation des chaînes alpines par soulèvement, « dit encore Brongniart, c'est-à-dire par suite d'une exu- « bérance des parties inférieures aux couches qui compo- « sent l'écorce du globe et du redressement de ces couches, « est une opinion admise presque généralement. De « Saussure l'avait avancée timidement : de Buch l'a ad- « mise un des premiers comme un phénomène presque « incontestable ; M. Keferstein, M. Mérian de Bâle, l'ont « employée comme une hypothèse reçue et parfaitement « d'accord avec les faits observés. »

Les principes du redressement ou du soulèvement une fois admis, deux ordres de considérations se présentent :

Celle de l'époque ou de l'âge du soulèvement.

Celle de sa direction.

Pour déterminer l'âge relatif d'une chaîne de montagnes, voici le principe posé par M. Elie de Beaumont dans son premier mémoire (2) :

1° Age du soulèvement.

Si dans une contrée ou chaîne de montagnes, toutes les couches sont redressées, l'époque du soulèvement est certainement postérieure à l'époque du dépôt de la couche la plus moderne.

On a donc seulement, en ce cas, une limite inférieure pour l'époque de soulèvement ; car il peut être postérieur aussi à l'âge de couches plus récentes, qui n'auraient point existé dans la contrée. Mais dans la plupart des cas, on a aussi une limite supérieure.

Si, en effet, des couches horizontales viennent buter contre les couches inclinées qui constituent la montagne, il est clair que la révolution a dû se faire après le dépôt des couches inclinées et avant le dépôt des couches qui sont restées horizontales.

2° Direction des couches.

La constance dans les directions des accidents géologiques était une circonstance connue déjà depuis longtemps, et même traduite en procédés pratiques par les mineurs.

C'est ainsi qu'en 1717, partant de la constance de direction des couches houillères de certaines parties de la Belgique, on a tenté des recherches, au milieu des terrains plats de la Flandre française, sur la direction prolongée des couches exploitées à Mons : d'où est résultée l'ouverture des importantes mines de Valenciennes et d'Aniche.

Ce principe a été plus largement et plus scientifiquement développé par Saussure et Pallas.

Depuis 1792, M. de Humboldt a fait remarquer des concordances et des oppositions frappantes entre les chaînes éloignées ou voisines.

Il croyait et disait qu'une même formation était sensiblement inclinée de la même manière, par rapport à une ligne fixe, par exemple, à l'axe de la terre, et que, par conséquent, en suivant cette formation sur des points éloignés du globe, on devait trouver que sa direction faisait avec les différents méridiens des angles variables avec la position de ces méridiens, et des angles qu'on pouvait calculer.

L. de Buch montra plus tard que les chaînes de montagnes de l'Allemagne se divisent au moins en quatre systèmes, nettement distincts les uns des autres par les directions qui y dominent.

M. Elie de Beaumont fut naturellement amené à penser que des distinctions si tranchées dans les directions se liaient à un *même phénomène mécanique*, et à une *autre époque* de formation.

Déjà Werner, en combinant les observations faites dans un grand nombre de mines métalliques, était arrivé à cette belle conclusion que, dans un même district, tous les filons d'une même nature doivent leur origine à des fentes parallèles entre elles, ouvertes en même temps et remplies ensuite pendant une même période.

Rien n'était plus naturel que de songer à généraliser cette idée de la contemporanéité des fractures parallèles entre elles, et d'une différence d'âge entre les fractures de directions différentes, enfin de l'étendre à toutes les dislocations que présente l'écorce du globe.

« Dans le cas où cette induction serait exacte, disait
« M. Elie de Beaumont, le nombre des phénomènes de
« dislocation que le sol de chaque contrée aurait éprouvés,
« serait à peu près égal à celui des directions de chaînes
« de montagnes réellement distinctes et indépendantes
« les unes des autres qu'on pourrait y distinguer. Ce
« nombre n'est jamais très-grand, il est à peu près du
« même ordre que celui des changements de nature et de
« gisements que présentent les dépôts de sédiments de
« chaque contrée, changements qui les ont fait distinguer
« depuis Werner, en un certain nombre de formations, et
« qui ont été considérés comme étant le résultat d'un
« grand phénomène physique. »

Il devenait donc naturel de chercher à rapprocher l'une de l'autre ces deux manières d'énumérer les changements que la surface de notre planète a éprouvés, et il suffisait presque de songer à ce rapprochement pour être conduit à l'idée que les deux séries parallèles de faits intermittents, dont on retrouve ainsi les termes successifs par deux voies différentes, doivent rentrer l'une dans l'autre. Mais, pour sortir à cet égard des aperçus généraux et vagues, il était nécessaire de mettre en rapport un certain nombre des lignes de démarcation que présente la série des dépôts de sédiments européens, avec un pareil nombre de systèmes de chaînes de montagnes européennes. La circonstance que, dans chaque contrée, les couches de sédiments inclinés et les crêtes que ces couches constituent, ne présentent pas indifféremment toutes sortes d'orientations, mais se coordonnant à un nombre limité de directions générales, circonstance dont toutes les cartes un peu exactes présentent des exemples frappants, m'a paru constituer, dans l'étude des montagnes, un fait d'une importance analogue à celle que présente, dans l'étude des dépôts de sédiments successifs le fait de l'indépendance des formations. J'ai cherché à mettre ces deux grands faits en rapport l'un avec l'autre, et je crois avoir constaté leur coïncidence dans un assez grand nombre d'exemples, pour pouvoir conclure que l'indépendance des formations de sédiment successives est une conséquence, et même une preuve, de l'indépendance des systèmes de montagnes diversement dirigés.

Avant de faire une application précise de ces principes, il était nécessaire d'insister sur les accidents et dérangements divers qui accompagnent presque toujours le passage d'une couche sédimentaire de l'état d'horizontalité ou de presque horizontalité à une position plus ou moins inclinée.

Tels sont les brisements ou séparations brusques de portions préalablement continues, les *failles* ou fissures. Ces failles se font souvent avec des dénivellations, des exhaussements ou abaissements d'un des côtés, tout à fait analogues aux rejèts des filons.

Quelquefois les couches peuvent se plisser en zig-zag, et forment comme les crochets des couches de houille de Valenciennes.

D'autres fois, les couches sont arquées et présentent des courbures successives. Il arrive souvent que, dans toute une contrée, la série entière des assises présente ces ondulations. Tel est le cas des vallées qui entourent le mont Blanc.

Le dernier mode de dérangement indique une certaine élasticité dans les couches minérales. Le premier indique plutôt, dans les matériaux, une structure rigide et cassante. Les fentes rectilignes qui résultent alors des brisements peuvent se remplir postérieurement, et deviennent alors des filons.

Mais, quelle que soit la disposition particulière des fractures ou des plissements que le mouvement aura imposée aux assises sédimentaires, les détails de cette structure anormale sont toujours en rapport avec la direction générale du redressement.

Après avoir posé ces principes et déduit leurs principales conséquences, M. Elie de Beaumont en a fait une première application dans son mémoire de 1829.

Au début de ce mémoire, il s'exprime ainsi :

« M. Cuvier a montré que la surface du globe a éprouvé
« une suite de révolutions subites et violentes. M. Léopold
« de Buch a signalé des différences nettes et tranchées
« entre les divers systèmes de montagnes qui se dessi-
« nent sur la surface de l'Europe. Je ne fais autre chose
« qu'essayer de [mettre en rapport ces deux ordres
« d'idées. »

Et il étudie à ce point de vue quatre variations brusques qui se sont manifestées dans les dépôts de sédiment :

1° A la fin du dépôt jurassique ;

2° A la fin du dépôt crayeux ;

3° A la fin des terrains tertiaires ;

4° A la fin du plus ancien des terrains d'alluvion.

« Et il essaie, dit-il, de mettre ces variations en rapport « avec les convulsions qui ont donné les principaux traits « de leur relief actuel à quatre systèmes de montagnes « savoir :

1° A un système dont fait partie l'*Erzgebirge* (en Saxe), la *Côte-d'Or* (en Bourgogne), et le *mont Pilas* (en Forez) ;

2° A un système dont font partie les *Pyrénées* ; certaines montagnes de la *Provence*, et les *Apennins* ;

3° A la partie *occidentale des Alpes* ;

4° A un système dont font partie les chaînes des *Leberons*, de la *Sainte-Baume*, et quelques autres qui traversent de même la Provence de l'E. N. E. à l'O. S. O.

Plus tard, à la fin du mémoire, et pendant même l'impression, M. Elie de Beaumont développa son idée et produisit neuf systèmes de soulèvement, donc, cinq en plus :

Sans entrer dans l'analyse de ce mémoire, qui a ouvert à la géologie stratigraphique une voie toute nouvelle, analyse qui aujourd'hui, et après les progrès faits dans cette science et dans cette direction, n'aurait plus qu'un intérêt rétrospectif ; je me contenterai de faire l'énumération suivante des systèmes en question :

1° La première révolution étudiée dans ce mémoire est celle qui est arrivée entre le dépôt des couches appelées exclusivement de transition et le dépôt de la série houillère (old red sandstone, mountain landstone coal measures). Le redressement des couches de quelques parties des Vosges, de quelques-unes des collines du Bocage (Calvados), et de certaines parties de l'Angleterre.

2° Révolutions de la surface du globe entre la période houillère et le grès rouge des Vosges. Redressement des couches du système des Pays-Bas. E. N. E.-O. S. O.

3° Entre la période du grès rouge des Vosges et la période du grès bigarré, du Muschelkalk et des marnes irisées. Les failles qui ont donné naissance à la falaise orientale des Vosges, et aux autres traits distinctifs du système du Rhin se sont produites dans cette révolution. N. N. E.-S. S. O.

4° Entre la période du grès bigarré, du Muschelkalk et des marnes irisées, et la période du dépôt des terrains jurassiques (lias et calcaire oolithique).

Le redressement des couches d'un système de montagnes dont font partie les côtes S. O. de la Bretagne, la Vendée, le Morvan, et probablement aussi le Thuringerwald et le Böhmerwald-Gebirge. N. O.-S. E.

5° Côte-d'Or et mont Pilas. N. E.-S. O.

6° Pyrénées. Apennins. O. N. O.-E. S. E.

7° Corse et Sardaigne. N. S.

8° Alpes occidentales. N. E.-S. O.

9° Chaîne principale des Alpes. O. S. O.-E. N. E.

Enfin :

10° Probablement soulèvement des Andes. Déluge historique ?

Et M. Elie de Beaumont ajoutait : « Quand même les « recherches dirigées vers ce but auraient été poursuivies « pendant longtemps, il serait difficile que le nombre des « connexions de ce genre qu'on aurait reconnues présentât « quelque chose de fixe et de définitif.

« Ces neuf premiers résultats ne seront peut-être encore « que la moindre partie de ceux qu'on peut prévoir, lors-

« qu'on considère combien d'autres interruptions présente
« la série des dépôts de sédiment, et combien d'autres
« systèmes de montagnes hérissent la surface du globe. »

Dans le même volume, une planche coloriée des annales
des sciences naturelles porte pour titre :

*Essai d'une coordination des âges relatifs de certains
dépôts de sédiments et de certains systèmes de montagnes
ayant chacun une direction déterminée.*

Les neuf premiers systèmes étudiés y sont rangés de
gauche à droite, avec leurs noms géographiques et cette
note :

« On a laissé en blanc les montagnes dont la place dans
« la série n'est encore que présumée. De vastes systèmes,
« tels que ceux des côtes de Mozambique et de Guinée,
« ont dû être complétement omis : mais les modifications
« qu'on peut prévoir dans cette série provisoire la change-
« raient difficilement au point de porter directement à
« croire qu'elle soit terminée, et que l'écorce minérale du
« globe terrestre ait perdu la propriété de se rider succes-
« sivement en différents sens... »

En 1847, M. Elie de Beaumont lut à la Société géologique de France un nouveau mémoire (3), dans lequel il tenait compte des nombreuses observations faites depuis dix-
sept ans, surtout pour la connaissance des terrains les plus
anciens. Il s'appuyait surtout sur les recherches faites en
Angleterre, en Russie, dans les provinces rhénanes, en
Amérique, par MM. Murchison, Sedgwick, de Verneuil,
Lyell, Keyserling, et les géologues américains.

L'auteur arrive à distinguer vingt-et-une directions,
suivant lesquelles se sont soulevés les terrains de l'Europe,
et qu'il poursuit sur les continents voisins.

Enfin, en 1852, parut sa *Notice sur les systèmes de montagnes,* en trois petits volumes, formant un tout de

1543 pages, et dans lesquels il résume successivement
l'établissement de ces vingt-et-un, ou plutôt de ces vingt-
deux premiers systèmes, et sa conception du réseau pentagonal qui les relie tous.

Je vais simplement énoncer l'ordre et la direction de
ces vingt-deux premiers systèmes, que je ne puis analyser en détail. Mais auparavant, je veux faire quelques remarques sur les notions de plus en plus arrêtées auxquelles l'auteur arrivait, par ses études sur la manière de
fixer et de déterminer ces grandes orientations à la surface
du globe.

Et d'abord, que faut-il entendre par un *système de montagnes ?*

Les montagnes ne sont pas répandues au hasard sur la
surface du globe. Elles ne sont pas isolées ; mais forment
des *groupes* ou *systèmes* dans lesquels on peut distinguer
les éléments d'une ordonnance générale.

Elles constituent des *chaînes* ou *protubérances allongées*,
qui se tiennent par la base, et qu'on peut comparer à un
prisme couché. Celles-ci, quoique courbes, considérées
dans leur ensemble, sont néanmoins susceptibles d'être
décomposées en éléments *rectilignes ;* ce sont les *chaînons.*

Les différents *chaînons* que présente une vaste contrée
se rallient généralement à un nombre limité d'orientations,
dont chacune se répète souvent plusieurs fois dans les
accidents topographiques de la contrée.

Chaque groupe de chaînons de montagnes et d'accidents topographiques caractérisé par l'une de ces orientations fréquemment répétées, est ce qu'on appelle un
système de montagnes. Il y a donc, sur la surface montagneuse du globe, un grand nombre de systèmes de montagnes, dont la quantité n'est pas déterminée, mais qu'on
peut définir et étudier séparément.

Ainsi, en définitive, les *fractures* opérées dans la croûte extérieure du globe, ont déterminé l'élévation et le *redressement des couches* dont cette croûte se compose, et les arêtes de ces couches brisées et redressées sont devenues les arêtes de ces aspérités de la surface du globe, qu'on nomme *chaînes de montagnes*. Celles-ci peuvent affecter des directions déterminées, qui constituent des *systèmes de montagnes*.

Il y a donc synonymie entre ces termes :

Direction moyenne d'un système de fractures.

    —   — d'un système de couches redressées.

    —   — d'un système de montagnes.

Les arêtes ou chaînons qui appartiennent à un même système sont parallèles.

Mais ces directions étant tracées sur la sphère terrestre, il devient nécessaire de définir exactement ce parallélisme.

Je résume ici les notions relatives à ce parallélisme sur la sphère :

1° Lorsqu'on trace un alignement sur la surface de la terre, cette ligne est le plus court chemin entre les deux points extrêmes, et, abstraction faite de l'aplatissement au pôle, cette ligne est toujours *un arc de grand cercle*.

2° Or, deux grands cercles se coupant toujours en deux points diamétralement opposés, ne sont jamais parallèles.

3° Mais deux arcs de grands cercles, *peu étendus, peuvent être dits parallèles* entre eux, s'ils sont placés de telle manière qu'un troisième grand cercle les coupe l'un et l'autre à angle droit *dans leur point milieu.*

4° Un nombre quelconque d'arcs de grands cercles peu étendus, peuvent être dits parallèles à un même *grand cercle de comparaison*, si chacun d'eux, en particulier, satisfait à la condition ci-dessus énoncée par rapport à un élément de ce grand cercle auxiliaire.

5° Pour cela, il est nécessaire et il suffit qu'ils aient un *pôle commun*, c'est-à-dire que les différents grands cercles qui couperaient à angle droit chacun de ces petits cercles dans son milieu, aillent se rencontrer eux-mêmes aux deux extrémités d'un même diamètre de la sphère.

6° Alors, tous ces petits arcs de grands cercles pourront être considérés comme formant, sur la surface de la sphère, un système de traits parallèles entre eux.

7° Le *problème principal* ou *fondamental* pour un pareil système de petits arcs observés sur la surface du globe, où ils sont tracés par des crêtes de montagnes ou par des affleurements de couches, consiste à *déterminer le grand cercle de comparaison* à l'un des éléments duquel chacun des petits arcs observés est parallèle.

8° Chacun des petits arcs déterminés par l'observation peut être considéré comme une *sécante infiniment petite* ou comme une *tangente* par rapport à autant de *petits cercles* de la sphère, résultant de l'intersection de la surface sphérique avec des plans parallèles au grand cercle de comparaison. Chacun d'eux est un *parallèle* par rapport à l'équateur du système : il a les mêmes pôles que lui, et ces pôles sont les deux points où se coupent tous les grands cercles perpendiculaires aux petits arcs qui constituent le *système de traits parallèles* déterminés par l'observation.

9° Comment déterminer ce *grand cercle de comparaison*, c'est-à-dire l'*équateur* du système de traits parallèles observés ? Il faut supposer qu'on possède un certain nombre de directions observées pour un même système, sensiblement, mais non exactement parallèles, parallèles à quelques degrés près et qu'il s'agit de combiner pour en déduire leur grand cercle de comparaison.

Evidemment, il y a deux méthodes, l'une graphique, l'autre trigonométrique.

La première est, en apparence, moins précise, mais toujours supérieure en précision à celle avec laquelle ont été évaluées les directions primitives elles-mêmes.

La seconde, plus longue et réellement plus rigoureuse, donne surtout avec plus de sûreté le résultat moyen d'un grand nombre d'observations.

Il est naturel d'employer la première lorsqu'on a à combiner de grands traits orographiques ; la seconde, quand il s'agit de réduire à une moyenne de nombreuses observations exprimées directement par des chiffres, telles que celles qu'on peut faire sur les roches stratifiées.

On peut, d'ailleurs, employer concurremment les deux modes de discussion dans les tâtonnements préliminaires.

Si l'on possède un grand nombre d'observations de directions faites dans une *contrée peu étendue*, il est facile de les grouper en construisant une *rose des directions*. Exemple : Rose des directions observées dans les roches stratifiées anciennes des *Maures* et de l'*Esterel*.

On possède soixante-neuf directions relevées, depuis E. 20° S. jusqu'à E. O.

On a d'abord ramené aux directions principales de la boussole de cinq en cinq degrés celles qui tombaient au milieu, comme N. 22° 1/2 E. ou N. N. E.; puis, on les divisait en deux moitiés, qu'on reportait aux deux directions N. 20° E. et N. 25° E. Seulement, pour éviter des fractions, on doublait tout et supposait cent trente-huit directions observées; puis on a tracé la rose.

On trouve ainsi deux directions dominantes : l'une au N. E. ou plus exactement N. 44° E.; l'autre N. S.

Mais il devient plus délicat de combiner ensemble de cette manière des observations faites dans des *contrées plus ou moins éloignées*. Il est alors nécessaire de faire les opérations, soit de dessin, soit de calcul.

Il serait absolument impossible d'exposer, dans cet historique nécessairement fort abrégé, les détails des petites opérations trigonométriques au moyen desquelles, étant donné un faisceau d'arcs de petits cercles, respectivement parallèles, d'après la définition précédente, aux diverses orientations observées en divers points et ramenées à un point choisi aussi central que possible, et qui est le *centre de réduction*, on parvient à déterminer, en n'ayant jamais à résoudre que des triangles sphériques rectangles, l'orientation du grand *cercle de comparaison* du système supposé ramené au *centre de réduction*.

Les personnes qui voudraient suivre ces opérations dans leurs détails, les trouveront exposées avec une grande lucidité dans la *Notice sur les systèmes de montagnes*.

Nous allons donc supposer cette méthode de réduction connue, et examiner les vingt et un ou plutôt les vingt-deux systèmes de montagnes qui ont été étudiés les premiers par M. Elie de Beaumont.

Le tableau qui suit représente la liste de ces vingt-deux systèmes de montagnes, dans l'ordre de leur apparition avec les orientations admises par l'auteur pour leurs grands cercles de comparaison ramenés à leur centre de réduction respective.

Je vais seulement ajouter quelques détails pour indiquer l'époque d'apparition de chacun d'eux et les principales contrées de l'Europe où il a été observé.

1° *Système de la Vendée.* Direction à peu près N. N. O.-S. S. E.

Il affecte la stratification du micaschiste et du granite près de Redon et jusqu'à Pontivy, peut-être les schistes verts lustrés de l'île de Belle-Isle.

2° *Système du Finistère*. Orientation E. 21° 45′ 16″ N., en prenant Brest pour centre de réduction.

Il se dessine très-nettement dans la pointe comprise entre la rade de Brest et l'île de Batz. Il affecte les roches cambriennes (Dufrénoy) de la Bretagne et notamment sur la route de Ploërmel à Dinan, on le retrouve dans la Manche près du cap de la Hogue, et aux environs de Saint-Lô. On l'a signalé aussi en Suède dans le midi de la Finlande et en Ecosse.

3° *Système de Longmynd*. Orientation N. 31° 15′ E., en prenant le Bingerloch sur le Rhin pour centre de réduction.

Il a été indiqué pour la première fois par M. Murchison dans les collines du Longmynd formées de schiste et de Grauwackes schisteuses. Les couches siluriennes les plus anciennes reposent sur ces roches en stratification discordante. Ce soulèvement leur est donc antérieur. Le système de Longmynd a été retrouvé par M. Elie de Beaumont en Bretagne, en Normandie, dans le Limousin, dans l'Erzgebirge, dans la Moravie et dans les parties adjacentes de la Bohême et de l'Autriche, dans l'intérieur de la Suède, dans le nord-ouest de la Finlande, dans le sud-est de la même contrée, dans les montagnes des Maures et de l'Esterel.

4° *Système du Morbihan*. Orientation E. 38° 15′ S., en prenant Vannes pour centre de réduction.

Il a été signalé par Boblaye et Rivière. On l'observe entre Saint-Nazaire et Pont-l'Abbé et de Nantes à Quimper.

La direction de ce système est douteuse et son âge est problématique. Tout semble indiquer cependant qu'il est encore antérieur au terrain silurien.

Ces quatre premiers systèmes se croisent au milieu de la presqu'île de Bretagne, dans un espace peu étendu, et ce rapprochement permet de constater leur âge relatif, d'après le seul examen de la manière dont s'opère le croisement.

5° *Système du Westmoreland et du Hundsrück.* Orientation E. 31° 30' N.

L'origine de ce système est dans le mémoire publié par M. Sedgwick, en 1831, sur le Westmoreland. Il a été reconnu sur le continent européen dans un grand nombre de localités.

M. Elie de Beaumont le considère comme postérieur au terrain silurien et aux couches dévoniennes anciennes, et comme antérieur au poudingue de Burnot, au calcaire de Givet et aux psammites du Condros qui forment le terrain dévonien proprement dit.

Il a été reconnu dans les Ardennes, le Hundsrück, le Taunus, l'Erzgebirge, la Bohême, dans la partie centrale des Vosges ; en Bretagne, en Corse, en Angleterre, dans le Cornouailles, le Westmoreland, les Grampians, en Laponie, dans l'île de Gotland, sur la côte méridionale de la Finlande.

6° *Système des Ballons (Vosges) et des collines du Bocage (Calvados).* Orientation E. 16° S.

Pour ce système comme pour le précédent, l'âge primitivement assigné par M. Elie de Beaumont a dû être rendu plus récent par suite des recherches postérieures qui ont fait considérer comme moins anciennes dans la série des terrains les couches qui avaient été redressées par lui. Il a affecté le terrain dévonien et le terrain carbonifère sans modifier les dépôts de millstone grit et de terrain houiller. On l'observe en Angleterre, dans le Devonshire ; en France,

dans la Seine-Inférieure ; en Belgique, où il a relevé toutes
les couches, depuis le poudingue de Burnot jusqu'au calcaire de Visé inclusivement. Il a affecté les schistes et la
grauwacke du Teufelsberg et du Holenberg, ainsi que le
vieux grès rouge de la Norwége et de la Suède, le vieux
grès rouge, les couches dévoniennes et le calcaire carbonifère de toute la Russie et enfin le porphyre brun des
Vosges, le porphyre brun de la Grauwacke et les schistes
anthraxifères des Vosges.

7° *Système du Forez.* Orientation N. 16° 47' O., en prenant Limoges pour centre de réduction.

Il a été signalé pour la première fois par M. Grüner,
dans les montagnes du Forez. Ces dislocations ont affecté
dans cette contrée tous les terrains, y compris les anthra-
cites des environs de Roanne, mais elles ne se sont étendues
aux terrains houillers de Saint-Etienne, du Creuzot, etc.

L'époque d'apparition de ce système doit donc être fixée,
comme celle du précédent, entre la période des terrains
anthraxifères de la Loire, et celle du terrain houiller.

On retrouve l'influence de ce système sur le bord oriental de la plaine de la Limagne, et sur les deux bords occi-
dental et oriental du massif du Morvan. Il a influencé le
massif primitif de l'Ardèche, de Tain à Condrieux, et celui
du Rhône, de Vienne à Lyon.

8° *Système du nord de l'Angleterre.* Orientation N. 10°
O., en prenant Saint-Etienne pour centre de réduction.

Il a été reconnu pour la première fois par Sedgwick, en
1831, dans la grande chaîne pennine ; il s'est manifesté
immédiatement après le terrain houiller. On l'a signalé
dans les Maures et l'Esterel, au Plan de la Tour, dans l'île
de Wisby, M. Coquand l'a indiqué dans le Maroc.

9° *Système des Pays-Bas et du sud du pays de Galles.* Orientation E.-O., en prenant Rotthenburg dans le Mansfeld comme centre de réduction.

Il a été signalé pour la première fois, par M. Freiesleben, dans le pays de Mansfeld. Il paraît s'être produit après le dépôt du zechstein. Il a été reconnu dans une foule de contrées de l'Europe, en Belgique, en Angleterre, en Irlande, en Bretagne, en Normandie, dans la Côte-d'Or; près de Saarbrück, dans les Vosges, en Ukraine, et près de la mer d'Azow. Ce système s'accompagne en général, comme celui du nord de l'Angleterre, de quelques rares émissions de matières trapéennes.

10° *Système du Rhin.* Orientation N. 21° E., en prenant Strasbourg pour centre de réduction.

Les Vosges et la Hardt, la forêt Noire et le Rodenwald, sont deux groupes symétriques, séparés par la plaine du Rhin, dans l'intervalle de Bâle à Mayence. Ces montagnes forment ainsi deux espèces de falaises parallèles qui doivent leur relief au soulèvement en question, et qui sont composées habituellement de grès des Vosges. Ce soulèvement a produit dans le grès des Vosges et avant le dépôt du grès bigarré de longues fentes alignées du N. N. E. au S. S. O., ce qui détermine son âge. Le système du Rhin se retrouve dans le centre de la France, dans le centre de l'Angleterre, dans le nord du pays de Galles, dans les montagnes de l'Ecosse et de l'Irlande, et en Scandinavie.

11° *Système du Thuringerwald, du Bohmerwald et du Morvan.* Orientation O. 39' N., en prenant le Greyfenberg, l'une des cimes du Thuringerwald, pour centre de réduction.

Ce système a dérangé les couches de trias, tandis que

les assises jurassiques s'étendent horizontalement jusqu'au
pied de ses pentes, et sur les tranches des terrains antérieurs redressés.

Ce mouvement doit avoir été brusque et de peu de durée,
puisque, dans beaucoup de parties de l'Europe, il y a liaison entre les dernières couches de marnes irisées et les
premières de grès du lias. Ainsi, la nature et la disposition
des sédiments a changé, sans que leur continuité ait cessé.
Ce système, établi principalement d'après la carte géologique de l'Allemagne, par M. Léopold de Buch, et la carte
géologique du nord de l'Allemagne, par Hoffmann, affecte
le Thuringerwald, la partie du Bohmerwald-Gebirge comprise entre la Bavière et la Bohême. On le retrouve en
Lorraine, dans les Vosges, dans le Boulonnais, dans le
centre de la France, dans le Morvan entre Avallon et Autun, dans la Corrèze, près de Bayeux et de Séez, en Grèce
et en Turquie d'Europe.

12° *Système du mont Pilas, de la Côte-d'Or et de l'Erzgebirge.*

Il y a en Europe une variation brusque et importante
entre le dépôt du terrain jurassique et celui des terrains
crétacés (y compris le terrain néocomien), elle a été considérable, car si l'on dessine les contours des bassins où
sont déposées les plus anciennes couches crétacées, on les
trouve très-différentes de ceux des bassins où s'est formé le
terrain jurassique. Elle a été brusque, car en beaucoup de
points, il y a passage d'un des systèmes de couches à l'autre;
donc, en ces points, la nature du dépôt et celle des animaux qu'il contient a changé sans que le cours de la sédimentation ait été interrompu. Cette variation subite paraît avoir coïncidé avec la formation d'un ensemble de
chaînons de montagnes parmi lesquels on peut citer la

Côte-d'Or, le mont Pilas, le plateau de l'Arzac, dans les Cévennes, et l'Erzgebirge en Saxe.

Orientation E. 40° N., en prenant Dijon pour centre de réduction.

13° *Système du mont Viso*. Orientation N. 22° 30′ O. en prenant le mont Viso pour centre de réduction.

Le mont Viso doit sa hauteur actuelle à plusieurs soulèvements successifs, mais les accidents de stratification et de crêtes de montagnes correspondant à la séparation des deux étages principaux du terrain crétacé y sont très-prononcés. C'est en effet entre les terrains crétacés inférieurs, comprenant le terrain wealdien, le néocomien, le grès vert, et même notre craie chloritée et notre tufau, d'un côté ; et de l'autre, la craie marneuse, la craie blanche, et les couches qui la suivent, que s'est déterminé le système d'accidents qui porte le nom de système du mont Viso.

Des effets de ce soulèvement ont été signalés en Savoie, par Murchison, dans la Haute-Marne, par Duhamel.

On les a constatés dans l'ouest de la France, dans les Basses-Pyrénées, en Espagne.

MM. Boblaye et Virlet avaient assimilé à ce système celui qui a relevé la chaîne du Pinde, mais ce rapprochement est douteux.

14° *Système des Pyrénées*.

Nulle part plus qu'au pied des Pyrénées, on ne voit plus manifestement le défaut de continuité entre les dépôts crétacés supérieurs et les terrains tertiaires.

Le calcaire grossier de Bordeaux et de Dax s'étend horizontalement jusqu'au pied de ces montagnes, sans entrer, comme la craie et le terrain numulitique, dans la composition d'une partie de leur masse.

Donc, les Pyrénées ont pris leurs principaux reliefs, après le dépôt des terrains crétacés et numulitiques, avant celui des couches parisiennes et autres tertiaires.

On voit à Saint-Justin (Landes), dans le lit de la Douze, le terrain numulitique redressé et recouvert par les couches horizontales des terrains tertiaires de la Gascogne.

Donc, peu importe la place qu'on donne au terrain numulitique (qu'il soit éocène ou crétacé), le soulèvement des Pyrénées se place toujours entre lui et le terrain parisien.

Cette chaîne, considérée en grand, s'étend, d'après M. de Charpentier, depuis le cap Ortégal, en Galice, jusqu'au cap de Creuse, en Catalogne. C'est une réunion de plusieurs chaînons parallèles qui courent O. 18° N. à l'E. 18° S., suivant une ligne oblique à la ligne qui joint les deux points extrêmes. Cette direction ramène au pic de Nethou, point culminant et un des plus centraux des Pyrénées.

La convulsion qui accompagna la naissance des Pyrénées fut évidemment une des plus fortes que le sol de l'Europe eût jusqu'alors éprouvées. Ce ne fut qu'à l'apparition des Alpes qu'il en éprouva de plus fortes encore.

Le système des Pyrénées n'est pas loin d'être parallèle au système des Ballons.

Une parallèle menée du Brocken au grand cercle de comparaison du système des Pyrénées se dirige O. 25° 58′ N. et forme un angle de 6° 43′ avec le système des Ballons qui est orienté O. 19° 15′ N.

Le système des Pyrénées se retrouve dans les Carpathes, dans le nord de l'Allemagne, dans le Bas-Boulonnais, dans les comtés de Kent, Surrey, Sussex, etc., peut-être en partie dans le pays de Bray.

15° *Système de la Corse et de la Sardaigne.* Orientation N. S. prise au cap Corse.

Le système dont il s'agit s'est produit entre les dépôts du terrain tertiaire éocène et du terrain tertiaire miocène.

Les hautes vallées de la Loire et de l'Allier sur les bords desquelles se sont disposées plus tard les masses volcaniques des monts Dômes, lui doivent leur alignement. Il s'est formé là de larges sillons dans lesquels se sont déposés les terrains d'eau douce de la Limagne et de la haute vallée de la Loire; il faut attribuer à ce soulèvement le relèment de la craie chloritée à Vernon, la direction de la vallée du Rhône en descendant à partir de Lyon et quelques accidents du Jura et de la Savoie, mais le groupe des îles de la Corse et de la Sardaigne en sont le trait le plus accidenté. Des alignements parallèles à ce soulèvement ont été indiqués en Morée, en Macédoine, en Hongrie, en Syrie.

16° *Système de l'île de Wight, du Tatra, du Rilo Dagh, et de l'Hœmus.* Orientation O. 4° 50′ N., en prenant pour centre de comparaison le mont Sommica, point culminant du Tatra.

Ce système s'est produit entre le dépôt des grès de Fontainebleau et celui du calcaire d'eau douce supérieur des environs de Paris. Sa direction s'éloigne peu de celle du système des Pays-Bas, on y distingue plusieurs lignes d'accidents; la plus nettement accusée est celle des soulèvements parallèles du Tatra. On a rapporté à ce soulèvement la formation du Rilo Dagh et de l'Hæmus (Viquesnel), la direction générale de l'île de Candie, plusieurs directions orographiques en Dalmatie, en Carinthie, dans l'île d'Elbe, dans le Jura, à l'île de Wight, dans le Hartz et dans l'Ukraine.

Il est à remarquer que le système du Tatra et celui des îles de Corse et de Sardaigne sont sensiblement perpendiculaires entre eux, et il n'est pas sûr que le dernier soit antérieur au premier; ils pourraient bien être contemporains. Je signalerai aussi ce fait que les trois systèmes de la Côte-d'Or, des Pyrénées et de la Sardaigne sont respectivement presque parallèles aux systèmes du Hundsrück, des Ballons et des collines du nord de l'Angleterre; de plus, les systèmes correspondant dans les deux séries se sont succédé dans le même ordre. On est donc porté à voir là une récurrence périodique des mêmes directions ou de directions voisines. Je ne serais pas éloigné de penser qu'il y a de même contemporanéité entre deux systèmes consécutifs dont les directions sont perpendiculaires entre elles.

17° *Système de l'Erymanthe et du Sancerrois.*
Il est douteux ainsi que le suivant.

18° *Système du Vercors.*
Il a été proposé par M. Grad pour le nord du département de la Drôme. D'après M. Elie de Beaumont, son existence est un peu moins incertaine que celle du système précédent, mais son âge est aussi douteux.

19° *Système des Alpes occidentales.*
Les Alpes se composent de plusieurs systèmes indépendants distincts à la fois par leur direction et par leur âge.
On peut y reconnaître des traces :
Du système des Pyrénées.
Du système du mont Viso.
Du système de la Corse et de la Sardaigne.
Du système du Tatra.

Mais ces traces y sont le plus souvent marquées par des dislocations d'une trace plus récente.

Le relief de la partie la plus haute et la plus compliquée des Alpes, celle qui avoisine le mont Blanc, le mont Rose, le Finsterahorn, etc., résulte principalement du croisement de deux systèmes récents qui se rencontrent sous un angle de 45° à 50°, savoir : système des Alpes occidentales et système des Alpes principales.

De la rencontre et du croisement de ces deux systèmes qui se pénètrent et s'enchevêtrent l'un dans l'autre, résulte le grand coude que font les Alpes à la hauteur du mont Blanc. Depuis l'Autriche jusqu'au Valais, la direction des montagnes est à peu près E. 1/4 N.E., puis elle tourne brusquement, se rapprochant de N.N.E.

On voit la pénétration intime des deux systèmes, les crêtes se rattachant distinctement, tantôt à l'une, tantôt à l'autre des deux directions.

Au point de croisement des deux systèmes, la rencontre des chaînes détermine de grands cirques dont les plus remarquables sont ceux qui avoisinent le pied du mont Blanc.

Dans les Alpes occidentales, c'est-à-dire à l'ouest de la Carinthie, dans le Tyrol, la Suisse et particulièrement dans les montagnes de la Savoie et du Dauphiné, la plupart des grands accidents du sol se rattachent à celui des deux systèmes dont la direction moyenne est N.N.E. S.S.O., ou plus exactement dans le Dauphiné et dans l'O. de la Savoie du N. 26° E. au S. 26° O.

Cette prédominance avait déjà été remarquée par Saussure et Brochant.

L'âge est facile à déterminer. Les dislocations se transmettent aux couches tertiaires de l'étage moyen (molasse coquillière) ; elles sont donc postérieures à ce dépôt.

Ce soulèvement a produit des accidents orographiques, non-seulement dans la région occidentale des Alpes, mais encore dans des pays plus ou moins éloignés. On rattache à sa production la formation des collines de Superga, près de Turin, celle de la Grande-Chartreuse, diverses montagnes du Tyrol et du pays de Salzbourg, des collines de la Toscane, de la Calabre et de la Sicile, du Maroc, de la Pologne, de la Crimée, du Hartz, de la Suède et de la Norwége.

20e *Système de la chaîne principale des Alpes, depuis le Valais jusqu'en Autriche.* Orientation E. 14° 28′ N. en prenant le mont Blanc comme centre de comparaison.

Les vallées de l'Isère, du Rhône, de la Saône et de la Durance présentent deux terrains d'atterrissement ou de transport très-distincts.

Le premier de ces terrains appartient à la troisième des grandes périodes tertiaires, et s'est déposé dans de grands lacs d'eau douce.

Les matériaux du second terrain, entraînés violemment par des courants d'eau passagers, se sont écoulés dans la Méditerranée.

Entre ces deux dépôts, il y a eu de violentes commotions et des variations brusques de niveau.

Le système des Alpes principales est très-nettement caractérisé, il affecte les crêtes de la Sainte-Baume, de Victoire, du Leberon, du Ventoux et de la montagne du Poète; la côte principale des Alpes vers l'Autriche, la crête calcaire qui borde au N. le Valais, la crête moins haute et moins étendue qui comprend en Suisse le mont Pilate.

Les traits de ce système se retrouvent sur une foule de points de l'Europe méridionale, de l'Afrique septentrionale, des côtes de la Méditerranée et de l'Europe septentrionale et centrale.

Enfin, il existe deux derniers systèmes remarquables par leur coïncidence avec les accidents volcaniques de l'époque actuelle. Ce sont :

21° *L'axe volcanique de la Méditerranée.* Orientation E. 8° 21′ N., en prenant l'Etna comme centre de comparaison.

22° *Système du Ténare.* Son orientation rapportée à l'Etna est N. 8° 26′ O.

Ils sont perpendiculaires l'un sur l'autre. Nous les retrouverons avec quelques détails, lorsque après avoir exposé les principes de la symétrie pentagonale, nous rechercherons comment M. Elie de Beaumont a proposé d'adapter ce réseau sur la surface du globe terrestre.

D'un autre côté, et en outre de ces vingt-deux orientations des montagnes européennes, déjà en 1852 plusieurs géologues avaient signalé, dans d'autres parties du monde, un certain nombre de systèmes qui ne paraissaient pas avoir de représentants en Europe.

En soumettant à cette époque ses trois volumes à l'Académie des sciences, M. Elie de Beaumont annonçait qu'en réunissant à ses recherches personnelles une indication abrégée de celles qui avaient été faites par d'autres géologues, en Europe ou en d'autres parties du monde, il avait enregistré les noms de quatre-vingt-quinze systèmes.

Dans son récent *Rapport sur les progrès de la stratigraphie* (1869), ce géologue en cite encore trente-deux nouveaux, sans compter quelques autres dont la détermination ne lui paraît pas encore assez précise pour en tenir compte dès maintenant (4).

« En admettant que les quatre-vingt-quinze premiers
« se réduisent par double emploi à soixante, et les trente-
« deux nouveaux à vingt-cinq, voilà déjà, dit-il, quatre-
« vingt-cinq systèmes de montagnes passablement définis.
« Et il n'y a pas de doute qu'un jour le nombre n'en dé-
« passe de beaucoup le nombre *cent*.

« En voyant se multiplier ainsi les *systèmes de monta-*
« *gnes*, plusieurs personnes ont pensé que, par cette mul-
« tiplication même, la notion du soulèvement des mon-
« tagnes et des révolutions du globe semblait en quelque
« chose s'égrener, et perdait ainsi de sa grandeur.

« Elle ne perd cependant que le vague dont elle était
« d'abord entourée. Le système des Pyrénées, celui des
« Alpes occidentales, celui des Alpes principales et de
« l'Himalaya, restent ce qu'ils étaient de prime abord. Ils
« ne perdent rien de leur grandeur propre pour avoir été
« précédés ou accompagnés d'autres systèmes analogues,
« tels que ceux du mont Seny, du Tatra, du mont Viso,
« de Madagascar, des montagnes Rocheuses, des Andes du
« Chili, etc., etc. Mais la similitude de structure de tous
« ces systèmes précise de plus en plus nettement la notion
« du *système de montagnes*, à mesure que les exemples
« s'en multiplient, et en fait de plus en plus l'unité fonda-
« mentale de l'analyse stratigraphique de l'écorce ter-
« restre. Le phénomène de la production d'un système
« de montagnes, quand on le voit répété près de cent fois,
« perd de plus en plus le caractère d'un accident fortuit
« et amène de plus en plus à l'idée d'une cause constante
« et régulière, dont l'action est d'une nature intermittente.

« Mais la multiplication des systèmes de montagnes a
« conduit d'une manière plus positive encore à l'unifi-
« cation de leur ensemble, car elle a permis de reconnaître
« que leurs directions sont corrélatives les unes aux

« autres, d'où il résulte qu'ils forment un tout dont les
« différentes parties, produites successivement, sont ce-
« pendant connexes entre elles. »

Ces réflexions nous ramènent directement à notre exposé historique de la conception du réseau pentagonal.

En effet, les vingt-un premiers systèmes de montagnes
étant établis dans la direction de leur grand cercle de comparaison, rapporté à leur centre de réduction, on s'est
naturellement demandé s'ils étaient distribués d'une manière quelconque à la surface du globe, ou si l'on ne trouvait pas entre eux, dans leurs directions, une certaine
coordination.

M. Elie de Beaumont reconnaît d'abord, dans leur ensemble, certains traits généraux. « Ces grands cercles de
« comparaison, dans leurs arrangements, ressemblent,
« dit-il, beaucoup plus à un jardin de Le Nôtre qu'à un
« jardin anglais. »

On n'y voit pas de courbes de fantaisie, mais des lignes
droites, ou plutôt de grands cercles se coupant avec une
grande régularité sous des angles de 90°, de 45°, et convergeant vers des points comme des rayons qui figurent
une étoile. Il cherche, en premier lieu, les rapports des
angles.

Quelques-uns de ces grands cercles sont presque parallèles entre eux.

Ainsi les systèmes de la Côte-d'Or, des Pyrénées, de la
Corse et Sardaigne, sont respectivement parallèles aux
systèmes de Wesmoreland et Hundsrück, des Ballons,
du nord de l'Angleterre, qui se suivent dans le même
ordre.

Le système de Tatra et celui des Pays-Bas diffèrent
entre eux de 1° 12′ 33″ et de 2° 2′.

La chaîne principale des Alpes et le système du Finistère (du Binger Loch) diffèrent de 2° 36′ 14″, d'où M. Elie de Beaumont conclut à une récurrence probable des directions. D'autres fois la direction d'un système coupe en deux parties égales l'angle formé par deux autres systèmes. Tel est le cas du *système de la Côte-d'Or* pour les deux systèmes des Alpes occidentales et des Alpes principales. Les systèmes du Forez et de la Vendée ne diffèrent que de 2° 48′, et le système du Tenare, rapporté au même point, divise ce petit angle en deux parties presque égales. Quelque chose d'analogue s'observe pour les trois systèmes des Alpes occidentales, de Longmynd et du Rhin. La direction du premier divise presque en moitié l'angle des deux derniers.

D'autres sont exactement, ou à très-peu près, perpendiculaires entre eux. Tels sont les systèmes de la Vendée et du Finistère rapportés à Vannes.

Le Finistère et le Forez se coupent dans un angle de 89° 28′ 13″.

Les Pays-Bas et le nord de l'Angleterre sous un angle de 85° 28′ 34″.

Le Rhin et les Ballons sous un angle de 85° 33′.

Les Pyrénées et le Rhin sous un angle de 88° 6′.

Le Tatra et la Corse et Sardaigne sous un angle de 86° 37′ 07″.

La Vendée et la chaîne principale des Alpes sous un angle de 88° 37′ 3″.

Ainsi le système des Alpes principales et celui du Finistère coupent tous deux presque perpendiculairement le système de la Vendée.

On peut encore citer d'autres exemples de perpendicularité, et une foule d'autres concordances aussi remarquables, entre les valeurs des angles que font entre eux

des systèmes de montagnes qui se sont précédés ou suivis
et *rapportés à un même point.*

Mais le choix du point de réduction n'est pas indifférent.
Car dans un carré sphérique de 400 lieues de côté, la cor-
rection à l'*excès* sphérique peut être de près de 2°.

Donc pour pouvoir comparer, d'une manière systématique, les angles formés par la rencontre, deux à deux,
des vingt-un grands cercles de comparaison, M. Elie de
Beaumont choisit en Europe trois points, savoir :

Binger Loch, aux bords du Rhin : latitude, 49° 55′ N. ;
    longitude, 5° 30′ E.
Milford, dans le pays de Galles : latitude, 51° 42′ 42″ N. ;
    longitude, 7° 22′ 6″ O.
Corinthe : latitude, 37° 54′ 15″ N. ; longitude, 20° 32′
    45″ E.

et transporta en ces trois points chacun des vingt-un
grands cercles représentant les orientations générales des
vingt-un systèmes étudiés.

Il prit ensuite chacun des grands cercles de comparaison et détermina l'angle que sa direction fait avec chacun
des vingt autres dans chacune des trois positions. Puis il
écrivit ces angles d'intersection par ordre de grandeur,
depuis 90° jusqu'à celui qui était le plus voisin de 0° ; prit
la moyenne de ces trois intersections pour chaque position ; calcula aussi les angles d'intersection directe des
vingt-un grands cercles, rapportés à leur centre de réduction ; enfin, porta ces cinq séries d'angles ainsi calculés,
sur cinq colonnes, *composant un tableau graphique.*

En examinant la disposition de ces mille cinquante
angles calculés, il vit qu'ils se répartissaient d'une manière singulière et très-inégale. Le tableau de ces angles
présentait des intervalles énormes tout blancs ; et, en

d'autres points, avait lieu une telle accumulation d'angles qu'on ne pouvait les écrire sans les superposer. Il y avait des angles qui se répétaient systématiquement.

Ainsi, par une sorte de *caprice apparent*, les angles formés entre eux par les grands cercles de comparaison provisoire *des vingt-un systèmes de montagnes* de l'Europe occidentale, se groupaient autour de certains points du cadran, laissant les autres presque vides. Tout cela ne pouvait être dû au hasard. Il fallait donc que la nature eût été, en quelque sorte, forcée de tourner dans un circuit fermé, de manière à retomber dans les mêmes repères, après un certain temps. M. Elie de Beaumont pensa que des circonstances aussi particulières devaient tenir à ce que les cercles faisaient partie d'un réseau assujetti à un certain principe de symétrie et il recherca quel pouvait être ce principe de symétrie. Cette recherche le conduisit à la conception du réseau pentagonal, dont j'essaierai de vous présenter les traits principaux dans la prochaine leçon.

DIX - HUITIÈME LEÇON.

M. Élie de Beaumont (*suite*).

Réseau pentagonal.

MESSIEURS,

J'ai terminé ma dernière leçon en vous exposant les moyens empiriques dont M. Elie de Beaumont s'est servi pour reconnaître, dans les positions relatives des 21 grands cercles de comparaison, des systèmes de montagnes observés en Europe, des circonstances qui semblaient indiquer une loi de corrélation entre ces orientations. Il fut ainsi amené à penser que, si les grands cercles de comparaison des différents systèmes de montagnes n'étaient pas placés au hasard sur la surface de la sphère, cela devait tenir à ce qu'ils faisaient partie d'un réseau assujetti à un certain principe de symétrie.

Il crut d'abord que ce principe de symétrie pourrait n'être autre chose que celui qui existe dans le réseau ayant pour base 8 triangles trirectangles, et composé de 3 grands cercles perpendiculaires entre eux, et d'une série d'autres grands cercles coordonnés aux premiers. Mais, ayant calculé un grand nombre d'angles du réseau ainsi formé, il remarqua que les points du quadrant dont il se rapprochait de préférence n'avaient pas de rapport avec ceux qui semblaient attirer les angles déduits de l'observation. Il dut, en conséquence, renoncer à cette première tentative, et se demanda s'il n'existerait pas sur la sphère un autre réseau régulier répondant à la question.

Deux, ou si l'on veut, trois systèmes réguliers de grands cercles peuvent seuls occuper la surface de la sphère d'un réseau qui la couvre entièrement.

Le premier de ces systèmes est le système trirectangulaire. Il se compose de trois plans qui se coupent à angle droit, déterminant sur la surface de la sphère, 8 triangles trirectangles égaux.

Les polyèdres circonscrits répondant à ce système sont : l'octaèdre régulier, le cube et plusieurs dodécaèdres ; enfin des solides à 24 et à 48 faces. Ces polyèdres forment le système régulier de la cristallographie.

On pourrait considérer un second système de quatre triangles équilatéraux de 120 degrés, lequel couvre aussi la sphère ; mais ce dernier système peut se déduire du système trirectangulaire, dont il n'est qu'une hémihédrie correspondant au tétraèdre de la cristallographie.

Un troisième système se compose de 20 triangles équilatéraux, s'assemblant, cinq à cinq, autour de douze points différents, par leurs angles de 72 degrés, et cinq fois 72 faisant 360, remplissent tout l'espace angulaire autour du point de réunion.

Mais on ne peut aller plus loin, on ne peut assembler autour d'un point six triangles sphériques équilatéraux, parce que, à cause de l'excès sphérique, le triangle sphérique équilatéral a toujours un angle supérieur à 60°. On n'en peut donc réunir six autour d'un point.

Le triangle équilatéral à angles de 72° est donc le plus petit de ceux dont la réunion peut embrasser la sphère, et il en résulte qu'au point de vue de la *mécanique terrestre*, il jouit de certaines propriétés qui, sans doute, ont joué un rôle important dans l'histoire de la terre.

Les côtés des 20 triangles équilatéraux sont formés par 15 grands cercles.

Avec ces quinze premiers cercles primitifs, M. Elie de Beaumont considéra un certain nombre d'autres cercles, liés aux premiers par les relations les plus simples, et il calcula les angles que tous ces grands cercles font entre eux dans leurs intersections mutuelles. Il ne tarde pas à reconnaître que ces angles ne sont pas indifféremment répartis sur tous les points du quadrant, qu'ils ont une propension marquée à se grouper autour de certains points, et que ces points coïncident, à peu près, avec ceux dont tendent à se rapprocher, de leur côté, les deux cent dix angles qui résultent de l'intersection deux à deux, des 21 grands cercles de comparaison, déduits de l'observation.

Dès lors, le secret du caprice apparent qui rapprochait de certains points du quadrant les angles formés par les intersections des grands cercles de comparaison provisoire pouvait être considéré comme dévoilé, et comme n'étant autre chose que la manifestation, dans l'agencement réciproque de ces grands cercles, de la loi de symétrie qui existe dans l'ordonnance des 20 triangles équilatéraux.

Ce système de grands cercles, auquel M. Elie de Beaumont donna le nom de réseau pentagonal, paraissant répondre au problème posé, il fallait l'étudier, car il n'était généralement pas connu.

Je vais résumer, aussi brièvement que possible, les principales propriétés de ce réseau.

Les grands cercles primitifs auxquels appartiennent les côtés des 20 triangles équilatéraux sont au nombre de quinze.

Chacun d'eux fournit deux côtés de triangles, placés, sur la sphère, en opposition l'un par rapport à l'autre.

Et, comme chaque côté appartient à deux triangles contigus et doit être compté *deux fois*, cela donne les *soixante côtés* des 20 triangles.

Les *soixante angles* de 72° des 20 triangles se réunissent cinq à cinq en *douze* points D, dont chacun est l'antipode d'un point semblable.

En chacun de ces points D, chaque angle est opposé à un côté, il est divisé en deux parties égales par un des grands cercles dont la prolongation divise en deux parties égales ce côté opposé.

Cette prolongation passe par le centre I du triangle, forme un des apothèmes de ce triangle, puis l'apothème d'un triangle voisin. Et, comme la même chose se passe à l'antipode du point D, le même cercle forme encore les deux apothèmes, en tout quatre apothèmes; et, comme il y a quinze cercles, on a ainsi les *soixante apothèmes* des 20 triangles.

Les trois apothèmes de chaque triangle équilatéral se croisent, en son centre, sous des angles de 60 degrés, et se divisent en six triangles scalènes égaux et symétriques deux à deux, dont les angles sont de :

$$90° \qquad 60° \qquad 36°$$

La sphère entière se trouve ainsi partagée en 120 triangles rectangles scalènes.

Quatre de ces 120 triangles peuvent être réunis par leurs angles droits en un point H.

Ainsi, les quinze grands cercles primitifs, en se coupant sur la surface de la sphère, donnent :

120 triangles scalènes rectangulaires égaux (angles de 90°, 60°, 36°),

Dont :

6 se réunissent au point I pour former 20 triangles équilatéraux (72°);

4 se réunissent au point H pour former 30 losanges (120°, 72°);

10 se réunissent au point D pour former 12 pentagones (120°).

Tout cela forme un système assez complexe, qu'il serait assez difficile de se représenter sans figure, aussi est-il convenable, pour se bien rendre compte des relations de ces diverses parties, de la figurer sur une boule en bois, par exemple.

Quelque chose d'analogue existe pour le système trirectangulaire, chacun des 8 triangles trirectangles, qui embrassent la sphère entière, peut être partagé en six triangles rectangles scalènes égaux. Ils peuvent aussi être groupés, sans changer de place, en 12 losanges et en 6 quadrilatères à angle de 120°.

Ce système, s'appelant le réseau quadrilatéral, celui des 120 triangles scalènes s'appellera le réseau pentagonal, le quadrilatère dans l'un jouant le même rôle que le pentagone dans l'autre.

Examinons maintenant les principales propriétés de la symétrie pentagonale.

Il suffit, pour cela, d'étudier les différentes figures auxquelles les 15 grands cercles primitifs du réseau donnent lieu par leurs divers modes de groupement.

1° Les cordes des trois côtés de chacun des 20 triangles équilatéraux forment un triangle équilatéral plan d'où résultent 20 faces, et leur réunion forme un icosaèdre régulier inscrit dans la sphère, et dont les sommets coïncident avec les centres des douze pentagones (point D).

2° Les cordes des cinq côtés de chacun des douze pentagones forment par leur réunion un dodécaèdre pentagonal ou régulier, inscrit dans la sphère, et dont les sommets coïncident avec les centres des 20 triangles équilatéraux (point I).

3° Chacune des trente intersections rectangulaires des grands cercles primitifs occupe le milieu de l'un des trente losanges résultant de l'assemblage quatre à quatre des 120 triangles rectangles scalènes.

Si par ce point milieu (point H) on mène un plan tangent à la sphère, on obtient un solide circonscrit à la sphère, et composé de trente losanges égaux.

On peut obtenir un solide inscrit, plus petit, mais absolument semblable, et dont les sommets quintuples se réuniraient aux centres D des pentagones, et les sommets triples aux centres I des 20 triangles équilatéraux.

Voilà donc trois solides dérivant directement de la symétrie pentagonale.

Mais la symétrie pentagonale se lie elle-même à la symétrie quadrangulaire.

Il est aisé de voir que les cent vingt triangles rectangles scalènes peuvent, sans aucun déplacement, être groupés par la pensée de manière à donner un système trirectangulaire (ou plutôt, plusieurs systèmes trirectangulaires).

Ce groupement peut s'effectuer de cinq manières différentes, et on obtient ainsi cinq systèmes trirectangulaires indépendants les uns des autres, et assemblés suivant les lois de la symétrie pentagonale.

Chacun des cinq systèmes trirectangulaires peut donner de la même manière :

1 cube,

1 octaèdre,

2 tétraèdres qui en dérivent par hémihédrie,

1 dodécaèdre rhomboïdal.

On a donc, dans le réseau pentagonal, par ce fait :

    5 cubes,
    5 octaèdres,
   10 tétraèdres,
    5 dodécaèdres rhomboïdaux,

assemblés suivant les lois de la symétrie pentagonale ; ce qui constitue un système de solides qui donnera les grands cercles susceptibles de concourir avec les quinze grands cercles primitifs à la représentation de la symétrie pentagonale.

Pour cela, c'est-à-dire pour obtenir les grands cercles, il faut mener par le centre de la sphère six plans parallèles respectivement aux douze faces du dodécaèdre régulier.

Ces six plans détermineront, sur la surface de la sphère, six grands cercles qui auront pour pôles les centres des douze pentagones réguliers.

Ces six grands cercles seront seuls dans leur espèce ; ils constitueront en quelque sorte l'expression la plus élevée de la symétrie pentagonale.

Ce seront les six dodécaèdres réguliers.

Puis, dix plans, respectivement parallèles aux dix faces de l'icosaèdre régulier.

D'où, dix cercles, ayant pour pôles les centres I des vingt triangles équilatéraux.

Après les précédents, ils forment l'expression la plus concentrée du réseau pentagonal.

Dix icosaédriques.

Plus tard aussi nommés octaédriques.

Puis, 15 plans respectivement parallèles aux 30 faces du solide régulier à 30 losanges.

Il est facile de voir que ces 15 grands cercles dont les

pôles sont aux centres H des trente losanges, ne sont autres que les 15 grands cercles primitifs.

Employons maintenant les solides dérivés des cinq systèmes rectangulaires.

1° Mener, par le centre de la sphère, des plans parallèles aux six faces de chacun des cinq cubes, cela ferait 15 grands cercles; mais il est facile de voir que ces plans coïncident avec les 15 grands cercles primitifs.

2° Mener, par le centre de la sphère, des plans parallèles aux faces des cinq octaèdres, ou, ce qui revient au même, aux diagonales des cinq systèmes trirectangulaires.

Chaque système trirectangulaire a quatre diagonales, ce qui ferait vingt cercles.

Mais, chaque diagonale étant commune à deux systèmes trirectangulaires, le nombre des cercles est réduit à 10.

De plus, ces 10 diagonales des systèmes trirectangulaires ne sont autre chose que les diamètres de la sphère, qui joignent deux à deux les centres des 20 triangles équilatéraux; de sorte que les 10 plans qui leur seraient perpendiculaires rentrent dans ceux des icosaédriques.

D'où le nom d'octaédriques, plus facile à prononcer, donné à ces derniers.

3° Mener, par le centre de la sphère, des plans respectivement parallèles aux faces des cinq dodécaèdres rhomboïdaux.

D'où 60 faces, parallèles deux à deux.

D'où 30 cercles, perpendiculaires deux à deux, aux plans des 15 grands cercles primitifs, et ayant *leurs pôles* aux points T, sommets de petits pentagones situés symétriquement au milieu des douze grands pentagones.

30 dodécaédriques rhomboïdaux.

On a donc ainsi déjà :

6 dodécaédriques réguliers (donnés par le réseau pentagonal) ;

10 octaédriques, ou icosaédriques ; 15 grands cercles primitifs (donnés à la fois par les deux réseaux) ;

30 dodécaédriques rhomboïdaux (donnés par les cinq systèmes trirectangulaires).

En tout 61 grands cercles liés à la symétrie pentagonale et qui peuvent permettre un essai de représentation des systèmes de montagnes.

Mais ces 61 grands cercles ne peuvent pas plus suffire au stratigraphe pour représenter les accidents de la surface du globe, qu'il ne peut suffire au cristallographe, pour représenter tous les cristaux du système régulier, d'avoir considéré le cube, l'octaèdre, et le dodécaèdre rhomboïdal.

Le cristallographe est obligé d'introduire des modifications qui n'étant pas fournies par un seul plan, symétrique sur les angles ou sur les arêtes, sont susceptibles de donner un nombre de formes infini, puisque la seule condition est que, s'il y a deux plans, sur une arête, par exemple, ces deux plans soient également inclinés sur les deux arêtes, et de même pour chacune des six arêtes.

Tels sont des solides, comme :

Les hexatétraèdres, ou solides à 24 faces engendrés par par deux plans également inclinés sur l'arête du cube.

Les trapézoèdres, ou solides à 48 faces engendrés par trois plans également inclinés sur les trois arêtes qui concourent à un même angle solide.

Enfin, on considère des solides dans lesquels manque une moitié des faces :

Hémièdres : tels sont les tétraèdres, hémiédrie de l'octaèdre régulier ;

Les dodécaèdres pentagonaux, hémiédrie de l'hexaté-traèdre.

Cependant, il faut remarquer que si, par le mode de génération, ces solides (autres que le cube, l'octaèdre et son hémièdre, le tétraèdre régulier qui a seulement deux formes symétriques, gauche et droit, et le dodécaèdre rhomboïdal) peuvent exister en nombre infini ; la nature ne réalise jamais, pour chacun d'eux, qu'un très-petit nombre de combinaisons, qui correspondent à des rapports très-simples entre les deux lignes qui représentent l'inclinaison des faces modifiantes.

On sera donc aussi, sans doute, en droit de demander au système pentagonal quelque limitation analogue à celle que la nature impose aux cristaux des substances minérales.

Il a été naturel de rechercher, dans la symétrie du réseau pentagonal et des plans qui en dérivent, des combinaisons analogues, et qui permissent de représenter les directions des systèmes de montagnes, comme les solides, dérivés du cube, représentent les formes des cristaux naturels.

On obtiendrait ainsi des grands cercles dérivant des grands cercles principaux, mais en supprimant une des conditions qui fixent ces derniers dans la position limite qui leur appartient, et reflétant cependant encore d'une manière très-marquée la symétrie pentagonale.

Mais avant d'entrer dans la définition de ces nouveaux cercles, il sera utile de convenir d'un moyen de représenter sur une projection plane tous les éléments du réseau pentagonal.

Projection gnomonique. — On éprouve de grandes difficultés à représenter, sur un tableau ou sur une épure, des grands cercles de la sphère, occupant des positions diverses.

Ce n'est ordinairement ni des projections, ni des figures en perspective, et si les relations deviennent compliquées, on s'y perd, d'où l'emploi de la projection gnomonique.

C'est la projection de la surface de la sphère sur un de ses plans tangents, par la prolongation, pure et simple, des rayons partant du centre.

Sur une pareille projection, tous les grands cercles sont représentés par des lignes droites, et, réciproquement, toutes les lignes droites représentent de grands cercles.

Les arcs égaux peuvent y être représentés par des lignes inégales, ceux qui partent du centre de projection sont représentés par des longueurs, ayant avec eux des rapports plus ou moins complexes. Une partie des angles ont des ouvertures différentes de celles qu'ils ont sur la surface de la sphère.

On ne peut donc y mesurer, d'une manière certaine, ni les arcs, ni les angles. Mais on peut y suivre la manière dont les arcs s'entrecroisent, et cela avec une précision aussi parfaite qu'on le voudra.

Revenons maintenant aux moyens d'obtenir les cercles dérivés que nous cherchons.

Pour obtenir ces cercles, il faudra mener, par le centre de la sphère, des plans parallèles à des faces de solides appartenant soit à la symétrie pentagonale propre, soit à l'agencement des cinq systèmes trirectangulaires qu'elle contient, mais déterminées, de manière qu'on ait supprimé une des conditions qui, dans les solides considérés jusqu'ici, imposaient une limite à leur nombre.

Ainsi dans le réseau pentagonal :

Les 6 plans parallèles aux 12 faces des pentagones réguliers, et donnant les 6 dodécaédriques réguliers.

Les 15 plans parallèles aux 30 faces des losanges donnant les 15 plans primitifs.

Les 10 plans parallèles aux 20 faces de l'icosaèdre régulier, donnant les 10 icosaédriques.

Dans les 5 systèmes trirectangulaires :

1° Les 15 plans parallèles aux 30 faces des 5 cubes, ce qui redonne les 15 primitifs.

2° Les 10 plans parallèles aux 40 faces des 5 octaèdres (ces faces sont parallèles quatre à quatre), ce qui donne les 10 octaédriques se confondant avec les 10 icosaédriques.

3° Les 30 plans parallèles aux 60 faces des 5 dodécaèdres rhomboïdaux, ce qui donne les 3 dodécaédriques rhomboïdaux.

Les solides dont les faces sont parallèles à ces cercles d'intersection, sont pour les systèmes trirectangulaires :

Le cube, forme primitive ;

L'octaèdre et le dodécaèdre rhomboïdal engendrés par une modification unique sur les arêtes du cube.

Cette modification étant unique, il en résulte que le plan modificateur doit être placé symétriquement par rapport à tous les éléments, qu'il touche, il est donc ainsi parfaitement déterminé. Supprimons cette condition, voici celle qui reste nécessaire pour le cube, d'après sa symétrie.

La modification sera nécessairement : un multiple de deux sur les arêtes, un multiple de trois sur les angles trièdres.

Les plans de troncature ne devront satisfaire qu'à une seule condition, c'est que, sur les arêtes, ils seront également inclinés sur les deux faces séparées par ces arêtes.

Sur les angles, les 3 plans seront également inclinés sur les 3 faces qui s'y réunissent.

Du reste, l'inclinaison de ses plans pourra être quelconque; donc, leur nombre est infini.

Mais, si leur nombre est infini, leurs espèces sont très-limitées. Voici à quoi elles se réduisent :

1° Sur les arêtes : deux facettes également inclinées sur les deux faces séparées par ces arêtes ; les arêtes étant au nombre de 12, le solide qui en résulte a donc 24 faces. C'est l'hexatétraèdre de Haüy. Terminé, il représente le cube portant sur chacune de ses faces une pyramide triangulaire.

L'hexatétraèdre a une hémiédrie qui donne un dodécaèdre pentagonal, mais il est facile de se figurer l'hexatétraèdre, comme composé, à la fois, de ses deux hémièdres : un dodécaèdre pentagonal droit ; un dodécaèdre pentagonal gauche.

Si l'on mène par le centre de la sphère des plans parallèles aux 24 faces de l'hexatétraèdre, on obtient douze grands cercles, qu'on pourra appeler indifféremment : hexatétraédriques, ou dodécaédriques pentagonaux ; et l'on aura autant de systèmes de douze hexatétraédriques, qu'on aura mené de plans doubles, également inclinés sur les deux faces du cube ; c'est-à-dire un nombre infini.

De même, les modifications sur les huit angles trièdres, au lieu de donner un nombre infini de solides, ne présentent, dans la nature, que trois solides :

Le trapézoèdre,

L'hexakisoctaèdre,

Et l'octatrièdre.

Sur les faces, enfin, on aura un solide composé de douze pyramides triangulaires, ayant pour base chacune des faces du dodécaèdre rhomboïdal.

On peut alors transporter, comme nous l'avons indiqué, dans le réseau pentagonal, les plans qui correspondent à

ces divers solides, provenant des cinq systèmes trirectangulaires : hexatétraèdres, trapézoèdres, pyramides ayant
pour base les faces du dodécaèdre rhomboïdal.

On a nommé les cercles correspondant à ces trois
solides : hexatétraédriques, trapézoédriques, et diagonaux.
Ce dernier nom provenant de ce que les plans qui les déterminent passent par les points de la surface de la sphère
où aboutissent les diagonales des cinq systèmes trirectangulaires. Ces points sont au nombre de vingt ; on peut,
enfin, faire la même opération pour les solides résultant
directement de la symétrie pentagonale, c'est-à-dire pour
le dodécaèdre régulier, l'icosaèdre, et le solide composé
de trente losanges.

Sans entrer dans le détail de ces opérations, on arrive,
en résumé, à ceci que les cercles que l'on est amené à
introduire comme auxiliaires les plus directs dans le réseau
pentagonal, constituent quatre espèces :

Comme il y a quatre espèces de cercles principaux qui
sont :

Les diamétraux,
Les hexatétraédriques ou dodécaédriques pentagonaux,
Les diagonaux,
Les trapézoédriques,

Et ils passent par les points :

D, centres des 12 pentagones (pôles des 6 dodécaédriques réguliers).

H, centres des 30 losanges (pôles des 15 cercles primitifs).

I, centres des 20 triangles équilatéraux (pôles des
10 icosaédriques ou octaédriques).

T, milieu des arcs de 90° qui joignent deux à deux les
intersections rectangulaires des grands cercles primitifs,

ou, si l'on veut, milieu de deux arcs H H consécutifs (pôles des 30 dodécaèdres rhomboïdaux).

Ces cercles auxiliaires ainsi introduits, passant ainsi tous par les pôles de l'un des grands cercles principaux, coupent nécessairement ce grand cercle à angle droit.

Ces grands cercles auxiliaires sont donc tout simplement les perpendiculaires à chaque espèce de grands cercles principaux, et le réseau, limité à ces cercles, est composé simplement des grands cercles principaux et de tous leurs perpendiculaires.

Le réseau pentagonal, ainsi défini et limité à quatre espèces de cercles principaux, et à quatre espèces de cercles secondaires, perpendiculaires respectivement aux quatre espèces de cercles principaux, reste cependant infini, quant au nombre des cercles, puisque par deux points antipodes l'un de l'autre, comme :

2 points D,
2 points I,
2 points H,
2 points T,

on peut toujours faire passer un nombre infini de cercles. Mais, il est évident qu'entendre, avec cette largeur, le réseau pentagonal, deviendrait une règle absolument illusoire, puisque étant donnée une direction quelconque à la surface de la sphère, on pourrait toujours trouver, dans le réseau pentagonal, un cercle qui s'y adapterait.

Mais il y a un moyen bien naturel de donner un criterium qui permette de choisir, dans le nombre infini des cercles d'une espèce, ceux qui jouissent d'une liaison plus intime avec la symétrie du réseau.

Ce moyen consiste à rechercher ceux de ces cercles, qui, outre les points principaux par lesquels ils doivent passer,

rencontrent encore sur leur route d'autres points principaux.

Et, dans cette considération des points importants du
réseau, on sera naturellement amené à considérer, non-
seulement les quatre espèces de points principaux :

$$D, H, I, T,$$

mais encore des points où les cercles principaux se rencontrent à angle droit.

Tels seront les points a, où les cercles primitifs rencontrent, à angle droit, les octaédriques (pôles d'hexatétraédriques);

Et les points b, où les cercles primitifs rencontrent, à
angle droit, les dodécaédriques réguliers (pôles d'hexatétraédriques);

Et même les points c, où les octaédriques rencontrent, à
angle droit, les dodécaédriques rhomboïdaux (pôles de trapézoédriques, perpendiculaires en T aux octaédriques).

En jetant un coup d'œil sur la représentation gnomonique d'un des pentagones, on voit que chaque pentagone
contient 5 points a, qui divisent en deux parties égales
les côtés du petit pentagone T, T, T, T, T.

5 points b, qui divisent en deux parties égales les côtés
d'un pentagone intermédiaire H, H, H, H, H, formé par
les dodécaédriques réguliers.

Enfin, 10 points c, qui ne présentent qu'une symétrie
bien secondaire dans le dessin de chaque pentagone.

On est ainsi amené à considérer, dans le réseau pentagonal, outre les cercles principaux et secondaires, les
points principaux et secondaires suivants :

1er Ordre : 12 points D ; 2e ordre : 20 points I, 30 points H
(points principaux déterminés par la rencontre de primitifs
entre eux).

3° Ordre : 60 points T ; 4° ordre : 60 points A, 60 points B (points demi-principaux déterminés par l'intersection rectangulaire de cercles primitifs avec d'autres cercles principaux).

5° Ordre : 120 points C (déterminés par l'intersection rectangulaire d'octaédriques et de dodécaèdres rhomboïdaux.

On peut les suivre sur la sphère ou sur la représentation gnomonique d'un pentagone dont j'ai parlé dans la dernière séance.

Les points T se distinguent très-nettement, d'ailleurs, des points A et B.

1° Parce qu'outre le primitif et dodécaédrique rhomboïdal qui s'y coupent à angle droit, il y passe encore deux octaédriques symétriquement placés ; car leurs deux angles, aigus et obtus, d'intersection, sont précisément divisés en deux parties égales respectivement par le dodécaédrique rhomboïdal et le primitif ;

2° Parce que ces points T sont les sommets d'un petit pentagone concentrique au grand et formé par cinq octaédriques ; comme les points I sont les sommets de ce grand pentagone formé par les primitifs, et comme les points H sont les sommets d'un pentagone intermédiaire, symétrique aux deux précédents et formés par les dodécaédriques réguliers.

On limitera de cette manière le nombre des cercles employés dans chaque catégorie. Ainsi les cercles assujettis par leur définition à passer seulement par deux points H (antipodes l'un de l'autre), sont en nombre infini ; mais si on leur impose, en outre, la condition de passer par quatre points a (antipodes l'un de l'autre), ce qui donnerait la notation H. a. a. H a a, et à cause de la similitude des deux

— 534 —

hémisphères, seulement **H.** *a. a*, on aura seulement 60 cercles qui répondront à cette définition dont 30 d'une espèce (pôle L 5), et 30 de l'autre (pôle L 6).

Cette concentration sera d'autant plus grande que le nombre des points par lesquels le cercle devra passer sera plus considérable, et que ces points appartiendront, dans l'échelle pentagonale, à une situation plus élevée.

La considération des dodécaédriques rhomboïdaux fait déjà entrer la représentation du réseau pentagonal dans une voie moins directement en rapport avec ses éléments constitutifs; puisque les points T qui leur servent de pôles ne sont plus déterminés comme le points D. H. et I. par la seule rencontre des quinze cercles primitifs.

Il n'y a plus qu'un cercle primitif qui y passe, de sorte que, dans le réseau tout à fait primitif des quinze cercles, il n'y aura point à considérer de points T.

Je proposerais de les ranger ainsi :

				Nombres.	Pôles.
Cercles principaux.	1er ordre : Primitifs			15	H
	2e ordre	Octaédriques		10	31 I
		Dodécaédriques réguliers		6	D
C. semi-principaux ou bissecteurs.	3e ordre : Dodécaédriques rhomboïdaux bissecteurs de l'angle droit			30	T
	4e ordre	Bissecteurs de l'angle de 60°	Hexatétraédriques	30	90 a
		Bissecteurs de l'angle de 36°	Dodéc. pentagonaux	30	b

En tout.............................. 121

Aussi M. Pouyanne ne considère-t-il pas les dodécaédriques rhomboïdaux comme devant faire partie du même cadre que les autres cercles principaux du réseau. Il les rapproche sous le nom de semi-principaux de deux autres espèces de cercles qu'il appelle, comme les dodécaédriques rhomboïdaux, bisecteurs du *triangle rectangle scalène*. Ce groupe comprend donc :

Les dodécaédriques rhomboïdaux, bisecteurs de l'angle, droit pôles T.

2° Les bisecteurs de l'angle de 60° en I, bisecteurs de l'angle droit, pôles A.

3° Les bisecteurs de l'angle de 36° en D, bisecteurs de l'angle droit, pôles B.

Ces diverses remarques nous montrent que, pour que l'application du réseau pentagonal puisse se faire d'une manière qui rappelle l'application du système de Haüy, aux cristaux naturels, il faut que le géologue n'emploie, autant que possible, que les cercles qui se dérivent avec une symétrie assez grande des lois du réseau pentagonal, et que, s'il est obligé d'user des derniers cercles pour la représentation d'un système, il faut que ce soit très-rarement.

En appliquant le calcul des probabilités à la manière dont M. Elie de Beaumont a représenté les 24 systèmes de montagnes sur la surface de l'Europe au moyen du réseau pentagonal ; en faisant abstraction du *Hundsuck* et des Alpes occidentales, qui sont identifiés à des cercles de 5e catégorie, et retranchant l'Oural et les Açores, placés en dehors de l'Europe, le Ténare et l'axe volcanique qui ont servi à installer le réseau, M. Pouyanne trouve que, sur les 18 systèmes qui restaient, 4 appartiennent aux trois premières séries.

Ce calcul montre donc que l'application, faite par M. Elie de Beaumont du réseau pentagonal aux accidents géologiques de l'Europe centrale et occidentale, reste bien au-dessus de cette objection, que le grand nombre des cercles considérés pourrait donner une telle facilité de représenter les phénomènes naturels, que la valeur de l'introduction du réseau pentagonal dans la question serait presque annulée.

Dans la prochaine leçon, qui sera la dernière, j'examinerai la manière dont M. Elie de Beaumont a cru devoir adapter le réseau pentagonal à l'ensemble des accidents de la surface terrestre, et je discuterai quelques-unes des confirmations de la méthode, et aussi des objections qui lui ont été faites.

Je voudrais terminer celle-ci par quelques mots sur la notion du *poids des cercles*, et enfin par de courtes considérations théoriques par lesquelles M. Elie de Beaumont a cherché à expliquer comment on pourrait se rendre compte des circonstances qui ont pu produire la réalisation du réseau pentagonal à la surface du globe.

Le réseau pentagonal divise la surface de la sphère en 120 triangles rectangles scalènes égaux et symétriques deux à deux. Un point quelconque pris dans l'intérieur d'un de ces triangles a son homologue dans tous les autres, d'où il résulte qu'il y a toujours, sur la surface de la sphère, 120 points d'une espèce déterminée quelconque ; il y a, par exemple, 120 points C.

Néanmoins, il y a des exceptions apparentes, par exemple, pour les points placés à la limite de deux triangles ; ils appartiennent à la fois aux deux triangles, de sorte qu'il n'y aura que 60 de ces points, ainsi points T, *a*, *b*.

Mais, chacun de ces points pourra être considéré comme *double*, et comme résultant de la réunion, à la limite, de deux points qui, placés symétriquement dans deux triangles contigus, se sont rapprochés de manière à se confondre.

Ainsi les points T, les 60 points *a*, les 60 points *b*, peuvent être considérés comme représentant 120 points T, 120 points *a*, et 120 points *b*, qu'on peut supposer placés deux à deux à des distances infiniment petites.

De même chacun des 30 points H, placé à la réunion des angles droits de six triangles scalènes, peut être décomposé en 4 points H.

Chaque point I, situé à la réunion des angles de 60° de six triangles rectangles scalènes, peut être décomposé en 6 points I.

Chaque point D, situé à la réunion des angles de 36° de six triangles rectangles scalènes, peut être décomposé en dix points D.

En appliquant ce principe de classification, et en faisant les calculs nécessaires, M. Elie de Beaumont arrive aux nombres suivants pour représenter le poids d'un cercle du réseau.

De son côté, M. Pouyanne a repris la question un peu différemment, et il arrive à des résultats qui diffèrent sensiblement de ceux de M. Elie de Beaumont.

Voici les deux appréciations pour les quatre séries de cercles principaux :

Poids des cercles.	Elie de Beaumont.	Pouyanne.
Poids total du réseau.	»	68.055
Primitif.	1.164	921
Octaédrique	540	864
Dodécaédrique régulier.	360	840
Dodécaédrique rhomboïdal.	152	216
Bissecteur I. H.	»	48
Bissecteur D. H	40	40
Hexatétraédrique $H\,b.\,T.\,T.\,b,\,H\,T\,b\,b\,T.$	»	60
$H\,a\,T\,T\,a.$	52	60
$H\,b\,a\,a\,b.\,H\,a\,b\,b\,a.$	32	32
$H\,a\,a.$	16	16

Cette notion des poids relatifs des cercles du réseau ne peut que nous affermir dans la pensée que le véritable et sûr moyen de montrer les rapports entre les accidents généraux de la surface du globe et les éléments du réseau pentagonal, sera de chercher, autant que possible, à représenter théoriquement les premiers par des cercles pris parmi les plus importants du réseau.

Il est évident, en effet, que ces derniers sont plus intimement liés que les autres à la symétrie pentagonale, et lui rattachent bien plus directement le système naturel des fissurations du globe.

Il est d'ailleurs naturel, sans attacher une importance absolue aux considérations qui vont suivre, de se demander comment on pourrait, d'une manière générale, s'expliquer l'établissement de ces grands cercles comme représentation des grandes lignes d'accidentation terrestre.

« Bien que nous nous soyions jusqu'à présent abstenus,
« dit M. Elie de Beaumont, de toute considération théo-
« rique, il semble naturel de se demander s'il n'est pas
« possible de justifier par des remarques *à priori*, l'éta-
« blissement d'un système régulier, comme le réseau pen-
« tagonal.

« D'abord, tous les phénomènes se passant sur la surface
« d'une sphère, s'ils ne se sont pas produits d'une ma-
« nière quelconque et indéterminée, la loi qui les régit
« doit être liée avec les propriétés géométriques de la
« sphère et il est naturel de penser que ce sera l'arrange-
« ment le plus symétrique, et en quelque sorte, exigeant
« le moins d'efforts, qui se sera réalisé.

« Or, c'est ce qui arrive pour le *réseau pentagonal*.

« Considérons l'effet de la contraction que la *masse*
« *interne* du globe a éprouvée de siècle en siècle, par suite
« de son *refroidissement progressif*. Cette contraction,
« quoique tendant à déterminer sur l'écorce du globe une
« compression et non un écartement, produit cependant
« des effets analogues à ce qui se passe dans le basalte
« qui, en se refroidissant, se divise en prismes, à 3, 4, et
« plus souvent à 6 faces. Dans le cas du basalte, qui par
« les dimensions mêmes des phénomènes peut être consi-

« déré comme se refroidissant dans un plan, les prismes
« ont 3, 4, ou 6 faces ; parce que le triangle équilatéral,
« le carré et l'hexagone régulier sont les seuls polygones
« réguliers qui soient susceptibles de couvrir un plan de
« parties toutes égales entre elles.

« Mais ces conditions de symétrie changent quand on
« passe du plan à la sphère.

« Nous avons montré qu'une surface sphérique, à cause
« des excès sphériques, n'est pas divisible en hexagones
« réguliers, ni en carrés ; et qu'elle ne peut être divisée
« qu'en *triangles équilatéraux*, en *losanges réguliers*, et en
« *pentagones réguliers*.

« Et de même que, sur le plan, l'*hexagone* est le poly-
« gone qui a le plus *grand nombre de côtés*, et le péri-
« mètre minimum, le pentagone, sur la sphère, ayant les
« mêmes propriétés, y joue précisément le même rôle que
« l'hexagone régulier dans le plan.

« De sorte que, les quinze grands cercles qui divisent la
« sphère en douze pentagones réguliers jouissent d'une
« propriété de *contours minimum*, qui en fait le système
« de lignes de *plus facile écrasement*. Si tous les ridements
« de l'écorce terrestre s'étaient produits simultanément,
« ces quinze cercles se seraient peut-être dessinés seuls :
« mais, comme la production des différents systèmes de
« montagnes a été successive, les cercles octaédriques,
« dodécaédriques et autres, ont été probablement les inter-
« médiaires nécessaires, pour passer de l'un à l'autre des
« cercles fondamentaux.

« Tout ensemble, ajoute M. Elie de Beaumont, constitue
« peut-être comme une sorte de *clavier*, sur lequel la
« nature, toujours en action, exécute, depuis que le
« globe terrestre a commencé à se refroidir, une sorte
« d'harmonie séculaire. »

Le réseau pentagonal étudié et connu, après avoir constaté d'une manière générale la similitude ou l'analogie des angles qu'il contient avec ceux qui avaient été donnés par la discussion des observations de direction, et par conséquent, la grande probabilité que ces cercles s'appliqueraient à la représentation de ces directions; il fallait l'installer d'une manière définitive, de manière à désigner, parmi les cercles principaux auxiliaires du réseau pentagonal, celui qui devait représenter chaque système de montagnes.

La considération des valeurs des angles ne suffisait pas pour y parvenir; car, chaque valeur d'angle des cercles donnés par l'observation pouvait être rapprochée, en général, de plusieurs valeurs d'angles tirées du réseau, qui en différaient toutes de quantités inférieures aux erreurs possibles des observations.

Ces valeurs se rapportaient à des parties du réseau très-différentes les unes des autres, et leur adoption aurait placé le réseau dans des positions tout à fait dissemblables sur la surface du globe. C'était un dédale à peu près inextricable, et dont il aurait été très-difficile de sortir, même après avoir calculé un nombre extrêmement considérable d'angles formés par les cercles du réseau.

Il y avait là une donnée première à chercher qui n'était comprise, ni explicitement ni implicitement, dans la notion abstraite du réseau pentagonal.

Il fallait trouver, au milieu des irrégularités infinies des accidents orographiques, un point de départ assuré pour placer la figure parfaitement régulière du réseau pentagonal dans la position précise où elle a présidé à leur production.

M. Elie de Beaumont, arrêté d'abord par cette difficulté, imagina de la tourner par un expédient, en quelque sorte,

mécanique. Il pensa que, si les lois de la symétrie pentagonale étaient réellement empreintes dans les formes orographiques qui accidentent l'écorce terrestre, les quinze
grands cercles primitifs du réseau devaient en représenter,
en quelque sorte, la forme primitive, et les autres grands
cercles principaux les formes dérivées les plus importantes,
et que, si on mettait en regard l'un de l'autre un globe
terrestre et un réseau pentagonal réduit à ses cercles principaux, on devrait pouvoir, à la simple vue, saisir entre
eux des rapports qui conduiraient à trouver la position
dans laquelle le réseau est réellement en harmonie avec
les configurations géographiques ; que, si une représentation du réseau pentagonal était promenée sur la surface
d'un globe terrestre on parviendrait bientôt à saisir, entre
les cercles principaux du réseau et les grandes configurations orographiques, des relations qui permettraient de
mettre le réseau à sa place, à la suite de quelques essais.

En conséquence, il plaça sur un globe de 50 centimètres
de diamètre un *filet mobile* (en fils de soie), composé en
principe de vingt mailles ayant chacune la forme d'un
triangle équilatéral de la grandeur voulue pour que le filet
s'applique exactement sur la surface sphérique et l'embrasse avec une rigoureuse précision. Puis, sans compléter
d'abord entièrement le réseau, il y ajouta les cercles et
portions de cercles nécessaires pour en rendre la forme et
les principales applications faciles à comprendre et à
exécuter.

Il y figura, outre les *grands cercles primitifs*, auxquels
appartiennent les côtés des vingt triangles équilatéraux,
une partie des autres cercles principaux du réseau, des
octaédriques, des *dodécaédriques réguliers*, des *dodécaédriques rhomboïdaux*, et même *quelques cercles auxiliaires*. Les
cercles étaient liés entre eux d'une manière invariable,

mais leur ensemble était mobile sur la surface du globe. Quelques tâtonnements préliminaires le conduisirent à installer tout simplement le réseau sur le triangle trirectangle, ou à peu près tel, qu'il avait trouvé être formé par les grands cercles de comparaison provisoires des systèmes du *Ténare*, de l'axe *volcanique* de la *Méditerranée*, et de la *grande traînée volcanique* des *Andes et du Japon*. Ce triangle se trouvait représenté par un *grand cercle primitif* (Ténare) et par deux *dodécaédriques rhomboïdaux*. Un point T coïncidait avec l'Etna, un centre de pentagone tombait vers le milieu l'Allemagne, et le grand cercle primitif, qui passait à l'Etna, touchait le Vésuve, et allait passer au Monna Roa, dans les îles Sandwich. On pouvait voir, d'un coup d'œil, qu'installé de cette manière, le réseau s'adaptait assez heureusement, et même avec des circonstances d'une précision singulière, qu'il était difficile de considérer comme fortuites, à la structure de la surface entière du globe.

M. Elie de Beaumont présenta ce réseau ainsi installé à l'Académie des sciences dans la séance du 9 septembre 1850, accompagné d'une *Note sur la corrélation des directions des différents systèmes de montagnes*, qui a été imprimée dans les *comptes-rendus*, tome **XXXI**, page 325, et qui a été développée dans la *Notice sur les systèmes de montagnes*.

Une étude attentive, poursuivie au moyen de réseaux funiculaires, établis sur différents globes et de constructions correspondantes, exécutées sur un grand nombre de cartes, ayant confirmé M. Elie de Beaumont dans le choix de l'installation qui vient d'être indiquée, il n'hésita plus à la traduire en chiffres.

La position du réseau était déjà fixée par la coïncidence d'un point T avec l'Etna et par la direction du grand cercle primitif, qui de ce point allait passer au Monna Roa, mais, il la fixa plus explicitement encore, en annonçant que le centre du pentagone, qui embrasse l'Europe, était situé par lat. 50° 46′ 3″ 08 N, long. 8° 53′ 31″ 08 E de Paris, et que l'orientation, en ce point, de l'un des côtés des vingt triangles équilatéraux était N 13° 9′ 41″ 03. O.

Ces trois chiffres déterminaient implicitement la position de tous les points du réseau pentagonal. Ils permettaient de calculer pour chacun d'eux sa latitude, sa longitude, et l'orientation des cercles qui y passent, en se servant des valeurs, déjà calculées pour beaucoup d'entre eux, des arcs et des angles qui lient mutuellement, de proche en proche, tous les points du réseau.

DIX - NEUVIÈME LEÇON.

Les travaux scientifiques de M. Élie de Beaumont. — Le réseau pentagonal.

Messieurs,

Dans les dernières leçons, j'ai cherché, autant que la chose était possible en un si court espace, à vous donner une idée juste et suffisamment complète de l'œuvre considérable et toujours originale, dans sa variété, à laquelle M. Elie de Beaumont a attaché son nom. J'ai, en particulier, consacré nos deux dernières séances à l'étude des deux grands sujets, d'ailleurs connexes (les *système de soulèvement* et la conception du *réseau pentagonal*), qui constituent un ensemble dont on peut dire qu'il s'est occupé, depuis le moment où il a commencé à penser par lui-même en géologie, jusqu'à son dernier instant.

Malgré la difficulté, que vous avez appréciée, de résumer en quelques pages une telle somme de travaux et d'efforts, j'espère du moins vous avoir indiqué avec quelque netteté les traits principaux et caractéristiques de la méthode proposée par M. Elie de Beaumont, pour représenter systématiquement l'ensemble des fractures et des accidents dont la croûte extérieure de notre globe a été successivement le théâtre. Puis le réseau théorique constitué et étudié dans toutes ses proprietés, je vous ai exposé les considérations qui avaient amené l'auteur à choisir

pour son adaptation définitive à la surface terrestre la
position suivante : un point T (dont j'ai défini les caractères
dans la symétrie du réseau) tombait sur le sommet de
l'Etna, de telle manière que, des deux grands cercles principaux qui s'y coupent à angle droit, l'un, *dodécaédrique
rhomboïdal*, réunît l'Etna et Ténériffe, formant ainsi l'*axe
volcanique de la Méditerranée*, et l'autre, *primitif du Ténare*,
joignît ce même sommet de l'Etna aux îles Eoliennes, au
Vésuve et au Mowna-Roah. D'où résultait, comme conséquence nécessaire, qu'un troisième grand cercle principal
du réseau, *dodécaédrique rhomboïdal* et *axe volcanique du
Pacifique*, coupant les deux premiers aussi à angle droit,
constituait avec eux un triangle trirectangle autour duquel
se coordonnaient une très-grande partie des évents volcaniques de l'époque actuelle.

Il serait superflu d'insister sur la symétrie tout exceptionnelle que présente une telle combinaison de grands
cercles, et sur les rapports tout à fait singuliers qui la lient
avec l'ensemble des fractures qui donnent encore issue
aujourd'hui aux matières gazeuses ou liquéfiées de l'intérieur.

Ces considérations générales justifiaient donc le choix de
cette position du réseau : position qui, dans la pensée de
l'auteur, ne pouvait plus être changée par les travaux ultérieurs que d'une quantité extrêmement faible.

Le réseau pentagonal, inspiré à son auteur par le rapprochement synthétique des observations directes, puis
étudié dans sa symétrie propre, et enfin adapté à la surface
du globe, il fallait, par un procédé inverse et par voie
analytique, c'est-à-dire supposant le problème résolu, se
demander si la solution proposée était bien la véritable, et,
pour cela, il fallait rechercher si le parcours des principaux cercles du réseau représentait bien, à la surface du

globe, le plus grand nombre des accidents de cette surface.

C'est ce qu'a fait M. Elie de Beaumont.

Il serait ici d'une impossibilité absolue de suivre l'auteur dans ce travail anatomique, où il compare minutieusement le réseau théorique et les innombrables points intéressants de la surface terrestre que ce réseau doit représenter. Dans son *Rapport sur les progrès de la stratigraphie,* publié en 1869, il suit ainsi sur le globe, en premier lieu, les 31 cercles de premier ordre du réseau, savoir : les 6 dodécaédriques réguliers, les 10 octaédriques, les 15 primitifs ; puis, les deux dodécaédriques rhomboïdaux que j'ai mentionnés tout à l'heure, c'est-à-dire l'axe volcanique de la Méditerranée et l'axe volcanique du Pacifique ; enfin, six autres cercles du réseau qui lui paraissent très-remarquablement placés : en tout, trente-neuf monographies.

Il ajoute qu'il aurait pu facilement prouver, pour trente-cinq autres cercles dont la position et le cours ont été calculés, que chacun de ces cercles s'adapte aux accidents de l'écorce terrestre, s'harmonise avec certaines configurations géographiques, et se trouve jalonné avec une précision plus ou moins grande par un certain nombre de points définis. Il pense enfin qu'il était déjà en mesure de montrer cent cinquante-neuf cercles, dont l'adaptation aux accidents de l'écorce terrestre est évidente, au moins pour le plus grand nombre.

Voilà où l'œuvre en était lorsque M. Elie de Beaumont a été enlevé si brusquement à la science, à sa famille, à ses amis, à ceux qui s'honoraient de s'appeler ses disciples.

De tous les travaux de l'illustre géologue, c'est celui qu'il est manifestement le plus difficile de juger. On peut dire que, pour ce corps de doctrines, la postérité n'a pas encore commencé. Pourtant, aucune de ses œuvres n'a été si vivement, si violemment attaquée. Et cela s'explique par la nature même du sujet. Tel des adversaires résolus de M. Elie de Beaumont, qui faisait respectueusement le tour de ces belles études d'analyse cryptoristique, qui, comme des tours bien gardées, se défendaient d'elles-mêmes par l'âpreté des recherches qu'elles avaient exigées, et, comme conséquence nécessaire, par la multiplicité des travaux qu'eût exigée leur attaque, se trouvait plus à l'aise devant un ensemble beaucoup plus étendu de faits et de considérations, dont quelques-unes, par cela même qu'elles impliquaient un *postulatum*, une idée théorique, semblaient plus accessibles à la discussion.

Malgré la réserve que demande un pareil sujet, il me paraît impossible de ne pas examiner les principales objections qui ont été faites à la conception du réseau pentagonal, en vous disant très-sincèrement, messieurs, ma propre opinion.

Et d'abord, ces monographies, que je viens de citer, du cours particulier de chaque cercle du réseau sont-elles aussi intéressantes à suivre et aussi probantes que le pensait M. Elie de Beaumont? C'est une question qui peut rester douteuse.

En effet, comme vous pouvez vous en assurer par les exemples qu'il cite dans son *Rapport*, l'auteur du système ne se contente pas de noter, sur le parcours de ces cercles, les circonstances qui pourraient se lier à une seule donnée conséquente avec elle-même, comme seraient, par exemple, les accidents stratigraphiques relatifs à une même époque de soulèvement, ou, ce qui revient au même dans la méthode de M. Elie de Beaumont, relatifs au redressement d'un même terrain géologique, comme seraient encore des accidents, tous empruntés à l'histoire éruptive du globe ; il énumère, au contraire, toutes les circonstances singulières, quel que soit leur caractère, que rencontre sur son passage chacun des cercles qu'il étudie.

Il en résulte que, comme on lit dans un récent ouvrage, dont l'auteur a réuni toutes les objections qui ont été faites à la conception du réseau pentagonal : « M. Elie de Beau-« mont fait entrer en ligne de compte les chaînes, les « chaînons, les sommets, les volcans, les failles, les filons, « les vallées, les croisements et les terminaisons des « chaînes, les falaises et les rivages maritimes, les golfes, « les îles, les promontoires, les confluents des cours d'eau « et même l'emplacement des grandes villes et des châ-« teaux forts. » Pour être juste, il faudrait reconnaître que ces deux dernières circonstances ne sont énumérées que lorsque, comme il arrive si fréquemment, ces ouvrages humains ont été placés en des lieux remarquables au point de vue des conditions naturelles.

On peut néanmoins, à mon avis, reprocher à M. Elie de Beaumont cette mention faite de tous les accidents topographiques qui jalonnent sur le globe le cours d'un même cercle ; car, ces accidents ayant pu se déterminer à des époques très-différentes, leur accumulation sur une même direction ne cadre pas avec la conception primitive de la coïncidence entre une orientation déterminée et l'âge du soulèvement qui a affecté cette orientation.

D'un autre côté, un appel trop fréquent à la loi de la récurrence des directions, tout en restant parfaitement fidèle à l'idée du réseau pentagonal, réellement ou virtuellement établi sur le globe par un grand phénomène mécanique initial, annulerait entièrement cette concordance entre l'orientation d'un système et l'âge des roches soulevées.

D'autres objections ont été faites à la méthode du réseau pentagonal :

« On s'attend à trouver, dit-on, la surface terrestre
« divisée par les *lignes naturelles*, comme un parquet de
« marqueterie, et l'on n'observe qu'irrégularité et confu-
« sion. Ici les montagnes sont entassées comme Pélion et
« Ossa, et leurs ramifications enchevêtrées offrent l'image
« du chaos ; plus loin, on cherche vainement la moindre
« ride, la moindre fissure, le moindre accident stratigra-
« phique apparent à la surface de plaines grandes plusieurs
« fois comme la France. Si l'on étudie de plus près la direc-
« tion des chaînes et la disposition de leurs embranchements
« et de leurs chaînons, rarement observe-t-on quelques
« indices de régularité, et, le plus souvent, la ligne courbe
« remplace la ligne droite ou la ligne brisée. Comment
« alors déterminer une orientation ? »

Ces objections, en réalité, ne portent pas sur la méthode
de M. Elie de Beaumont, mais sur les conclusions tirées
par les géologues les plus éminents, depuis les plus anciens
jusqu'à nos contemporains, de l'étude attentive, de l'analyse anatomique des éléments des montagnes. S'il est vrai
que l'on n'observe « à la surface terrestre » qu'irrégularité
et « confusion » ; si les montagnes y sont entassées comme
Pélion sur Ossa, et si leurs ramifications entrelacées offrent
l'image du chaos ; si enfin, en étudiant de plus près la
direction des chaînes, on n'y observe que rarement
quelques indices de régularité, et si, le plus souvent, la
ligne courbe y remplace la ligne droite ou la ligne brisée,
il faut rayer d'un trait (pour ne citer que les morts, et,
parmi eux, seulement les plus célèbres) les travaux stratigraphiques de Sténon, de Pallas, de Saussure, de Werner,
de Humboldt, de Léopold de Buch, de Mérian, de
Freisleben, de Fr. Hoffmann, de Murchison, de Verneuil,
de La Bèche, de Sedgwick, de Buckland, d'Agassiz, de
Thurmann, de Fournet, de Dumont... (je m'arrête, car

l'énumération pourrait être longue encore), qui tous ont reconnu que si l'étude des accidents orographiques offre au premier abord, comme toutes les études que nous pouvons faire ici-bas sur les phénomènes naturels, *irrégularité, confusion et chaos*, à mesure qu'on s'y plonge davantage et qu'on l'approfondit, on y découvre peu à peu les preuves de l'ordre que Dieu a mis partout en ce monde ; que, dans ce qui semblait l'image du chaos, se révèle une admirable régularité ; que, lorsque Pélion s'y entasse sur Ossa, c'est en suivant certaines lois de superposition ; que la constance de directions déterminées s'y manifeste à chaque pas, et qu'enfin ce qu'un œil superficiel prendra pour une ligne courbe n'est en réalité qu'une ligne brisée et la réunion d'éléments rectilignes, d'orientations parfaitement définies.

Tous ces théorèmes et leurs innombrables applications se trouvent dans les écrits des savants géologues que je viens de citer.

Une autre objection, et c'est celle qui est le plus souvent répétée, est celle-ci : « Les mailles du réseau pentagonal
« sont tellement serrées, et les orientations y sont si mul-
« tipliées (sans parler des innombrables cercles auxiliaires
« qu'on pourrait légitimement y introduire) qu'il est
« presque impossible de tracer au hasard sur le globe une
« ligne qui ne tombe dans quelque direction prévue, ou
« qui s'en écarte plus que certaines chaînes ne s'écartent
« du cercle de comparaison auquel on les rapporte... On
« est donc porté à croire que, s'il eût été installé de toute
« autre manière, le réseau pentagonal aurait également
« cadré avec un grand nombre d'accidents du sol. »

Ici, il faut distinguer.

Lorsqu'on parle de tous les cercles qu'il serait possible de tracer sur la sphère conformément à la symétrie pentagonale, le mot *innombrable* ne suffit pas. C'est le mot *infini* qui est le seul vrai. Mais, si c'était une objection sérieuse, il faudrait aussi l'appliquer au système cristallographique de Haüy, puisque là, comme dans la définition d'un des cercles du réseau, il suffit, pour obtenir une forme secondaire *possible*, que les plans modificateurs de l'arête où de l'angle solide soient semblablement placés par rapport aux éléments semblables de la forme primitive. En raisonnant de cette façon, on arriverait à prouver que, toutes les modifications qu'on pourrait imaginer de cette forme primitive pouvant être réalisées par la méthode des décroissements de Haüy, son système est entièrement illusoire.

Mais, de même que, la méthode générale une fois posée, Haüy remarque que, parmi le nombre infini de formes secondaires que la nature pourrait réaliser d'après la loi des décroissements, elle n'en présente, en réalité, qu'un nombre très-limité, dérivant des rapports les plus simples, de même, dans l'application du réseau pentagonal aux accidents de la surface du globe, le géologue devra surtout employer les cercles qui dérivent avec une symétrie assez grande des lois de ce réseau.

Il faut donc que, d'une manière générale et à part quelques cas particuliers, il se borne à utiliser les 121 cercles principaux ou semi-principaux : savoir, les 15 primitifs, les 10 octaédriques et les 6 dodécaédriques réguliers, d'un côté ; et, de l'autre, les bissecteurs, c'est-à-dire les bissecteurs de l'angle droit ou dodécaédriques rhomboïdaux, secteurs de l'angle de 60 degrés et les bissecteurs de l'angle de 36 degrés.

Or, en admettant les nombres que M. Pouyanne a calculés pour les *poids* respectifs du réseau total et des cercles principaux ou semi-principaux, le poids total du réseau étant évalué à 68,055,

Le poids des 15 primitifs donne	13 855
Celui des 10 octaédriques	8 640
Celui des 6 dodécaédriques réguliers . .	5 040
Celui des 30 dodécaédriques rhomboïdaux.	6 480
	34 015

Ainsi, le poids des cercles des trois premiers ordres fournit déjà la moitié du poids total ; et, si l'on y ajoute le poids des 60 bissecteurs qui forment le quatrième ordre (2640), on obtient, pour les quatre premiers ordres, le poids total de 36 755.

A mon avis, la pierre de touche de la méthode doit consister à employer exclusivement, au moins pour le moment, les soixante et un premiers grands cercles du réseau, et si, au moyen de ces grands cercles on ne parvient pas à représenter une grande partie des accidents de la surface du globe, on pourra critiquer à ce point de vue la méthode elle-même.

M. Pouyanne a déjà fait remarquer que si, des vingt-deux systèmes de montagnes représentés sur la surface de l'Europe au moyen du réseau pentagonal, on fait abstraction de deux (systèmes du Hundsrück et des Alpes occidentales) qui n'appartiendraient qu'à des hexatétraédriques du cinquième ordre, des vingt systèmes qui restent, six appartiennent aux cent vingt et un premiers cercles du réseau, tandis que le calcul des probabilités n'en indiquerait qu'un seul : l'application, faite par M. Elie de Beaumont, du réseau pentagonal aux accidents géologiques de l'Europe centrale et occidentale reste donc bien au-dessus de l'objection que le grand nombre des cercles considérés pouvaient donner une telle facilité de représenter les phénomènes naturels, que la valeur de l'introduction du réseau pentagonal dans la question serait presque annulée.

Dans le livre auquel j'emprunte le résumé de toutes les objections faites au réseau pentagonal, je trouve encore celle-ci, relative à la question de savoir si le système des Alpes principales et l'axe volcanique de la Méditerranée, dont les orientations, rapportées à l'Etna, diffèrent très-peu, sont représentés par le même cercle du réseau ou par deux cercles différents.

L'auteur du système avait changé deux fois d'opinion à cet égard. Dans sa première pensée, les deux cercles étaient distincts ; puis, de grandes analogies, et surtout le petit angle qu'ils font entre eux à l'Etna, l'avaient conduit à les identifier. Plus tard, revenant à sa première opinion, il les considéra de nouveau comme deux cercles distincts.

M. Vézian, professeur à la Faculté des sciences de Besançon, dans son *Prodrome de géologie*, plus touché des analogies que des dissemblances, s'arrête à la seconde opinion de M. Elie de Beaumont, et identifie les deux cercles, dans leur direction comme dans leur âge d'apparition.

Partant de là, l'auteur du livre dont je parle s'écrie : « S'il est vrai que les théories se jugent à l'usage, que « penser d'une doctrine si élastique et en même temps « d'une application si difficile : qui autorise de pareils « tâtonnements, qui se contente de tels à peu près, qui « choisit presque indifféremment, entre deux solutions « contradictoires, la plus conforme à ses provenances ? »

Si cette manière de raisonner était admise dans la science, deux minéralogistes, tout en appliquant les lois de Haüy à leurs observations, ayant trouvé, pour une même substance (la chaux sulfatée), des formes non-seulement différentes, mais incompatibles, on aurait le droit d'en conclure que les lois de Haüy sont inexactes. Les lois sont irréprochables : l'un des deux cristallographes s'était trompé.

Notons que, dans ce dernier exemple, il s'agit de formes géométriques, parfaitement déterminées et calculables : ce qui rend la diversité d'appréciation bien plus grave que dans le cas qui nous occupe, l'auteur remarquant, avec beaucoup de raison, que les accidents géologiques ne sont pas plus susceptibles d'une précision absolue qu'un cristal quelconque n'est irréprochable, ou que deux feuilles du même arbre ne sont semblables.

Et, pour chercher une comparaison empruntée à l'exemple même qui est cité par l'auteur, de ce qu'un botaniste, mesurant la distance d'insertion de deux feuilles d'un végétal, ne trouverait pas des nombres exactement dans les rapports voulus, aurait-on le droit d'en conclure que tout ce qu'on a écrit sur la loi de spirale qui régit ces insertions, au moins dans certains genres, est absolument inexact et non avenu ?

Ce que je viens de dire s'applique aux autres critiques énoncées, dans le même volume, sur les divergences d'opinion relatives soit à l'âge, soit à l'orientation définitive de certains systèmes, ou même à l'indétermination de quelques-uns d'entre eux. M. Elie de Beaumont prend le soin de remarquer à plusieurs reprises cette indétermination, son doute même sur l'existence réelle de plusieurs de ces systèmes.

Tout cela est affaire de temps. La théorie est à peine éclose et l'on voudrait qu'elle eût donné déjà tous ses fruits ! On s'étonne que cette théorie ne soit pas sortie, tout armée, du cerveau de son auteur, comme Minerve du cerveau de Jupiter ?

L'auteur, à qui je réponds ici, adresse enfin des reproches à ce qu'il appelle le *fond de la théorie*. Pour faire apprécier la justesse de cette expression, il me suffira de citer la phrase qui précède le passage, très-court, où

M. Elie de Beaumont présente, avec la plus grande réserve, quelques considérations hypothétiques, qui peuvent rendre compte de l'application du réseau pentagonal aux accidents de l'écorce terrestre : « Bien que nous nous soyons, dit-il, « jusqu'à présent abstenu de toute considération théorique, « il semble naturel de se demander s'il n'est pas possible « de justifier, par des remarques *à priori*, l'établissement « d'un système régulier, comme le réseau pentagonal. »

Partant alors de ce fait que, les phénomènes se passant à la surface d'une sphère, s'ils ne se sont pas produits d'une manière quelconque et indéterminée, la loi qui les régit doit être liée avec les propriétés géométriques de la sphère ; « il est naturel, ajoute-t-il, de penser que ce sera « l'arrangement le plus symétrique et, en quelque sorte, « exigeant le moins d'efforts, qui se sera réalisé ». Et, comparant la contraction que la masse interne du globe a dû éprouver par suite de son refroidissement progressif à ce qui se passe lorsque des prismes de trois, quatre et six faces se produisent dans une masse de basalte, subissant aussi un refroidissement, il conclut que, de même que, dans ce cas, il devra surtout se produire l'hexagone, parce que, parmi les polygones réguliers qui peuvent couvrir une surface plane, l'hexagone est doué du plus grand nombre de côtés et d'un périmètre minimum, dans le cas de la sphère il devra se produire le pentagone régulier, qui jouit des mêmes propriétés.

On voit qu'il est impossible de présenter une hypothèse avec plus de réserve. Et non-seulement cette hypothèse n'est pas le *fond de la théorie*, mais ici, comme dans la discussion de toute grande question scientifique, il est élémentaire que, des faits étant supposés connus, les rapports qui lient ces faits étant supposés démontrés, ces faits et ces rapports restent acquis, indépendamment de la cause qu'on leur attribue : cette cause pouvant même revêtir des formes diverses dans l'esprit du savant qui expose, comme dans l'esprit du savant qui écoute, sans que les faits ou leurs rapports en soient altérés.

Jamais l'hypothèse proposée n'a constitué le *fond d'une théorie*. Le fond d'une théorie, un certain nombre de faits étant observés et leurs variations ayant été constatées, c'est la loi qui régit ces variations. Assurément, l'attraction newtonienne est une théorie; cependant, elle n'implique aucune hypothèse nécessaire. De même, la théorie de Haüy ne consiste point dans son hypothèse des *décroissements*, mais dans les deux lois fondamentales qui lient la forme primitive aux formes secondaires.

Voyons, au moins, si le critique s'est bien rendu compte lui-même de l'hypothèse. Il ne le semble pas. Je cite, en effet, textuellement son livre : « Si le globe terrestre était « une matière homogène, appartenant à une seule espèce « minéralogique, on comprendrait, dit-il, à la rigueur, « qu'en se refroidissant il eût pris la forme d'un cristal dé- « rivé du système cubique, et que les arêtes en eussent « été orientées avec une précision mathématique. » Ai-je besoin de faire remarquer que l'auteur s'est mépris complétement sur la pensée de M. Elie de Beaumont : que, non-seulement celui-ci n'a jamais présenté la terre comme un immense cristal à arêtes courbes ; mais que le phénomène du retrait du basalte n'est nullement, comme le reconnaît plus loin l'auteur, un phénomène de cristallisation ? Il y a, tout au moins, dans ces deux interprétations si différentes de la même hypothèse, une confusion regrettable. Si l'une est vraie, l'autre est fausse ; et elles ne peuvent pas subsister de concert.

Je ne répondrai pas, d'ailleurs (et je le ferais, je crois, avec succès), aux critiques adressées à l'hypothèse elle-même, par la bonne raison qu'avant de songer à discuter l'hypothèse proposée pour expliquer les faits, il faut d'abord s'assurer de l'exactitude des faits eux-mêmes. Or, c'est ce que nous cherchons avec la plus grande bonne foi et le plus grand désir d'être justes et impartiaux. Et ce serait manifestement prendre le change sur les véritables intentions de M. Elie de Beaumont que d'attacher plus d'importance à une hypothèse qu'il présente avec toute réserve, qu'au *fond* même *de sa théorie*, qui est l'adaptation du réseau pentagonal aux accidents de l'écorce terrestre.

Mais, ainsi que je l'ai dit précédemment, il faut commencer nos vérifications par les cercles principaux, et surtout par les quinze cercles primitifs. C'est le conseil que donne implicitement M. Elie de Beaumont lorsqu'il dit, en parlant de lui-même : « Il pensa que, si les lois de la « symétrie pentagonale étaient réellement empreintes dans « les formes orographiques qui accidentent l'écorce ter- « restre, les quinze grands cercles primitifs du réseau « devaient en représenter, en quelque sorte, la forme pri- « mitive, et les autres grands cercles principaux les formes « dérivées les plus importantes. »

C'est la loi que je me suis imposée chaque fois que j'ai eu l'occasion de chercher l'application du réseau pentagonal, soit dans quelques écrits, soit dans les leçons que j'ai professées ici même en 1873. Et c'est ce que je vais faire en quelques phrases tout à l'heure.

M. Elie de Beaumont a discuté lui-même avec un très-grand soin les données qui lui étaient fournies sur la direction des chaînes stratifiées. Le plus grand nombre de ces observations lui ont servi à l'établissement des cercles de son réseau. Et plus tard, dans son *Rapport sur les progrès de la stratigraphie*, il a cité les confirmations de ses conclusions anciennes, ou l'établissement de systèmes nouveaux, depuis l'apparition de sa notice, en 1852. C'est ainsi qu'on trouve les nouveaux systèmes de montagnes proposés, en Europe, par MM. Vézian, de Chancourtois, de Villeneuve-Flayosc, Durocher, Victor Raulin ; en Afrique, par MM. Pomel, Ed. Guillemin ; en Amérique, par MM. Jules Marcou, Durocher et Pissis.

La plupart des travaux qui sont cités dans ce *Rapport* ont trait aux formations sédimentaires. Ce sujet est assurément le plus difficile, le plus compliqué, celui qui demande le plus de recherches ; il est, d'ailleurs, à peu près complétement en dehors de mes études personnelles. Il en est autrement des phénomènes éruptifs, et c'est en cherchant à les bien connaître que j'ai eu l'occasion de confirmer par moi-même, en quelques points, l'application du réseau pentagonal.

Si je vous demande la permission de rappeler rapidement ici mes propres recherches, personne de vous, j'en suis sûr, messieurs, n'y verra quelque présomption de ma part. Chacun de vous se rappellera que, cette partie de l'œuvre de M. Elie de Beaumont étant presque partout aujourd'hui ouvertement critiquée, ou tacitement condamnée, celui qui la défend doit à la mémoire de son auteur de ne s'appuyer que sur des témoignages explicites et volontaires.

Et d'abord, je puis dire qu'une de ces confirmations, je l'ai donnée, en quelque sorte, à l'avance.

Dans un travail publié à la Basse-Terre, en 1843, sur le tremblement de terre qui, le 8 février de cette année, avait détruit la Pointe-à-Pitre, et auquel j'avais assisté, après avoir discuté une à une toutes les indications que j'avais pu recueillir sur la direction principale des secousses, j'établissais que cette direction avait été celle de l'O. N. O. à l'E. S. E., ou sensiblement, l'O. 22° N. à l'E. 22° S. Et je faisais observer dès lors que cette direction diffère peu de celle de la ligne des côtes occidentales de l'Amérique du Sud, le long de laquelle s'était propagée la secousse du 8 février, et qui forme le trait stratigraphique dominant, depuis le cap San-Roque jusqu'à la pointe septentrionale de Cuba. Mais, dix-sept ans plus tard (*Bulletin de la Société géologique*), je pouvais ajouter qu'elle est remarquablement parallèle au grand cercle primitif du réseau pentagonal, qui traverse l'océan Atlantique à égale distance des côtes opposées de l'Afrique et de l'Amérique.

Enfin, dans la même note que je ne puis analyser ici, je montrais que le rôle très-remarquable de ce grand cercle dans les accidents volcaniques actuels est, en quelque sorte, complété par celui d'un second cercle primitif du réseau, qui vient le rencontrer, à angle droit, au point H, situé dans l'océan Atlantique septentrional, par la latitude des Guyanes, et dont le parcours est tout aussi singulièrement jalonné par des traces de phénomènes éruptifs actuels.

« Voilà donc, disais-je, deux grands cercles *conjugués*
« que l'on pourrait appeler les *deux axes volcaniques de*
« *l'Atlantique*, et dont l'influence est bien remarquable
« sur la distribution des volcans et des tremblements de
« terre à la surface du globe. »

Mais ce n'est pas tout. Transportons-nous dans l'Amérique russe ; nous y trouvons un point D, c'est-à-dire le centre d'un des douze pentagones. En ce point convergent, comme on sait, cinq cercles primitifs. Dans la note en question, je suis pied à pied le parcours de chacun d'eux sur le globe, où M. A. Langel a tracé, d'après les données de M. Elie de Beaumont, les principaux éléments du réseau pentagonal, et je montre que non-seulement aucun des cinq cercles n'est étranger aux phénomènes volcaniques, mais qu'en se transportant successivement sur chacun d'eux, on se trouve en rapport avec un très-grand nombre des évents éruptifs actuels.

Si l'on ajoute à ces cinq primitifs, si remarquables à ce point de vue (l'un deux est le *Ténare*, qui réunit le Mowna-Roah des îles Sandwich au Vésuve, aux îles Eoliennes et à l'Etna), les deux primitifs que je viens de citer sous le nom *d'axes volcaniques de l'Atlantique*, le primitif de Valdivia, parallèle à la grande chaîne volcanique du Chili et se confondant avec la côte perpétuellement agitée par les tremblements de terre ; enfin, le primitif de Saint-Kilda. ou du Thuringerwald, qui, sur son parcours, rencontre aussi plusieurs volcans modernes ou centres volcaniques anciens, on arrive à cette conclusion que, sur quinze grands cercles primitifs, neuf, c'est-à-dire les trois cinquièmes, ont la bonne fortune de jalonner ainsi sur leurs cours un très-grand nombre de points où la nature actuelle témoigne encore de l'activité éruptive des forces intérieures du globe. Est-il possible, après cela, de prétendre que les *alignements volcaniques échappent à toute symétrie?*

Pour répondre à une pareille assertion, il suffirait de jeter, comme je l'ai fait il y a déjà près de vingt ans, un coup d'œil sur les volcans centraux du Vésuve et de l'Etna, et de voir comment tous les *plans éruptifs* principaux de chacune de ces bouches volcaniques se confondent avec des directions qui relient le volcan lui-même aux diverses manifestations éruptives anciennes ou modernes qui l'entourent.

On pourrait conseiller aux personnes qui ont du temps à perdre, au lieu de l'employer péniblement à chercher sur la surface du globe un petit cercle parallèle à l'équateur, qui réunisse sur son cours un grand nombre de points remarquables, de se poser de suite le problème, dont la

solution serait bien plus probante contre le réseau pentagonal, de trouver un point de la sphère où cinq grands
cercles, se coupant à angles égaux, réuniraient sur leurs
parcours, ou dans leur voisinage très-proche, les trois
quarts des bouches volcaniques aujourd'hui en activité.
On voit, et c'est par là que je terminerai ces considérations,
que, de même que M. Elie de Beaumont, lorsqu'il a voulu
adapter son réseau pentagonal aux accidents de la surface
du globe, s'est adressé aux grands traits éruptifs actuels,
c'est aussi dans les grandes lignes d'accidents volcaniques
qu'on retrouve les plus remarquables emplois des cercles
primitifs. Je n'hésite point à penser que, dans l'avenir, les
progrès naturels de la conception de M. Elie de Beaumont
se feront beaucoup plus sûrement par la considération des
phénomènes éruptifs que par celle des phénomènes sédimentaires.

En définitive, de toutes ces objections accumulées contre
l'œuvre de M. Elie de Beaumont, deux seules me paraissent porter.

La première est que l'auteur du réseau pentagonal s'est
exagéré, il semble, la précision avec laquelle on peut chercher l'application de ce réseau aux accidents de la surface
du globe. Le système théorique des cercles devait être, en
lui-même, établi et calculé avec la plus grande exactitude.
Mais la nature même des phénomènes mécaniques qu'il
s'agissait de relier ainsi ne comporte peut-être pas une
limite de précision telle que celle que lui demande M. Elie
de Beaumont.

On remarquera, d'ailleurs, que cette objection est toute
à l'avantage de l'application du réseau, puisqu'elle permettrait d'étendre cette application dans des limites que
l'esprit essentiellement exact et précis de l'auteur trouvait
trop larges.

La seconde objection est plus grave et a un caractère absolument opposé. Elle porte à la fois, au contraire, sur la tolérance trop grande qu'on est obligé d'admettre dans l'orientation de certaines directions pour les faire cadrer avec le réseau théorique, et sur la distance, trop grande aussi, de certains arcs de petits cercles qu'on rattache à un même grand cercle de comparaison. Enfin, il y a beaucoup à faire encore pour rendre concordante avec les faits observés la notion du synchronisme des directions parallèles ou perpendiculaires et des formations qui en sont affectées.

Plusieurs de ces désidérata seront sans doute peu à peu comblés par les observations, trop peu nombreuses encore. Mais d'autres constituent de véritables difficultés, inhérentes au système lui-même, et liées au mode de plissement qui a pu affecter la surface sous l'influence des forces, quelles qu'elles soient, qui l'ont déterminé.

En effet, comme l'a remarqué M. Pouyanne dans un très-remarquable mémoire inséré aux *Annales des mines*, il y a deux hypothèses à faire sur la manière dont les déformations de la croûte, résultant du refroidissement, pourraient se traduire à la surface par des accidents réguliers.

En premier lieu, on peut admettre qu'un système de montagnes est dû à un effort longitudinal suivant un grand cercle : effort accompagné d'un certain nombre d'autres, s'exerçant des deux côtés de l'effort principal et dans des plans parallèles au premier. Dans ce cas, il faut admettre que le système se compose d'une ride plus ou moins continue, placée sur un grand cercle, et d'autres rides accessoires, situées à quelque distance de celle-là sur de petits cercles parallèles. C'est la conception primitive de M. Elie de Beaumont.

Mais il y a une seconde hypothèse proposée aussi par

l'auteur de la théorie, et qui consiste à supposer qu'un système de dislocations est constitué par l'écrasement d'un fuseau de la sphère. On pourrait, dans ce cas, concevoir que les accidents se fussent produits à la surface suivant des grands cercles, dont l'ensemble composerait ce fuseau. Les accidents seraient alors comparables à des méridiens et non à des parallèles, comme dans l'hypothèse précédente. Ils seraient donc tous perpendiculaires à un même grand cercle, l'équateur du fuseau écrasé.

On voit aisément qu'à chacune des deux hypothèses correspond un procédé particulier pour transporter une même direction d'un point à un autre de la sphère, et les différences des angles ainsi obtenues pourraient atteindre 2 ou 3 degrés.

Néanmoins, si, dans chaque cas, le grand cercle de comparaison, ou le grand cercle axe du fuseau, a été bien choisi, ces différences entre les angles auront peu d'influence, parce que, les points d'observation étant placés symétriquement de chaque côté du grand cercle médian, les différences de signe contraire s'annuleront mutuellement.

Mais, dans l'application du réseau pentagonal aux accidents de l'écorce terrestre, les deux hypothèses conduiraient à des résultats très-différents. Car, dans le premier cas, l'espace affecté se compose d'une zone de la sphère, dont les deux limites seraient placées symétriquement et à égale distance du grand cercle de comparaison. Dans le second cas, l'espace affecté serait un fuseau, dont les deux extrémités seraient communes à tous les cercles représentant l'accident, lesquels seraient symétriquement placés par rapport au cercle principal, axe du fuseau.

Cette dernière hypothèse, que je me rappelle avoir entendu M. Elie de Beaumont développer dans cette chaire,

comporte elle-même deux cas. On pourrait en effet concevoir que la moitié seulement de la sphère fût ainsi affectée
par l'écrasement : ce qui, dans l'application du réseau pentagonal, expliquerait l'absence de tous les cercles qui cons-
titueraient l'un des fuseaux ; ou bien, les deux fuseaux
opposés peuvent avoir subi l'effet de la contraction. Le
cercle central serait alors jalonné, sinon d'une manière
continue, au moins sur un grand nombre de points de son
parcours, et les autres cercles qui lui sont liés passeraient
d'un fuseau à l'autre, des deux côtés de l'axe, mais pourraient se suivre d'une façon plus ou moins intermittente
sur toute l'étendue de la sphère.

Tels sont les derniers traits que je voulais ajouter à l'exposé du double travail qui a absorbé une si grande partie
des pensées de M. Elie de Beaumont, les *systèmes de montagnes* et le *réseau pentagonal*, par lequel il cherche à
relier tous ces systèmes. En vous montrant la grandeur
de cette conception, je ne vous ai point caché, messieurs,
ce qu'elle me paraît présenter encore d'incomplet, ou plutôt
d'inachevé.

Les hésitations que je viens de vous signaler dans la
pensée de l'auteur lui-même ne peuvent laisser aucun doute
sur ce point, que l'œuvre attend encore de l'avenir un complément, au moins dans les détails. Le temps seul dira
quelles sont les parties de ce vaste édifice qui devront subir
quelques modifications ; mais, dans ma conviction profonde, les bases en resteront inébranlables.

Me voici arrivé, messieurs, à la limite nécessaire de ces
leçons, et cependant, que de traits n'aurais-je point encore
à ajouter à cette esquisse trop rapide de la carrière scientifique de M. Elie de Beaumont ? Comment ne point parler

de son merveilleux talent de discussion? La discussion
scientifique est un des plus beaux fleurons de la couronne
du troponomiste, et elle n'a pas fait défaut à M. Elie de
Beaumont. Quelques-unes de ses discussions écrites sont
des modèles de logique, d'érudition, quelquefois de fine
ironie.

Je ne citerai qu'un seul de ces morceaux achevés; c'est
celui qui a été publié au *Bulletin de la Société géologique de
France* sous ce titre : *Note relative à l'une des causes présu-
mables des phénomènes erratiques; réponse à quelques observations de M. le professeur Al. Mousson et de M. de Charpentier.* M. Elie de Beaumont y défend contre ses deux
savants amis l'hypothèse par laquelle il cherche, dit-il,
dans un *grand dégel géologique* l'une des causes du phénomène erratique.

Il serait impossible, sans entrer dans trop de détails,
d'analyser cet article, dont chaque mot porte juste et droit.
Les savants qui avaient critiqué son hypothèse oubliaient
qu'en attribuant la fusion des neiges, dont les Alpes et les
Pyrénées auraient été couvertes, à des gaz de la nature de
ceux auxquels on rapporte l'origine des dolomies et des
gypses, il entendait parler de gaz comparables à ceux qui
se dégagent dans les éruptions volcaniques, et auxquels
sont dues les averses désastreuses qui dévastent souvent
les flancs et les environs des volcans, c'est-à-dire de courants gazeux composés en très-grande partie de *vapeur
d'eau.* Ils avaient, par conséquent, négligé dans leurs calculs la chaleur latente abandonnée par la transformation de
cette vapeur en eau, et fait en cela abstraction de la cause
principale du dégel erratique. M. Elie de Beaumont ne se
contente pas de leur montrer que la simple condensation
de la vapeur d'eau a pu transformer en eau un poids de
neige ou de g ace presque égal à huit fois le sien. Il ajoute

que l'addition d'acides ou de sels produirait, avec la neige ou la glace, un mélange réfrigérant, qui permettrait à ces corps de rester liquides bien au-dessous de zéro. « Il ne « serait pas nécessaire, dit-il, que le mélange de sels « et d'acides fût très-considérable pour que le courant « produit eût un poids égal à dix fois celui de la vapeur. « Mais ce n'est pas tout encore ; car, s'il y avait de la glace « ou de la neige en excès, le courant devrait en flotter ou « en tenir en suspension, ainsi que nous le voyons si sou- « vent en hiver dans les ruisseaux des rues de Paris, une « certaine quantité dont la température serait abaissée au « même degré que la sienne. On conçoit, d'après cela, « qu'un courant de vapeur sorti des entrailles d'un terrain « couvert de neige a pu souvent donner naissance à un « courant formé d'un poids d'eau, de neige et de glace « égal à *douze* ou *quinze* fois le sien, sans parler des ma- « tières terreuses qui ont pu, en outre, s'y trouver mé- « langées. »

Mais il faudra, sans doute, attribuer à ces vapeurs une température énorme ? Nullement. Les faits et les raisonnements à l'appui amènent, tout au contraire, l'auteur de la Note à conclure que l'hypothèse qui admet que le *dégel erratique* a été produit par des vapeurs à une température peu élevée paraît aussi celle suivant laquelle la nature l'aurait opéré avec la *dépense minimum* de chaleur.

Voilà pour le côté physique et chimique de la question. Mais le temps qu'il a fallu pour ces actions a dû être bien court ? M. de Charpentier parle d'une fusion générale qui, dans cette hypothèse, se serait opérée en *une seconde*. M. Elie de Beaumont n'a aucune peine à réfuter un pareil argument, un *instant géologique* ne pouvant être fixé avec précision, encore moins limité à une seconde.

Puis, vient l'objection de la vitesse qu'aurait dû prendre

un pareil courant. Il faut lire soi-même cette partie de la
Note pour apprécier la logique avec laquelle, s'appuyant
d'un côté sur les beaux travaux de M. Surell relatifs aux
torrents alpins, de l'autre, sur les faits connus d'inondations dues à des phénomènes volcaniques de cet ordre,
rectifiant, enfin, les données topographiques qui avaient
servi de base à ces calculs erronés, l'auteur ramène toutes
les évaluations à des nombres parfaitement acceptables.

D'ailleurs, « en cherchant moi-même, dit M. Elie de
« Beaumont, dans la fusion des neiges et des glaces un
« nouveau moyen de rattacher ces phénomènes (diluviens)
« aux soulèvements des chaînes de montagnes, je n'ai pas
« eu la pensée de les expliquer par les *causes actuelles*, et,
« par conséquent, je ne me suis pas assujetti à ne prendre
« en considération que les effets possibles de la fusion des
« neiges et des glaces accumulées dans un *hiver ordinaire*.
« Chacune des années, pendant lesquelles l'écorce du
« globe s'est hérissée de nouvelles chaînes de montagnes a
« dû être presque aussi anormale au point de vue météo-
« rologique qu'au point de vue géologique, et il me paraî-
« trait assez naturel d'admettre au nombre des anomalies
« météorologiques qu'elle a dû présenter la production
« d'une quantité extraordinaire de pluie pendant l'été et
« de neige pendant l'hiver..... Je ne puis donc m'effrayer
« de voir établir que, pour expliquer les courants dilu-
« viens, il faut recourir à des hypothèses considérables,
« et je ne puis que rendre hommage à la justesse d'une
« pareille déduction. »

En terminant, et après avoir rappelé que le célèbre
auteur de la fusion du calcaire en vase clos, sir James
Hall, avait déjà proposé, pour expliquer les phénomènes
diluviens, une hypothèse analogue à celle qu'il soutient,
M. Elie de Beaumont ajoute que le *point délicat de la ques-*

tion est de savoir comment une quantité d'eau suffisante a pu se trouver rassemblée aux points de départ des courants diluviens, de ceux qui ont parcouru les plaines aussi bien que de ceux qui ont sillonné les montagnes.

Cette conclusion me rappelle involontairement une remarque, aussi juste qu'humoristique, que je dois à M. Sartorius de Waltershausen. Le savant qui a publié la magnifique carte de l'Etna que tout le monde connaît, dans un entretien, où sir Charles Lyell s'efforçait de lui expliquer comment l'immense cavité du Valle del Bove était due uniquement à l'action des eaux qui s'y étaient précipitées du sommet de la montagne, se contenta de répondre : « Eh bien ! il faut que les choses aient considérablement « changé depuis lors ; car, pendant les longs séjours que « j'ai faits sur le massif de l'Etna, j'avais toutes les peines « du monde à me procurer l'eau suffisante à étancher ma « soif. »

La question qui, incontestablement, a le plus souvent amené M. Elie de Beaumont sur la brèche, soit dans ses écrits, soit dans des discussions orales, est celle des *cratères de soulèvement.*

Je vous ai déjà exposé, messieurs, avec des détails suffisants, la part que M. Elie de Beaumont a prise, soit seul, soit avec la collaboration de M. Dufrénoy, à l'élucidation de cette célèbre théorie, dont l'origine remonte aux deux voyages d'Alexandre de Humboldt et de Léopold de Buch aux îles Canaries.

Vous avez vu quelle somme de travail M. Elie Beaumont a mise au service de cette question, qui a tant préoccupé nos prédécesseurs. Encore, n'ai-je point fait mention des pièces qu'il a publiées, et qui résument les discussions auxquelles prirent part alors les géologues les plus éminents. Quelques-unes de ces pièces sont très-remarquables par la puissance de logique et la force d'argumentation dont M. Elie de Beaumont y fait preuve. Tel est, en particulier, le morceau qui a pour titre : *De la question des cratères de soulèvement ; réponse à différentes objections élevées contre l'hypothèse du soulèvement du Cantal :* morceau qui fut lu, en 1834, à l'une des séances de la Société géologique de France.

S'il m'était permis, néanmoins, de faire ici une sorte de reproche rétrospectif à mon illustre et vénéré maître, j'exprimerais quelque regret de ce que la passion, la noble passion du vrai, qui se cachait sous cette apparence de froideur et d'extrême réserve, mais qui parfois débordait, et (qu'on me permette cette figure bien appropriée au sujet), qui faisait parfois éruption, l'ait entraîné à vouloir, en quelque sorte, trop prouver, et l'ait engagé à s'appuyer plus souvent et plus fortement sur ceux des arguments qui étaient le plus discutés, parce qu'ils étaient peut-être les moins convaincants, au lieu de se retrancher derrière le rempart inattaquable de certaines conséquences, reposant sur des faits incontestés ; au lieu de dire simplement à ses adversaires, comme Desmarets à ceux qui voulaient, avec Werner, que les basaltes eussent été dissous dans l'eau : *Allez et voyez !*

Aujourd'hui que le calme s'est fait sur ces questions, c'est peut-être le moment de les ramener à leur plus simple expression.

Voyons, en définitive, quels étaient les arguments les plus sérieux qu'on présentait dans les deux camps.

Ceux qui s'opposaient à cette théorie des cratères de soulèvement ne pouvaient pas nier que des assises de roches volcaniques anciennes n'eussent pu subir, après leur refroidissement et leur solidification, un soulèvement tout aussi bien que les couches sédimentaires, dans lesquelles ils étaient bien obligés, lorsqu'elles étaient placées verticalement, de reconnaître l'effet d'une action mécanique postérieure à leur dépôt. A ceux qui objectaient le peu de probabilité que cette action mécanique fût venue s'exercer précisément aux points où les matières éruptives s'étaient déjà fait jour, on pouvait répondre que, tout au contraire, ces points étant vraisemblablement des points de moindre résistance, il eût été extraordinaire que les mêmes causes, agissant de nouveau, n'y eussent pas brisé la croûte extérieure, et souvent même, introduit à la surface les matières incandescentes qu'elle recouvrait.

C'était donc, par le fait, sous une forme particulière, la grande conception du soulèvement des montagnes qu'on cherchait encore à rendre douteuse. Ne pouvant la nier pour les terrains sédimentaires, on se barricadait, pour l'attaquer, derrière le dernier retranchement des terrains éruptifs. Il y avait même en jeu une question plus générale encore, celle que j'ai si souvent rappelée dans ces leçons, sous le nom de *théorie des causes actuelles.*

M. Elie de Beaumont ne se faisait illusion ni sur l'une, ni sur l'autre des deux conséquences, lorsque, dans l'article que j'ai déjà cité, il disait, en parlant de la théorie des cratères de soulèvement : « Sa solution donnerait immé-
« diatement la clef des phénomènes volcaniques, et con-
« duirait probablement aussi à trouver celle du phénomène
« bien plus important du soulèvement des montagnes, »
ou, lorsque, vers la fin de sa belle description du cirque de soulèvement de la Bérarde, il s'écriait : « Transporté
« au pied de ces murailles, de ces obélisques, dont chaque
« face est souvent une fente unique de quelques centaines
« de mètres de hauteur, quel géologue de cabinet songe-
« rait à plaider en leur présence la cause de l'influence
« exclusive des agents qui opèrent sous nos yeux ? »

Ses adversaires ne se faisaient pas plus d'illusions que lui-même. Aussi, des deux géologues qui, à cette époque, en France et en Angleterre, ont le plus combattu la conception de Léopold de Buch, l'un, pour expliquer, sans soulèvement, les couches inclinées des terrains de sédiment, remarquait que, lorsque les mares de nos fermes viennent à se dessécher, les portions de vase argileuse, qui adhéraient aux bords de la petite cavité, se solidifient en présentant des inclinaisons très-sensibles. Mieux encore, et pour mettre toutes les chances de son côté, il n'hésitait pas à porter, devant la Société philomatique de Paris, une bouteille, — oui, une bouteille, — dans laquelle il avait fait arriver, avec de l'eau, des poussières de dimensions et de nature diverses, lesquelles s'étaient déposées, dans ce bassin d'un genre tout particulier, sur des pentes énormes.

Son partenaire, de l'autre côté de la Manche, beaucoup plus avisé, mais non plus conséquent, ne s'appuyait pas sur des arguments aussi commodes et aussi portatifs que ceux-là ; mais, partant du fait d'un grand tremblement de terre qui, au Chili, avait élevé d'un mètre environ la côte sur une grande longueur (sans se préoccuper, d'ailleurs, de savoir si ce faible soulèvement se maintiendrait), croyait pouvoir expliquer les falaises formidables des Alpes, du Caucase et de l'Himalaya par des milliers ou des centaines de milliers de petits événements de cet ordre.

J'ai déjà fait justice, dans ces leçons, de pareilles aberrations, mais elles établissent bien le lien qui existait entre la question du soulèvement des montagnes volcaniques et celle du soulèvement des montagnes, en général, et celle de la théorie des *causes actuelles*.

Toutes ces circonstances expliquent aussi l'importance que M. Elie de Beaumont attachait à la question des cratères de soulèvement, et celle que nous sommes, de notre côté, obligés d'y attacher nous-mêmes, si nous ne voulons pas abandonner la cause, plus générale, du soulèvement des montagnes.

Les opposants ne peuvent donc pas nier la possibilité du relèvement subit d'un massif volcanique ancien. Bien plus, on doit à l'un d'eux l'intéressante observation de l'élévation instantanée du sommet du cône vésuvien, de 50 mètres environ, après l'éruption de 1850. Et cette élévation n'était pas due à une suraddition de matières projetées, les roches de la surface étant restées les mêmes.

Serait-ce le soulèvement circulaire qui serait contesté ? mais nous trouvons ce fait si souvent répété dans les roches sédimentaires qu'on ne voit pas pourquoi on en nierait la possibilité dans les terrains volcaniques, c'est-à-dire précisément dans les phénomènes géologiques où une force centrale se manifeste, même aujourd'hui, d'une manière si constante.

Il n'y a donc pas de fin de non-revevoir à opposer. Pour quiconque admet que le mont Blanc, l'Elbrouz et le Pelvou, ou les vallées circulaires du Jura et de la craie sont dus à des soulèvements, il peut y avoir, dans les terrains volcaniques de tout âge, des soulèvements, et des soulèvements circulaires.

Il ne reste plus maintenant qu'à prouver que cette chose, reconnue possible et même probable, a eu lieu en effet.

De tous les arguments que l'on a mis en avant dans chaque cas particulier pour démontrer le fait, trois me paraissent avoir une importance capitale, et ils sont d'autant plus difficiles à réfuter, que leur application est restreinte à un moins grand nombre d'exemples.

Celui de ces arguments sur lequel s'appuie le plus souvent M. Elie de Beaumont, parce qu'il est le plus général et s'applique même dans tous les cas, est celui de l'impossibilité qu'il y a à ce qu'une substance, fluide à la manière des laves, s'arrête sur des pentes assez fortes (de 15 à 35 degrés, par exemple), autrement qu'en produisant une quantité considérable de scories, qui absorbe quelquefois presque entièrement la masse de lave écoulée.

Assurément un des plus beaux morceaux de cryptoristique géologique qui ait jamais été écrit est l'analyse exacte, fine et presque minutieuse, que l'on trouve dans le grand mémoire sur l'Etna, de ce qui se passe lorsqu'une coulée descend sur un cône volcanique. Ces pages sont réellement magistrales, et l'on a rarement porté aussi loin l'art d'observer et de décrire.

Pour moi, messieurs, j'avoue que cet argument a conservé toute sa force ; et parmi le grand nombre des volcans que j'ai pu observer par moi-même, je n'ai jamais trouvé un seul fait qui pût l'infirmer à mes yeux. Je pense, avec MM. Dufrénoy et Elie de Beaumont, qu'un cône revêtu d'assises de basalte fortement inclinées est nécessairement un cône de soulèvement.

Un autre argument, qui s'applique presque aussi souvent, c'est l'alternative habituelle entre les assises régulières de trachyte ou de basalte et les couches de conglomérat. Rien d'analogue ne se présente aujourd'hui. Au Vésuve, on peut observer dans le Fosso della Vetrana ; à l'Etna, dans le Valle del Bove, un certain nombre de coulées modernes superposées. Rien ne s'y rencontre d'analogue à ces puissantes assises de conglomérats, dont les fragments n'ont ordinairement aucun caractère scoriacé, sont souvent anguleux, et paraissent s'être accumulés au sein des eaux.

Mais il y a des cas — et ceci est le dernier et le plus fort argument — où ce dépôt au sein des eaux n'est pas.

douteux. Même dans les cirques, comme celui de Los Azu-
lejos, à Ténériffe, où la roche est appelée trachytique, on
trouve des assises qui n'ont absolument rien d'éruptif.
J'en mets quelques-unes sous vos yeux. Voici, par exemple,
une roche verdâtre, qui a peut-être donné le nom à la crète
(*Azul*, en espagnol, veut dire bleu), où l'on distingue
comme des traces d'algues décomposées. Dans tous les cas,
qui oserait appeler cette roche une lave ? Assurément, elle
n'a jamais été fondue : elle n'a jamais coulé, et tout en elle
rappelle un dépôt fait dans les eaux.

De même, comment les fragments du tuf ponceux qu'on
trouve sur la crète de la Somma et au sommet de la Punta
di Nasone pourraient-ils être considérés comme des produits du volcan amphigénique de la Somma ? Surtout,
quand on sait qu'en certains points de la Campanie ce tuf
ponceux renferme des coquilles marines.

Mais qu'est-ce donc, lorsque, comme à Santorin, on
trouve, au sommet ou sur la pente du Saint-Elie, des lambeaux de schiste argileux ou de calcaire ? Existe-t-il
quelque part un géologue qui voudrait soutenir que ce
schiste argileux ou ce calcaire sont des laves qui ont
débordé de l'immense cratère dont Santorin serait le reste ?
Il faut nécessairement admettre que ce schiste argileux, ce
calcaire ont été soulevés, et soulevés avec la roche qui les
supporte.

Santorin, le Cantal, Ténériffe, la Somma sont donc des
cratères ou des cirques de soulèvement.

L'opposition qui s'est manifestée et qui persiste encore
contre cette notion provient surtout de l'influence exercée
par deux expressions mal interprétées. La première est le
terme malheureux de *cratère*, imposé par M. L... de Buch
à ce qu'il aurait dû simplement appeler *cirque de soulèvement*, réservant le nom de cratère aux bouches volcaniques

proprement dites. La seconde expression, qui introduit peut-être dans la question quelque obscurité, est le nom de *roches volcaniques*, appliqué à la fois aux grandes assises de trachytes ou de basaltes, épanchées autrefois sous les eaux avec leurs couches de conglomérats, et aux laves qui, sous nos yeux, s'écoulent à la surface des cônes modernes. Les roches peuvent avoir quelque analogie, mais les phénomènes qui les ont produites, de part et d'autre, ont dû être assez différents ; et quelle que soit d'ailleurs l'origine mécanique première qu'on leur attribue, les soulèvements circulaires ne peuvent pas plus être mis en doute pour les massifs volcaniques, anciens ou modernes, que pour les terrains sédimentaires.

Dans les discussions orales, M. Elie de Beaumont était aussi un rude jouteur. Non que sa parole eût, en pareil cas, l'éclat et l'élégance que d'autres savants ont mis au service de leurs idées. Mais, sous cette simplicité, sous cette bonhomie de formes, l'orateur savait trouver toujours le mot propre, souvent le mot pittoresque, quelquefois aussi le mot piquant.

Telle était son habileté à ranger, en quelque sorte en bataille, ses divers arguments et à les faire donner au moment opportun et dans les limites convenables, que, même quand il s'agissait de défendre les deux ou trois questions scientifiques pour lesquelles le temps et des travaux ultérieurs ont infirmé son opinion, il entraînait d'abord la conviction chez ses lecteurs comme chez ses auditeurs, et qu'il fallait une longue réflexion pour distinguer quel avait été le point faible de son argumentation.

Pourquoi n'ajouterais-je pas, pour ne rien cacher, même des faiblesses de ce grand esprit, qu'il était bien difficile de lui faire abandonner une opinion exprimée par ıui ? Mais cette imperfection de l'humaine nature n'est-elle pas trop souvent le partage des intelligences les plus ouvertes et les plus élevées ? Croit-on qu'il fût aisé de faire revenir M. Léopold de Buch d'une opinion une fois adoptée et énoncée par lui ? Haüy n'est-il pas mort dans l'impénitence finale, quant au dimorphisme ? Cuvier lui-même ! Mais laissons-le parler, non de lui, mais de cette excellent, de cet admirable Desmarets :

« Quelques personnes, dit Cuvier, ont cru remarquer
« qu'il portait jusque dans les sciences sa haine pour les
« nouveautés, et qu'il avait trop oublié dans sa vieillesse
« que lui même autrefois avait mis en avant des opinions
« nouvelles.....

« ... Un caractère si peu accessible devait être peu mo
« bile ; aussi ne changeait-il ni de liaisons ni d'habi
« tudes. »

M. Elie de Beaumont était, comme Desmarets, aussi fidèle à ses amitiés qu'à ses opinions.

Il me reste, messieurs, une dernière remarque à vous présenter : et vous l'aurez déjà sans doute faite vousmêmes. C'est que, dans cette revue des travaux du savant illustre que nous venons de perdre, j'ai eu à peine à le citer comme *géogéniste*, ou, si voulez, à mentionner les opinions exprimées par lui sur les *causes* générales des phénomènes géologiques. En effet, à part quelques considérations très-élégantes et très-ingénieuses sur les circonstances probables qui ont présidé à la formation des filons concrétionnés, considérations qui sont devenues bientôt fécondes en conduisant aux reproductions *lithotechniques* d'une foule de minéraux, on peut dire que M. Elie de Beaumont n'a jamais énoncé qu'une seule hypothèse — qui ne lui appartenait pas d'ailleurs et qui existait dans la

science depuis deux mille cinq cents ans — c'est celle
d'une chaleur propre à la terre, dont le décroissement produirait les déformations de la croûte extérieure : ces déformations pouvaient se traduire par des soulèvements allongés ou par des soulèvements circulaires.

Voilà la seule hypothèse générale que l'on trouve dans
ses nombreux mémoires. Le développement direct de cette
hypothèse n'y occupe peut-être pas, en tout, une centaine
de pages. Ajoutons, enfin, que les résultats de ses propres
travaux en sont indépendants et ne s'appuient jamais sur
elle.

Tel est, en réalité, le caractère essentiellement exact et
précis des œuvres de celui à qui ses adversaires scientifiques étaient parvenus à faire une réputation de théoricien pur, de savant donnant trop souvent carrière à son
imagination.

Mais ici, permettez-moi, messieurs, d'agrandir la question et de la généraliser. Ce n'est pas à M. Elie de Beaumont seul, parmi les grands géologues, que l'on a adressé
un pareil reproche. Tout le monde connaît cette plaisan-
terie, qui traîne depuis longtemps dans les bas-fonds de la
science, et qui consiste à comparer deux géologues en
présence à deux augures qui ne pourraient se regarder
sans rire. Cuvier n'a pas dédaigné de la ramasser. Et,
pour le dire en passant, il l'a fait avec deux circonstances
aggravantes. La première est qu'il allait, quelques pages
plus loin, faire l'éloge de la théorie de Werner, qui, on le
sait, dissolvait toutes les roches dans l'eau. La seconde,
plus singulière encore, c'est que, plusieurs années après,
Cuvier devait écrire que, dans l'histore physique de la
terre, « le fil des opérations est rompu ; la marche de la
« nature est changée ; aucun des agents qu'elle emploie
« aujourd'hui ne lui aurait suffi pour produire ses anciens

« ouvrages. » Assurément, il était permis à notre grand anatomiste d'énoncer une pareille hérésie géologique ; mais il faut reconnaître qu'en ce moment il ressemblait, à s'y méprendre, à l'un des deux augures de Cicéron.

Maintenant, voici la vérité. La géologie est, comme je l'ai indiqué à la fin de la deuxième leçon, une science très-vaste et d'aptitudes très-variées. En même temps que, par l'étude des minéraux, elle fait appel à des déterminations physiques, chimiques et géométriques, qui admettent peu ou point d'indécision, elle se rattache, par sa partie chronologique, aux sciences historiques. Et cela est si vrai que les récentes études sur l'anthropologie fossile établissent entre elle et l'archéologie, un passage absolument insensible. Or, en tant que science chronologique, elle doit faire usage des mêmes moyens de recherches que l'archéologie. Elle reconstitue l'histoire avec les débris qui lui restent d'une antiquité bien autrement reculée que celle des archéologues.

Nous retrouvons la Vénus de Milo mutilée : trois esthéticiens étudient ces restes précieux et proposent chacun une restitution de la statue primitive. Chacun d'eux, s'appuyant à la fois sur le fait matériel et sur ce qu'on sait des procédés artistiques des Grecs, fait une hypothèse. Pourquoi ne leur serait-il pas permis de se regarder sans rire ?

Un génie prodigieux, le cardinal de Richelieu, apparaît au début du xviie siècle et modifie profondément les choses, non-seulement dans son pays, mais dans toute la politique européenne. Des historiens s'emparent des faits acquis, même des faits douteux, qu'ils discutent, et, s'appuyant à la fois sur toutes ces données et sur la connaissance générale du cœur humain, trouvent les mobiles des actions de

Richelieu, l'un dans une personnalité étrange et jalouse, l'autre dans des vues grandioses qui, à ses yeux, excusent même la cruauté. Pourquoi ces deux historiens ne pourraient-ils se regarder sans rire ?

Or, n'est-il pas manifeste que le géologue, lorsqu'il cherche à expliquer les faits dont il n'a pas été témoin, dont l'homme même n'a pas été témoin, d'un côté, par l'étude des traces que ces faits ont laissées sur le globe, de l'autre, par les conséquences générales qu'il est permis de déduire de l'ensemble des phénomènes, procède exactement comme font l'historien et l'archéologue ?

Ajoutons qu'en histoire naturelle les démonstrations ne peuvent atteindre une rigueur mathématique ; que la conviction n'y résulte jamais que d'une vérification *à posteriori* des faits ou des rapports énoncés, et ne s'appuie, en définitive, que sur une grande probabilité ; que cette probabilité elle-même échappe entièrement à ce que les géomètres ont appelé le *calcul des probabilités*, parce que rien n'y est livré au hasard, parce que tout y suit des lois que nous pouvons ignorer, mais dont on ne peut faire abstraction ; qu'enfin il est essentiel, dans ce qu'on confond mal à propos sous le nom de *théories*, de distinguer les *lois hypothétiques* des *causes hypothétiques*. Et l'on s'expliquera alors pourquoi M. Elie de Beaumont a développé sa loi hypothétique du réseau pentagonal, tandis qu'il n'a fait qu'indiquer, en passant et sans y insister, la cause hypothétique du refroidissement intérieur du globe.

Vous me pardonnerez cette digression, messieurs, car elle appartient plus qu'il ne le semble peut-être au fond même de mon sujet, et vous y verrez, ce que je ne puis cacher, la douleur que j'éprouve en voyant traiter légèrement ce qui a fait, pendant vingt-cinq ans, la préoccupation presque exclusive d'un homme tel que M. Elie de Beaumont.

Si nous cherchons à résumer en quelques mots le résultat des études que nous venons de faire sur les travaux de ce grand géologue, voici à quoi nous arrivons :

Comme *autopticien*, pour saisir et exprimer les grands traits d'une contrée, il est de beaucoup au-dessus de Pallas|; il est l'égal de Saussure en exactitude, son supérieur en élégance, et, s'il ne trouve pas toujours à son service la plume enthousiaste et poétique de Humboldt, son coup d'œil, en revanche, est plus pénétrant et plus profond.

Comme *cryptoricien*, c'est-à-dire pour analyser un phénomène dans ses détails, sans minutie néanmoins, on peut dire qu'il n'a pas d'égal parmi les géologues ses prédécesseurs.

Comme *troponomiste*, dans la recherche des rapports et des lois qui les enchaînent l'un à l'autre, il peut être comparé à Léopold de Buch, avec cet avantage en sa faveur qu'il partit du point ou s'était arrêté son illustre devancier. Moins naturaliste que celui-ci, il avait plus que lui le sens de la géométrie et de la mécanique.

Ainsi, d'un côté, recherche extrême de la vérité et de la précison dans les faits ; de l'autre, comparaison sérieuse de ces faits, rapprochements les plus ingénieux et souvent les plus inattendus, toujours justifiés et confirmés ; enfin, comme déduction naturelle de tous ces rapports, conceptions systématiques à la fois les plus logiques et les plus grandioses : tel est le double caractère qu'il serait, il semble, injuste de refuser aux travaux de M. Elie de Beaumont, et qui lui donne une portée tout à fait exceptionnelle.

M. Elie de Beaumont appelait souvent Léopold de Buch

son maître en géologie ; par la considération des directions, qu'il tenait de lui, il se rattachait à la doctrine de Werner. En stratigraphie, il se disait de l'école de Saussure, et descendait ainsi scientifiquement de Sténon, leur devancier. Nous pouvons ajouter que les grandes et belles notions introduites dans la science par Hutton ne lui ont pas été inutiles.

Bien qu'il y eût peu de traits communs entre lui et Buffon, il professait pour ce naturaliste une vive admiration. Il était attiré par l'auréole de grandeur qu'on ne peut refuser à Buffon, peut-être aussi, sans s'en rendre compte, par les traces qu'il retrouvait, dans la *Théorie de la terre*, des doctrines de Lazzaro Moro, de Leibnitz et de Descartes.

Plusieurs savants, en France, ont préparé la carrière de M. Elie de Beaumont. Brochant de Villiers, le premier, devina son mérite et l'appela, avec son ami Dufrénoy, à la collaboration de la carte géologique. Quelques années après, et dès son premier mémoire sur les révolutions de la surface du globe, Arago, avec sa merveilleuse facilité à s'assimiler une idée et à la rendre assimilable au public, fit auprès des gens du monde la fortune du jeune novateur, qui, s'il n'eût dû compter que sur sa modestie et son aversion, bien digne d'Horace, pour le vulgaire des penseurs, eût attendu longtemps encore le succès et la popularité.

Mais celui qui, à vrai dire, révéla aux savants ce qu'était dès lors Elie de Beaumont, fut Alexandre Brongniart. Le rapport que fit, le 26 octobre 1829, le doyen des géologues français sur ce mémoire, présenté à l'Académie des sciences quatre mois auparavant, fut à la fois une bonne action et une œuvre de haute intelligence. Non que Brongniart eût rien à retrancher de ses propres travaux ou de ses opinons anciennes, que la nouvelle doctrine venait au contraire confirmer, en leur donnant un développement inattendu. Mais ce développement, qu'il n'avait pas entrevu lui-même, il en saisissait immédiatement la portée, et, par la haute estime qu'il témoignait du rare mérite de son jeune émule, le vétéran de la science le traitait déjà en égal, presque en confrère. Six ans plus tard en effet, M. Elie de Beaumont allait s'asseoir près de lui à l'Académie.

M. Elie de Beaumont ne reniait aucun de ces glorieux héritages. Quelque réserve qu'il mît en parlant de lui-même, on eût trouvé en lui le sentiment sincère et profond que ses propres efforts avaient considérablement agrandi le domaine que lui avaient transmis ses ancêtres scientifiques. Aujourd'hui que nous pouvons nous exprimer sans blesser cette modestie, je n'hésite point à proclamer que la France a eu la gloire de donner en Elie de Beaumont un Képler à la géologie, et j'ai la conviction que la postérité, qui déjà commence pour lui, ratifiera un jour ce jugement.

FIN DE LA DIX-NEUVIÈME ET DERNIÈRE LEÇON.

NOTES

Première leçon.

(1) Ou *Exposition analytique d'une classification naturelle de toutes les connaissances humaines.* (Paris, 1834. 2 vol.)

(2) De αὐτός (même ; l'objet lui-même) et ὄπτομαι (voir).

(3) De κρυπτὸς (caché) et ὁρίζειν (déterminer).

(4) De τροπή (variation) et νόμος (loi).

(5) De κρυπτὸς et λόγος. Le dernier point de vue, celui de la recherche des causes, pourrait aussi être appelé le point de vue *étiologique* de αἰτία (cause). Cette dernière expression, en même temps qu'elle caractérise mieux le but spécial qu'on se propose d'atteindre, a l'avantage de ne pouvoir être confondue avec la dénomination de *cryptoristique*, appliquée au second point de vue. C'est elle que j'adopterai dans la suite de ces leçons.

(6) Qu'on pourrait appeler *technique* ou *énergétique*, celui du travail fécondant et de l'inspiration (le mot ἐνεργέω, chose remarquable, a cette double signification).

Deuxième leçon.

(1) *Œuvres de d'Alembert*, 1821, Belin et Bossange, t. I, 1re partie, p. 99. *Explications détaillées du système des connaissances humaines,* et p. 110, *Observations sur la division des sciences du chancelier Bacon* (article encyclopédique).

(2) Ou plutôt la lithologie.

(3) Pour Ampère, le mot *monde* ne devrait, au contraire, comprendre que « l'ensemble organique de l'univers. » De sorte que « le monde, la nature, l'homme embrassant l'univers dans sa pensée « et s'élevant par elle jusqu'à son Créateur, les sociétés humaines, « enfin, tels seraient les quatre objets auxquels se rapporteraient « toutes nos connaissances. » Ces distinctions ne semblent pas heureuses; il n'y a qu'un monde, qui se divise en trois règnes.

(4) Milne Edwards, *Cours de zoologie*, p. 3.

(5) Il serait peut-être plus correct d'écrire *oréographie*. Mais l'usage l'emporte ici. J'ai aussi écrit *orognosie, oronomie, orogénie*. J'ai néanmoins préféré le mot d'*oréologie*, déjà proposé par Playfair, à celui d'*orologie*, dont le sens pourrait être douteux.

(6) Τὰ ὀρυκτά (les minéraux, les roches).

(7) Ὄρος (montagne, colline).

(8) *Cosmos*, t. I.

(9) Ce tableau ne donne pas une *classification*, mais indique seulement une distribution d'une partie des connaissances humaines, d'après la distinction que M. Chevreul a très-justement établie entre ces deux termes.

Troisième leçon.

(1) *Mémoire sur le Sankyâ*. (*Mémoires de l'Académie des sciences morales et politiques*, t. VIII, p. 420.)

(2) *Essai sur la philosophie de Hutton*, par M. H.-T. Colebrooke, traduit et annoté par Pauthier, 1833. 1 vol. in-8°, p. de 20 à 24.

(3) *Essais sur la philosophie des Hindous*, par H.-T. Colebrooke, traduit et annoté par Pauthier, 1833. 1 vol. in-8°, p. 83.

(4) Note communiquée par M. Ch. Schœbel.

(5) *Muir*, O. S. T., t. I, p. 504.

(6) *Histoire du Bouddha Sakya Mouni, depuis sa naissance jusqu'à sa mort*. (Introduction), p. 1.

(7) *Patala*, la plus centrale et la plus belle des sept régions intérieures de la terre.

(8) Ces périodes de repos durent chacune 306,720,000 années, sans
compter les périodes additionnelles.

(9) L'étymologie ou la racine du nom de Manou est le mot *man*,
penser, *man*, le penseur. On peut rapprocher ce mot du mot latin
mens; du mot allemand, *meinen*; du mot anglais, *mind*.

Le mot *man*, homme, ne dérive-t-il pas de là ?

(10) Anquetil-Duperron, t. II, p. 352.

(11) Anquetil-Duperron, *passim*, p. 351-361.

(12) Note de M. Oppert, à qui je dois ce qui est relatif aussi à la
relation du déluge.

(13) Alex. de Humboldt, *Relations historiques*, t. I, p. 30. Cité par
Lyell, *Principes de géologie*, t. I, p. 13.

(14) Lyell, même ouvrage, p. 14.

(15) Brasseur de Bourbourg, *Recherches sur les ruines de Palemqué*,
p. 41.

(16) Anquetil, *Zend-Avesta*, t. II, p. 352. Cité par A. de Humboldt,
Vues des Cordillères, t. II, p. 128.

(17) *Timée* de Platon.

(18) Lyell, *Principes de géologie*, traduction par J. Ginestou, t. I,
ch. II, p. 16.

(19) Henri Martin, *Etudes sur le Timée* de Platon, t. I, p. 252.

(20) *Œuvres*, t. XVI, p. 269.

(21) D'après Dumont d'Urville, on trouve aussi chez les habitants
des îles Taïti la tradition d'un déluge ; seulement, d'après la forme de
cette tradition, l'événement qui lui a donné naissance serait un
tremblement de terre, qui aurait changé le niveau relatif du sol et
des eaux de la mer. En effet, le Noé taïtien s'était réfugié sur des
récifs voisins de l'île Raïatea : l'océan monte, engloutit la population
tout entière, puis se retire.

(22) Ch. Renouvier, *Manuel de philosophie ancienne*, t. I, p. 98. J'ai
emprunté à cet excellent ouvrage une grande partie des opinions
exprimées ici sur les conceptions cosmogoniques des plus anciens
philosophes grecs.

(23) Ch. Renouvier, t. I, p. 62.

(24) Ch. Renouvier, déjà cité, t. I, p. 62 et 63.

(25) Même ouvrage, t. I, p. 96.

(26) Même ouvrage, t. I, p. 98.

(27) Aristote, *Physique*, I, 4.

(28) Ch. Renouvier, t. I, p. 127.

(29) V. *Hippolyt. Philos. : VII; Simplic. in Phys.*, 32.

(30) Ch. Renouvier, t. I, p. 73.

(31) F. Hœfer, *La critique du savoir humain (Revue de France)*, 31 mars 1876.

(32) Ch. Renouvier, t. I, p. 172.

(33) Lyell, *Principes de géologie*, t. I, p. 21.

Quatrième leçon.

(1) Julius Schvarcz, *On the facture of geological attempts in Greece prior to the epoch of Alexander*. Londres, 1862.

(2) Thèse de M. Jullien, p. 21. Paris, 1836.

(3) Même thèse, p. 15.

(4) Sénèque, liv. VI, ch. ii, *Recherches sur l'origine des découvertes attribuées aux modernes*, t. II, ch. ii.

(5) Bertrand de Saint-Germain, traduction de la *Protogœa* de Leibnitz. (Introduction.)

(6) Le même, *Idem*.

(7) Ch. Lyell, *Principes de géologie*, liv. I, chap. ii, trad. par Ginestou. Paris, 1873.

(8) *Annales des sciences naturelles*, t. XXV, p. 382.

(9) Ch. Lyell, *Principes de géologie*, liv. I, chap. iii, trad. par Ginestou. Paris, 1873.

(10) Le même, liv. I, ch. iii.

(11) *Annales des sciences naturelles*, t. XXV, p. 380.

(12) Même volume, même page.

(13) Même volume, p. 378.

(14) *Zend-Avesta*, trad. d'Anquetil-Duperron, t. II, p. 356.

(15) *Annales des sciences naturelles*, Elie de Beaumont, t. XXVI, p. 365. Addition à l'article du t. XXV.

(16) Seulement le nom de l'auteur primitif est ici Abou Phasan Ali Ben Alathir Djezéri, au lieu de Ibn-ben-Atir.

(17) *Dissertation sur l'état de la philosophie naturelle en Occident et principalement en France, pendant la première moitié du* xii° *siècle*; par Ch. Jourdain (Firmin Didot, 1838).

(18) Charles Jourdain, même ouvrage, p. 12 et suivantes.

(19) Charles Jourdain, même ouvrage, p. 76.

(20) Le même, *idem*, p. 79, traduit d'Adélard, quæst. 50. Cf. Honoré, de *Imag. mundi*, p. 36.

(21) *Bibliothèque du sérail de Constantinople*.

(22) Lyell, *Principes de géologie*, t. I, liv. I, ch. iii.

(23) Bertrand de Saint-Germain, traduction de la *Protogæa de* Leibnitz, p. 22.

(24) Humboldt, *Essai géognostique*. Paris, 1823, p. 38.

(25) Cité par M. Daubrée, *Annales des mines*, 5ᵉ série, t. XVI, p. 158.

Cinquième leçon.

(1) Buffon, *Preuves de la théorie de la terre*, t. I, p. 98. Paris, 1838.

(2) Lyell, *Principes de géologie*, ch. iii, p. 51, traduit par Ginesteu, Paris, 1873.

(3) Buffon, *Epoques de la nature*, t. I, p. 401.

(4) Même ouvrage, p. 404

(5) Même ouvrage, p. 76.

(6) Même ouvrage, p. 121.

(7) Même ouvrage, p. 401.

(8) Même ouvrage, p. 67.

(9) Même ouvrage, p. 71.

(10) Même ouvrage, p. 72.

(11) Elie de Beaumont, *Leçons de géologie pratique*, t. I, p. 20. Paris, 1845.

(12) *Annales des sciences naturelles*, t. XXV, p. 370.

(13) D'Aubuisson, *Traité de géognosie*, t. J, p. 420. Strasbourg, 1819.

(14) Lamarck, *Hydrogéologie*, p. 22.

(15) D'Aubuisson, *Traité de géognosie*, t. I, p. 422.

(16) Herschell, *Philosophical transactions*, et *Treatise on astronomy*, 1833.

Sixième leçon.

(1) Bouillet dit 2 vol. in-8° et Basset dit 4 vol.

(2) Playfair est né en 1749 (23 ans après Hutton) dans un village d'Ecosse (Beuvie), où son père était ministre de paroisse. Il fut envoyé à l'Université de St-Andrews, où il devint l'ami et le disciple du docteur Wilkie, mathématicien et poète.

Il succéda plus tard à son père dans ses fonctions ecclésiastiques, et se chargea d'une éducation particulière à Edimbourg, où il fut bientôt avantageusement connu d'Adam Smith, de Blair, de Hutton, de Ferguson et des autres professeurs.

Lorsqu'en 1784, la Société royale d'Edimbourg fut créée, Playfair en fut nommé membre, puis secrétaire : il obtint vers le même temps la chaire de mathématiques à l'Université de cette ville; il mérita le nom de d'Alembert écossais.

Sans entrer dans le détail des diverses publications que Playfair a faites sur les mathématiques, et des nombreux mémoires qu'il fournit aux *Transactions philosophiques* d'Edimbourg, je rappellerai seulement ce qui nous intéresse ici, c'est que, s'étant intimement lié avec Hutton, et faisant partie, comme lui, d'un petit comité qui s'assemblait après les séances de la Société royale, pour *manger des huîtres* et *parler des sciences*, il prit insensiblement goût aux systèmes de la géologie qui occupaient beaucoup son ami Hutton; et, après la mort de celui-ci, il entreprit de résumer la *Théorie de la terre*, en même temps qu'il cherchait à la venger contre le grand nombre d'attaques vives et aigres dont elle était l'objet. De là résulta en 1802 l'ouvrage intitulé : *Illustration of the Huttonian theory*.

Il faisait chaque été, et le plus ordinairement en compagnie de lord Webb Seymour, des excursions géologiques : en 1816, presque septuagénaire, il réalisait encore pour ces mêmes études un voyage aux Alpes et en Italie.

Playfair n'est mort qu'en 1819.

(3) Playfair, *Explication de la Théorie de Hutton*, traduction française par Basset. (Avertissement), p. XVII. Paris, 1815. C'est à cette traduction que j'ai emprunté les nombreuses citations qui vont suivre.

(4) Cette citation et les précédentes sont prises dans Playfair, traduction déjà citée, p. 32 et 34.

(5) Même ouvrage, p. 77.

(6) Même ouvrage, p. 80.

(7) Même ouvrage, p. 109.

(8) Même ouvrage, p. 111.

(9) Même ouvrage, p. 146.

(10) Même ouvrage, p. 121.

(11) Même ouvrage, p. 131.

(12) Elie de Beaumont, *Note sur les émanations volcaniques et métallifères*. (*Bulletin de la Société géologique de France*, 2e série, t. IV, p. 1249.)

(13) Ouvrage de Playfair déjà cité, p. 202.

(14) Même ouvrage, p. 213.

(15) Même ouvrage, p. 219.

(16) Même ouvrage, p. 222.

(17) Même ouvrage, p. 254.

(18) James Hutton naquit à Edimbourg en 1726. Il s'attacha d'abord aux sciences mathématiques, mais conçut bientôt une prédilection particulière pour la chimie, après avoir vu, dit-on, le phénomène de l'eau-régale dissolvant l'or.

Dans le bureau où il fut d'abord placé, le jeune Hutton, au lieu de copier les rôles et d'étudier les formes de la procédure, passait son temps à faire des expériences avec des creusets et des cornues. Enfin, on se décida à lui faire apprendre la médecine. Après avoir suivi des cours en Angleterre, il alla terminer ses études à Leyde, où il fut reçu docteur en 1749, l'année même où Buffon publiait sa *Théorie de la terre*. Néanmoins il abandonna bientôt la pratique de la médecine, et, se livrant d'abord à celle de l'agriculture, il se fixa chez un fermier du Norfolk.

Pendant ce séjour en Angleterre, Hutton fit différents voyages à pied dans le but d'étudier la minéralogie et la géologie ; il visita ensuite la Flandre et revint en Ecosse en 1754, où il introduisit dans une ferme qu'il possédait dans le comté de Berwick, le nouveau mode d'agriculture qui a fait de si grands progrès en ce pays.

Vers 1768, il vint se fixer à Edimbourg pour s'adonner entièrement aux recherches scientifiques, et jouir de la société des gens instruits.

Ce fut en 1777, à 41 ans, que Hutton fit sa première publication, intitulée : *Considération sur la nature, la qualité et les différences des charbons* (coal and calm), dans laquelle il cherche à prouver que le dernier est le rebut de la partie non fusible du charbon de terre, mais est très-différent, dans ses propriétés, du rebut de la partie fusible du charbon ordinaire.

On le voit déjà préoccupé du rôle de la chaleur, même dans les produits sédimentaires.

Il communiqua ensuite à la Société royale d'Edimbourg, formée depuis peu, un essai de son grand ouvrage sur la *Théorie de la terre*, fruit de plusieurs années de travail, et une *Théorie de la pluie*, qui lui suscita une vive opposition de la part de Deluc et produisit une discussion, dans laquelle, on doit le dire avec quelque regret, les arguments ne furent pas toujours présentés avec le calme et la modération scientifiques.

Après ces deux ouvrages, Hutton fit plusieurs excursions dans différentes parties de l'Ecosse, pour comparer certains résultats de sa théorie avec les observations nouvelles.

Plus tard, tout en préparant son grand ouvrage : *Théorie de la terre*, qui parut en deux volumes deux ans avant sa mort, survenue en 1797, Hutton se livra avec la même passion à des recherches de métaphysique et de philosophie naturelles, dans lesquelles il ne paraît pas avoir été toujours à l'abri d'un esprit d'audacieux scepticisme ; les contradicteurs mêmes disent de mauvaise foi. Bref, il porta dans ces considérations le même esprit de hardiesse et d'indépendance qu'il a employé plus heureusement dans ses recherches géologiques.

L'ouvrage de Hutton, qui n'est point traduit en français, est peu connu par lui-même, ce qu'il doit sans doute à une exposition assez obscure. Mais il a été admirablement résumé par l'ami et le disciple de l'auteur, John Playfair, dans son *Illustration of the Huttonian theory*, publié en 1802.

Septième leçon.

(1) Playfair, *Explication de la théorie de Hutton*, déjà citée, p. 260.

(2) Même ouvrage, p. 288.

(3) Même ouvrage, p. 327.

(4) Même ouvrage, p. 330.

(5) *Traité de géognosie*, d'Aubuisson de Voisins. Discours préliminaire, t. I, p. xiij. Paris, 1819.

(6) Même ouvrage, t. I, p. 374.

(7) Même ouvrage, t. I, p. 294.

(8) Même ouvrage, t. I, p. 330

(9) Même ouvrage, t. I, p. 414.

(10) Même ouvrage, t. I, p. 419.

(11) Même ouvrage, t. I, Introduction, p. 5.

(12) Même ouvrage, t. I, p. 369.

(13) Werner, *Théorie des filons*, p. 7. Paris, 1802.

(14) Même ouvrage, p. 17.

(15) Même ouvrage, p. 65.

(16) Même ouvrage, même page.

(17) Même ouvrage, p. 70.

(18) Même ouvrage, p. 9.

(19) *Explication de Playfair sur la Théorie de la terre par Hutton*, traduction par A. Basset, p. 174. Paris, 1815.

(20) James Hall.

Huitième leçon.

(1) Playfair, *Explication de la Théorie de la terre de Hutton*, déjà citée, p. 394.

(2) Même ouvrage, p. 396.

(3) A. de Humboldt, *Essai géognostique sur le gisement des roches dans les deux hémisphères*, p. 5. Paris, 1823.

(4) Cuvier, *Eloge de Werner*, 1818.

(5) Cuvier, *Discours sur les révolutions du globe*, p. 49. Paris, 1840.

(6) Même ouvrage, p. 50.

(7) Même ouvrage, p. 54.

(8) Même ouvrage, p. 32.

(9) Même ouvrage, p. 33.

(10) Même ouvrage, p. 45.

(11) *Bulletin de la Société philomatique*, juin 1825.

(12) Constant Prévost, *De la chronologie des terrains et du synchronisme des formations*. (Comptes-rendus de l'Académie des sciences, t. XX; séance du 14 avril 1845.)

(13) Delaunay, *Sur l'hypothése de la fluidité intérieure du globe terrestre*. (Comptes-rendus de l'Académie des sciences, séance du 13 juillet 1868, p. 65.)

(14) Même mémoire.

(15) Même mémoire.

Neuvième leçon.

(1) Elie de Beaumont, *Notice sur les systémes de montagnes*, t. III, p. 1329. Paris, 1852.

(2) Lyell, *Principes de géologie*, traduction française par Ginestou, t. I. Paris, 1873.

(3) Même ouvrage, t. I, p. 122.

(4) J. Bertrand, *Note sur la similitude en mécanique*, journal de l'Ecole polytechnique, t. XIX, 32ᵉ cahier, 1848.

Dixième leçon.

(1) *Coupes et vues pour servir à l'explication des phénomènes géologiques*, par Henry T. de La Bèche; traduit de l'anglais par H. de Collogno, p. 2. Paris, 1839.

(2) *Protogée* ou *De la formation et des révolutions du globe*, par Leibnitz ; traduit de l'allemand par le docteur Bertrand de Saint-Germain, p. 27. Paris, 1859.

(3) Newton, *Principles of mathematics*. London, 1726, p. 509.

(4) Newton, *Traité d'optique*, traduction de Coste.

(5) Buffon, *Introduction à l'histoire des minéraux*, p. 546. Paris, 1838.

Onzième leçon.

(1) *Philosophical Transactions*, n° 76, p. 2283, Alex. de Humboldt, *Gisement des roches*, p. 37.

(2) Sir Ch. Lyell, *Principes de géologie*, traduction française, par J. Ginestou, t. I, p. 80.

(3) Dufrénoy et Elie de Beaumont, *Explication de la carte géologique de France*, p. 17.

(4) Même ouvrage, p. 15.

(5) Cuvier, *Eloge de Desmarets*, lu à l'Académie des sciences, le 16 mars 1818.

(6) Cuvier, même éloge.

Douzième leçon.

(1) *De la forme des cristaux et principalement de ceux qui viennent du spath,* par Bergman. (Traduit par M. de Morveau), dissertation imprimée en 1773, Actes d'Upsal.)

(2) Cuvier, *Eloge de Pallas.*

(3) Elie de Beaumont, *Leçons de géologie pratique*, p. 17, Paris, 1845.

(4) De Saussure, *Voyage dans les Alpes*. (Discours préliminaire), t. I, p. VI, Neufchâtel, 1803.

(5) Même ouvrage, p. XIII.

(6) Même ouvrage, p. XVIII.

(7) Même ouvrage, t. II, p. 84.

(8) Même ouvrage, t. IV, p. 183.

(9) Alexandre de Humboldt, *Essai géognostique sur le gisement des roches dans les deux hémisphères*, p. vj. Paris, 1823.

(10) Trente ans plus tard, M. Boussingault, en portant ces appareils au sommet des cônes volcaniques les plus élevés de la Cordillère, et exécutant ainsi ce qu'on n'avait même point encore tenté sur les cratères bien plus abordables de l'Etna et du Vésuve, a rendu à la géologie des volcans un service dont on n'appréciera toute la valeur que lorsqu'un second naturaliste, étudiant ces bouches dans une autre phase d'activité, permettra une comparaison entre les émanations d'un même foyer aux deux époques.

(11) Alex. de Humboldt, *Essai de géognostique déjà cité*, p. vj.

(12) Même ouvrage, p. 54.

(13) Alex. de Humboldt, *Cosmos*, Préface, p. ii. Paris, 1847.

(14) Même ouvrage, t. I, p. 4.

Treizième leçon.

(1) Cuvier, *Discours sur les révolutions de la surface du globe*, p. 62. Paris, 1840.

(2) Même ouvrage, p. 98 et 101.

(3) Même ouvrage, p. 102.

(4) Même ouvrage, p. 104 et suivantes.

(5) Même ouvrage, p. 280.

(6) Même ouvrage, p. 283.

(7) Ch. Renouvier, *Manuel de philosophie ancienne*, t. II, p. 377. Paris, 1844.

Quatorzième leçon.

(1) Elie de Beaumont et Dufrénoy, *Explication de la carte géologique de France*, t. I, p. 268, Paris, 1841.

(2) Même ouvrage, t. I, p. 272.

(3) Même ouvrage, t. I, p. 290.

(4) Même ouvrage, t. I, p. 441.

(5) De Saussure, *Voyage dans les Alpes*, t. III, p. 258.

(6) *Explication de la carte géologique de France*, t. I, p. 412.

(7) Elie de Beaumont, *Faits pour servir à l'histoire des montagnes de l'Oisans.* (*Annales des mines*, 3e série, t. V, p. 367.)

(8) *Mémoire pour servir à une description géologique de la France*, Dufrénoy et Elie de Beaumont, t. IV, p. 7, Paris, 1838.

(9) Même ouvrage, t. IV, p. 11.

(10) Même ouvrage, t. IV, p. 18.

(11) Elie de Beaumont, *Leçons de géologie pratique*, Avertissement, p. viij, Paris, 1845.

(12) Même ouvrage, leçon 11, p. 52.

(13) Même ouvrage, leçon 11, p. 65.

(14) Même ouvrage, leçon 11, p. 70.

Quinzième leçon.

(1) Alex. de Humboldt, *Relations historiques*, t. I.

(2) Elie de Beaumont, *Notice sur les systèmes des montagnes*, p. 228. Paris, 1852.

(3) Même ouvrage. p. 538.

(4) Dufrénoy et Elie de Beaumont, *Mémoires pour servir à une description géologique de la France*, p. 371. Paris, 1834.

(5) Même ouvrage, p. 373.

(6) Elie de Beaumont, *Annales des sciences naturelles*, 1re série, t. XIX, p. 394, 1830.

(7) Dufrénoy et Elie de Beaumont, *Mémoires pour servir à une description géologique de la France, Recherches sur le mont Etna*, p. 100. Paris, 1838.

(8) Même ouvrage, p. 124.

(9) Même ouvrage, p. 186.

(10) Dufrénoy et Elie de Beaumont, *Mémoires pour servir à une description géologique de la France*, p. 225.

(11) Même ouvrage, p. 230.

(12) Même ouvrage, p. 239.

(13) Même ouvrage, p. 271.

(14) Même ouvrage, p. 280.

(15) Même ouvrage, p. 301.

(16) Même ouvrage, p. 305.

(17) Même ouvrage, p. 306.

(18) Même ouvrage, p. 331.

(19) Dufrénoy et Elie de Beaumont, *Mémoire pour servir à une description géologique de la France*, t. IV, p. 105. Paris, 1838. (*Recherches sur les terrains volcaniques des Deux-Siciles comparés à ceux de la France centrale.*)

Seizième leçon.

(1) *Bulletin de la Société géologique de France*, 2ᵉ série, t. IV, p. 1249.

(2) Même ouvrage, p. 1250.

(3) Même ouvrage, p. 1255.

(4) Même ouvrage, p. 1261.

(5) P. Savi et Amédée Burat, Voir A. Burat, *Géologie appliquée théorie des gites métallifères.*

(6) *Bulletin de la Société géologique*, déjà cité, p. 1266.

(7) Même ouvrage, p. 1272 et suivantes.

(8) Même ouvrage, p. 1281.

(9) Même ouvrage, p. 1283.

(10) Même ouvrage, p. 1288.

(11) Même ouvrage, p. 1291.

(12) Même ouvrage, p. 1295.

(13) Même ouvrage, p. 1306.

(14) Même ouvrage, p. 1312.

(15) Même ouvrage, p. 1314.

(16) Même ouvrage, p. 1317 et suivantes.

(17) Même ouvrage, p. 1320.

(18) Même ouvrage, p. 1324.

(19) Même ouvrage, p. 1329.

Dix-septième leçon.

(1) *Comptes-rendus de l'Académie des sciences*, séance du 26 octobre 1829.

(2) *Comptes-rendus de l'Académie des sciences*, séance du 22 juin 1829.

(3) *Bulletin de la Société géologique de France*, 2ᵉ série, t. IV, p. 864, 17 mai 1847.

(4) *Rapport sur les progrès de la stratigraphie*, p. 31, par M. Elie de Beaumont, Paris, 1859.

TABLE

Versailles, E. AUBERT, imprimeur, avenue de Sceaux, 6.

9 782329 143521